SolidWorks 软件应用认证指导用书

钣金展开实用技术手册
（SolidWorks 2014 版）

北京兆迪科技有限公司　编著

中国水利水电出版社
www.waterpub.com.cn

内 容 提 要

本书是一本运用现代三维技术进行钣金展开的实用手册，主要讲解运用 SolidWorks 2014 软件创建和展开各种类型钣金件的操作方法、技巧以及实际设计生产中的应用流程。钣金展开类型包括各种等径异径圆管、圆锥、方管、半长圆及长圆形截面的斜截件、弯头、三通、棱锥管及各种相贯件、圆形容器及球形封头、螺旋面、叶片、型钢等，这些都是实际生产一线中常见的钣金件，经典而实用。本书附有 2 张多媒体 DVD 学习光盘，制作了 201 个 SolidWorks 钣金展开技巧和具有针对性的实例教学视频，并进行了详细的语音讲解，时间长达 18.4 个小时（1106 分钟）；光盘中还包含本书所有的实例文件以及练习素材文件。另外，光盘中特提供了 SolidWorks 2010 和 2012 版本的配套素材源文件，方便低版本读者的学习。

本书介绍的三维钣金建模和展开技术，可以非常直观、方便地创建和修改钣金，而且三维钣金件能迅速自动展开，并能直接生成钣金件的二维三视图以及展开图，生成的相应数据还能直接导入到各种先进钣金加工设备中，极大地提高钣金的设计质量和生产效益。同时，在设计时还能根据材料属性、折弯半径及板厚等因素调整相关系数，使钣金件具备更高的精度，从而摒除了传统手工钣金展开的计算量大、时间长、效率低以及精度差等缺陷。

本书可作为技术人员的自学教程，也可供冷作钣金工、铆工、钳工、管工使用，还可以作为大中专院校学生的 CAD/CAM 课程上课及上机练习教材。

图书在版编目（ＣＩＰ）数据

钣金展开实用技术手册 : SolidWorks 2014版 / 北京兆迪科技有限公司编著. -- 北京 : 中国水利水电出版社, 2014.5
SolidWorks软件应用认证指导用书
ISBN 978-7-5170-1989-3

Ⅰ．①钣… Ⅱ．①北… Ⅲ．①钣金工－计算机辅助设计－应用软件－技术手册 Ⅳ．①TG382-39

中国版本图书馆CIP数据核字(2014)第096094号

策划编辑：杨庆川/杨元泓　　责任编辑：宋俊娥　　加工编辑：宋杨　　封面设计：梁燕

书　　名	SolidWorks软件应用认证指导用书 **钣金展开实用技术手册（SolidWorks 2014 版）**
作　　者	北京兆迪科技有限公司　编著
出版发行	中国水利水电出版社 （北京市海淀区玉渊潭南路 1 号 D 座　100038） 网址：www.waterpub.com.cn E-mail：mchannel@263.net（万水） 　　　　sales@waterpub.com.cn 电话：（010）68367658（发行部）、82562819（万水）
经　　售	北京科水图书销售中心（零售） 电话：（010）88383994、63202643、68545874 全国各地新华书店和相关出版物销售网点
排　　版	北京万水电子信息有限公司
印　　刷	三河市铭浩彩色印装有限公司
规　　格	184mm×260mm　16 开本　24.5 印张　515 千字
版　　次	2014 年 5 月第 1 版　2014 年 5 月第 1 次印刷
印　　数	0001—3000 册
定　　价	69.00 元（附 2 张 DVD）

前　　言

在钣金件的设计过程中，除了需要用工程图表达其形状尺寸之外，还需要展开图来表示钣金件在生产加工之前的板料轮廓形状尺寸，用于指导钣金件生产时的下料、排样和生产。这种根据零件的立体形状要求，绘制展平形态轮廓的过程就是钣金件的展开。掌握正确有效的钣金件展开的方法，既能保证钣金件的精度，也能提高加工效率，节省成本。

本书介绍的三维钣金建模和展开技术，可以非常直观、方便地创建和修改钣金，而且三维钣金件能迅速自动展开，并能直接生成钣金件的二维三视图以及展开图，生成的相应数据还能直接导入到各种先进钣金加工设备中，极大提高钣金的设计质量和生产效益，同时，在设计时还能根据材料属性、折弯半径及板厚等因素调整相关系数，使钣金件具备更高的精度，从而摒除了传统手工钣金展开的计算量大、时间长、效率低、精度差等缺陷。本书是一本钣金展开的实用手册，主要讲解运用 SolidWorks 2014 软件创建和展开各种类型钣金件的操作方法、技巧以及实际设计生产中的应用流程，其特色如下：

- 内容全面、实例丰富、讲解详细、条理清晰。本书首先介绍了使用 SolidWorks 钣金展开放样的全部实际应用流程及详细操作过程，然后以实例的形式分类介绍设计中常见的各种钣金件的创建及展开放样的方法。与其他的同类书籍相比，包括更多内容及实例。

- 写法独特。采用 SolidWorks 中真实的对话框、菜单和按钮等进行讲解，使初学者能够直观、准确地操作软件，从而大大提高学习效率。

- 附加值高，本书附有 2 张多媒体 DVD 学习光盘，制作了 201 个 SolidWorks 钣金展开技巧和具有针对性的实例教学视频，并进行了详细的语音讲解，时间长达 18.4 个小时（1106 分钟），2 张多媒体 DVD 光盘教学文件的容量共计 6.8GB，可以帮助读者轻松、高效地学习。

本书主要参编人员来自北京兆迪科技有限公司，詹迪维承担本书的主要编写工作，参加编写的人员还有周涛、黄红霞、尹泉、李行、詹超、尹佩文、赵磊、王晓萍、陈淑童、周攀、吴伟、王海波、高策、冯华超、周思思、黄光辉、党辉、冯峰、詹聪、平迪、管璇、王平、李友荣。该公司专门从事 CAD/CAM/CAE 技术的研究、开发、咨询及产品设计与制造服务，并提供 SolidWorks、ANSYS、ADAMS 等软件的专业培训及技术咨询。在本书编写过程中得到了该公司的大力帮助，在此表示衷心的感谢。读者在学习本书的过程中如果遇到问题，可通过访问该公司的网站 http://www.zalldy.com 来获得帮助。

编　者

本 书 导 读

为了能更好地学习本书的知识，请您仔细阅读下面的内容。

写作环境

本书使用的操作系统为 Windows 7 专业版，系统主题采用 Windows 经典主题。
本书的写作蓝本是 SolidWorks 2014 中文版。

光盘使用

为方便读者练习，特将本书所有素材文件、已完成的实例文件、配置文件和视频语音讲解文件等放入随书附带的光盘中，读者在学习过程中可以打开相应素材文件进行操作和练习。

本书附有两张 DVD 光盘，建议读者在学习本书前，先将两张 DVD 光盘中的所有文件复制到计算机 D 盘中，然后再将第二张光盘 sw14.15-video2 文件夹中的所有文件复制到第一张光盘的 video 文件夹中。在 D 盘上 sw14.15 目录下共有 4 个子目录：

（1）sw14_system_file：包含 SolidWorks 2014 配置文件

（2）work 子目录：包含本书讲解中所有的实例文件。

（3）video 子目录：包含本书讲解中全程视频操作录像文件（含语音讲解）。读者学习时，可在该子目录中按章节顺序查找所需的操作录像文件。

（4）before 子目录：包含 SolidWorks 2010 和 SolidWorks 2012 版本主要章节的素材源文件，以方便 SolidWorks 低版本用户和读者的学习。

光盘中带有"ok"的文件或文件夹表示已完成的实例。

本书约定

● 本书中有关鼠标操作的简略表述说明如下：

  ☑ 单击：将鼠标指针移至某位置处，然后按一下鼠标的左键。

  ☑ 双击：将鼠标指针移至某位置处，然后连续快速地按两次鼠标的左键。

  ☑ 右击：将鼠标指针移至某位置处，然后按一下鼠标的右键。

  ☑ 单击中键：将鼠标指针移至某位置处，然后按一下鼠标的中键。

  ☑ 滚动中键：只是滚动鼠标的中键，而不能按中键。

  ☑ 选择（选取）某对象：将鼠标指针移至某对象上，单击以选取该对象。

☑ 拖移某对象：将鼠标指针移至某对象上，然后按下鼠标的左键不放，同时移动鼠标，将该对象移动到指定的位置后再松开鼠标的左键。

● 本书中的操作步骤分为 Task、Stage 和 Step 三个级别，说明如下：

☑ 对于一般的软件操作，每个操作步骤以 Step 字符开始。

☑ 每个 Step 操作视其复杂程度，其下面可含有多级子操作。例如 Step1 下可能包含（1）、（2）、（3）等子操作，（1）子操作下可能包含①、②、③等子操作，①子操作下可能包含 a）、b）、c）等子操作。

☑ 如果操作较复杂，需要几个大的操作步骤才能完成，则每个大的操作冠以 Stage1、Stage2、Stage3 等，Stage 级别的操作下再分 Step1、Step2、Step3 等操作。

☑ 对于多个任务的操作，每个任务冠以 Task1、Task2、Task3 等，每个 Task 操作下则可包含 Stage 和 Step 级别的操作。

● 由于已建议读者将随书光盘中的所有文件复制到计算机 D 盘中，所以书中在要求设置工作目录或打开光盘文件时，所述的路径均以"D:"开始。

技术支持

本书主要参编人员来自北京兆迪科技有限公司，该公司专门从事 CAD/CAM/CAE 技术的研究、开发、咨询及产品设计与制造服务，并提供 SolidWorks 软件、钣金设计与制造等专业培训及技术咨询。读者在学习本书的过程中如果遇到问题，可通过访问该公司的网站 http://www.zalldy.com 来获得技术支持。

咨询电话：010-82176248，010-82176249。

目　　录

前言

本书导读

第1章　SolidWorks钣金展开基础 1

 1.1　钣金展开概述 1

  1.1.1　传统钣金展开方法 1

  1.1.2　使用SolidWorks进行钣金展开放样 3

 1.2　SolidWorks钣金展开放样流程 3

  1.2.1　SolidWorks钣金件设计界面 4

  1.2.2　创建钣金零件 6

  1.2.3　展开钣金 12

  1.2.4　钣金的数据测量 13

  1.2.5　生成钣金工程图 15

  1.2.6　输出DXF/DWG文件 20

 1.3　SolidWorks钣金展开放样范例 21

  1.3.1　范例1——特征建模法 21

  1.3.2　范例2——装配建模法 26

  1.3.3　范例3——实体分割转换法 31

第2章　圆柱管展开 36

 2.1　普通圆柱管 36

 2.2　斜圆柱管 38

 2.3　普通椭圆柱管 40

 2.4　斜截椭圆柱管 41

 2.5　斜椭圆柱管 43

第3章　圆锥展开 46

 3.1　正圆锥 46

 3.2　斜圆锥 48

 3.3　正椭圆锥 50

 3.4　斜椭圆锥 51

第4章　圆锥台管展开 54

 4.1　平口正圆锥台管 54

 4.2　平口偏心直角圆锥台管 55

 4.3　平口偏心斜角圆锥台管 56

 4.4　下平上斜偏心圆锥台管 57

 4.5　上平下斜正圆锥台管 59

 4.6　上平下斜偏心圆锥台管 61

 4.7　上下垂直偏心圆锥台管 63

第5章　椭圆锥台管展开 65

 5.1　平口正椭圆锥台 65

 5.2　上平下斜正椭圆锥台 66

 5.3　平口偏心椭圆锥台 67

5.4　上平下斜偏心椭圆锥台 69

5.5　上圆下椭圆平行椭圆锥台 70

5.6　上圆平下椭圆斜偏心椭圆锥台 71

5.7　上圆斜下椭圆平偏心椭圆锥台 73

第6章　长圆（锥）台管展开 75

6.1　平口正长圆锥台 75

6.2　平口圆顶长圆底直角等径圆锥台 76

6.3　平口圆顶长圆底正长圆锥台 77

6.4　平口圆顶长圆底偏心圆锥台 78

第7章　折边圆（锥）台管展开 81

7.1　大口折边 81

7.2　小口折边 82

7.3　大小口双折边 84

第8章　等径圆形弯头展开 86

8.1　两节等径直角弯头 86

8.2　两节等径任意角弯头 87

8.3　60°三节圆形等径弯头 89

8.4　90°四节圆形等径弯头 92

第9章　变径圆形弯头展开 96

9.1　60°两节渐缩弯头 96

9.2　75°三节渐缩弯头 99

9.3　90°三节渐缩弯头 103

第10章　圆形三通及多通展开 108

10.1　等径圆管直交三通 108

10.2　等径圆管斜交三通 111

10.3　等径圆管直交锥形过渡三通 115

10.4　等径圆管Y形三通 120

10.5　等径圆管Y形补料三通 125

10.6　变径圆管V形三通 130

10.7　等径圆管人字形三通 131

第11章　长圆形弯头展开 136

11.1　三节拱形（半长圆）直角弯头 136

11.2　四节拱形（半长圆）直角弯头 138

11.3　三节横拱形（倾斜半长圆）直角弯头 140

11.4　四节长圆形直角弯头 143

第12章　长圆管三通展开 147

12.1　长圆管直角三通 147

12.2　长圆管Y形三通 151

第13章　正棱锥管展开 154

13.1　正三棱锥 154

13.2　正四棱锥 156

13.3　正六棱锥 158

第14章　方锥管展开 161

14.1　平口方锥管 161

14.2　平口矩形锥管 163

14.3　斜口方锥管 164

14.4　斜口矩形锥管 ………………………………………………………………………… 167
14.5　斜口偏心矩形锥管 …………………………………………………………………… 169
14.6　斜口双偏心矩形锥管 ………………………………………………………………… 171
14.7　上下口垂直方形锥管 ………………………………………………………………… 173
14.8　上下口垂直偏心矩形锥管 …………………………………………………………… 176
14.9　45°扭转矩形锥管 …………………………………………………………………… 179
14.10　45°扭转偏心矩形锥管 ……………………………………………………………… 182
14.11　45°扭转双偏心矩形锥管 …………………………………………………………… 186
14.12　方口斜漏斗 ………………………………………………………………………… 188

第 15 章　等径方形弯头展开 ……………………………………………………………… 192
15.1　两节直角等径方形弯头 ……………………………………………………………… 192
15.2　两节任意角等径矩形弯头 …………………………………………………………… 194
15.3　45°扭转两节直角等径方形弯头 …………………………………………………… 196
15.4　三节直角等径方形弯头 ……………………………………………………………… 198
15.5　三节偏心等径方形弯头 ……………………………………………………………… 201
15.6　三节直角矩形换向管 ………………………………………………………………… 205
15.7　三节错位矩形换向管 ………………………………………………………………… 210

第 16 章　方形三通展开 …………………………………………………………………… 217
16.1　等径方管直交三通 …………………………………………………………………… 217
16.2　方管 Y 形三通 ……………………………………………………………………… 221
16.3　等径方管斜交三通 …………………………………………………………………… 224
16.4　异径方管 V 形偏心三通 …………………………………………………………… 228
16.5　等径矩形管裤型三通 ………………………………………………………………… 232

第 17 章　方圆过渡（天圆地方）展开 …………………………………………………… 236
17.1　平口天圆地方 ………………………………………………………………………… 236
17.2　平口偏心天圆地方 …………………………………………………………………… 237
17.3　平口双偏心天圆地方 ………………………………………………………………… 238
17.4　方口倾斜天圆地方 …………………………………………………………………… 239
17.5　方口倾斜双偏心天圆地方 …………………………………………………………… 241
17.6　圆口倾斜天圆地方 …………………………………………………………………… 243
17.7　圆口倾斜双偏心天圆地方 …………………………………………………………… 244
17.8　方圆口垂直偏心天圆地方 …………………………………………………………… 246

第 18 章　方圆过渡三通及多通展开 ……………………………………………………… 248
18.1　圆管方管直交三通 …………………………………………………………………… 248
18.2　圆管方管斜交三通 …………………………………………………………………… 251
18.3　主方管分圆管 V 形三通 …………………………………………………………… 254
18.4　主圆管分异径方管放射形四通 ……………………………………………………… 256
18.5　主圆管分异径方管放射形五通 ……………………………………………………… 258

第 19 章　其他相贯体展开 ………………………………………………………………… 260
19.1　异径圆管直角三通 …………………………………………………………………… 260
19.2　异径圆管偏心斜交三通 ……………………………………………………………… 263
19.3　圆管直交两节矩形弯管 ……………………………………………………………… 267
19.4　小圆管直交 V 形顶大圆柱管 ……………………………………………………… 271
19.5　方管斜交偏心圆管三通 ……………………………………………………………… 275
19.6　方管正交圆锥管 ……………………………………………………………………… 278
19.7　45°扭转方管直交圆管三通 ………………………………………………………… 282
19.8　圆管斜交方形三通 …………………………………………………………………… 286
19.9　四棱锥正交圆管三通 ………………………………………………………………… 290

19.10　圆管直交四棱锥 293
19.11　圆管平交四棱锥 297
19.12　圆管偏交四棱锥 300
19.13　圆管斜交四棱锥 304
19.14　矩形管横交圆台 308
19.15　圆台直交圆管 311
19.16　圆台斜交圆管 315
19.17　圆管平交圆台 319
19.18　圆管偏交圆台 322
19.19　圆管斜交圆台 325

第 20 章　球面钣金展开 **330**
20.1　球形封头 330
20.2　球罐 332
20.3　平顶环形封头 334

第 21 章　螺旋钣金展开 **336**
21.1　圆柱等宽螺旋叶片 336
21.2　圆柱不等宽渐缩螺旋叶片 337
21.3　圆锥等宽渐缩螺旋叶片 339
21.4　内三棱柱外圆渐缩螺旋叶片 340
21.5　内四棱柱外圆渐缩螺旋叶片 342
21.6　圆柱等宽螺旋槽 344
21.7　圆锥等宽渐缩螺旋槽 347
21.8　90°方形螺旋管 350
21.9　180°方形螺旋管 354
21.10　180°矩形螺旋管 358

第 22 章　型材展开 **363**
22.1　90°内折角钢 363
22.2　钝角内折角钢 364
22.3　锐角内折角钢 366
22.4　任意角内弯角钢 367
22.5　内弯矩形框角钢 369
22.6　内弯五边形框角钢 370
22.7　圆弧折弯角钢 371
22.8　角钢圈 373
22.9　90°内折槽钢 374
22.10　任意角内弯槽钢 376
22.11　90°圆弧内折槽钢 378
22.12　任意角内折槽钢 380

第**1**章　SolidWorks 钣金展开基础

本章提要　本章主要介绍使用 SolidWorks 进行钣金展开放样的基础知识。首先简要介绍了传统钣金展开放样的方法，然后详细介绍了使用 SolidWorks 进行钣金展开放样的一般流程，其中重点是在钣金展开放样时展开系数的选取和修正以及钣金工程图、钣金图样的创建和输出。

1.1　钣金展开概述

　　钣金件一般是指利用金属的可塑性，针对具有一定厚度的金属薄板通过剪切、冲压成型、折弯等工艺，制造出单个零件，然后通过焊接、铆接等组装完成的组件。其特点是同一零件的厚度均一致。由于钣金件具有重量轻、强度高、导电、成本低、大规模量产性能好等特点，目前在石油化工、冶金、电子电器、通信、汽车工业、医疗器械等领域得到了广泛应用，例如在电脑机箱、手机、MP3 等日用产品中，钣金是必不可少的加工工艺。随着钣金的应用越来越广泛，钣金件的设计成为产品开发过程中很重要的一环。机械工程师必须熟练掌握钣金件的设计技巧，使得设计的钣金既能满足产品的功能和外观等要求，又能满足生产加工方便、成本经济等要求。

　　在钣金件的设计过程中，除了需要用工程图表达零件的形状尺寸外，还需要钣金的展开图来表示钣金件在生产加工之前的板料轮廓形状尺寸，用于指导钣金件生产时的下料、排样和生产。这种根据零件的立体形状要求，再绘制展平形态轮廓的过程就是钣金件的展开放样。掌握正确有效的钣金件展开放样的方法，既能保证钣金件的精度，又能提高加工效率，节省成本。

1.1.1　传统钣金展开方法

　　传统的钣金展开方法是采用画法几何和解析几何原理，将立体的钣金件展平到一个平面上并创建展开图样。构成钣金的表面形状可以分为两大类：理论可展表面和不可展表面。可展表面是指平面、柱面和锥面或者是由这些曲面分割而成的表面；不可展表面是指球面、环面以及其他异形曲面。可展曲面在理论上可以精确的展开，立体投影图与展开图中的对应素线长度相等，展开前后的零件表面积也相等；不可展曲面理论上不能在平面上展开，只能将展开对象近似划分为多个可展曲面片，然后再展开。传统的钣金展开放样的方法有模板计算法、投影图解法以及软件辅助法等。

1. 投影图解法

投影图解法是利用画法几何和手工作图完成钣金件的展开，具体方法有平行线法、放射线法以及三角线法。其中平行线法一般用于柱面的展开，放射线法用于锥面的展开，三角线法用于不可展曲面的近似展开。

图 1.1.1 就是使用平行线法展开斜截正圆柱面的作图过程。其作图思路是将圆柱表面分成若干等分（点 a～e），并确定等分处各素线的长度（a1～e5），将柱面底面圆周展开为直线，在直线的各等分点处画出素线的实际长度，最后用曲线连接各素线的端点（A～E）即可。

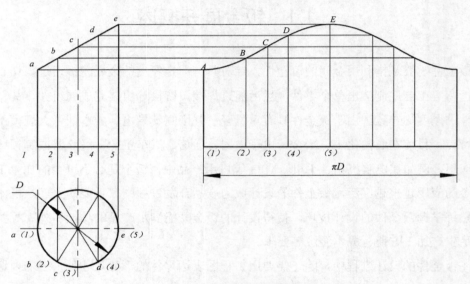

图 1.1.1　用平行线法斜截正圆柱面

2. 模板计算法

模板计算法是利用解析几何的原理计算钣金件的展开，具体方法有实长计算法、坐标计算法等。实长计算法是在展开时利用解析几何计算线段（素线）的长度，然后利用长度数据绘制展开图。该方法以较准确的数据替换了投影作图法中以图线作为长度参考的方法，得到的结果更加精确，但是最后展开图样的轮廓仍然需要作图完成，即最终描线得到的轮廓仍有较大误差。坐标计算法与实长计算法的原理基本类似，使用坐标计算法在计算时，直接计算展开轮廓中各参考点相对于某坐标系的坐标值，然后在该坐标系中绘制钣金展开轮廓。

3. 展开软件辅助法

展开软件辅助法是基于模板计算法的原理，利用软件自动生成展开图样，得到的图样是 DXF/DWG 格式，可以直接导入到 AutoCAD 中进行编辑和修改。但得到的图样是在理想状态下生成的，并未考虑实际生产中板厚的因素，所以得不到完整的三维模型。

1.1.2　使用 SolidWorks 进行钣金展开放样

传统的钣金展开放样的计算方法都是基于理论上零厚度的理想曲面，而实际中的钣金件都具有一定厚度。当钣金件厚度较小且精度要求不高时，钣金的厚度因素可以忽略，一旦钣金件的设计要求一定的精度，在钣金展开的计算中必须考虑到板厚的因素。因此，传统钣金展开方法只适用于精度要求不高的手工下料生产。

近年来，随着数控冲床、激光、等离子、水射流切割机以及数控折弯机的广泛普及和应用，钣金件的生产和加工效率大大提高，同时对钣金件的设计和展开放样提供了更新更高的要求，其中使用三维 CAD/CAM 技术进行钣金件设计已成为主流。使用三维 CAD 软件进行钣金件的展开放样的思路是直接在三维环境下进行钣金件或钣金装配体的设计与建模，然后在软件中自动将钣金件展开，并能直接生成钣金件的三视图以及展开图，相应的数据能直接导入到各种先进加工设备中，为生产加工提供数据参考。

目前流行的三维 CAD 软件中，SolidWorks、CATIA、UG、Creo、SolidEdge 等软件都有钣金件设计模块，其中法国达索公司的 SolidWorks 软件以其界面友好、易学易用、操作简单方便等特点，赢得了广大钣金件设计人员的喜爱。使用 SolidWorks 进行钣金展开放样有如下特点：

- 三维建模直观、方便，大多数钣金件及钣金装配体均可用 SolidWorks 进行建模，所得的三维模型可以完善整个产品的电子样机。
- 建模方法丰富，软件中的特征建模法、在展开状态下设计法、实体/曲面转化法、放样折弯等方法可以轻松创建各种钣金模型。
- 在 3D 状态下进行钣金设计，非常直观，钣金件各部分结构一目了然，修改方便，并能迅速导出二维图并进行自动标注。
- 展开方便，系统自动展开三维模型并能导出平面展开图。
- 三维模型与图纸数据完全关联，如果在三维模型中修改钣金件的尺寸，其三视图以及展开图会自动更新。

1.2　SolidWorks 钣金展开放样流程

本节将介绍 SolidWorks 钣金件设计界面以及使用 SolidWorks 进行钣金件展开放样的完整流程，其中涉及三维钣金件模型的基本创建方法、自动展开的方法、参数的测量与修正、展开图样的创建等。读者在学习时，要注意各种参数的设置和修改以及展开图样的创建方法。

1.2.1　SolidWorks 钣金件设计界面

在学习本节时，请先打开钣金件模型文件 D:\sw14.15\work\ch01.02.01\下平上斜正圆锥台管.SLDPRT。SolidWorks 钣金设计的用户界面包括设计树、下拉菜单区、工具栏按钮区、任务窗格、状态栏、图形区等（图 1.2.1）。

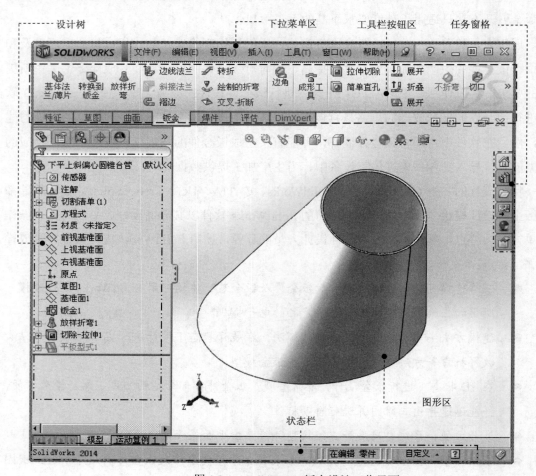

图 1.2.1　SolidWorks 钣金设计工作界面

1．设计树

设计树中列出了活动文件中的所有零件、特征以及基准和坐标系统等，并以树的形式显示模型结构，通过设计树可以很方便地查看及修改模型。

通过设计树可以使以下操作更为简洁快速：

● 通过双击特征的名称来显示特征的尺寸。

- 通过右击某特征，然后选择 🗐 特征属性... (D) 命令来更改特征的名称。
- 通过右击某特征，然后选择 父子关系... (I) 命令来查看特征的父子关系。
- 通过右击某特征，然后选择🗐命令来修改特征要素。
- 重排序特征。可以在设计树中拖动及放置来重新调整特征的生成顺序。

2. 下拉菜单区

下拉菜单中包含创建、保存、修改模型和设置 SolidWorks 环境的一些命令。钣金设计的命令主要分布在 插入(I) ➡ 钣金(H) ▸ 子菜单中，如图 1.2.2 所示。

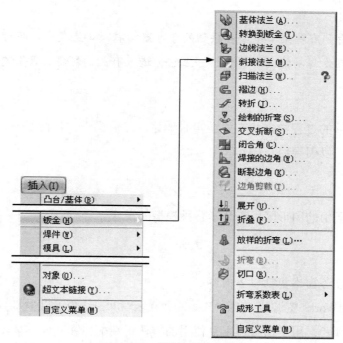

图 1.2.2 　"钣金"子菜单

3. 工具栏按钮区

工具栏中的命令按钮为快速进入命令及设置工作环境提供了极大的方便，用户可以根据具体情况定制工具栏。在工具栏处右击，在系统弹出的快捷菜单中确认 🗐 钣金(H) 选项被激活（ 🗐 钣金(H) 前的 🗐 按钮被按下），"钣金"工具栏（图 1.2.3）显示在工具栏按钮区。

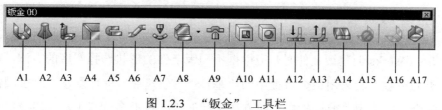

图 1.2.3 　"钣金"工具栏

A1：基体-法兰/薄片   A10：拉伸切除

A2：放样折弯   A11：简单直孔

A3：边线法兰   A12：展开

A4：斜接法兰   A13：折叠

A5：褶边   A14：展开

A6：转折   A15：不折弯

A7：绘制的折弯   A16：插入折弯

A8：断裂边角   A17：切口

A9：成型工具

注意：用户会看到有些菜单命令和按钮处于非激活状态（呈灰色，即暗色），这是因为它们目前还没有处在发挥功能的环境中，一旦它们进入有关的环境，便会自动激活。

4．状态栏

在用户操作软件的过程中，状态栏会实时地显示当前操作、当前状态以及与当前操作相关的提示信息等，以引导用户操作。

5．图形区

SolidWorks 界面中的图形区用于显示各种模型的图像。

6．任务窗格

SolidWorks 的任务窗格包括以下内容：

- （SolidWorks 资源）：包括"开始"、"社区"和"在线资源"区域等。
- （设计库）：用于保存可重复使用的零件、装配体和其他实体，包括库特征。
- （文件探索器）：相当于 Windows 资源管理器，用户可以方便地查看和打开模型。
- （视图调色板）：用于插入工程视图，包括要拖动到工程图图样上的标准视图、注解视图和剖面视图等。
- （外观、布景和贴图）：包括外观、布景和贴图等。
- （自定义属性）：用于自定义属性标签编制程序。

1.2.2 创建钣金零件

使用 SolidWorks 创建钣金件时，应根据不同钣金件的形状选择对应的方法。对于圆柱或椭圆柱类的钣金，应采用钣金特征中的"基体-法兰/薄片"进行创建；对于圆锥及方圆过渡类的钣金，应采用"放样折弯"的方法进行创建；对于多节弯头、三通及多通类的钣金件，由于实际生产是采用焊接的方法，故应采用创建单个分支然后进行装配的方法进行创建。

1. 使用"放样折弯"的方法创建钣金件

图 1.2.4 所示的"下平上斜正圆锥台管"是由一与圆锥轴线成一角度的正垂直截面截断正圆锥顶部形成的。其创建思路是：先绘制两个不封闭的圆弧，采用"放样折弯"的方法创建钣金整体模型，再通过"拉伸切除"切除多余的部分。图 1.2.4 所示的分别是其钣金件及展开图。下面介绍该零件在 SolidWorks 中的创建过程。

a）未展平状态

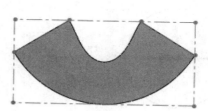

b）展平状态

图 1.2.4　下平上斜正圆锥台管

Step1. 选择下拉菜单 文件(F) ➡ 新建 (N)... 命令（或在"标准"工具栏中单击 按钮），此时系统弹出"新建 SolidWorks 文件"对话框。在该对话框中选择文件类型为"零件"，然后单击 确定 按钮。

Step2. 创建图 1.2.5 所示的草图 1。

（1）选择命令。选择下拉菜单 插入(I) ➡ 草图绘制命令。

（2）定义草图基准面。选取前视基准面作为草图基准面。

（3）绘制草图。在草绘环境中绘制图 1.2.5 所示的草图 1。

（4）选择下拉菜单 插入(I) ➡ 退出草图命令，退出草绘环境。

Step3. 创建图 1.2.6 所示的基准面 1。

（1）选择下拉菜单 插入(I) ➡ 参考几何体(G) ➡ 基准面(P)...命令，系统弹出"基准面"对话框。

（2）定义基准面的参考实体。选取上视基准面和图 1.2.6 所示的点为参考实体。

（3）单击 按钮，完成基准面 1 的创建。

Step4. 创建草图 2。选取上视基准面作为草图基准面，绘制图 1.2.7 所示的草图 2（圆弧经过草图 1 中底部直线的两个端点）。

Step5. 创建草图 3。选取基准面 1 为草图基准面，绘制图 1.2.8 所示的草图 3（圆弧经过图 1.2.8 所示的草图点）。

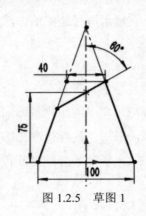

图 1.2.5　草图 1

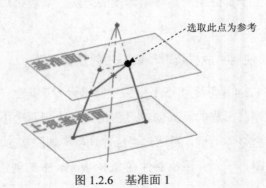

选取此点为参考

图 1.2.6　基准面 1

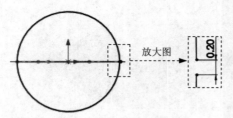

图 1.2.7　草图 2

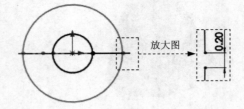

图 1.2.8　草图 3

说明：两个草图必须是不封闭的，开口同向对齐；草图必须是相切连续的，如果是有尖角的草图要进行圆角处理。

Step6. 创建图 1.2.9 所示的放样折弯钣金。

（1）选择命令。选择下拉菜单 插入(I) ➡ 钣金 (H) ▸ ➡ 放样的折弯 (L)… 命令（或在"钣金"工具栏中单击"放样折弯"按钮 ），系统弹出图 1.2.10 所示的"放样折弯 1"对话框。

（2）定义放样轮廓。依次选取图 1.2.11 所示的选取草图 2 和草图 3 作为放样折弯特征的轮廓。

（3）查看路径预览。单击"上移"按钮 调整轮廓的顺序。

（4）定义放样的厚度值。在"放样折弯 1"对话框的 厚度 文本框中输入数值 1.0，并单击"反向"按钮 调整材料方向向内。

（5）单击"放样折弯 1"对话框中的 按钮，完成放样折弯特征的创建。

图 1.2.10 所示的"放样折弯 1"对话框中各按钮的说明如下：

● 单击"上移"按钮 或"下移"按钮 来调整轮廓的顺序，或重新选择草图将不同的点连接在轮廓上。

● 厚度 文本框：用来控制"放样折弯"的厚度值。

● （反向）按钮：单击此按钮可以改变加材料方向。

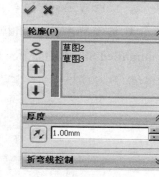

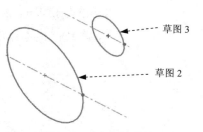

图 1.2.9　放样折弯钣金　　图 1.2.10　"放样折弯 1"对话框　　图 1.2.11　定义放样轮廓

Step7. 创建图 1.2.12 所示的切除-拉伸。选择下拉菜单 插入(I) ➡ 切除(C) ➡ 拉伸(E)... 命令；选取前视基准面为草绘基准面，绘制图 1.2.13 所示的横断面草图（草图直线与草图 1 中角度为 60°的直线重合）；在系统弹出的对话框中选中 ☑ 反侧切除(F) 复选框，取消选中 ☐ 正交切除(N) 复选框；单击 ✔ 按钮。

图 1.2.12　切除-拉伸　　　　　　　　　　图 1.2.13　横断面草图

Step8. 选择下拉菜单 文件(F) ➡ 🖫 保存(S) 命令，将模型命名为"下平上斜正圆锥台管"，保存钣金模型。

2. 钣金特征

当完成放样折弯的创建后，系统将自动在设计树中生成 🗊 钣金1 和 📄 平板型式1 两个特征，如图 1.2.14 所示。这些特征用来管理该零件并定义零件的默认设置。

在图 1.2.14 所示的设计树中右击 🗊 钣金1 特征，在系统弹出的快捷菜单（图 1.2.15）中选择 🗐 命令，系统弹出"钣金 1"对话框；选中 ☑ 使用规格表(G) 复选框后的对话框如图 1.2.16 所示，在该对话框中可以设定并修改"钣金规格"、"折弯参数"、"折弯系数"和"释放槽"等参数，这些参数将对整个零件起作用。

图 1.2.16 所示的"钣金 1"对话框中各选项的功能说明如下：

- 钣金规格(M) 区域：用于设定钣金零件的规格表。
  - ☑ ☑ 使用规格表(G) 复选框：用于定义是否使用钣金规格表。钣金规格表是 Excel

文件，其扩展名为.xls。可以在钣金规格表中为钣金零件选择一个规格，以设定钣金厚度和限定折弯半径。SolidWorks 2014 软件自带铝和钢的钣金规格表样本，默认情况下，钣金规格表样本在 SolidWorks 2014 安装目录下的 SolidWorks\lang\chinese-simplified\Sheetmetal Bend Tables 文件夹中。可以用 Excel 软件将其打开进行编辑，也可以根据实际需要创建自定义的钣金规格表。

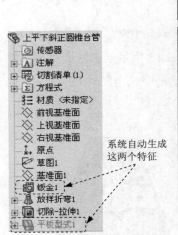

图 1.2.14　设计树

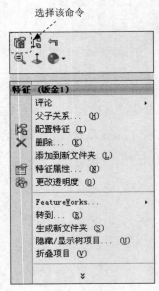

图 1.2.15　快捷菜单

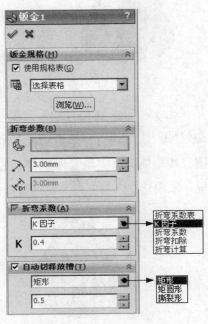

图 1.2.16　"钣金 1"对话框

- ☑ ⊞ 下拉列表：用于根据实际情况选择合适的规格表。

- ☑ 浏览(W)... 按钮：单击此按钮，系统弹出"浏览文件夹"对话框，从指定的路径中找到规格表。

- ● 折弯参数(B) 区域：用于设置折弯的参数。

- ☑ ⊗：单击定义固定的面或边线。

- ☑ ⊿ 文本框：用于设置折弯半径。

- ☑ ⊿D1 文本框：用于设置钣金材料的厚度。

- ● ☑ 折弯系数(A) 区域：用于设置整个钣金零件的折弯系数。

- ☑ 折弯系数表：折弯系数表是包含各种材料（如钢、铝等）具体参数的表格，其中包含利用材料厚度和折弯半径进行的一系列折弯计算。折弯系数表可以选择下拉菜单 插入(I) ➡ 钣金(H) ➡ 折弯系数表(L) 命令，然后选择子菜单中的 从文件(F)... 或者 新建(N)... 命令，用 SolidWorks 2014 软件自带的示例文件来创建，也可以在"钣金 1"对话框中选择 折弯系数表 来创建。折弯系数表是 Excel 文件（图 1.2.17），其扩展名为.xls。SolidWorks 2014 软件自带的示例文件在 SolidWorks 2014 安装目录下的 SolidWorks\lang\chinese-simplified\Sheetmetal Bend Tables 文件夹中。

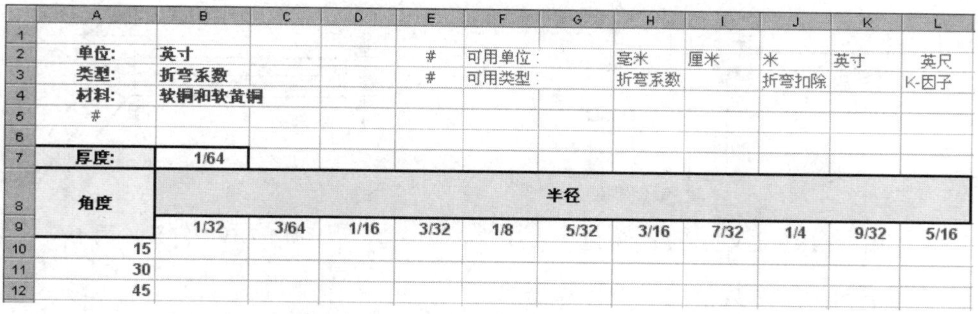

	A	B	C	D	E	F	G	H	I	J	K	L
1												
2	单位:	英寸				#	可用单位:	毫米	厘米	米	英寸	英尺
3	类型:	折弯系数				#	可用类型:	折弯系数		折弯扣除		K-因子
4	材料:	软铜和软黄铜										
5	#											
6												
7	厚度:	1/64										
8	角度	半径										
9		1/32	3/64	1/16	3/32	1/8	5/32	3/16	7/32	1/4	9/32	5/16
10	15											
11	30											
12	45											

图 1.2.17　折弯系数表

☑ **K 因子**：K 因子是折弯计算中的一个常数，它是内表面到中性层的距离与钣金厚度的比值。

☑ **折弯系数**：这里的折弯系数专指折弯后中性层所在位置的弧长。

☑ **折弯扣除**：当在生成折弯时，可以通过输入数值来给任何一个钣金折弯指定一个明确的折弯扣除数值。定义折弯扣除数值（图 1.2.18）：折弯扣除=2×OSSB-BA。折弯扣除值一般根据工厂的实际加工生产情况和用户的经验数据来设定。

● ☑ **自动切释放槽(T)** 区域：用于设置释放槽的各种参数。

☑ **矩形** 下拉列表：用于设置自动切释放槽的类型。

☑ **0.5** 文本框：用于设置释放槽的比例。

3．K 因子与板厚

实际中的钣金都有一定的板厚，在对钣金进行折弯成型时，必然会引起折弯部位的金属变形，这说明钣金在展开前后的轮廓尺寸有一定的差别。为保证展开后的钣金轮廓尺寸符合实际加工的需求，在钣金设计中需要设置折弯系数。前面简要介绍了各种钣金折弯系数的概念，本书中介绍的多是柱面、锥面以及球面的展开，在这些不规则钣金的展开放样中，以设置 K 因子的方法作为折弯系数最为适合。

在钣金的折弯过程中，假设有一层金属在折弯前后的长度是不变的，这个虚拟的"金属层"称为中性层或中性面，K 因子用于确定中性层的位置，它是内表面到中性层的距离与钣金厚度的比值。当选择 K 因子作为折弯系数时，可以指定 K 因子折弯系数表。SolidWorks 应用程序自带 Microsoft Excel 格式的 K 因子折弯系数表格。其文件是位于SolidWorks 应用程序的安装目录下的 lang\Chinese-Simplified\Sheetmetal Bend Tables 文件夹中的 kfactor base bend table.xls 文件中。也可通过使用钣金规格表来应用基于材料的默认 K 因子，定义 K 因子的含义如图 1.2.19 所示。

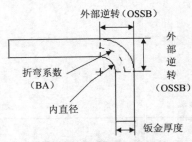

图 1.2.18　定义折弯扣除数值

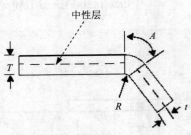

图 1.2.19　定义 K 因子

带 K 因子的折弯系数使用以下计算公式：

$$BA=\pi(R + KT)A/180$$

式中：　BA——折弯系数；

　　　　R——内侧折弯半径（mm）；

　　　　K——K 因子，$K= t/T$；

　　　　T——材料厚度（mm）；

　　　　t——内表面到中性层的距离（mm）；

　　　　A——折弯角度（经过折弯材料的角度）（°）。

　　K 因子的设置值与钣金件的板厚（T）以及内侧折弯半径（R）有关。一般情况下，当 R/T≥5 时，K 因子的值可以取 0.5，即默认中性层的位置位于板厚的中间；当 R/T≤5 时，K 因子的值可以按表 1.2.1 所示的值进行选取；当 R 近似为 0 时，K 因子的值也为 0。

表 1.2.1　R/T≤5 时的钣金件 K 因子取值

R/T	0.1	0.25	0.5	0.8	1	2	3	4	5
K	0.3	0.35	0.38	0.41	0.42	0.46	0.47	0.48	0.49

　　说明：本书介绍的 K 因子的取值是对实际工程经验数据的归纳整理，但由于不同的企业涉及的产品材料、加工工艺以及加工设备的不同，K 因子的值必须经过实验的修正，才能用于生产加工。修正的具体方法是先选择理论上合适的 K 因子的值，然后将理论值用于实验生产，根据经验数据和实际误差不断修正并多次实验，最终得到符合当前产品、材料以及加工设备的 K 因子的值。

1.2.3　展开钣金

　　📘平板型式1 特征位于所有特征的最下方，默认情况下该特征为压缩状态，若对其进行解除压缩操作，可以将钣金展开。

下面说明用 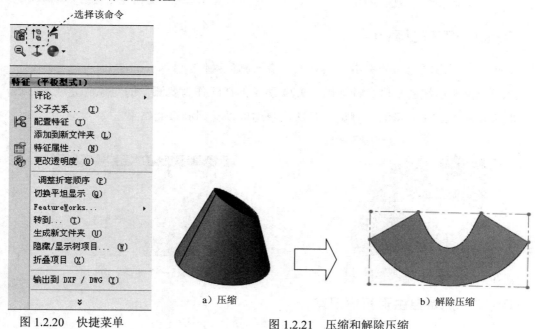平板型式1命令对模型进行压缩和解除压缩的一般操作步骤。

Step1. 打开文件 D:\sw14.15\work\ch01.02.03\下平上斜正圆锥台管.SLDPRT。

Step2. 对模型进行解除压缩。在设计树中右击 平板型式1特征，系统弹出图 1.2.20 所示的快捷菜单，在该菜单中选择 命令，此时钣金模型被展开（图 1.2.21b）。

Step3. 对模型进行压缩。再次右击 平板型式1，在系统弹出的快捷菜单中选择 命令，也可以直接单击图形区右上角的 图标，此时钣金模型又恢复到折叠状态（图 1.2.21a）。

Step4. 选择下拉菜单 文件(F) ➝ 另存为(A)... 命令，将模型命名为"下平上斜正圆锥台管展开"，保存钣金模型。

图 1.2.20 快捷菜单　　　　图 1.2.21 压缩和解除压缩

a）压缩　　　　b）解除压缩

1.2.4　钣金的数据测量

使用 平板型式1特征将钣金展开后，可以测量展开状态下的钣金件的相关参数，如展开表面积，轮廓周长以及折弯误差等。

下面以图 1.2.22 所示的模型为例，说明测量数据的一般操作步骤。

Task1．测量面积及周长

Step1. 打开文件 D:\sw14.15\work\ch01.02.04\下平上斜正圆锥台管展开.SLDPRT。

Step2. 选择命令。选择下拉菜单 工具(T) ➝ 测量(R)... 命令（或单击"工具"工具栏中的 按钮），系统弹出"测量"对话框。

Step3. 定义要测量的面。选取图 1.2.22 所示的模型表面作为要测量的面。

Step4. 查看测量结果。完成上步操作后，在图形区和图 1.2.23 所示的"测量"对话框中均会显示测量的结果。

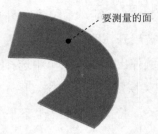

图 1.2.22　选取要测量的面

图 1.2.23　"测量"对话框

Task2. 测量轮廓长度

Step1. 在图形区空白处单击，结束上一步的测量操作。

Step2. 测量曲线的长度。选取图 1.2.24 所示的边线作为要测量的对象。完成选取后，在图形区和图 1.2.25 所示的"测量"对话框中均可以看到测量的结果。

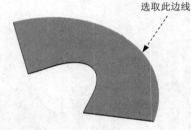

图 1.2.24　选取测量对象

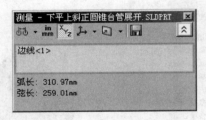

图 1.2.25　"测量"对话框

Task3. 测量自由形折弯误差

Step1. 关闭"测量"对话框。

Step2. 选择命令。在设计树中展开图 1.2.26 所示的 ⊞ 🔲 平板型式1 节点，然后右击其中的 🔧 展开-<自由形折弯1>1 选项，在系统弹出的图 1.2.27 所示的快捷菜单中选择 折弯误差 (Q) 命令，系统弹出"折弯误差"对话框并显示测量结果，如图 1.2.28 所示；同时图形区中也显示测量结果，如图 1.2.29 所示。

图 1.2.28 所示的"折弯误差"对话框中部分选项的说明如下：

- 折弯(B) 文本框：用于选取要测量的折弯特征。
- 折弯表面积(B)：用于显示折弯曲面的表面积参数。
  - ☑ 折叠：显示未展开状态时的放样折弯曲面区域的表面积。
  - ☑ 平展：显示展开状态时的放样折弯曲面区域的表面积。
  - ☑ 平展：表面积数值与 折叠 表面积数值的差。

☑　**百分比变化(%)**：**误差**值与**折叠**表面积数值的百分比。

● **曲线长度(C)**：当选中其中的 ☑ **仅最大误差(M)** 复选框时，图形区中只显示曲线的最大误差。

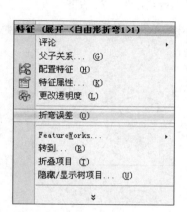

图 1.2.26　"平板型式"节点　　图 1.2.27　快捷菜单　　图 1.2.28　"折弯误差"对话框

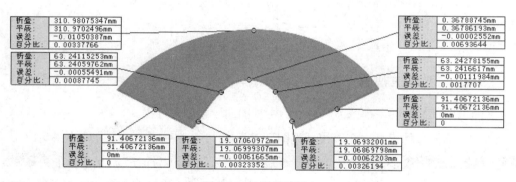

图 1.2.29　测量结果

说明：图形区的标注为每条边线的折弯误差值。折弯曲面区域的折弯误差基准面是草图所处的基准面或面。例如，如果材料向模型的内部拉伸，折弯误差则从外部面测量。

1.2.5　生成钣金工程图

钣金件创建完成并经过展开验证后，可以根据三维模型和展开图样创建钣金工程图。创建钣金工程图时，系统会自动创建一个平板形式的配置，该配置可以用于创建零件展开状态的视图。所以，在用 SolidWorks 创建带折弯特征的钣金工程图时，不需要展开钣金件。

下面以图 1.2.30 所示的工程图为例，来说明创建钣金工程图的一般过程。

Task1. 新建工程图

下面介绍新建工程图的一般操作步骤。

Step1. 选择下拉菜单 文件(F) ➡ 新建(N)... 命令，系统弹出"新建 SolidWorks 文件"对话框（一）。

Step2. 在"新建 SolidWorks 文件"对话框（一）中选择"工程图"模板，单击 高级 按钮，系统弹出"新建 SolidWorks 文件"对话框（二）。

Step3. 在"新建 SolidWorks 文件"对话框（二）中选择"gb_a2"模板，单击 确定 按钮，完成工程图的创建。

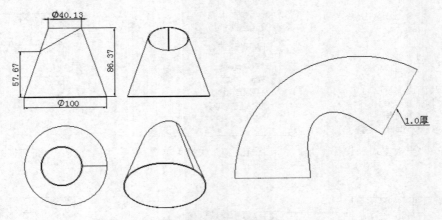

图 1.2.30　创建钣金工程图

Task2. 创建主视图

下面以图 1.2.31 的主视图为例，介绍主视图的一般创建过程。

Step1. 选择零件模型。在"模型视图"对话框中 选择一零件或装配体以从之生成 视图，然后单击下一步。 的系统提示下，单击 要插入的零件/装配体(E) 区域中的 浏览(B)... 按钮，系统弹出"打开"对话框；在 查找范围(I): 下拉列表中选择目录 D:\sw14.15\work\ch01.02.05，然后选择模型文件"下平上斜正圆锥台管.SLDPRT"，单击 打开(O) 按钮。

说明：可选择下拉菜单 插入(I) ➡ 工程图视图(V) ➡ 模型(M)... 命令，进入"模型视图"对话框。

Step2. 定义视图参数。

（1）在 方向(O) 区域中单击"前视"按钮 （图 1.2.32）。

（2）定义选项。在"模型视图"对话框的 选项(N) 区域中取消选中 □ 自动开始投影视图(A) 复选框。

（3）选择比例。在 比例(A) 区域中选中 ⊙ 使用自定义比例(C) 单选按钮，在其下方的下拉列表中选择 1:1 选项（图 1.2.33）。

Step3. 放置视图。将鼠标移动至图形区，选择合适的放置位置单击，以生成主视图（图 1.2.31）。

Step4. 单击"工程图视图 1"对话框中的 ✔ 按钮，完成主视图的创建。

说明：如果在生成主视图前，在 **选项(N)** 区域中选中 ☑ 自动开始投影视图(A) 复选框（图 1.2.34），则在生成一个视图后会继续生成其投影视图。

图 1.2.31　主视图

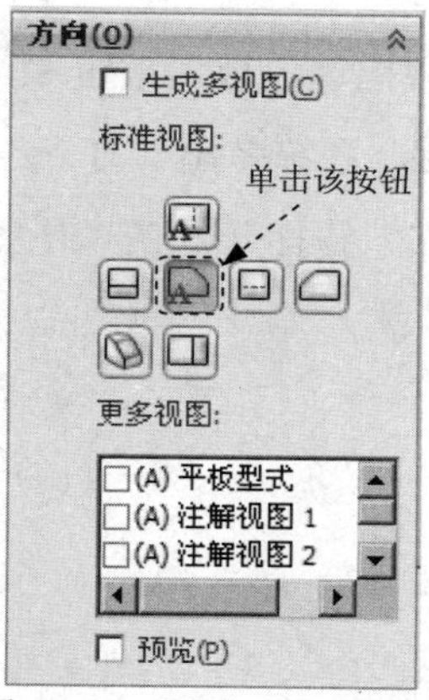

图 1.2.32　"方向"区域

图 1.2.33　"比例"区域

图 1.2.34　"选项"区域

Task3. 创建投影视图

投影视图包括俯视图、轴测图和左视图等。下面以图 1.2.35 所示的视图为例，说明创建投影视图的一般操作过程。

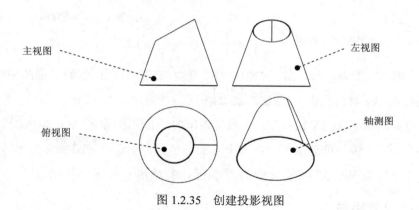

图 1.2.35　创建投影视图

Step1. 选择下拉菜单 插入(I) ➡ 工程图视图(V) ➡ 投影视图(P) 命令，在窗口中出现投影视图的虚线框。

Step2. 系统自动选择图 1.2.35 所示的主视图作为投影的俯视图。

说明：该视图中只有一个视图，所以系统默认选择该视图为投影的俯视图。

Step3. 放置视图。在主视图的右侧单击以生成左视图；在主视图的下方单击，以生成俯视图；在主视图的右下方单击，以生成轴测图。

说明：在 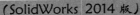 比例(S) 区域中选中 ⊙ 使用自定义比例(C) 单选按钮，在其下方的下拉列表中可以选择轴测图比例。

Step4. 单击"投影视图"对话框中的 ✓ 按钮，完成投影视图的创建。

Task4. 创建图 1.2.36 所示的展开视图

Step1. 单击任务窗格中的"视图调色板"按钮 ⊞，打开"视图调色板"对话框。

Step2. 单击"浏览"按钮 ⋯，系统弹出"打开"对话框，在该对话框中选择模型文件"下平上斜正圆锥台管.SLDPRT"并打开，在"视图调色板"对话框中显示零件的视图预览（图 1.2.37）。

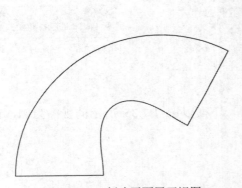

图 1.2.36　创建平面展开视图

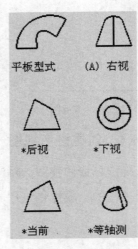

图 1.2.37　视图预览

Step3. 在打开的"视图调色板"对话框中，将"平板型式"的视图拖到工程图图样上，在系统弹出的 SolidWorks 对话框中单击 是(Y) 按钮，然后单击 ✓ 按钮。

Step4. 调整视图比例。单击平板视图，在系统弹出的"工程图视图"对话框的 比例(A) 区域中选中 ⊙ 使用自定义比例(C) 单选按钮，在其下方的下拉列表中选择 1:1 选项。

Step5. 单击"工程图视图 5"对话框中的 ✓ 按钮，完成展开视图的创建。

Task5. 创建尺寸标注

工程图中的尺寸标注是与模型相关联的，而且模型中的尺寸修改会反映到工程图中。通常用户在生成每个零件特征时就会生成尺寸，然后将这些尺寸插入到各个工程视图中。

Step1. 选择下拉菜单 工具(T) ➡ 标注尺寸(S) ➡ ◇ 智能尺寸(S) 命令，系统弹出"尺寸"对话框，为视图添加图 1.2.38 所示的尺寸标注。

Step2. 调整尺寸。将尺寸调整到合适的位置，保证各尺寸之间的距离相等。

Step3. 单击"尺寸"窗口中的 ✓ 按钮，完成尺寸的标注。

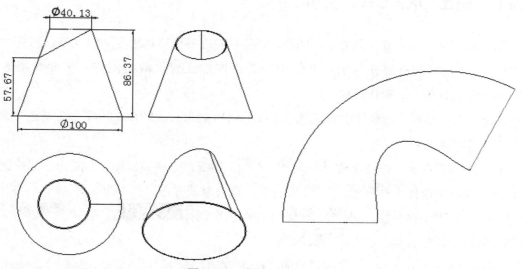

图 1.2.38　创建尺寸标注

Task6．创建注解

在工程图中，除了尺寸标注外，还需要创建相应的注释标注，如图 1.2.39 所示。

Step1. 选择下拉菜单 插入(I) ➡ 注解(A) ➡ A 注释(N)... 命令，系统弹出"注释"对话框。

Step2. 单击 引线(L) 区域中的"下划线引线"按钮 ⊥ 。

Step3. 定义放置位置。选取图 1.2.39 所示的边线，在合适的位置处单击。

Step4. 定义注解内容。在注解文本框中输入"1.0 厚"。

Step5. 单击 ✓ 按钮，完成注解的创建。

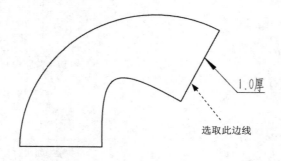

图 1.2.39　创建注解

Task7．保存文件

钣金工程图创建完毕。选择下拉菜单 文件(F) ➡ 🖫 保存(S) 命令，将文件命名为 sm_drw.SLDDRW 即可保存零件模型。

1.2.6　输出 DXF/DWG 文件

钣金件被展开后，除了创建工程图外，还需要将展开图样输出为 DXF/DWG 格式，以便导入到激光切割机等先进加工系统中，为生产加工提供数据支持。下面介绍输出 DXF/DWG 文件的一般操作过程。

Step1. 打开展开的钣金件模型。打开文件 D:\sw14.15\work\ch01.02.06\下平上斜正圆锥台管展开.SLDPRT。

Step2. 选择命令。在设计树中右击 📄 平板型式1 特征，系统弹出图 1.2.40 所示的快捷菜单，在该菜单中选择 输出到 DXF / DWG (Y) 命令，此时系统弹出"另存为"对话框。

Step3. 设置保存参数。在 保存类型(T): 下拉列表中选择 Dxf (*.dxf) 选项，在 文件名(N): 文本框中采用默认的名称，单击 保存(S) 按钮。

Step4. 设置输出参数。在系统弹出的"DXF/DWG 输出"对话框中设置图 1.2.41 所示的参数，单击 ✓ 按钮。

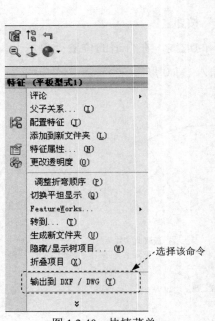

图 1.2.40　快捷菜单

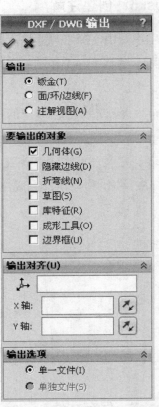

图 1.2.41　"DXF/DWG 输出"对话框

Step5. 此时系统弹出图 1.2.42 所示的"DXF/DWG 清理-平板型式 1"对话框，并在该对话框中显示展开图样的 DXF 图形，单击 保存 按钮，保存 DXF 文件并关闭该对话框。

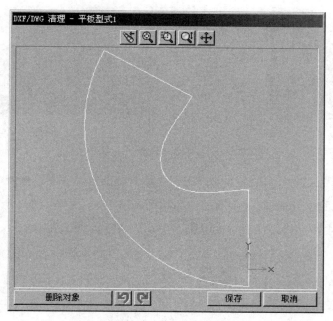

图 1.2.42 "DXF/DWG 清理-平板型式 1"对话框

1.3 SolidWorks 钣金展开放样范例

本节将通过几个典型的范例，介绍在 SolidWorks 中钣金展开放样的应用。常用的钣金件创建方法有特征建模法、放样折弯法、实体分割转换法以及装配建模法等，放样折弯法前文中已有介绍，本节将重点介绍其余三种方法。读者要注意不同类型钣金件的创建思路以及 K 因子的设置方法。在本书后面的章节中，对于各种不同形状的钣金件及钣金装配体，将只介绍其创建与展开的过程，展开图样的创建过程将不再赘述。

1.3.1 范例 1——特征建模法

特征建模法是利用 SolidWorks 钣金模块中的钣金特征创建命令进行建模，如基体-法兰、边线法兰、斜接法兰等。这种建模思路十分适用于创建平板构件（如机箱、机柜等产品）以及柱形表面钣金件。

下面以斜截圆柱管钣金为例，介绍特征建模法的应用。斜截圆柱管是在普通圆柱管的上端被一个与其轴线成一定角度的正垂面截断而形成的构件，如图 1.3.1a 所示。

Task1. 创建斜截圆柱管

Step1. 新建模型文件。

a）未展平状态   b）展平状态

图 1.3.1 斜截圆柱管的创建与展平

Step2. 创建图 1.3.2 所示的基体-法兰 1。选择下拉菜单 插入(I) ➡ 钣金(H) ➡
 ⌖ 基体法兰 (A)... 命令；选取前视基准面作为草图基准面，绘制图 1.3.3 所示的横断面草图；在 方向1 区域的 ⚲ 下拉列表中选择 给定深度 选项，在 ⬚D1 文本框中输入深度值 500；在 钣金参数(S) 区域的 ⬚T1 文本框中输入厚度值 1.5，在 ⬚ 文本框中输入圆角半径值 1.5；在 ☑ 折弯系数(A) 区域的文本框中选择 K 因子，将 K 文本框中将因子系数设置为 0.5；单击 ✔ 按钮，完成基体-法兰 1 的创建。

说明：根据前文介绍，K 因子的设置值与钣金件的板厚（T）以及内侧折弯半径（R）有关，当 $R/T \geq 5$ 时，K 因子值取 0.5。本例中折弯半径值（注意不是 ⬚ 文本框中的半径值）为 150，板厚为 1.5，故 K 因子的值设置为 0.5。

图 1.3.2 基体-法兰 1

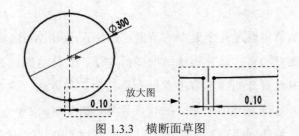

图 1.3.3 横断面草图

Step3. 创建图 1.3.4 所示的切除-拉伸 1。选择下拉菜单 插入(I) ➡ 切除(C) ➡ 拉伸(E)... 命令；选取右视基准面为草图基准面，绘制图 1.3.5 所示的横断面草图；在对话框中选中 ☑ 反侧切除(F) 复选框，取消选中 ☐ 正交切除(N) 复选框；单击 ✔ 按钮，完成切除-拉伸 1 的创建。

图 1.3.4 切除-拉伸 1

图 1.3.5 横断面草图

Step4. 选择下拉菜单 文件(F) ➡ 🖫 保存(S) 命令，将模型命名为"斜截圆柱管"，保存至 D:\sw14.15\work\ch01.03.01。

Task2. 展平斜截圆柱管

Step1. 在设计树中右击 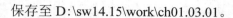 平板型式1 特征,在系统弹出的快捷菜单中单击"解除压缩"命令按钮 ,即可将钣金展平,如图 1.3.1b 所示。

Step2. 选择下拉菜单 文件(F) ➡ 另存为(A)... 命令,将展开后的钣金件命名为"斜截圆柱管展开"并保存。

Task3. 生成钣金工程图

Stage1. 新建工程图

Step1. 选择下拉菜单 文件(F) ➡ 新建(N)... 命令,系统弹出"新建 SolidWorks 文件"对话框。

Step2. 在"新建 SolidWorks 文件"对话框中选择"gb_a3"模板,单击 确定 按钮,完成工程图的创建。

Stage2. 创建普通视图

Step1. 选择零件模型。在"模型视图"对话框中 选择一零件或装配体以从之生成视图,然后单击下一步。 的系统提示下,单击 要插入的零件/装配体(E) 区域中的 浏览(B)... 按钮,系统弹出"打开"对话框;在 查找范围(I): 下拉列表中选择目录 D:\sw14.15\work\ch01.03.01,然后选择模型文件"斜截圆柱管.SLDPRT",单击 打开(O) 按钮。

Step2. 定义视图参数。

(1)在 方向(O) 区域中单击"前视"按钮 。

(2)选择比例。采用默认的图纸比例。

(3)在 选项(N) 区域中选中 ☑ 自动开始投影视图(A) 复选框。

Step3. 放置视图。将鼠标移动至图形区,选择合适的放置位置单击,以生成主视图,在主视图的右侧单击以生成左视图。

Step4. 单击"投影视图"对话框中的 ✔ 按钮,完成视图的创建,如图 1.3.6 所示。

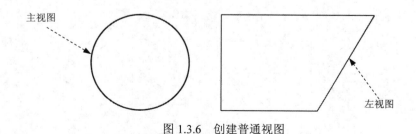

图 1.3.6 创建普通视图

Stage3．创建展开视图

Step1．单击任务窗格中的"视图调色板"按钮 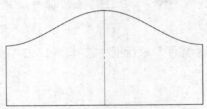，打开"视图调色板"对话框。

Step2．单击"浏览"按钮 ，系统弹出"打开"对话框，在该对话框中选择模型文件"斜截圆柱管.SLDPRT"并打开，在"视图调色板"对话框中显示零件的视图预览。

Step3．在打开的"视图调色板"对话框中，将"（A）平板型式"的视图拖到工程图图样上，在系统弹出的 SolidWorks 对话框中单击 **是(Y)** 按钮，单击 ✔ 按钮。

Step4．调整视图比例。单击平板视图，在系统弹出的"工程图视图 3"对话框的 **比例(A)** 区域中选中 ⊙ 使用自定义比例(C) 单选按钮，在其下方的下拉列表中选择比例值为 1:10。

Step5．单击"工程图视图 3"对话框中的 ✔ 按钮，完成展开视图的创建，如图 1.3.7 所示。

图 1.3.7　创建平面展开视图

说明：展开视图创建完成后可以隐藏其中的折弯注释和折弯线。

Stage4．创建标注

Step1．创建中心线。选择下拉菜单 插入(I) ➡ 注解(A) ➡ ⊞ 中心线(L)… 命令，系统弹出"中心线"对话框；依次选取图 1.3.8 所示的直线 1、直线 2、直线 3 和直线 4，此时系统会自动为视图添加中心线，单击"中心线"对话框中的 ✔ 按钮，完成中心线的添加。

Step2．创建中心符号线。选择下拉菜单 插入(I) ➡ 注解(A) ➡ ⊕ 中心符号线(C)… 命令，系统弹出"中心符号线"对话框。选取图 1.3.8 所示的圆弧 1，此时系统会自动为视图添加中心符号线，单击"中心符号线"对话框中的 ✔ 按钮，完成中心符号线的添加。

说明：选中中心线或中心符号线，然后拖动其端点，可以调整中心线或中心符号线的长度。

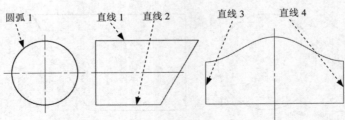

圆弧 1　　直线 1　直线 2　　　直线 3　　直线 4

图 1.3.8　创建中心线和中心符号线

Step3. 创建尺寸标注。选择下拉菜单 工具(T) ➡ 标注尺寸(S) ➡ 智能尺寸(S) 命令，系统弹出"尺寸"对话框。为视图添加图 1.3.9 所示的尺寸标注。

Step4. 创建注解。选择下拉菜单 插入(I) ➡ 注解(A) ➡ A 注释(N)...命令，系统弹出"注释"窗口；单击 引线(L) 区域中的"下划线引线"按钮 ；选取图 1.3.10 所示的边线，在合适的位置处单击；在注解文本框中输入"1.5 厚"；单击 ✔ 按钮，完成注解的创建。

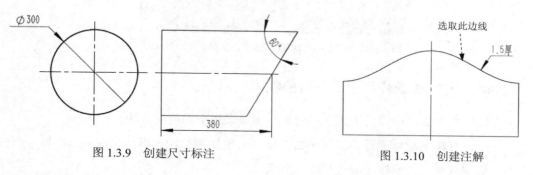

图 1.3.9　创建尺寸标注　　　　　　　　图 1.3.10　创建注解

Stage5. 保存文件

钣金工程图创建完毕。选择下拉菜单 文件(F) ➡ 💾 保存(S)命令，即可保存工程图文件。

Task4. 输出 DXF/DWG 文件

Step1. 打开文件 D:\sw14.15\work\ch01.03.01\斜截圆柱管展开.SLDPRT。

Step2. 选择命令。在设计树中右击 🔲 平板型式1 特征，在系统弹出的快捷菜单中选择 输出到 DXF / DWG (Y)命令，采用默认的格式与名称，单击 保存(S) 按钮。

Step3. 设置输出参数。单击"DXF/DWG 输出"对话框 输出对齐(U) 区域 🛓 后的文本框，选取图 1.3.11 所示的点为原点（隐藏折弯线与边界框），单击 X轴: 后的文本框，选取图 1.3.11 所示的边线为 X 轴参考，单击 ✔ 按钮。

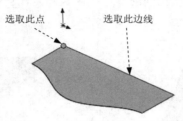

图 1.3.11　选取原点与 X 轴参考

Step4. 此时系统弹出图 1.3.12 所示的"DXF/DWG 清理-平板型式 1"对话框，并在该对话框中显示展开图样的 DXF 图形，单击 保存 按钮，保存 DXF 文件并关闭该对话框。

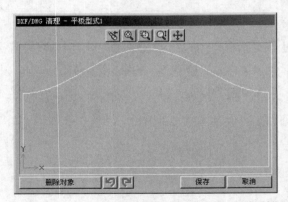

图 1.3.12 "DXF/DWG 清理-平板型式 1"对话框

Task5．打印出纸样与手工下料剪裁

如在实际生产加工中需要手工下料剪裁，可以采用下面两种方法。

方法一：打印出纸样下料。将展平图样以 1:1 的比例打印出纸样，再将纸样贴合到板料之上，根据纸样上的曲线轮廓进行下料剪裁。

方法二：根据尺寸下料。在板料上选取一个参考点，采用测量的方法量取直边的尺寸，也可以在钣金工程图中标注直边的尺寸；对于曲线轮廓边，可以创建一系列的等分点，然后测量等分点相对于参考点的平面坐标值，在板料上确定这些点的位置并光滑连接各点得到曲线轮廓。

1.3.2 范例2——装配建模法

装配建模法一般用于创建加工中需要焊接的钣金件。创建思路是：先用特征建模、放样折弯等方法创建各个构件，再将构件进行装配，然后对各个构件分别进行展平放样操作。实际加工时是先根据展平图样生产各个构件，再将构件进行焊接。

下面以两节拱形（半长圆）任意角弯头为例，介绍装配建模法的应用。两节拱形（半长圆）任意角弯头是由两个形状相同的拱形（半长圆）柱管接合而成的构件，如图 1.3.13a所示。

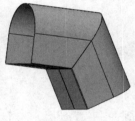

a）未展平状态

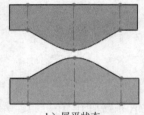

b）展平状态

图 1.3.13 两节拱形（半长圆）任意角弯头的创建与展平

Task1.　创建两节拱形（半长圆）任意角弯头

Stage1.　创建端节

Step1.　新建模型文件。

Step2.　创建图1.3.14所示的基体-法兰1。选择下拉菜单 插入(I) ➡ 钣金(H) ➡
基体法兰 (A)... 命令；选取上视基准面作为草图基准面，绘制图1.3.15所示的横断面草图；
在 方向1 区域的 下拉列表中选择 给定深度 选项，在 $\overset{\leftarrow}{\text{D1}}$ 文本框中输入深度值400；在
钣金参数(S) 区域的 $\overset{\leftarrow}{\text{T1}}$ 文本框中输入厚度值1，选中 ☑ 反向(E) 复选框，在 文本框中输入圆
角半径值1；在 ☑ 折弯系数(A) 区域的文本框中选择 K因子，将 K 因子系数设置为0.5；单击 ✔
按钮，完成基体-法兰1的创建。

图1.3.14　基体-法兰1

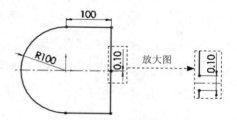

图1.3.15　横断面草图

Step3.　创建图1.3.16所示的切除-拉伸1。选择下拉菜单 插入(I) ➡ 切除(C) ➡
▣ 拉伸 (E)... 命令；选取前视基准面作为草图基准面，绘制图1.3.17所示的横断面
草图；在对话框 方向1 区域的 下拉列表中选择 完全贯穿 选项，取消选中 ☐ 正交切除(N) 复选
框；选中 ☑ 方向2 复选框，在该区域的下拉列表中选择 完全贯穿 选项；单击 ✔ 按钮，完成切
除-拉伸1的创建。

Step4.　选择下拉菜单 文件(F) ➡ 🖬 保存(S) 命令，将模型命名为"拱形（半长圆）
柱管"，　保存至D:\sw14.15\work\ch01.03.02。

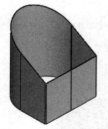

图1.3.16　切除-拉伸1

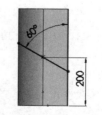

图1.3.17　横断面草图

Stage2.　装配，生成两节拱形（半长圆）任意角弯头

Step1.　新建一个装配文件。选择下拉菜单 文件(F) ➡ ▢ 新建 (N)... 命令，在系统弹
出的"新建SolidWorks文件"对话框中选择"gb_assembly"模板，单击 确定 按钮，

进入装配环境。

Step2. 添加第一个拱形（半长圆）柱管。

（1）引入零件。进入装配环境后，系统会自动弹出"开始装配体"对话框，单击"开始装配体"对话框中的 浏览(B)... 按钮，在系统弹出的"打开"对话框中选取 D:\sw14.15\work\ch01.03.02\拱形（半长圆）柱管.SLDPRT，单击 打开(O) 按钮。

（2）单击"开始装配体"对话框中的 ✔ 按钮，零件固定在原点位置。

Step3. 添加图 1.3.18 所示的第二个拱形（半长圆）柱管并定位。

（1）引入零件。

① 选择命令。选择下拉菜单 插入(I) ➡ 零部件(O) ➡ 🔧 现有零件/装配体(E)... 命令 （或在"装配体"工具栏中单击 🔧 按钮），系统弹出"插入零部件"对话框。

② 单击"插入零部件"对话框中的 浏览(B)... 按钮，在系统弹出的"打开"对话框中选取拱形（半长圆）柱管，单击 打开(O) 按钮。

③ 将零件放置并调整到合适的位置，如图 1.3.19 所示。

（2）添加配合，使零件完全定位。

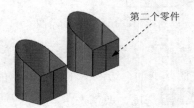

图 1.3.18　添加第二个零件

图 1.3.19　调整后的位置

① 选择命令。选择下拉菜单 插入(I) ➡ 🖉 配合(M)... 命令（或在"装配体"工具栏中单击 🖉 按钮），系统弹出"配合"对话框。

② 添加"重合"配合。单击"配合"对话框中的 ⟍ 按钮，分别选取两模型中的前视基准面为重合对象，单击快捷工具条中的 ✔ 按钮。

③ 添加"重合"配合。单击"配合"对话框中的 ⟍ 按钮，分别选取两模型中的切口表面为重合对象，如图 1.3.20 所示，单击快捷工具条中的 ✔ 按钮。

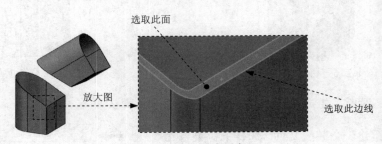

图 1.3.20　选取重合对象

④ 添加"重合"配合。单击"配合"对话框中的 ![img] 按钮，分别选取两模型切口处的直边为重合对象，如图 1.3.20 所示，单击快捷工具条中的 ![img] 按钮。

⑤ 单击"配合"对话框的 ![img] 按钮，完成零件的定位。

Step4. 选择下拉菜单 文件(F) ➡ 💾 保存(S) 命令，将模型命名为"两节拱形（半长圆）任意角弯头"，保存装配模型。

Task2. 展平两节拱形（半长圆）任意角弯头

从上面的创建过程中可以看出两节拱形（半长圆）任意角弯头是由两个拱形（半长圆）柱管装配形成的，所以其展开只需对单节拱形（半长圆）柱管展开，具体方法如下。

Step1. 打开模型文件 D:\sw14.15\work\ch01.03.02\拱形（半长圆）柱管.SLDPRT。

Step2. 在设计树中右击 🔲 平板型式1 特征，在系统弹出的快捷菜单中单击"解除压缩"命令按钮 ![按钮]，即可将钣金展平，展平结果如图 1.3.21 所示。

图 1.3.21　拱形（半长圆）柱管展开图

Step3. 选择下拉菜单 文件(F) ➡ 另存为(A)... 命令，将展开后的钣金件命名为"拱形（半长圆）柱管展开"并保存。

Task3. 生成钣金工程图

Step1. 新建工程图文件，选择"gb_a3"模板。

Step2. 选择零件模型。在"模型视图"对话框中 选择一零件或装配体以从之生成视图，然后单击下一步。 的系统提示下，单击 要插入的零件/装配体(E) 区域中的 浏览(B)... 按钮，系统弹出"打开"对话框；在 查找范围(I): 下拉列表中选择目录 D:\sw14.15\work\ch01.03.02，然后选择模型文件"拱形（半长圆）柱管.SLDPRT"，单击 打开(O) 按钮。

Step3. 创建普通视图。在 方向(O) 区域中单击"前视"按钮 ![按钮]，采用默认的图纸比例，选中 ☑ 自动开始投影视图(A) 复选框；将鼠标移动至图形区，选择合适的放置位置单击，生成主视图，在主视图的下方单击以生成俯视图；单击"模型视图"对话框中的 ![按钮] 按钮，完成视图的创建，如图 1.3.22 所示。

Step4. 创建展开视图。单击任务窗格中的"视图调色板"按钮 ![按钮]，打开"视图调色板"对话框；单击"浏览"按钮 ![...]，在"打开"对话框中选择模型文件"拱形（半长圆）柱管.SLDPRT"并打开；将"（A）平板型式"的视图拖到工程图图样上，在系统弹出的 SolidWorks 对话框中单击 是(Y) 按钮，单击"工程图视图"对话框中的 ![按钮] 按钮。

Step5. 参照图 1.3.22，对工程图进行标注。

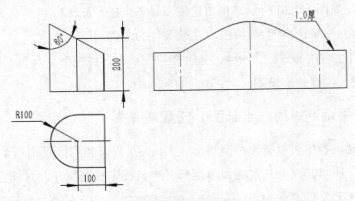

图 1.3.22　创建钣金视图

Step6. 钣金工程图创建完毕。选择下拉菜单 文件(F) ➡ 📄 保存(S) 命令，即可保存工程图文件。

Task4．输出 DXF/DWG 文件

Step1. 打开文件 D:\sw14.15\work\ch01.03.02\拱形（半长圆）柱管展开.SLDPRT。

Step2. 选择命令。在设计树中右击 📄 平板型式1 特征，在系统弹出的快捷菜单中选择 输出到 DXF / DWG (Y) 命令，采用默认的格式与名称，单击 保存(S) 按钮。

Step3. 设置输出参数。采用默认的输出参数，单击 ✔ 按钮。

Step4. 此时系统弹出图 1.3.23 所示的"DXF/DWG 清理–平板型式 1"对话框，并在该对话框中显示展开图样的 DXF 图形，单击 保存 按钮，保存 DXF 文件并关闭该对话框。

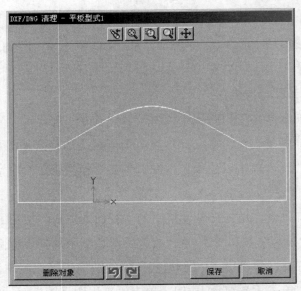

图 1.3.23　"DXF/DWG 清理–平板型式 1"对话框

1.3.3 范例3——实体分割转换法

实体分割转换法也是创建焊接钣金件的一种方法，适用于创建整体性较强的钣金模型，最终得到的仍是装配体模型。创建思路是：先用实体特征建模创建焊接钣金件的整体，再利用分割命令从整体模型中分割出各个构件实体并自动生成装配体，再将构件进行处理并转换成可展开的钣金件模型。

下面以 60°三节圆形等径弯头为例，介绍实体分割转换法的应用。60°三节圆形等径弯头是由三节等径的圆柱管构成，且两端口平面夹角为 60°，首尾两端节较短，是中间节的一半，如图 1.3.24a 所示。

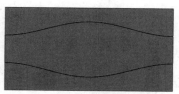

a）未展平状态   b）展平状态

图 1.3.24 60°三节圆形等径弯头的创建与展平

Task1. 创建 60°三节圆形等径弯头

Stage1. 创建端节模型

Step1. 新建模型文件。

Step2. 创建图 1.3.25 所示的草图 1。选择下拉菜单 插入(I) ➡ 草图绘制 命令；选取前视基准面作为草图基准面，绘制图 1.3.25 所示的草图 1。

Step3. 创建图 1.3.26 所示的基体-法兰 1。选择下拉菜单 插入(I) ➡ 钣金(H) ➡ 基体法兰(A)... 命令；选取上视基准面作为草图基准面，绘制图 1.3.27 所示的横断面草图；在 方向1 区域的 下拉列表中选择 成形到一顶点 选项，选取图 1.3.28 所示的顶点；在 钣金参数(S) 区域的 文本框中输入厚度值 1，在 文本框中输入圆角半径值 1；在 折弯系数(A) 区域的文本框中选择 K因子，将 K 因子系数设置为 0.5；单击 按钮，完成基体-法兰 1 的创建。

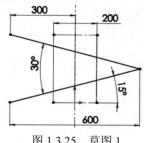

图 1.3.25 草图 1

图 1.3.26 基体-法兰 1

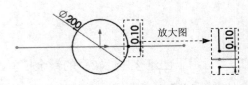

图 1.3.27 横断面草图

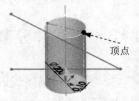

图 1.3.28 定义指定顶点

Step4. 创建图 1.3.29 所示的切除-拉伸-薄壁 1。选择下拉菜单 插入(I) ➞ 切除(C) ➞ 拉伸(E)... 命令；选取草图 1 为横断面草图；选中 ☑ 薄壁特征(T) 复选框，在该区域的 下拉列表中选择 两侧对称 选项，在 文本框中输入深度值 0.1；单击 ✔ 按钮，系统弹出图 1.3.30 所示的"要保留的实体"对话框，选中 ⦿ 所有实体(A) 单选按钮；单击 确定(K) 按钮，完成切除-拉伸-薄壁 1 的创建。

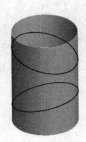

图 1.3.29 切除-拉伸-薄壁 1

图 1.3.30 "要保留的实体"对话框

Step5. 选择下拉菜单 文件(F) ➞ 保存(S) 命令，将模型命名为"60°三节圆形等径弯头"，并保存至 D:\sw14.15\work\ch01.03.03。

Step6. 插入新零件（一）。右击设计树 ⊞ 切割清单(3) 下级菜单中的 切除-拉伸-薄壁1[2] 选项，在系统弹出的快捷菜单中选择 插入到新零件...(H) 命令；将模型命名为"60°三节圆形等径弯头首节"，保存零件模型。

Step7. 插入新零件（二）。右击设计树 ⊞ 切割清单(3) 下级菜单中的 切除-拉伸-薄壁1[1] 选项，在系统弹出的快捷菜单中选择 插入到新零件...(H) 命令；将模型命名为"60°三节圆形等径弯头中节"，保存零件模型。

Step8. 插入新零件（三）。右击设计树 ⊞ 切割清单(3) 下级菜单中的 切除-拉伸-薄壁1[3] 选项，在系统弹出的快捷菜单中选择 插入到新零件...(H) 命令；将模型命名为"60°三节圆形等径弯头尾节"，保存零件模型。

Stage2. 装配，生成 60°三节圆形等径弯头

新建一个装配文件，将 60°三节圆形等径弯头首节、中节和尾节进行装配，将模型命名为"60°三节圆形等径弯头"，保存装配模型。

Task2. 展平 60°三节圆形等径弯头

从上面的创建过程中可以看出，在现有的软件中，由于插入新零件后只保留了实体特征，创建的钣金特征并不存在，因而展开放样只能通过"拉伸切除"命令，保留其要展平的部分，从而进行展开放样，其操作过程如下。

Stage1. 展平 60°三节圆形等径弯头首节

Step1. 打开模型文件 D:\sw14.15\work\ch01.03.03\60°三节圆形等径弯头.SLDPRT。

Step2. 定义保留"首节"部分。右击设计树中的 切除-拉伸-薄壁1 特征，在系统弹出的快捷菜单中单击"编辑特征"按钮，单击 ✔ 按钮，系统弹出"要保留的实体"对话框，依次选中 ⦿ 所选实体(S) 单选按钮和 ☑ 实体 2 复选框；单击 确定(K) 按钮，完成保留"首节"部分的创建。

Step3. 创 建 展 平 （ 图 1.3.31 ）。选择下拉菜单 插入(I) ➡ 钣金(H) ➡ 📥 展开(U)... 命令；选取图 1.3.32 所示的边线为固定面边线，单击 收集所有折弯(A) 按钮；单击 ✔ 按钮，完成钣金的展开。

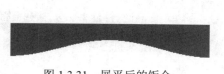

图 1.3.31　展平后的钣金

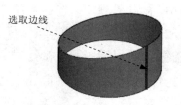

选取边线

图 1.3.32　选取固定面边线

Step4. 选择下拉菜单 文件(F) ➡ 📄 另存为(A)... 命令，将模型命名为"60°三节圆形等径弯头首节展开"，保存钣金模型。

Stage2. 展平 60°三节圆形等径弯头中节

展平 60°三节圆形等径弯头中节（图 1.3.33），要保留的实体为 ☑ 实体 1 ，并将模型命名为"60°三节圆形等径弯头中节展开"，详细操作参考 Stage 1。

图 1.3.33　60°三节圆形等径弯头中节展开

Stage3. 展平 60°三节圆形等径弯头尾节

展平 60°三节圆形等径弯头尾节（图 1.3.34），要保留的实体为 ☑ 实体 3 ，并将模型命名为"60°三节圆形等径弯头尾节展开",详细操作参考 Stage 1。

Stage4. 装配展开图

新建一个装配文件,依次插入零件"60°三节圆形等径弯头尾节展开"、"60°三节圆形等径弯头中节展开"、"60°三节圆形等径弯头首节展开";单击 ✅ 按钮与装配体原点重合放置零部件原点,将各节管拼接为普通圆柱管的展平(图 1.3.35),完成后将文件保存为"60°三节圆形等径弯头展开"。

图 1.3.34　60°三节圆形等径弯头尾节展开

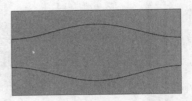

图 1.3.35　60°三节圆形等径弯头展开图

Task3. 生成首节钣金工程图

Step1. 新建工程图文件,选择"gb_a2"模板。

Step2. 选择零件模型。在"模型视图"对话框中 选择一零件或装配体以从之生成视图,然后单击下一步。 的提示下,单击 要插入的零件/装配体(E) 区域中的 浏览(B)... 按钮,系统弹出"打开"对话框;在 查找范围(I): 下拉列表中选择目录 D:\sw14.15\work\ch01.03.03,然后选择模型文件"60°三节圆形等径弯头首节.SLDPRT",单击 打开(0) 按钮。

Step3. 创建普通视图。在 方向(0) 区域中单击"前视"按钮 ,采用默认的图纸比例,选中 ☑ 自动开始投影视图(A) 复选框;将鼠标移动至图形区,选择合适的放置位置单击,生成主视图,在主视图的下方单击以生成俯视图;单击"模型视图"对话框中的 ✅ 按钮,完成视图的创建,如图 1.3.36 所示。

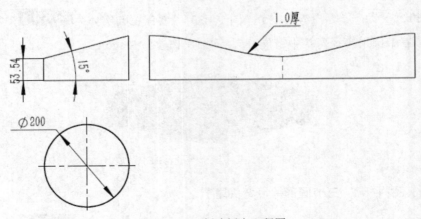

图 1.3.36　创建钣金工程图

Step4. 创建展开视图。单击任务窗格中的"视图调色板"按钮，打开"视图调色板"对话框；单击"浏览"按钮，在"打开"对话框中选择模型文件"60°三节圆形等径弯头首节展开.SLDPRT"并打开；将"（A）平板型式"的视图拖到工程图图样上，在系统弹出的 SolidWorks 对话框中单击 是(Y) 按钮，将展开图的比例调整为 1:3，单击"工程图视图"对话框中的 ✔ 按钮。

Step5. 参照图 1.3.36，对工程图进行标注。

Step6. 钣金工程图创建完毕。选择下拉菜单 文件(F) ➡ 🖫 保存(S) 命令，即可保存工程图文件。

Task4. 输出端节 DXF/DWG 文件

Step1. 打开文件 D:\sw14.15\work\ch01.03.03\60°三节圆形等径弯头首节展开.SLDPRT。

Step2. 选择命令。在设计树中右击 平板型式1 特征，在系统弹出的快捷菜单中选择 🗓 命令；再右击 平板型式1，然后选择 输出到 DXF / DWG (Y) 命令，采用默认的格式与名称，单击 保存(S) 按钮。

Step3. 设置输出参数。采用默认的输出参数，单击 ✔ 按钮。

Step4. 此时系统弹出图 1.3.37 所示的"DXF/DWG 清理-平板型式 1"对话框，并在该对话框中显示展开图样的 DXF 图形，单击 保存 按钮，保存 DXF 文件并关闭该对话框。

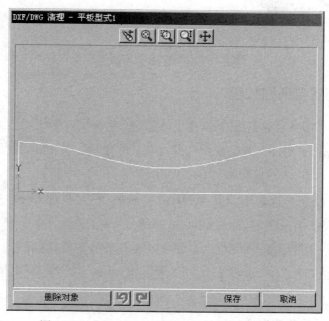

图 1.3.37　"DXF/DWG 清理-平板型式 1"对话框

说明：本例中 60°三节圆形等径弯头尾节与中节的钣金工程图的创建以及 DXF/DWG 文件的输出过程与首节基本相同，在此不再赘述。

第 2 章　圆柱管展开

本章提要　本章主要介绍了圆柱管类的钣金在 SolidWorks 中的创建和展开过程，包括普通圆柱管、斜圆柱管、普通椭圆柱管、斜截椭圆柱管和斜椭圆柱管。在创建和展开此类钣金时要注意定义切口的位置和固定边线的选取。

2.1　普通圆柱管

普通圆柱管的创建要点是在创建时必须留下一定的切口缝隙，以便展平钣金，创建方法可以采用"基体-法兰"、"转换到钣金"、"放样折弯"等方法。下面以图 2.1.1 所示的模型为例，介绍在 SolidWorks 中创建和展开普通圆柱管的一般过程。

a）未展平状态　　　　　　　　　　b）展平状态

图 2.1.1　普通圆柱管的创建与展平

Task1．创建普通圆柱管

Step1. 新建模型文件。选择下拉菜单 文件(F) ➡ 新建 (N)... 命令，在系统弹出的"新建 SolidWorks 文件"对话框中选择"零件"模块，单击 确定 按钮，进入建模环境。

Step2. 选择命令。选择下拉菜单 插入(I) ➡ 钣金 (H) ➡ 基体法兰 (A)... 命令，或单击"钣金"工具栏上的"基体-法兰/薄片"按钮 。

Step3. 定义特征的横断面草图。选取前视基准面作为草图基准面；在草绘环境中绘制图 2.1.2 所示的横断面草图；选择下拉菜单 插入(I) ➡ 退出草图 命令，退出草绘环境，此时系统弹出图 2.1.3 所示的"基体法兰"对话框。

Step4. 定义钣金参数属性。

（1）定义深度类型和深度值。在 方向1 区域的 下拉列表中选择 给定深度 选项，在 D1 文本框中输入深度值 200。

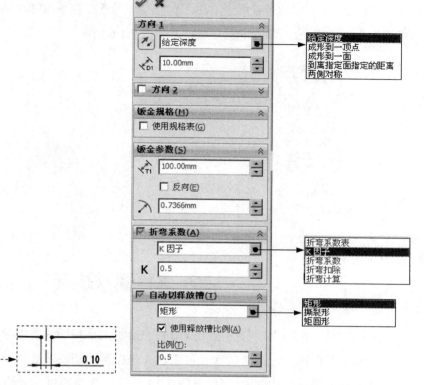

图 2.1.2 横断面草图 　　　　　　　　图 2.1.3 "基体法兰"对话框

说明：也可以拖动图 2.1.4 所示的箭头来改变深度和方向。

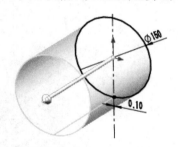

图 2.1.4 设置深度和方向

（2）定义钣金参数。在 **钣金参数(S)** 区域的 T1 文本框中输入厚度值 1.5，选中 ☑ 反向(E) 复选框，在 文本框中输入圆角半径值 1.5。

（3）定义钣金折弯系数。在 **折弯系数(A)** 区域的下拉列表中选择 K 因子，将 K 因子系数设置为 0.5。

Step5. 单击 按钮，完成基体-法兰 1 的创建。

Step6. 选择下拉菜单 文件(F) ➡ 保存(S) 命令，将模型命名为"普通圆柱管"，保存钣金模型。

Task2. 展平普通圆柱管

在图 2.1.5 所示的设计树中右击 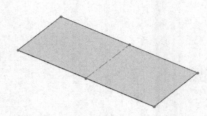平板型式1 特征，在系统弹出的快捷菜单中单击"解除压缩"命令按钮，即可将钣金展平，如图 2.1.6 所示。

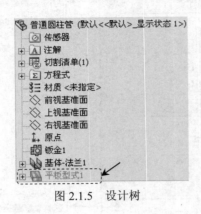

图 2.1.5　设计树

图 2.1.6　展平后的钣金

2.2　斜圆柱管

斜圆柱管是由两个平行面上相互错开的形状大小相同的圆弧放样形成的构件，且形成的轴线与之平面成一定的角度（也可以认为是在普通圆柱管被两个与其轴线成相同角度的正垂面截断而形成的构件）。下面以图 2.2.1 所示的模型为例，介绍在 SolidWorks 中创建和展开斜圆柱管的一般过程。

Task1. 创建斜圆柱管

Step1. 新建模型文件。

a）未展平状态

b）展平状态

图 2.2.1　斜圆柱管的创建与展平

Step2. 创建图 2.2.2 所示的基准面 1。选择下拉菜单 插入(I) ➡ 参考几何体 (G) ➡ 基准面(P)… 命令；选取上视基准面为参考实体，输入偏移距离值 300；单击 按钮，完成基准面 1 的创建。

Step3. 创建图 2.2.3 所示的草图 1。选择下拉菜单 插入(I) ➡ 草图绘制 命令；选取前视基准面作为草图基准面，绘制图 2.2.3 所示的草图 1。

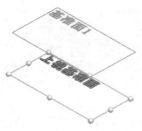

图 2.2.2　基准面 1

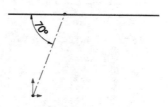

图 2.2.3　草图 1

Step4. 创建图 2.2.4 所示的草图 2。选择下拉菜单 插入(I) ➡ 草图绘制 命令；选取上视基准面作为草图基准面，绘制图 2.2.4 所示的草图 2。

Step5. 创建图 2.2.5 所示的草图 3。选择下拉菜单 插入(I) ➡ 草图绘制 命令；选取基准面 1 作为草图基准面，绘制图 2.2.5 所示的草图 3（其圆心与草图 1 中的轴线端点重合）。

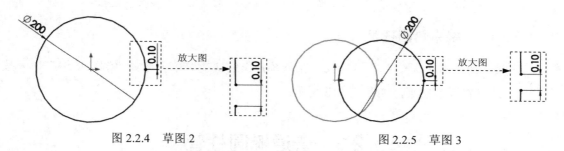

图 2.2.4　草图 2　　　　　　　　　　　图 2.2.5　草图 3

Step6. 创建图 2.2.6 所示的钣金特征——放样折弯 1。选择下拉菜单 插入(I) ➡ 钣金(H) ➡ 放样的折弯(L)… 命令（或在"钣金"工具栏中单击"放样折弯"按钮 ）；系统弹出图 2.2.7 所示的"放样折弯 1"对话框；依次选取草图 2 和草图 3 作为放样折弯特征的轮廓（图 2.2.8）；在"放样折弯 1"对话框的 厚度 文本框中输入数值 1.5；单击 按钮，完成放样折弯特征的创建。

图 2.2.6　放样折弯 1

说明： 如果想要改变加材料方向，可以单击 厚度 文本框前面的"反向"按钮 来改变加材料方向。

Step7. 选择下拉菜单 文件(F) ➡ 保存(S) 命令，将模型命名为"斜圆柱管"，保存钣金模型。

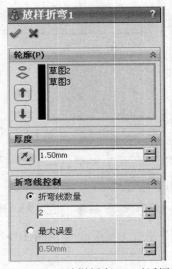

图 2.2.7　"放样折弯 1"对话框

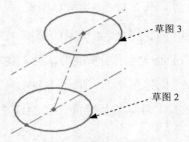

图 2.2.8　定义放样轮廓

Task2. 展平斜圆柱管

在设计树中右击 <kbd>平板型式</kbd> 特征，在系统弹出的快捷菜单中选择"解除压缩"命令按钮 <kbd>↑</kbd>，即可将钣金展平，如图 2.2.1b 所示。

2.3　普通椭圆柱管

普通椭圆柱管与普通圆柱管类似，只不过其截面发生了些变化；创建时注意留下一定的切口缝隙，以便展平钣金。下面以图 2.3.1 所示的模型为例，介绍在 SolidWorks 中创建和展开普通椭圆柱管的一般过程。

a）未展平状态　　　　　　　　　　　　　　　b）展平状态

图 2.3.1　普通椭圆柱管的创建与展平

Task1. 创建普通椭圆柱管

Step1. 新建模型文件。

Step2. 创建图 2.3.2 所示的基准面 1。选择下拉菜单 <kbd>插入(I)</kbd> ➡ <kbd>参考几何体(G)</kbd> ➡ <kbd>基准面(P)...</kbd> 命令；选取上视基准面为参考实体，输入偏移距离值 600；单击 ✔ 按钮，完成基准面 1 的创建。

Step3. 创建图 2.3.3 所示的草图 1。选择下拉菜单 插入(I) ➡ 草图绘制 命令；选取上视基准面作为草图基准面，绘制图 2.3.3 所示的草图 1。

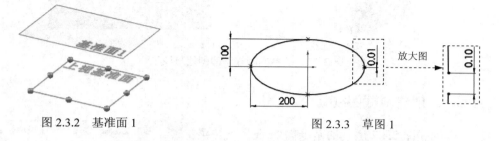

图 2.3.2　基准面 1　　　　　　　图 2.3.3　草图 1

Step4. 创建图 2.3.4 所示的草图 2。选择下拉菜单 插入(I) ➡ 草图绘制 命令；选取基准面 1 作为草图基准面，绘制图 2.3.4 所示的草图 2（使用"转换实体应用"命令创建其轮廓）。

Step5. 创建图 2.3.5 所示的放样折弯 1。选择下拉菜单 插入(I) ➡ 钣金(H) ➡ 放样的折弯(L)… 命令；依次选取草图 1 和草图 2 作为放样折弯特征的轮廓；在"放样折弯"对话框的 厚度 文本框中输入数值 1.5；单击 ✓ 按钮，完成放样折弯特征的创建。

图 2.3.4　草图 2　　　　　　　　图 2.3.5　放样折弯 1

Step6. 选择下拉菜单 文件(F) ➡ 保存(S) 命令，将模型命名为"普通椭圆柱管"，保存钣金模型。

Task2. 展平普通椭圆柱管

在设计树中右击 平板型式1 特征，在系统弹出的快捷菜单中选择"解除压缩"命令按钮 ↑8，即可将钣金展平，如图 2.3.1b 所示。

2.4　斜截椭圆柱管

斜截椭圆柱管与斜截圆柱管类似，是由一个与轴线成一定角度的正垂面截断椭圆柱管形成的构件。下面以图 2.4.1 所示的模型为例，介绍在 SolidWorks 中创建和展开斜截椭圆柱管的一般过程。

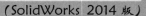

a）未展平状态

b）展平状态

图 2.4.1　斜截椭圆柱管的创建与展平

Task1. 创建斜截图柱管

Step1. 创建图 2.4.2 所示的基准面 1。选择下拉菜单 插入(I) → 参考几何体(G) → 基准面(P)… 命令，选取上视基准面为参考实体，输入偏移距离值 600；单击 ✅ 按钮，完成基准面 1 的创建。

Step2. 创建图 2.4.3 所示的草图 1。选择下拉菜单 插入(I) → 草图绘制 命令；选取上视基准面作为草图基准面，绘制图 2.4.3 所示的草图 1。

图 2.4.2　基准面 1

图 2.4.3　草图 1

Step3. 创建图 2.4.4 所示的草图 2。选择下拉菜单 插入(I) → 草图绘制 命令；选取基准面 1 作为草图基准面；绘制图 2.4.4 所示的草图 2（使用"转换实体应用"命令创建其轮廓）。

Step4. 创建图 2.4.5 所示的放样折弯 1。选择下拉菜单 插入(I) → 钣金(H) → 放样的折弯(L)… 命令；依次选取草图 1 和草图 2 作为放样折弯特征的轮廓；在"放样折弯"对话框的 厚度 文本框中输入数值 1；单击 ✅ 按钮，完成放样折弯特征的创建。

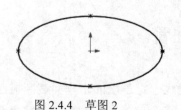

图 2.4.4　草图 2

图 2.4.5　放样折弯 1

Step5. 创建图 2.4.6 所示的切除-拉伸 1。选择下拉菜单 插入(I) → 切除(C) →

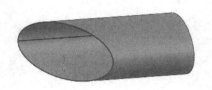命令；选取前视基准面为草图基准面，绘制图 2.4.7 所示的横断面草图；在对话框 **方向1** 区域的 下拉列表中选择 **完全贯穿** 选项，选中 ☑ **正交切除(N)** 复选框；选中 ☑ **方向2** 复选框，在该区域的下拉列表中选择 **完全贯穿** 选项；单击 ✓ 按钮，完成切除-拉伸 1 的创建。

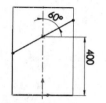

图 2.4.6　切除-拉伸 1　　　　　　　图 2.4.7　横断面草图

Step6. 选择下拉菜单 **文件(F)** ➡ **保存(S)** 命令，将模型命名为"斜截椭圆柱管"，保存钣金模型。

Task2. 展平斜截椭圆柱管

在设计树中右击 **平板型式1** 特征，在系统弹出的快捷菜单中选择"解除压缩"命令按钮，即可将钣金展平，如图 2.4.1b 所示。

2.5　斜椭圆柱管

斜椭圆柱管是由两个平行面上相互错开的形状大小相同的部分椭圆放样形成的构件，且形成的轴线与之平面成一定的角度（也可以认为是普通椭圆柱管被两个与其轴线成相同角度的正垂面截断而形成的构件）。下面以图 2.5.1 所示的模型为例，介绍在 SolidWorks 中创建和展开斜椭圆柱管的一般过程。

a）未展平状态　　　　　　　　　　　b）展平状态

图 2.5.1　斜椭圆柱管的创建与展平

Task1. 创建斜椭圆柱管

Step1. 新建模型文件。

Step2. 创建图 2.5.2 所示的基准面 1。选择下拉菜单 **插入(I)** ➡ **参考几何体(G)** ➡

基准面(P)... 命令；选取上视基准面为参考实体，输入偏移距离值 600；单击 ✓ 按钮，完成基准面 1 的创建。

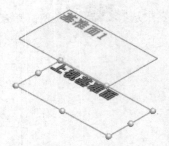

图 2.5.2　基准面 1

Step3. 创建图 2.5.3 所示的草图 1。选择下拉菜单 插入(I) ➡ 草图绘制 命令；选取前视基准面作为草图基准面，绘制图 2.5.3 所示的草图 1。

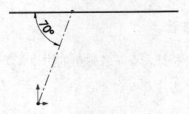

图 2.5.3　草图 1

Step4. 创建图 2.5.4 所示的草图 2。选择下拉菜单 插入(I) ➡ 草图绘制 命令；选取上视基准面作为草图基准面，绘制图 2.5.4 所示的草图 2。

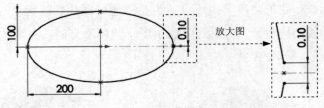

图 2.5.4　草图 2

Step5. 创建图 2.5.5 所示的草图 3。选择下拉菜单 插入(I) ➡ 草图绘制 命令；选取基准面 1 作为草图基准面，绘制图 2.5.5 所示的草图 3（其中心与草图 1 中的轴线端点重合）。

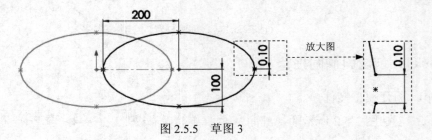

图 2.5.5　草图 3

Step6. 创建图 2.5.6 所示的放样折弯 1。选择下拉菜单 插入(I) ➡ 钣金 (H) ➡ 放样的折弯 (L)··· 命令；依次选取草图 2 和草图 3 作为放样折弯特征的轮廓；在"放样折弯"对话框的 厚度 文本框中输入数值 1；单击 ✔ 按钮，完成放样折弯特征的创建。

图 2.5.6　放样折弯 1

Step7. 选择下拉菜单 文件(F) ➡ 保存(S) 命令，将模型命名为"斜椭圆柱管"，保存钣金模型。

Task2. 展平斜椭圆柱管

在设计树中右击 平板型式1 特征，在系统弹出的快捷菜单中选择"解除压缩"命令按钮 🔼，即可将钣金展平，如图 2.5.1b 所示。

第 **3** 章　圆　锥　展　开

本章提要　本章主要介绍圆锥类的钣金在 SolidWorks 中的创建和展开过程，包括正圆锥、斜圆锥、正椭圆锥和斜椭圆锥。通过近似建模方式来实现此类钣金的创建；在展开图样中的模型通过填补的方式，将圆锥管类钣金展开真实还原。

3.1　正　圆　锥

正圆锥的创建是通过建立"放样折弯"特征来生成的，然后进行展开。利用"放样折弯"的方法建立模型，不能直接生成正圆锥，只能通过近似建模的方式来进行创建。下面以图 3.1.1 所示的模型为例，介绍在 SolidWorks 中创建和展开正圆锥的一般过程。

a）未展平状态　　　　　　　b）展平状态

图 3.1.1　正圆锥的创建与展平

Task1．创建正圆锥管

Step1. 新建模型文件。

Step2. 创建基准面 1。选择下拉菜单 插入(I) ➡ 参考几何体(G) ➡ 基准面(P)... 命令；选取上视基准面为参考实体，输入偏移距离值 500；单击 ✔ 按钮，完成基准面 1 的创建。

Step3. 创建图 3.1.2 所示的草图 1。选择下拉菜单 插入(I) ➡ 草图绘制 命令；选取上视基准面作为草图基准面，绘制图 3.1.2 所示的草图 1。

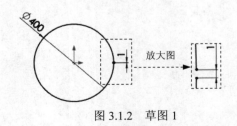

放大图

图 3.1.2　草图 1

Step4. 创建图 3.1.3 所示的草图 2。选择下拉菜单 [插入(I)] ➜ [草图绘制] 命令；选取基准面 1 作为草图基准面，绘制图 3.1.3 所示的草图 2。

Step5. 创建图 3.1.4 所示的放样折弯 1。选择下拉菜单 [插入(I)] ➜ [钣金(H) ▶] ➜ [放样的折弯(L)…] 命令；依次选取草图 1 和草图 2 作为放样折弯特征的轮廓；在"放样折弯"对话框的 [厚度] 文本框中输入数值 1.0，并单击"反向"按钮 调整材料方向向内；单击 按钮，完成放样折弯特征的创建。

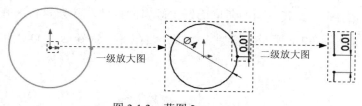

一级放大图　二级放大图

图 3.1.3　草图 2

图 3.1.4　放样折弯 1

Step6. 选择下拉菜单 [文件(F)] ➜ [保存(S)] 命令，将模型命名为"正圆锥"，保存钣金模型。

Task2. 展平正圆锥

Step1. 在设计树中右击 [平板型式1] 特征，在系统弹出的快捷菜单中选择"解除压缩"命令按钮 ，即可将钣金展平，如图 3.1.5 所示。

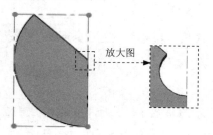

放大图

图 3.1.5　展平后的钣金

Step2. 创建图 3.1.6 所示的凸台-拉伸 1。选择下拉菜单 [插入(I)] ➜ [凸台/基体(B)] ➜ [拉伸(E)…] 命令；选取图 3.1.6 所示的模型表面为草图基准面，绘制图 3.1.7 所示的横断面草图；单击"反向"按钮 ，采用与系统默认相反的深度方向；在对话框 [方向1] 区域中选中 ☑ 与厚度相等(L) 复选框和 ☑ 合并结果(M) 复选框，单击 按钮，完成凸台-拉伸 1 的创建。

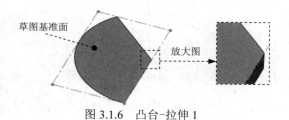

草图基准面　放大图

图 3.1.6　凸台-拉伸 1

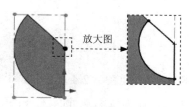

放大图

图 3.1.7　横断面草图

说明：图 3.1.7 所示为正圆锥的展开图。

Step3. 选择下拉菜单 文件(F) ➡ 另存为(A)... 命令，将模型命名为"正圆锥展开"，保存钣金模型。

3.2 斜 圆 锥

斜圆锥可以看作改变正圆锥轴线与其底平面的角度而发生倾斜的构件，其创建和展开的思路与上述正圆锥相同。下面以图 3.2.1 所示的模型为例，介绍在 SolidWorks 中创建和展开斜圆锥的一般过程。

a）未展平状态　　　　　　　　　　　　b）展平状态

图 3.2.1　斜圆锥的创建与展平

Task1. 创建斜圆锥

Step1. 新建模型文件。

Step2. 创建基准面 1。选择下拉菜单 插入(I) ➡ 参考几何体(G) ➡ 基准面(P).. 命令；选取上视基准面为参考实体，输入偏移距离值 400；单击 ✔ 按钮，完成基准面 1 的创建。

Step3. 创建图 3.2.2 所示的草图 1。选择下拉菜单 插入(I) ➡ 草图绘制 命令；选取前视基准面作为草图基准面，绘制图 3.2.2 所示的草图 1。

Step4. 创建图 3.2.3 所示的草图 2。选择下拉菜单 插入(I) ➡ 草图绘制 命令；选取上视基准面作为草图基准面，绘制图 3.2.3 所示的草图 2。

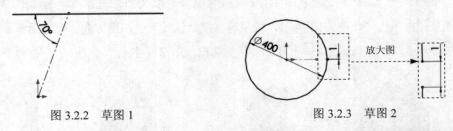

图 3.2.2　草图 1　　　　　　　　　　图 3.2.3　草图 2

Step5. 创建图 3.2.4 所示的草图 3。选择下拉菜单 插入(I) ➡ 草图绘制 命令；选取基准面 1 作为草图基准面，绘制图 3.2.4 所示的草图 3（其圆心与草图 1 中的轴线端点重合）。

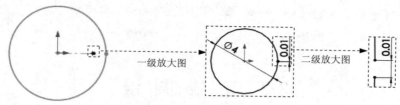

图 3.2.4 草图 3

Step6. 创建图 3.2.5 所示的放样折弯 1。选择下拉菜单 插入(I) ➡️ 钣金(H) ➡️

放样的折弯(L)··· 命令；依次选取草图 2 和草图 3 作为放样折弯特征的轮廓；在"放样折弯"对话框的 厚度 文本框中输入数值 1；单击 ✓ 按钮，完成放样折弯特征的创建。

说明：如果想要改变加材料方向，可以单击 厚度 文本框前面的"反向"按钮 ↗ 来改变加材料方向。

Step7. 选择下拉菜单 文件(F) ➡️ 🖫 保存(S) 命令，将模型命名为"斜圆锥"，保存钣金模型。

Task2. 展平斜圆锥

Step1. 在设计树中右击 🖫 平板型式1 特征，在系统弹出的快捷菜单中单击"解除压缩"命令按钮 ⬆️📃，即可将钣金展平，如图 3.2.6 所示。

图 3.2.5 放样折弯 1

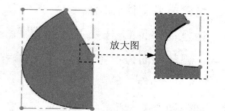

图 3.2.6 展平后的钣金

Step2. 创建图 3.2.7 所示的凸台-拉伸 1。选择下拉菜单 插入(I) ➡️ 凸台/基体(B)

➡️ 🖫 拉伸(E)··· 命令；选取图 3.2.7 所示的模型表面为草图基准面，绘制图 3.2.8 所示的横断面草图；单击"反向"按钮 ↗，采用与系统默认相反的深度方向；在"拉伸"对话框的 方向1 区域中选中 ☑ 与厚度相等(L) 和 ☑ 合并结果(M) 复选框；单击 ✓ 按钮，完成凸台-拉伸 1 的创建。

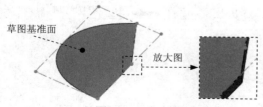

图 3.2.7 凸台-拉伸 1

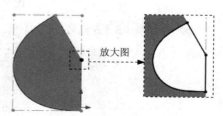

图 3.2.8 横断面草图

说明：图 3.2.8 所示为斜圆锥的展开图。

Step3. 选择下拉菜单 文件(F) ➡ 另存为(A)... 命令，将模型命名为"斜圆锥展开"，
保存钣金模型。

3.3　正　椭　圆　锥

正椭圆锥与正圆锥类似，唯一不同之处是它们底部的截面轮廓。下面以图 3.3.1 所示的
模型为例，介绍在 SolidWorks 中创建和展开正椭圆锥的一般过程。

　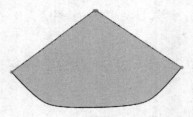

a）未展平状态　　　　　　　　　　　　　　　b）展平状态

图 3.3.1　正椭圆锥的创建与展平

Task1．创建正椭圆锥

Step1．新建模型文件。

Step2．创建基准面 1。选择下拉菜单 插入(I) ➡ 参考几何体(G) ➡ 基准面(P)...
命令；选取上视基准面为参考实体，输入偏移距离值 500；单击 ✓ 按钮，完成基准面 1 的
创建。

Step3．创建图 3.3.2 所示的草图 1。选择下拉菜单 插入(I) ➡ 草图绘制 命令；选
取上视基准面作为草图基准面，绘制图 3.3.2 所示的草图 1。

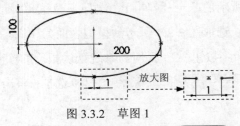

图 3.3.2　草图 1

Step4．创建图 3.3.3 所示的草图 2。选择下拉菜单 插入(I) ➡ 草图绘制 命令；选
取基准面 1 作为草图基准面，绘制图 3.3.3 所示的草图 2。

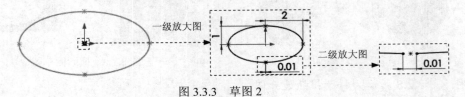

图 3.3.3　草图 2

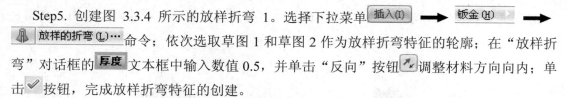

Step5. 创建图 3.3.4 所示的放样折弯 1。选择下拉菜单 插入(I) ➡ 钣金(H) ➡ 放样的折弯(L)… 命令；依次选取草图 1 和草图 2 作为放样折弯特征的轮廓；在"放样折弯"对话框的 厚度 文本框中输入数值 0.5，并单击"反向"按钮 调整材料方向向内；单击 按钮，完成放样折弯特征的创建。

Step6. 选择下拉菜单 文件(F) ➡ 保存(S) 命令，将模型命名为"正椭圆锥"，保存钣金模型。

Task2. 展平正椭圆锥

Step1. 在设计树中右击 平板型式1 特征，在系统弹出的快捷菜单中选择"解除压缩"命令按钮，即可将钣金展平，如图 3.3.5 所示。

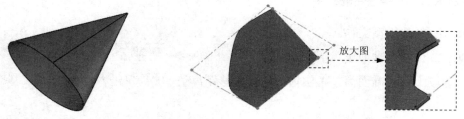

图 3.3.4　放样折弯 1　　　　　　　　　图 3.3.5　展平后的钣金

Step2. 创建图 3.3.6 所示的凸台-拉伸 1。选择下拉菜单 插入(I) ➡ 凸台/基体(B) ➡ 拉伸(E)… 命令；选取图 3.3.6 所示的模型表面为草图基准面，绘制图 3.3.7 所示的横断面草图；单击"反向"按钮，采用与系统默认相反的深度方向；在对话框的 方向1 区域中选中 ☑ 与厚度相等(L) 和 ☑ 合并结果(M) 复选框；单击 按钮，完成凸台-拉伸 1 的创建。

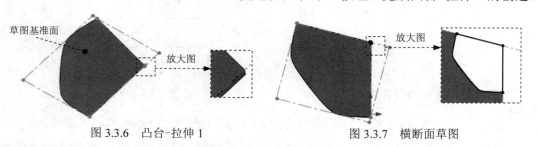

图 3.3.6　凸台-拉伸 1　　　　　　　　　图 3.3.7　横断面草图

说明：图 3.3.7 所示为正椭圆锥的展开图。

Step3. 选择下拉菜单 文件(F) ➡ 另存为(A)… 命令，将模型命名为"正椭圆锥展开"，保存钣金模型。

3.4　斜　椭　圆　锥

斜椭圆锥可以看作由改变正椭圆锥轴线与其底平面的角度而发生倾斜的构件，其创建和展开的思路与 3.3 节讲述的正圆锥相同。下面以图 3.4.1 所示的模型为例，介绍在 SolidWorks 中创建和展开斜椭圆锥的一般过程。

a）未展平状态

b）展平状态

图 3.4.1　斜椭圆锥的创建与展平

Task1. 创建斜椭圆锥

Step1. 新建模型文件。

Step2. 创建基准面 1。选择下拉菜单 插入(I) ➡ 参考几何体(G) ➡ 基准面(P)... 命令；选取上视基准面为参考实体，输入偏移距离值 500；单击 ✓ 按钮，完成基准面 1 的创建。

Step3. 创建图 3.4.2 所示的草图 1。选择下拉菜单 插入(I) ➡ 草图绘制 命令；选取前视基准面作为草图基准面，绘制图 3.4.2 所示的草图 1。

Step4. 创建图 3.4.3 所示的草图 2。选择下拉菜单 插入(I) ➡ 草图绘制 命令；选取上视基准面作为草图基准面，绘制图 3.4.3 所示的草图 2。

图 3.4.2　草图 1

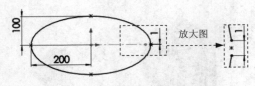

图 3.4.3　草图 2

Step5. 创建图 3.4.4 所示的草图 3。选择下拉菜单 插入(I) ➡ 草图绘制 命令；选取基准面 1 作为草图基准面，绘制图 3.4.4 所示草图 3（其中心与草图 1 中的轴线端点重合）。

图 3.4.4　草图 3

Step6. 创建图 3.4.5 所示的放样折弯 1。选择下拉菜单 插入(I) ➡ 钣金(H) ➡ 放样的折弯(L)··· 命令；依次选取草图 2 和草图 3 作为放样折弯特征的轮廓；在"放样折弯"对话框的 **厚度** 文本框中输入数值 0.5；单击 ✓ 按钮，完成放样折弯特征的创建。

说明：如果想要改变加材料方向，可以单击 **厚度** 文本框前面的"反向"按钮 ↗ 来改变加材料方向。

Step7. 选择下拉菜单 文件(F) ➡ 保存(S) 命令，将模型命名为"斜椭圆锥"，保存钣金模型。

Task2. 展平斜椭圆锥

Step1. 在设计树中右击 平板型式1 特征，在系统弹出的快捷菜单中单击"解除压缩"命令按钮 ↑□，即可将钣金展平，如图 3.4.6 所示。

图 3.4.5 放样折弯 1

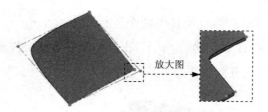

图 3.4.6 展平后的钣金

Step2. 创建图 3.4.7 所示的凸台-拉伸 1。选择下拉菜单 插入(I) ➡ 凸台/基体(B) ➡ 拉伸(E)... 命令；选取图 3.4.7 所示的模型表面为草图基准面，绘制图 3.4.8 所示的横断面草图；单击"反向"按钮 ↗，采用与系统默认相反的深度方向；在对话框的 **方向1** 区域选中 ☑ 与厚度相等(L) 复选框和 ☑ 合并结果(M) 复选框；单击 ✓ 按钮，完成凸台-拉伸 1 的创建。

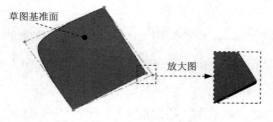

图 3.4.7 凸台-拉伸 1

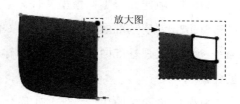

图 3.4.8 横断面草图

说明：图 3.4.8 所示为斜椭圆锥的展开图。

Step3. 选择下拉菜单 文件(F) ➡ 另存为(A)... 命令，将模型命名为"斜椭圆锥展开"，保存钣金模型。

第 **4** 章　圆锥台管展开

本章提要　本章主要介绍圆锥台管的钣金在 SolidWorks 中的创建和展开过程，包括平口正圆锥台管、平口偏心直角圆锥台管、平口偏心斜角圆锥台管等。

4.1　平口正圆锥台管

平口正圆锥台管是由两个平行面上大小不等的圆弧放样形成的轴线重合的圆锥连接管。图 4.1.1 所示分别是平口正圆锥台管的钣金件及展开图，下面介绍其在 SolidWorks 中的创建和展开的操作过程。

a）未展平状态　　　　　　　　　　　b）展平状态

图 4.1.1　平口正圆锥台管及其展开图

Task1.　创建平口正圆锥台管钣金件

Step1. 新建一个零件模型文件。

Step2. 创建基准面 1。选择下拉菜单 插入(I) ➡ 参考几何体(G) ➡ 基准面(P)... 命令；选取上视基准面为参考实体，输入偏移距离值 500；单击 ✔ 按钮，完成基准面 1 的创建。

Step3. 创建草图 1。选取上视基准面作为草图基准面，绘制图 4.1.2 所示的草图 1。

Step4. 创建草图 2。选取基准面 1 为草图基准面，绘制图 4.1.3 所示的草图 2。

图 4.1.2　草图 1　　　　　　　　　　　图 4.1.3　草图 2

Step5. 创建图 4.1.1a 所示的平口正圆锥台管钣金件。选择下拉菜单 插入(I) ➡

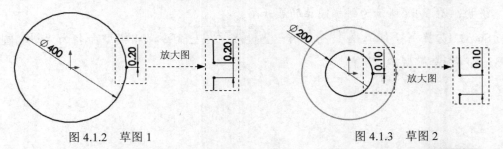

钣金 (H) ➡ 放样的折弯 (L)... 命令；选取草图 1 和草图 2 作为放样折弯特征的轮廓。在"放样折弯"对话框的 厚度 文本框中输入数值 1.0，并单击"反向"按钮 调整材料方向向内；单击 ✔ 按钮，完成钣金件的创建。

Step6. 选择下拉菜单 文件(F) ➡ 💾 保存 (S) 命令，将模型命名为"平口正圆锥台管"，保存钣金模型。

Task2. 展平平口正圆锥台管

在设计树中右击 平板型式1 特征，在系统弹出的快捷菜单中单击"解除压缩"命令按钮，即可将钣金展平，展平结果如图 4.1.1b 所示。

4.2 平口偏心直角圆锥台管

平口偏心直角圆锥台管是由两个平行面上一边对齐的大小不等的圆弧放样形成的圆锥连接管。图 4.2.1 所示的分别是平口偏心直角圆锥台管的钣金件及展开图，下面介绍在 SolidWorks 中创建和展开的操作过程。

a）未展平状态

b）展平状态

图 4.2.1 平口偏心直角圆锥台管及其展开图

Task1. 创建平口偏心直角圆锥台管钣金件

Step1. 新建一个零件模型文件。

Step2. 创建基准面 1。选择下拉菜单 插入(I) ➡ 参考几何体 (G) ➡ 基准面 (P)... 命令；选取上视基准面为参考实体，输入偏移距离值 100；单击 ✔ 按钮，完成基准面 1 的创建。

Step3. 创建草图 1。选取上视基准面作为草图基准面，绘制图 4.2.2 所示的草图 1。

Step4. 创建草图 2。选取基准面 1 为草图基准面，绘制图 4.2.3 所示的草图 2。

Step5. 创建图 4.2.1a 所示的平口偏心直角圆锥台管钣金件。选择下拉菜单 插入(I) ➡ 钣金 (H) ➡ 放样的折弯 (L)... 命令；选取草图 1 和草图 2 作为放样折弯特征的轮廓。在"放样折弯"对话框的 厚度 文本框中输入数值 1.0，并单击"反向"按钮 调整材料方向向内；单击 ✅ 按钮，完成钣金件的创建。

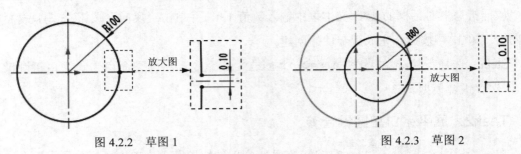

图 4.2.2　草图 1　　　　　　　　　　　　　　图 4.2.3　草图 2

Step6. 选择下拉菜单 文件(F) ➡️ 💾 保存(S) 命令，将模型命名为"平口偏心直角圆锥台管"，保存钣金模型。

Task2．展平平口偏心直角圆锥台管

在设计树中右击 📄 平板型式1 特征，在系统弹出的快捷菜单中单击"解除压缩"命令按钮 ↑🔓，即可将钣金展平，展平结果如图 4.2.1b 所示。

4.3　平口偏心斜角圆锥台管

平口偏心斜角圆锥台管是由两个平行面上相互错开的大小不等的圆弧放样形成的，轴线倾斜一定角度的圆锥连接管。图 4.3.1 所示的分别是平口偏心斜角圆锥台管的钣金件及展开图。下面介绍在 SolidWorks 中创建和展开的操作过程。

a）未展平状态　　　　　　　　　　　　b）展平状态
图 4.3.1　平口偏心斜角圆锥台及其展开图

Task1．创建平口偏心斜角圆锥台管钣金件

Step1. 新建一个零件模型文件。

Step2. 创建草图 1。选取前视基准面作为草图基准面，绘制图 4.3.2 所示的草图 1。

Step3. 创建基准面 1。选择下拉菜单 插入(I) ➡️ 参考几何体(G) ➡️ 🔷 基准面(P)... 命令，选取上视基准面和草图 1 的上端点为参考实体；单击 ✅ 按钮，完成基准面 1 的创建。

Step4. 创建草图2。选取上视基准面作为草图基准面，绘制图4.3.3所示的草图2。

Step5. 创建草图3。选取基准面1为草图基准面，绘制图4.3.4所示的草图3。

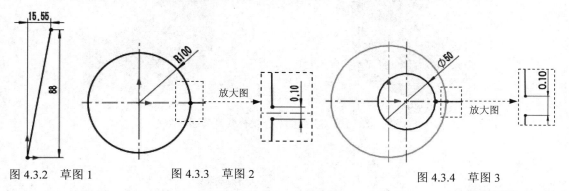

图4.3.2　草图1　　　　　　　图4.3.3　草图2　　　　　　　　图4.3.4　草图3

Step6. 创建图4.3.1a所示的平口偏心斜角圆锥台钣金件。选择下拉菜单 插入(I) ➡ 钣金(H) ➡ 放样的折弯(L)... 命令；选取草图2和草图3作为放样折弯特征的轮廓，在"放样折弯"对话框的 厚度 文本框中输入数值1.0，并单击"反向"按钮 调整材料方向向内；单击 ✔ 按钮，完成钣金件的创建。

Step7. 选择下拉菜单 文件(F) ➡ 保存(S) 命令，将模型命名为"平口偏心斜角圆锥台管"，保存钣金模型。

Task2. 展平平口偏心斜角圆锥台管

在设计树中右击 平板型式1 特征，在系统弹出的快捷菜单中单击"解除压缩"命令按钮 ，即可将钣金展平，展平结果如图4.3.1b所示。

4.4　下平上斜偏心圆锥台管

下平上斜偏心圆锥台管是由一与圆锥轴线成一角度的正垂直截面截断偏心圆锥台顶部形成的。图 4.4.1 所示的分别是下平上斜偏心圆锥台管的钣金件及展开图。下面介绍在SolidWorks中创建和展开的操作过程。

Task1. 创建下平上斜偏心圆锥台管钣金件

Step1. 新建一个零件模型文件。

Step2. 创建草图1。选取前视基准面作为草图基准面，绘制图4.4.2所示的草图1。

Step3. 创建图4.4.3所示的基准面1。选择下拉菜单 插入(I) ➡ 参考几何体(G) ➡ 基准面(P)... 命令，选取上视基准面和图4.4.3所示的点为参考实体；单击 ✔ 按钮，完成基准面1的创建。

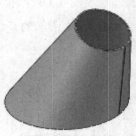

a）未展平状态

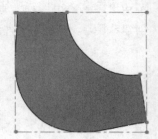

b）展平状态

图 4.4.1 下平上斜偏心圆锥台管及其展开图

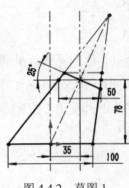

图 4.4.2 草图 1

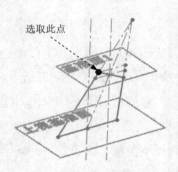

选取此点

图 4.4.3 基准面 1

Step4. 创建草图 2。选取上视基准面作为草图基准面，绘制图 4.4.4 所示的草图 2（圆弧经过草图 1 中底部直线的两个端点）。

Step5. 创建草图 3。选取基准面 1 为草图基准面，绘制图 4.4.5 所示的草图 3（圆弧经过图 4.4.3 所示的草图点）。

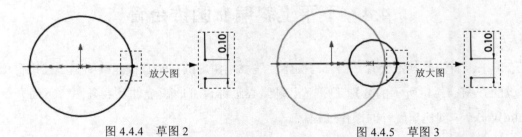

图 4.4.4 草图 2   图 4.4.5 草图 3

Step6. 创建图 4.4.6 所示的放样钣金。选择下拉菜单 插入(I) ➡ 钣金(H) ➡

 放样的折弯(L)… 命令；选取草图 2 和草图 3 作为放样折弯特征的轮廓，在"放样折弯"

对话框的 厚度 文本框中输入数值 1.0，并单击"反向"按钮 调整材料方向向内；单击

按钮，完成钣金件的创建。

Step7. 创建图 4.4.7 所示的切除-拉伸。选择下拉菜单 插入(I) ➡ 切除(C) ➡

 拉伸(E)… 命令，选取前视基准面为草绘基准面，绘制图 4.4.8 所示的横断面草图（草

图中直线与草图 1 中角度为 25°的直线重合）；在对话框 **方向1** 区域的下拉列表中选择 **完全贯穿** 选项，单击对话框中的 ✓ 按钮。

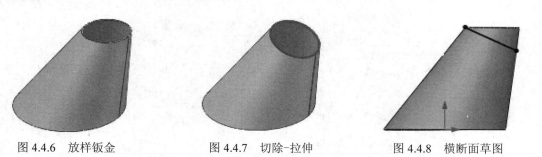

图 4.4.6　放样钣金　　　　　图 4.4.7　切除-拉伸　　　　　图 4.4.8　横断面草图

Step8. 选择下拉菜单 **文件(F)** ➡ **保存(S)** 命令，将模型命名为"下平上斜偏心圆锥台管"，保存钣金模型。

Task2. 展平下平上斜偏心圆锥台管

在设计树中右击 **平板型式1** 特征，在系统弹出的快捷菜单中单击"解除压缩"命令按钮 ，即可将钣金展平，展平结果如图 4.4.1b 所示。

4.5　上平下斜正圆锥台管

上平下斜正圆锥台管是由一与圆锥轴线成一角度的正垂直截面截断正圆锥台底部形成的。图 4.5.1 所示的分别是上平下斜正圆锥台管的钣金件及展开图。下面介绍在 SolidWorks 中创建和展开的操作过程。

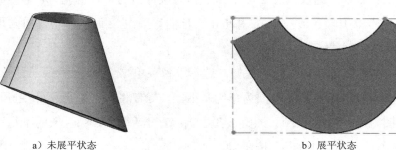

a）未展平状态　　　　　　　　　　　b）展平状态

图 4.5.1　上平下斜正圆锥台及其展开图

Task1. 创建上平下斜正圆锥台管钣金件

Step1. 新建一个零件模型文件。

Step2. 创建草图 1。选取前视基准面作为草图基准面，绘制图 4.5.2 所示的草图 1。

Step3. 创建图 4.5.3 所示的基准面 1。选择下拉菜单 **插入(I)** ➡ **参考几何体(G)** ➡ **基准面(P)...** 命令，选取上视基准面和图 4.5.3 所示的点为参考实体；单击 ✓ 按钮，完成基准面 1 的创建。

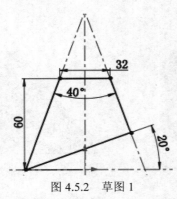

图 4.5.2　草图 1

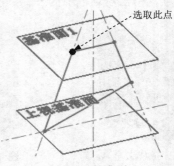

选取此点

图 4.5.3　基准面 1

Step4. 创建草图 2。选取上视基准面作为草图基准面,绘制图 4.5.4 所示的草图 2(圆弧经过草图 1 中底部直线的两个端点)。

Step5. 创建草图 3。选取基准面 1 为草图基准面,绘制图 4.5.5 所示的草图 3(圆弧经过图 4.5.3 所示的草图点)。

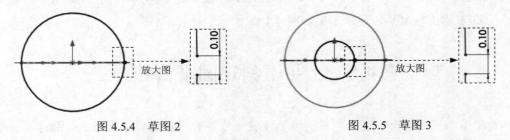

图 4.5.4　草图 2　　　　　　　　　　　　　　图 4.5.5　草图 3

Step6. 创建图 4.5.6 所示的放样钣金。选择下拉菜单 插入(I) ➡ 钣金(H) ➡ 放样的折弯 (L)… 命令;选取草图 2 和草图 3 作为放样折弯特征的轮廓,在"放样折弯"对话框的 厚度 文本框中输入数值 1.0,并单击"反向"按钮 调整材料方向向内;单击 按钮,完成钣金件的创建。

Step7. 创建图 4.5.7 所示的切除-拉伸。选择下拉菜单 插入(I) ➡ 切除(C) ➡ 拉伸(E)… 命令,选取前视基准面为草绘基准面,绘制图 4.5.8 所示的横断面草图(草图中直线与草图 1 中角度为 20° 的直线重合);在对话框 方向1 区域的下拉列表中选择 完全贯穿 选项,单击对话框中的 按钮。

图 4.5.6　放样钣金

图 4.5.7　切除-拉伸

图 4.5.8　横断面草图

Step8. 选择下拉菜单 文件(F) ➡ 保存(S) 命令，将模型命名为"上平下斜正圆锥台管"，保存钣金模型。

Task2. 展平上平下斜正圆锥台管

在设计树中右击 平板型式1 特征，在系统弹出的快捷菜单中单击"解除压缩"命令按钮，即可将钣金展平，展平结果如图 4.5.1b 所示。

4.6　上平下斜偏心圆锥台管

上平下斜偏心圆锥台管是由一与圆锥轴线成一角度的正垂直截面截断偏心圆锥台底部形成的。图 4.6.1 所示的分别是上平下斜偏心圆锥台管的钣金件及展开图。下面介绍在 SolidWorks 中创建和展开的操作过程。

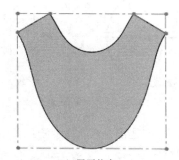

a）未展平状态　　　　　　　　　　　b）展平状态

图 4.6.1　上平下斜偏心圆锥台管及其展开图

Task1. 创建上平下斜偏心圆锥台管钣金件

Step1. 新建一个零件模型文件。

Step2. 创建草图 1。选取前视基准面作为草图基准面，绘制图 4.6.2 所示的草图 1。

Step3. 创建图 4.6.3 所示的基准面 1。选择下拉菜单 插入(I) ➡ 参考几何体(G) ➡ 基准面(P)... 命令，选取上视基准面和图 4.6.3 所示的点为参考实体；单击 ✔ 按钮，完成基准面 1 的创建。

Step4. 创建草图 2。选取上视基准面作为草图基准面，绘制图 4.6.4 所示的草图 2（圆弧经过草图 1 中底部直线的两个端点）。

Step5. 创建草图 3。选取基准面 1 为草图基准面，绘制图 4.6.5 所示的草图 3（圆弧经过草图 1 中顶部直线的两个端点）。

Step6. 创建图 4.6.6 所示的放样钣金。选择下拉菜单 插入(I) ➡ 钣金(H) ➡ 放样的折弯(L)... 命令；选取草图 2 和草图 3 作为放样折弯特征的轮廓，在"放样折弯"

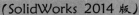
对话框的 **厚度** 文本框中输入数值 1.0，并单击"反向"按钮 ⤢ 调整材料方向向内；单击 ✓ 按钮，完成钣金件的创建。

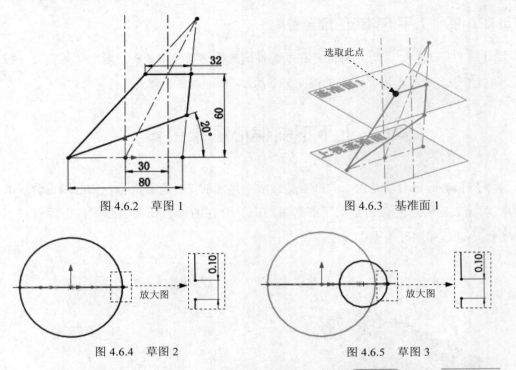

图 4.6.2 草图 1　　　　　　　　图 4.6.3 基准面 1

图 4.6.4 草图 2　　　　　　　　图 4.6.5 草图 3

Step7. 创建图 4.6.7 所示的切除-拉伸。选择下拉菜单 **插入(I)** ➡ **切除(C)** ▶ ➡ **拉伸(E)...** 命令；选取前视基准面为草绘基准面，绘制图 4.6.8 所示的横断面草图（草图中直线与草图 1 中角度为 20°的直线重合）；在对话框 **方向1** 区域的下拉列表中选择 **完全贯穿** 选项，单击对话框中的 ✓ 按钮。

Step8. 选择下拉菜单 **文件(F)** ➡ **保存(S)** 命令，将模型命名为"上平下斜偏心圆锥台管"，保存钣金模型。

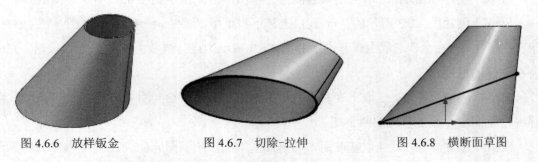

图 4.6.6 放样钣金　　　　图 4.6.7 切除-拉伸　　　　图 4.6.8 横断面草图

Task2. 展平上平下斜偏心圆锥台管

在设计树中右击 ⬛ 平板型式1 特征，在系统弹出的快捷菜单中单击"解除压缩"命令按钮 ⬆，即可将钣金展平，展平结果如图 4.6.1b 所示。

4.7 上下垂直偏心圆锥台管

上下垂直偏心圆锥台管是由两个相互垂直平面上的曲线放样得到的圆锥台结构。图4.7.1 所示的分别是上下垂直偏心圆锥台管的钣金件及展开图。下面介绍在 SolidWorks 中创建和展开的操作过程。

a) 未展平状态   b) 展平状态

图 4.7.1   上下垂直偏心圆锥台管的展开

Task1. 创建上下垂直偏心圆锥台管钣金件

Step1. 新建一个零件模型文件。

Step2. 创建草图 1。选取前视基准面作为草图基准面，绘制图 4.7.2 所示的草图 1。

Step3. 创建图 4.7.3 所示的基准面 1。选择下拉菜单 插入(I) ➡ 参考几何体(G) ➡ 基准面(P)... 命令，选取右视基准面和图 4.7.3 所示的直线为参考实体；单击 ✔ 按钮，完成基准面 1 的创建。

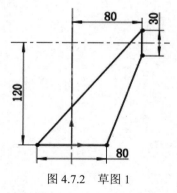

图 4.7.2   草图 1

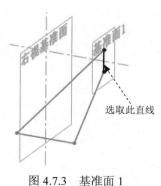

选取此直线

图 4.7.3   基准面 1

Step4. 创建草图 2。选取上视基准面作为草图基准面，绘制图 4.7.4 所示的草图 2（圆弧经过草图 1 中底部直线的两个端点）。

Step5. 创建草图 3。选取基准面 1 为草图基准面，绘制图 4.7.5 所示的草图 3（圆弧经过图 4.7.3 所示直线的两个端点）。

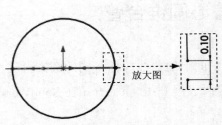

图 4.7.4　草图 2

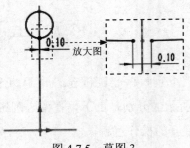

图 4.7.5　草图 3

Step6. 创建图 4.7.1a 所示的放样钣金。选择下拉菜单 插入(I) ➡ 钣金 (H) ➡ 放样的折弯 (L)... 命令；选取草图 2 和草图 3 作为放样折弯特征的轮廓，在 "放样折弯" 对话框的 厚度 文本框中输入数值 1.0，单击 "反向" 按钮 调整材料方向向内；单击 ✓ 按钮，完成钣金件的创建。

Step7. 选择下拉菜单 文件(F) ➡ 保存(S) 命令，将模型命名为 "上下垂直偏心圆锥台管"，保存钣金模型。

Task2. 展平上下垂直偏心圆锥台管

在设计树中右击 平板型式1 特征，在系统弹出的快捷菜单中单击 "解除压缩" 命令按钮 ，即可将钣金展平，展平结果如图 4.7.1b 所示。

第5章 椭圆锥台管展开

本章提要 本章主要介绍椭圆锥台管类的钣金在 SolidWorks 中的创建和展开过程，包括平口正椭圆锥台、平口偏心椭圆锥台、上平下斜正椭圆锥台、上平下斜偏心椭圆锥台、上圆下椭圆平行、上圆平下椭圆斜偏心和上圆斜下椭圆平偏心。在创建和展开此类钣金时要注意定义切口的位置。

5.1 平口正椭圆锥台

平口正椭圆锥台管，是由两个平行面上的大小不等的部分椭圆放样形成的，轴线与之平面保持垂直角度的椭圆锥台管。下面以图 5.1.1 所示的模型为例，介绍在 SolidWorks 中创建和展开平口正椭圆锥台管的一般过程。

a）未展平状态   b）展平状态

图 5.1.1 平口正椭圆锥台管的创建与展平

Task1. 创建平口正椭圆锥台管

Step1. 新建模型文件。

Step2. 创建基准面 1。选择下拉菜单 插入(I) → 参考几何体(G) → 基准面(P)... 命令；选取上视基准面为参考实体，输入偏移距离值80；单击 ✔ 按钮，完成基准面 1 的创建。

Step3. 创建草图 1。选取上视基准面为草图基准面，绘制图 5.1.2 所示的草图 1。

Step4. 创建草图 2。选取基准面 1 为草图基准面，绘制图 5.1.3 所示的草图 2。

Step5. 创建图 5.1.1a 所示的放样折弯 1。选择下拉菜单 插入(I) → 钣金(H) → 放样的折弯(L)... 命令；依次选取草图 1 和草图 2 作为放样折弯特征的轮廓；在"放样折弯"对话框的 厚度 文本框中输入数值 1.0；单击 ✔ 按钮，完成放样折弯特征的创建。

Step6. 选择下拉菜单 文件(F) → 保存(S) 命令，将模型命名为"平口正椭圆锥台"，保存钣金模型。

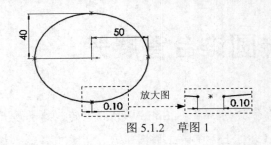

图 5.1.2　草图 1

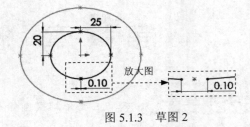

图 5.1.3　草图 2

Task2．展平平口正椭圆锥台管

Step1．在设计树中右击 平板型式1 特征，在系统弹出的快捷菜单中单击"解除压缩"命令按钮，即可将钣金展平，展平结果如图 5.1.1b 所示。

Step2．保存展开图样。选择下拉菜单 文件(F) ➡ 另存为 (A)... 命令，命名为"平口正椭圆锥台管展开图样"。

5.2　上平下斜正椭圆锥台

上平下斜正椭圆锥台管，是平口正椭圆锥台管的下端被一个与之轴线成角度的正垂面截断后形成的构件。下面以图 5.2.1 所示的模型为例，介绍在 SolidWorks 中创建和展开上平下斜正椭圆锥台管的一般过程。

a）未展平状态　　　　　　　　　　　　b）展平状态

图 5.2.1　上平下斜正椭圆锥台管的创建与展平

Task1．创建上平下斜正椭圆锥台管

Step1．新建模型文件。

Step2．创建基准面 1。选择下拉菜单 插入(I) ➡ 参考几何体 (G) ➡ 基准面 (P)... 命令；选取上视基准面为参考实体，输入偏移距离值 80；单击 按钮，完成基准面 1 的创建。

Step3．创建草图 1。选取上视基准面为草图基准面，绘制图 5.2.2 所示的草图 1。

Step4．创建草图 2。选取基准面 1 为草图基准面，绘制图 5.2.3 所示的草图 2。

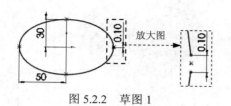

图 5.2.2 草图 1

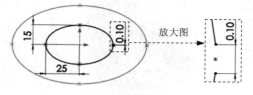

图 5.2.3 草图 2

Step5. 创建图 5.2.4 所示的放样折弯 1。选择下拉菜单 插入(I) ➡ 钣金(H) ➡ 放样的折弯(L)··· 命令；依次选取草图 1 和草图 2 作为放样折弯特征的轮廓；在"放样折弯"对话框的 厚度 文本框中输入数值 1.0；单击 ✔ 按钮，完成放样折弯特征的创建。

Step6. 创建图 5.2.5 所示的切除-拉伸 1。选择下拉菜单 插入(I) ➡ 切除(C) ➡ 拉伸(E)··· 命令；选取前视基准面为草图基准面，绘制图 5.2.6 所示的横断面草图；在对话框中选中 ☑ 反侧切除(F) 复选框，取消选中 ☐ 正交切除(N) 复选框；单击 ✔ 按钮，完成切除-拉伸 1 的创建。

图 5.2.4 放样折弯 1

图 5.2.5 切除-拉伸 1

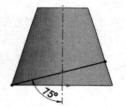

图 5.2.6 横断面草图

Step7. 选择下拉菜单 文件(F) ➡ 保存(S) 命令，将模型命名为"上平下斜正椭圆锥台"，保存钣金模型。

Task2. 展平上平下斜正椭圆锥台管

Step1. 在设计树中右击 平板型式1 特征，在系统弹出的快捷菜单中单击"解除压缩"命令按钮 ↑ 🖹，即可将钣金展平，展平结果如图 5.2.1b 所示。

Step2. 保存展开图样。选择下拉菜单 文件(F) ➡ 另存为(A)··· 命令，命名为"上平下斜正椭圆锥台管展开图样"。

5.3 平口偏心椭圆锥台

平口偏心椭圆锥台管，是由两个平行面上相互错开的大小不等的部分椭圆放样形成的，轴线倾斜一定角度的椭圆锥台管。下面以图 5.3.1 所示的模型为例，介绍在 SolidWorks 中创建和展开平口偏心椭圆锥台管的一般过程。

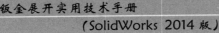

a）未展平状态

b）展平状态

图 5.3.1　平口偏心椭圆锥台管的创建与展平

Task1．创建平口偏心椭圆锥台管

Step1．新建模型文件。

Step2．创建基准面 1。选择下拉菜单 插入(I) ➡ 参考几何体(G) ➡ 基准面(P)… 命令；选取上视基准面为参考实体，输入偏移距离值 80；单击 ✔ 按钮，完成基准面 1 的创建。

Step3．创建草图 1。选取前视基准面为草图基准面，绘制图 5.3.2 所示的草图 1。

Step4．创建草图 2。选取上视基准面为草图基准面，绘制图 5.3.3 所示的草图 2。

Step5．创建草图 3。选取基准面 1 为草图基准面，绘制图 5.3.4 所示的草图 3（其中心与草图 1 中的轴线端点重合）。

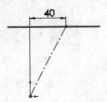

图 5.3.2　草图 1

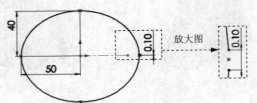

图 5.3.3　草图 2

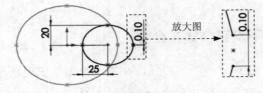

图 5.3.4　草图 3

Step6．创建图 5.3.1a 所示的放样折弯 1。选择下拉菜单 插入(I) ➡ 钣金(H) ➡ 放样的折弯(L)… 命令；依次选取草图 2 和草图 3 作为放样折弯特征的轮廓；在"放样折弯"对话框的 厚度 文本框中输入数值 1.0；单击 ✔ 按钮，完成放样折弯特征的创建。

Step7．选择下拉菜单 文件(F) ➡ 保存(S) 命令，将模型命名为"平口偏心椭圆锥台"，保存钣金模型。

Task2．展平平口偏心椭圆锥台管

Step1．在设计树中右击 平板型式1 特征，在系统弹出的快捷菜单中单击"解除压缩"

命令按钮 ，即可将钣金展平，展平结果如图 5.3.1b 所示。

Step2. 保存展开图样。选择下拉菜单 文件(F) ➡ 另存为(A)... 命令，命名为"平口偏心椭圆锥台管展开图样"。

5.4 上平下斜偏心椭圆锥台

上平下斜偏心椭圆锥台管，是在平口偏心椭圆锥台管的下端被一个与平口面成角度的正垂面截断后形成的构件。下面以图 5.4.1 所示的模型为例，介绍在 SolidWorks 中创建和展开上平下斜偏心椭圆锥台管的一般过程。

a）未展平状态   b）展平状态

图 5.4.1 上平下斜偏心椭圆锥台管的创建与展平

Task1. 创建上平下斜偏心椭圆锥台管

Step1. 新建模型文件。

Step2. 创建基准面 1。选择下拉菜单 插入(I) ➡ 参考几何体(G) ➡ 基准面(P)... 命令；选取上视基准面为参考实体，输入偏移距离值 80；单击 ✔ 按钮，完成基准面 1 的创建。

Step3. 创建草图 1。选取前视基准面作为草图基准面，绘制图 5.4.2 所示的草图 1。

Step4. 创建草图 2。选取上视基准面作为草图基准面，绘制图 5.4.3 所示的草图 2。

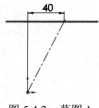   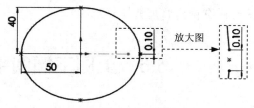

图 5.4.2 草图 1   图 5.4.3 草图 2

Step5. 创建草图 3。选取基准面 1 作为草图基准面，绘制图 5.4.4 所示的草图 3（其中心与草图 1 中的轴线端点重合）。

Step6. 创建图 5.4.5 所示的放样折弯 1。选择下拉菜单 插入(I) ➡ 钣金(H) ▶ ➡

放样的折弯(L)…命令；依次选取草图 2 和草图 3 作为放样折弯特征的轮廓；在"放样折弯"对话框的 厚度 文本框中输入数值 1.0；单击 ✓ 按钮，完成放样折弯特征的创建。

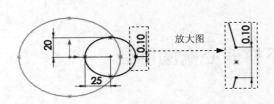

图 5.4.4　草图 3

图 5.4.5　放样折弯 1

Step7. 创建图 5.4.6 所示的切除-拉伸 1。选择下拉菜单 插入(I) ➡ 切除(C) ➡ 拉伸(E)… 命令；选取前视基准面为草图基准面，绘制图 5.4.7 所示的横断面草图；选中 ☑反侧切除(F) 复选框，取消选中 ☐正交切除(N) 复选框；单击 ✓ 按钮，完成切除-拉伸 1 的创建。

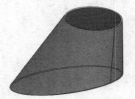

图 5.4.6　切除-拉伸 1

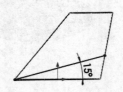

图 5.4.7　横断面草图

Step8. 选择下拉菜单 文件(F) ➡ 保存(S) 命令，将模型命名为"上平下斜偏心椭圆锥台"，保存钣金模型。

Task2. 展平上平下斜偏心椭圆锥台管

Step1. 在设计树中右击 平板型式1 特征，在系统弹出的快捷菜单中单击"解除压缩"命令按钮 ↑⊡，即可将钣金展平，展平结果如图 5.4.1b 所示。

Step2. 保存展开图样。选择下拉菜单 文件(F) ➡ 另存为(A)… 命令，命名为"上平下斜偏心椭圆锥台管展开图样"。

5.5　上圆下椭圆平行椭圆锥台

在椭圆锥台管类中，上圆下椭圆平行椭圆锥台管是指：由两个平行面上绘制的上为圆弧、下为部分椭圆放样形成的，轴线与之平面成垂直角度的椭圆锥台管。下面以图 5.5.1 所示的模型为例，介绍在 SolidWorks 中的创建和展开上圆下椭圆平行椭圆锥台管的一般过程。

a）未展平状态   b）展平状态

图 5.5.1 上圆下椭圆平行椭圆锥台管的创建与展平

Task1. 创建上圆下椭圆平行椭圆锥台管

Step1. 新建模型文件。

Step2. 创建基准面 1。选择下拉菜单 插入(I) ➡ 参考几何体(G) ➡ 基准面(P)... 命令（注：具体参数和操作参见随书光盘）。

Step3. 创建草图 1。选取上视基准面作为草图基准面，绘制图 5.5.2 所示的草图 1。

Step4. 创建草图 2。选取基准面 1 作为草图基准面，绘制图 5.5.3 所示的草图 2。

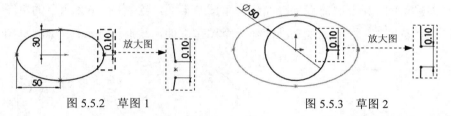

图 5.5.2 草图 1   图 5.5.3 草图 2

Step5. 创建图 5.5.1a 所示的放样折弯 1。选择下拉菜单 插入(I) ➡ 钣金(H) ➡ 放样的折弯(L)... 命令；依次选取草图 1 和草图 2 作为放样折弯特征的轮廓；在对话框的 厚度 文本框中输入数值 1.0；单击 ✓ 按钮，完成放样折弯特征的创建。

Step6. 选择下拉菜单 文件(F) ➡ 保存(S) 命令，将模型命名为"上圆下椭圆平行椭圆锥台管"，保存钣金模型。

Task2. 展平上圆下椭圆平行椭圆锥台管

Step1. 在设计树中右击 平板型式1 特征，在系统弹出的快捷菜单中单击"解除压缩"命令按钮，即可将钣金展平，展平结果如图 5.5.1b 所示。

Step2. 保存展开图样。选择下拉菜单 文件(F) ➡ 另存为(A)... 命令，命名为"上圆下椭圆平行椭圆锥台管展开图样"。

5.6 上圆平下椭圆斜偏心椭圆锥台

在椭圆锥台管类中，上圆平下椭圆斜偏心类型与上平下斜偏心椭圆锥台的创建方法类似，唯一不同之处是两者的放样轮廓，前者中出现了圆弧。下面以图 5.6.1 所示的模型为例，介绍在 SolidWorks 中创建和展开上圆平下椭圆斜偏心类型台管的一般过程。

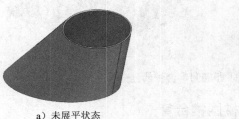

a）未展平状态　　　　　　　　　　　b）展平状态

图 5.6.1　上圆平下椭圆斜偏心类型的创建与展平

Task1. 创建上圆平下椭圆斜偏心类型

Step1. 新建模型文件。

Step2. 创建基准面 1（注：本步的详细操作过程请参见随书光盘中 video\ch05\reference 文件下的语音视频讲解文件"上圆平下椭圆斜偏心-r01.avi"）。

Step3. 创建草图 1。选取前视基准面作为草图基准面，绘制图 5.6.2 所示的草图 1。

Step4. 创建草图 2。选取上视基准面作为草图基准面，绘制图 5.6.3 所示的草图 2。

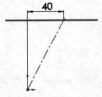
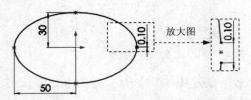

图 5.6.2　草图 1　　　　　　　　　　图 5.6.3　草图 2

Step5. 创建草图 3。选取基准面 1 作为草图基准面，绘制图 5.6.4 所示的草图 3（其中心与草图 1 中的轴线端点重合）。

Step6. 创建图 5.6.5 所示的放样折弯 1。选择下拉菜单 插入(I) ➜ 钣金(H) ➜ 放样的折弯(L)… 命令；依次选取草图 2 和草图 3 作为放样折弯特征的轮廓；在"放样折弯"对话框的 厚度 文本框中输入数值 1.0；单击 ✔ 按钮，完成放样折弯特征 1 的创建。

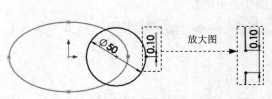

图 5.6.4　草图 3　　　　　　　　　　图 5.6.5　放样折弯 1

Step7. 创建图 5.6.6 所示的切除-拉伸 1。选择下拉菜单 插入(I) ➜ 切除(C) ➜ 拉伸(E)… 命令；选取前视基准面为草图基准面，绘制图 5.6.7 所示的横断面草图；选

中 ☑ 反侧切除(F) 复选框，取消选中 ☐ 正交切除(N) 复选框；单击 ✓ 按钮，完成切除-拉伸 1 的创建。

图 5.6.6　切除-拉伸 1

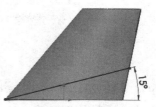

图 5.6.7　横断面草图

Step8. 选择下拉菜单 文件(F) ➡ 💾 保存(S) 命令，将模型命名为"上圆平下椭圆斜偏心"，保存钣金模型。

Task2. 展平上圆平下椭圆斜偏心类型

Step1. 在设计树中右击 平板型式1 特征，在系统弹出的快捷菜单中单击"解除压缩"命令按钮 🔄，即可将钣金展平，展平结果如图 5.6.1b 所示。

Step2. 保存展开图样。选择下拉菜单 文件(F) ➡ 另存为(A)... 命令，命名为"上圆平下椭圆斜偏心展开图样"。

5.7　上圆斜下椭圆平偏心椭圆锥台

在椭圆锥台管类中，上圆斜下椭圆平偏心类型与上圆平下椭圆斜偏心类型的创建方法类似，唯一不同之处是斜截的位置，前者位于上端，后者位于下端。下面以图 5.7.1 所示的模型为例，介绍在 SolidWorks 中创建和展开上圆斜下椭圆平偏心类型台管的一般过程。

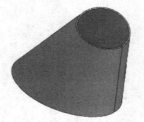

a）未展平状态

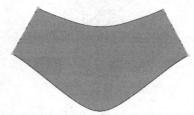

b）展平状态

图 5.7.1　上圆斜下椭圆平偏心类型的创建与展平

Task1. 创建上圆斜下椭圆平偏心类型

Step1. 新建模型文件。

Step2. 创建基准面 1（注：具体参数和操作参见随书光盘）。

Step3. 创建草图 1。选取前视基准面作为草图基准面，绘制图 5.7.2 所示的草图 1。

Step4. 创建草图 2。选取上视基准面作为草图基准面，绘制图 5.7.3 所示的草图 2。

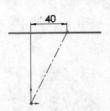

图 5.7.2　草图 1

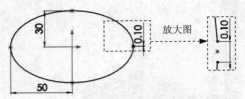

图 5.7.3　草图 2

Step5. 创建草图 3。选取基准面 1 作为草图基准面，绘制图 5.7.4 所示的草图 3（其中心与草图 1 中的轴线端点重合）。

Step6. 创建图 5.7.5 所示的放样折弯 1。选择下拉菜单 插入(I) ➡ 钣金(H) ➡ 放样的折弯(L)··· 命令；依次选取草图 2 和草图 3 作为放样折弯特征的轮廓；在"放样折弯"对话框的 厚度 文本框中输入数值 1.0；单击 ✓ 按钮，完成放样折弯特征的创建。

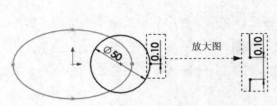

图 5.7.4　草图 3

图 5.7.5　放样折弯 1

Step7. 创建图 5.7.6 所示的切除-拉伸 1。选择下拉菜单 插入(I) ➡ 切除(C) ➡ 拉伸(E)··· 命令；选取前视基准面为草图基准面；绘制图 5.7.7 所示的横断面草图；在对话框 方向1 区域的 下拉列表中选择 完全贯穿 选项，选中 ☑ 正交切除(N) 复选框，选中 ☑ 方向2 复选框，在该区域的下拉列表中选择 完全贯穿 选项；单击 ✓ 按钮，完成切除-拉伸 1 的创建。

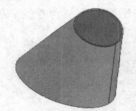

图 5.7.6　切除-拉伸 1

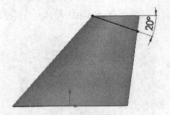

图 5.7.7　横断面草图

Step8. 选择下拉菜单 文件(F) ➡ 保存(S) 命令，将模型命名为"上圆斜下椭圆平偏心"，保存钣金模型。

Task2. 展平上圆斜下椭圆平偏心类型

Step1. 在设计树中右击 平板型式1 特征，在系统弹出的快捷菜单中单击"解除压缩"命令按钮 ，即可将钣金展平，展平结果如图 5.7.1b 所示。

Step2. 保存展开图样。选择下拉菜单 文件(F) ➡ 另存为(A)··· 命令，命名为"上圆斜下椭圆平偏心展开图样"。

第6章　长圆（锥）台管展开

本章提要　本章主要介绍长圆（锥）台管的钣金在 SolidWorks 中的创建和展开过程，包括平口正长圆锥台、平口圆顶长圆底直角等径长圆锥台、平口圆顶长圆底正长圆锥台、平口圆顶长圆底偏心圆锥台。此类钣金的创建都是采用放样等方法来创建。

6.1　平口正长圆锥台

平口正长圆锥台是截面为正长圆形的锥形钣金件。图 6.1.1 所示的分别是其钣金件及展开图，下面介绍其在 SolidWorks 中的创建和展开的操作过程。

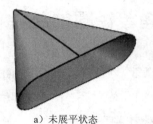

a）未展平状态

b）展平状态

图 6.1.1　平口正长圆锥台及其展开图

Task1. 创建平口正长圆锥台钣金件

Step1. 新建一个零件模型文件。

Step2. 创建基准面 1。选择下拉菜单 插入(I) ➡ 参考几何体(G) ➡ 基准面(P)... 命令，选取上视基准面为参考实体，输入偏移距离值 100；单击 ✓ 按钮，完成基准面 1 的创建。

Step3. 创建草图 1。选取上视基准面作为草图基准面，绘制图 6.1.2 所示的草图 1。

Step4. 创建草图 2。选取基准面 1 为草图基准面，绘制图 6.1.3 所示的草图 2。

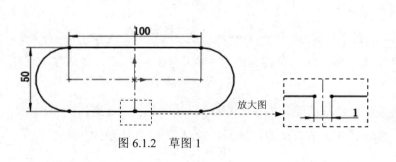

图 6.1.2　草图 1

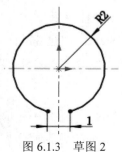

图 6.1.3　草图 2

Step5. 创建图 6.1.1a 所示的平口正长圆锥台钣金件。选择下拉菜单 插入(I) ➡
钣金(H) ➡ 放样的折弯(L)… 命令；选取草图 1 和草图 2 作为放样折弯特征的轮廓；在"放样折弯"对话框的 厚度 文本框中输入数值 1.0；单击 ✔ 按钮，完成钣金件的创建。

Step6. 选择下拉菜单 文件(F) ➡ 保存(S) 命令，将模型命名为"平口正长圆锥台"，保存钣金模型。

Task2. 展平平口正长圆锥台

Step1. 在设计树中右击 平板型式1 特征，在系统弹出的快捷菜单中单击"解除压缩"命令按钮 ↑□，即可将钣金展平，展平结果如图 6.1.1b 所示。

Step2. 保存展开图样。选择下拉菜单 文件(F) ➡ 另存为(A)… 命令，命名为"平口正长圆锥台展开图样"。

6.2 平口圆顶长圆底直角等径圆锥台

平口圆顶长圆底直角等径圆锥台是由顶部为圆形截面，底部为长圆形截面放样形成的圆锥台形结构钣金件，其中，圆弧与长圆形半径相等，且一侧对齐。图 6.2.1 所示的分别是其钣金件及展开图，下面介绍其在 SolidWorks 中的创建和展开的操作过程。

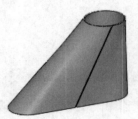
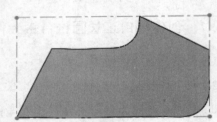

a）未展平状态   b）展平状态

图 6.2.1 平口圆顶长圆底直角等径圆锥台及其展开图

Task1. 创建平口圆顶长圆底直角等径圆锥台钣金件

Step1. 新建一个零件模型文件。

Step2. 创建基准面 1。选择下拉菜单 插入(I) ➡ 参考几何体(G) ➡ 基准面(P)… 命令；选取上视基准面为参考实体，输入偏移距离值 100；单击 ✔ 按钮，完成基准面 1 的创建。

Step3. 创建草图 1。选取上视基准面作为草图基准面，绘制图 6.2.2 所示的草图 1。

Step4. 创建草图 2。选取基准面 1 为草图基准面，绘制图 6.2.3 所示的草图 2。

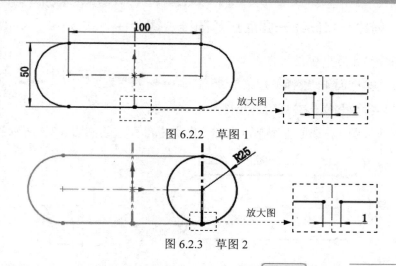

图 6.2.2 草图 1

图 6.2.3 草图 2

Step5. 创建图 6.2.1a 所示的钣金件。选择下拉菜单 插入(I) ➡ 钣金 (H) ➡ 放样的折弯 (L)… 命令；选取草图 1 和草图 2 作为放样折弯特征的轮廓；在"放样折弯"对话框的 厚度 文本框中输入数值 1.0；单击 ✔ 按钮，完成钣金件的创建。

Step6. 选择下拉菜单 文件(F) ➡ 💾 保存 (S) 命令，将模型命名为"平口圆顶长圆底直角等径圆锥台"，保存钣金模型。

Task2. 展平平口圆顶长圆底直角等径圆锥台

Step1. 在设计树中右击 平板型式1 特征，在系统弹出的快捷菜单中单击"解除压缩"命令按钮 🔓，即可将钣金展平，展平结果如图 6.2.1b 所示。

Step2. 保存展开图样。选择下拉菜单 文件(F) ➡ 🔲 另存为 (A)… 命令，命名为"平口圆顶长圆底直角等径圆锥台展开图样"。

6.3 平口圆顶长圆底正长圆锥台

平口圆顶长圆底正长圆锥台，是由顶部为圆形截面，底部为长圆形截面放样形成的圆锥台形结构钣金件，其中，圆弧与长圆形是同轴心的。图 6.3.1 所示的分别是其钣金件及展开图，下面介绍其在 SolidWorks 中的创建和展开的操作过程。

a）未展平状态

b）展平状态

图 6.3.1 平口圆顶长圆底正长圆锥台及其展开图

Task1．创建平口圆顶长圆底正长圆锥台钣金件

Step1．新建一个零件模型文件。

Step2．创建基准面 1。选择下拉菜单 插入(I) ➡ 参考几何体(G) ➡ 基准面(P).
命令（注：具体参数和操作参见随书光盘）。

Step3．创建草图 1。选取上视基准面作为草图基准面，绘制图 6.3.2 所示的草图 1。

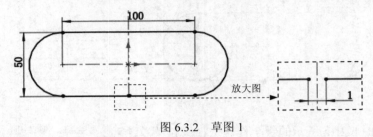

图 6.3.2　草图 1

Step4．创建草图 2。选取基准面 1 为草图基准面，绘制图 6.3.3 所示的草图 2。

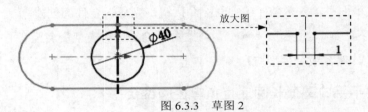

图 6.3.3　草图 2

Step5．创建图 6.3.1a 所示的钣金件。选择下拉菜单 插入(I) ➡ 钣金 (H) ➡
 放样的折弯 (L)··· 命令；选取草图 1 和草图 2 作为放样折弯特征的轮廓；在"放样折弯"
对话框的 厚度 文本框中输入数值 1.0；单击 ✔ 按钮，完成钣金件的创建。

Step6．选择下拉菜单 文件(F) ➡ 保存 (S) 命令，将模型命名为"平口圆顶长圆底
正长圆锥台"，保存钣金模型。

Task2．展平平口圆顶长圆底正长圆锥台

Step1．在设计树中右击 平板型式1 特征，在系统弹出的快捷菜单中单击"解除压缩"
命令按钮，即可将钣金展平，展平结果如图 6.3.1b 所示。

Step2．保存展开图样。选择下拉菜单 文件(F) ➡ 另存为 (A)··· 命令，命名为"平
口圆顶长圆底正长圆锥台展开图样"。

6.4　平口圆顶长圆底偏心圆锥台

平口圆顶长圆底偏心圆锥台，是由顶部为圆形截面，底部为长圆形截面放样形成的圆
锥台形结构钣金件，其中，圆弧与长圆形是偏心的。图 6.4.1 所示的分别是其钣金件及展开

图，下面介绍其在 SolidWorks 中的创建和展开的操作过程。

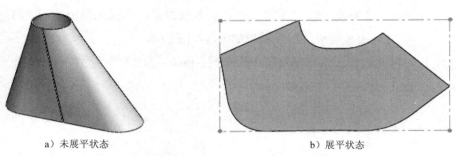

　　　　　a）未展平状态　　　　　　　　　　　　　　b）展平状态

图 6.4.1　平口圆顶长圆底偏心圆锥台及其展开图

Task1. 创建平口圆顶长圆底偏心圆锥台钣金件

Step1. 新建一个零件模型文件。

Step2. 创建基准面 1。选择下拉菜单 插入(I) ➡ 参考几何体(G) ➡ 基准面(P)... 命令（注：具体参数和操作参见随书光盘）。

Step3. 创建草图 1。选取上视基准面作为草图基准面，绘制图 6.4.2 所示的草图 1。

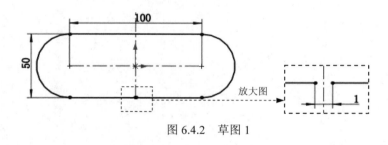

图 6.4.2　草图 1

Step4. 创建草图 2。选取基准面 1 为草图基准面，绘制图 6.4.3 所示的草图 2。

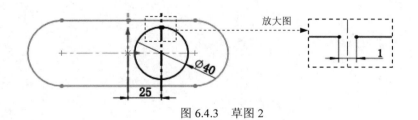

图 6.4.3　草图 2

　　Step5. 创建图 6.4.1a 所示的钣金件。选择下拉菜单 插入(I) ➡ 钣金(H) ➡ 放样的折弯(L)... 命令；选取草图 1 和草图 2 作为放样折弯特征的轮廓；在"放样折弯"对话框的 厚度 文本框中输入数值 1.0；单击 ✔ 按钮，完成该钣金件的创建。

　　Step6. 选择下拉菜单 文件(F) ➡ 保存(S) 命令，将模型命名为"平口圆顶长圆底偏心圆锥台"，保存钣金模型。

Task2. 展平平口圆顶长圆底偏心圆锥台

Step1. 在设计树中右击 平板型式1 特征，在系统弹出的快捷菜单中单击"解除压缩"命令按钮 ，即可将钣金展平，展平结果如图 6.4.1b 所示。

Step2. 保存展开图样。选择下拉菜单 文件(F) ➡️ 另存为(A)... 命令，命名为"平口圆顶长圆底偏心圆锥台展开图样"。

第7章 折边圆（锥）台管展开

本章提要 本章主要介绍折边圆（锥）台管类的钣金在 SolidWorks 中的创建和展开过程，包括大口折边、小口折边和大小口双折边。在创建和展开此类钣金时要注意定义切口的位置，以及衔接位置的材料厚度方向。

7.1 大口折边

大口折边是由正圆锥台管和其大口径一端的普通圆柱管接合形成的构件。下面以图 7.1.1 所示的模型为例，介绍在 SolidWorks 中创建和展开大口折边类型的一般过程。

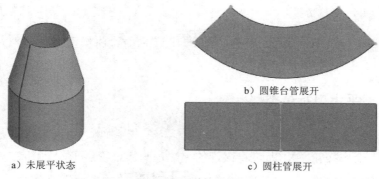

b）圆锥台管展开

a）未展平状态　　　　　　　　　　　c）圆柱管展开

图 7.1.1　大口折边类型的创建与展平

Task1. 创建大口折边类型

Step1. 新建模型文件。

Step2. 创建基准面 1。选择下拉菜单 插入(I) ➡ 参考几何体(G) ➡ 基准面(P)... 命令；选取上视基准面为参考实体，输入偏移距离值 80；单击 ✔ 按钮，完成基准面 1 的创建。

Step3. 创建草图 1。选取上视基准面作为草图基准面，绘制图 7.1.2 所示的草图 1。

Step4. 创建草图 2。选取基准面 1 作为草图基准面，绘制图 7.1.3 所示的草图 2。

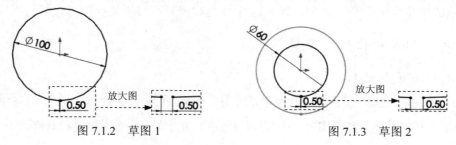

图 7.1.2　草图 1　　　　　　　　　　图 7.1.3　草图 2

Step5. 创建图 7.1.4 所示的放样折弯 1。选择下拉菜单 插入(I) ➡ 钣金 (H) ➡ 放样的折弯 (L)··· 命令；依次选取草图 1 和草图 2 作为放样折弯特征的轮廓；在"放样折弯"对话框的 厚度 文本框中输入数值 1.0；单击 ✔ 按钮，完成放样折弯特征的创建。

Step6. 创建图 7.1.5 所示的基体-法兰 1。选取草图 1 为横断面草图轮廓；选择下拉菜单 插入(I) ➡ 钣金 (H) ➡ 基体法兰 (A)··· 命令；在 方向 1 区域的 ⇩ 下拉列表中选择 给定深度 选项，在 ⬈D1 文本框中输入深度值 80，并单击"反向"按钮 ⬀；在 钣金参数(S) 区域的 ⬈T1 文本框中输入厚度值 1.0，在 ⬈ 文本框中输入圆角半径值 1.0；单击 ✔ 按钮，完成基体-法兰 1 的创建。

图 7.1.4　放样折弯 1

基体-法兰 1

图 7.1.5　基体-法兰 1

Step7. 选择下拉菜单 文件(F) ➡ 💾 保存 (S) 命令，将模型命名为"大口折边"，保存钣金模型。

Task2. 展平大口折边类型

Step1. 创建展平（一）。在设计树中右击 平板型式1 特征，在系统弹出的快捷菜单中单击"解除压缩"命令按钮 ⬆，即可将该管的上端正圆锥台管展平，如图 7.1.1b 所示。

Step2. 创建展平（二）。在设计树中右击 平板型式1 特征，在系统弹出的快捷菜单中单击"压缩"命令按钮 ⬇，右击 平板型式2 特征，在系统弹出的快捷菜单中单击"解除压缩"命令按钮 ⬆，即可将该管的下端普通圆柱管展平，如图 7.1.1c 所示。

7.2　小口折边

小口折边是由正圆锥台管和其小口径一端的普通圆柱管接合形成的构件。下面以图 7.2.1 所示的模型为例，介绍在 SolidWorks 中创建和展开小口折边类型的一般过程。

Task1. 创建小口折边类型

Step1. 新建模型文件。

Step2. 创建基准面 1。选择下拉菜单 插入(I) ➡ 参考几何体 (G) ➡ 基准面 (P)···命令；选取上视基准面为参考实体，输入偏移距离值 60；单击 ✔ 按钮，完成基准面 1 的创建。

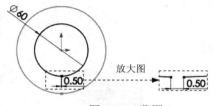

b）圆柱管展开

a）未展平状态

c）圆锥台管展开

图 7.2.1　小口折边类型的创建与展平

Step3. 创建草图 1。选取上视基准面作为草图基准面，绘制图 7.2.2 所示的草图 1。

Step4. 创建草图 2。选取基准面 1 作为草图基准面，绘制图 7.2.3 所示的草图 2。

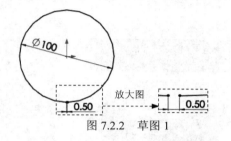

图 7.2.2　草图 1　　　　　　　　　　　　　图 7.2.3　草图 2

Step5. 创建图 7.2.4 所示的放样折弯 1。选择下拉菜单 插入(I) ➡ 钣金 (H) ➡ 放样的折弯 (L)… 命令；依次选取草图 1 和草图 2 作为放样折弯特征的轮廓；在"放样折弯"对话框的 厚度 文本框中输入数值 1.0；单击 ✓ 按钮，完成放样折弯特征的创建。

Step6. 创建图 7.2.5 所示的基体-法兰 1。选取草图 2 为横断面草图轮廓；选择下拉菜单 插入(I) ➡ 钣金 (H) ➡ 基体法兰 (A)… 命令；在 方向1 区域的 下拉列表中选择 给定深度 选项，在 文本框中输入深度值 40；在 钣金参数(S) 区域的 文本框中输入厚度值 1.0，在 文本框中输入圆角半径值 1.0；单击 ✓ 按钮，完成基体-法兰 1 的创建。

基体-法兰 1

图 7.2.4　放样折弯 1　　　　　　　　　　图 7.2.5　基体-法兰 1

Step7. 选择下拉菜单 文件(F) ➡ 保存(S) 命令，将模型命名为"小口折边"，保存钣金模型。

Task2. 展平小口折边类型

Step1. 创建展平（一）。在设计树中右击 平板型式1 特征，在系统弹出的快捷菜单中单击"解除压缩"命令按钮 ，即可将该管的下端正圆锥台管展平，如图 7.2.1c 所示。

Step2. 创建展平（二）。在设计树中右击 平板型式1 特征，在系统弹出的快捷菜单中单击"压缩"命令按钮 ，右击 平板型式2 特征，在系统弹出的快捷菜单中单击"解除压缩"命令按钮 ，即可将该管的上端普通圆柱管展平，如图 7.2.1b 所示。

7.3 大小口双折边

大小口双折边是由正圆锥台管和与其两端半径大小相同的普通圆柱管接合形成的构件。下面以图 7.3.1 所示的模型为例，介绍在 SolidWorks 中创建和展开大小口双折边类型的一般过程。

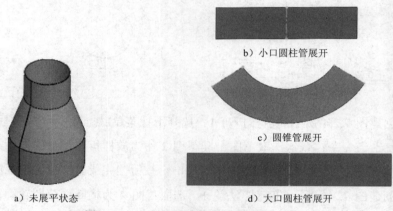

b）小口圆柱管展开

c）圆锥管展开

a）未展平状态

d）大口圆柱管展开

图 7.3.1 大小口双折边类型的创建与展平

Task1. 创建大小口双折边类型

Step1. 新建模型文件。

Step2. 创建基准面 1。选择下拉菜单 插入(I) ➡ 参考几何体(G) ➡ 基准面(P)... 命令；选取上视基准面为参考实体，输入偏移距离值 60；单击 按钮，完成基准面 1 的创建。

Step3. 创建草图 1。选取上视基准面作为草图基准面，绘制图 7.3.2 所示的草图 1。

Step4. 创建草图 2。选取基准面 1 作为草图基准面，绘制图 7.3.3 所示的草图 2。

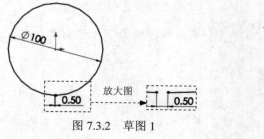

图 7.3.2 草图 1

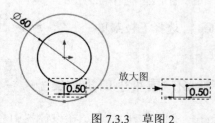

图 7.3.3 草图 2

Step5. 创建图 7.3.4 所示的放样折弯 1。选择下拉菜单 插入(I) ➡ 钣金(H) ➡ 🔧 放样的折弯(L)··· 命令；依次选取草图 1 和草图 2 作为放样折弯特征的轮廓；在"放样折弯"对话框的 厚度 文本框中输入数值 1.0；单击 ✅ 按钮，完成放样折弯特征的创建。

Step6. 创建图 7.3.5 所示的基体-法兰 1。选取草图 2 为横断面草图轮廓；选择下拉菜单 插入(I) ➡ 钣金(H) ➡ 🔩 基体法兰 (A)··· 命令；在 方向1 区域的 🔨 下拉列表中选择 给定深度 选项，在 🔨D1 文本框中输入深度值 40；在 钣金参数(S) 区域的 🔨T1 文本框中输入厚度值 1.0，选中 ☑ 反向(E) 复选框，在 🔨 文本框中输入圆角半径值 1.0；单击 ✅ 按钮，完成基体-法兰 1 的创建。

Step7. 创建图 7.3.6 所示的基体-法兰 2。选取草图 1 为横断面草图轮廓；选择下拉菜单 插入(I) ➡ 钣金(H) ➡ 🔩 基体法兰 (A)··· 命令；在 方向1 区域的 🔨 下拉列表中选择 给定深度 选项，在 🔨D1 文本框中输入深度值 50，并单击"反向"按钮 🔨；在 钣金参数(S) 区域的 🔨T1 文本框中输入厚度值 1.0，选中 ☑ 反向(E) 复选框，在 🔨 文本框中输入圆角半径值 1.0；单击 ✅ 按钮，完成基体-法兰 1 的创建。

Step8. 选择下拉菜单 文件(F) ➡ 💾 保存(S) 命令，将模型命名为"大小口双折边"，保存钣金模型。

图 7.3.4 放样折弯 1

图 7.3.5 基体-法兰 1

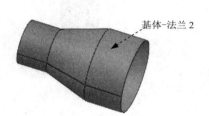

图 7.3.6 基体-法兰 2

Task2. 展平大小口双折边类型

Step1. 创建展平（一）。在设计树中右击 🔧 平板型式1 特征，在系统弹出的快捷菜单中单击"解除压缩"命令按钮 🔼，即可将该管的中端正圆锥台管展平，如图 7.3.1c 所示。

Step2. 创建展平（二）。在设计树中右击 🔧 平板型式1 特征，在系统弹出的快捷菜单中单击"压缩"命令按钮 🔽；右击 🔧 平板型式2 特征，在系统弹出的快捷菜单中选择"解除压缩"命令按钮 🔼，即可将该管的上端普通圆柱管展平，如图 7.3.1b 所示。

Step3. 创建展平（三）。在设计树中右击 🔧 平板型式2 特征，在系统弹出的快捷菜单中单击"压缩"命令按钮 🔽；右击 🔧 平板型式3 特征，在系统弹出的快捷菜单中单击"解除压缩"命令按钮 🔼，即可将该管的下端普通圆柱管展平，如图 7.3.1d 所示。

第8章　等径圆形弯头展开

本章提要 本章主要介绍等径圆形弯头类的钣金在 SolidWorks 中的创建和展开过程，包括两节等径直角弯头、两节等径任意角弯头、60°三节圆形等径弯头和 90°四节圆形等径弯头。在创建和展开此类钣金时要注意定义切口的位置以及衔接位置的材料厚度方向。

8.1　两节等径直角弯头

两节等径直角弯头是由两个等径斜截圆柱管（45°截面）接合而成的构件。下面以图 8.1.1 所示的模型为例，介绍在 SolidWorks 中创建和展开两节等径直角弯头的一般过程。

a）未展平状态

b）展平状态

图 8.1.1　两节等径直角弯头的创建与展平

Task1. 创建两节等径直角弯头

Stage1. 创建斜截圆柱管（45°截面）

Step1. 新建模型文件。

Step2. 创建图 8.1.2 所示的基体-法兰 1。选择下拉菜单 插入(I) ➡ 钣金(H) ➡ 基体法兰(A)... 命令；选取上视基准面作为草图基准面，绘制图 8.1.3 所示的横断面草图；在 方向1 区域的 下拉列表中选择 给定深度 选项，在 文本框中输入深度值 200.0；在 钣金参数(S) 区域的 文本框中输入厚度值 1，在 文本框中输入圆角半径值 1；单击 ✔ 按钮，完成基体-法兰 1 的创建。

Step3. 创建图 8.1.4 所示的切除-拉伸 1。选择下拉菜单 插入(I) ➡ 切除(C) ➡ 拉伸(E)... 命令；选取前视基准面为草图基准面，绘制图 8.1.5 所示的横断面草图；在对话框中选中 ☑ 反侧切除(F) 复选框，取消选中 ☐ 正交切除(N) 复选框；单击 ✔ 按钮，完成切除-拉伸 1 的创建。

图 8.1.2 基体-法兰 1

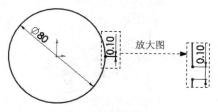

图 8.1.3 横断面草图

图 8.1.4 切除-拉伸 1

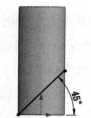

图 8.1.5 横断面草图

Step4. 选择下拉菜单 文件(F) ➡ 保存(S) 命令，将模型命名为"斜截圆柱管"，保存钣金模型。

Stage2. 装配斜截圆柱管，生成两节等径直角弯头

新建一个装配文件，使用两个"斜截圆柱管"进行装配，得到完整的钣金件，将模型命名为"两节等径直角弯头"，保存装配模型。

Task2. 展平两节等径直角弯头

从上面的创建过程中可以看出两节等径直角弯头是由两个斜截圆柱管装配形成的，所以其展开放样即为斜截圆柱管的展开放样，其展开方法在前面的章节已经详细介绍过了，这里不再赘述，其展平如图 8.1.1b 所示。

8.2 两节等径任意角弯头

两节等径任意角弯头是由两个等径斜截圆柱管接合而成的构件。下面以图 8.2.1 所示的模型为例，介绍在 SolidWorks 中创建和展开两节等径任意角弯头的一般过程。

Task1. 创建两节等径任意角弯头

Stage1. 创建斜截圆柱管

Step1. 新建模型文件。

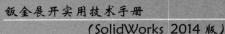

a）未展平状态　　　　　　　　　　b）展平状态

图 8.2.1　两节等径任意角弯头的创建与展平

Step2. 创建图 8.2.2 所示的基体-法兰 1。选择下拉菜单 插入(I) ➡ 钣金 (H) ➡

基体法兰(A)... 命令；选取上视基准面作为草图基准面，绘制图 8.2.3 所示的横断面草图；在 方向1 区域的 下拉列表中选择 给定深度 选项，在 文本框中输入深度值 200.0；在 钣金参数(S) 区域的 文本框中输入厚度值 1，在 文本框中输入圆角半径值 1；单击 按钮，完成基体-法兰 1 的创建。

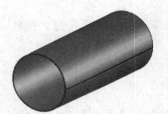

图 8.2.2　基体-法兰 1

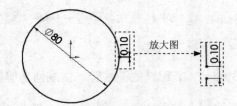

图 8.2.3　横断面草图

Step3. 创建图 8.2.4 所示的切除-拉伸 1。选择下拉菜单 插入(I) ➡ 切除 (C) ➡

拉伸(E)... 命令；选取前视基准面为草图基准面，绘制图 8.2.5 所示的横断面草图；在对话框 方向1 区域的 下拉列表中选择 完全贯穿 选项，选中 ☑ 反侧切除(F) 复选框，并取消中 ☐ 正交切除(N) 复选框；选中 ☑ 方向2 复选框，在该区域的下拉列表中选择 完全贯穿 选项；单击 按钮，完成切除-拉伸 1 的创建。

图 8.2.4　切除-拉伸 1

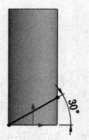

图 8.2.5　横断面草图

Step4. 选择下拉菜单 文件(F) ➡ 保存 (S) 命令，将模型命名为"斜截圆柱管"，保存钣金模型。

Stage2. 装配斜截圆柱管，生成两节等径任意角弯头

新建一个装配文件，将两个斜截圆柱管进行装配，将模型命名为"两节等径任意角弯头"，保存装配模型。

Task2. 展平两节等径任意角弯头

从上面的创建过程中可以看出两节等径任意角弯头是由两个斜截圆柱管装配形成的，所以其展开放样即为斜截圆柱管的展开放样，其展开方法这里不再赘述，其展平如图 8.2.1b 所示。

8.3 60°三节圆形等径弯头

60°三节圆形等径弯头是由三节等径的圆柱管构成，且两端口平面夹角为 60°，首尾两端节较短，是中间节的一半。下面以图 8.3.1 所示的模型为例，介绍在 SolidWorks 中创建和展开 60°三节圆形等径弯头的一般过程。

a）未展平状态

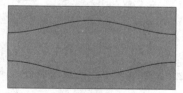
b）展平状态

图 8.3.1 60°三节圆形等径弯头的创建与展平

Task1. 创建 60°三节圆形等径弯头

Stage1. 创建端节模型

Step1. 新建模型文件。

Step2. 创建草图 1。选取前视基准面作为草图基准面，绘制图 8.3.2 所示的草图 1。

Step3. 创建图 8.3.3 所示的基体-法兰 1。选择下拉菜单 插入(I) ➡ 钣金(H) ➡ 基体法兰 (A)... 命令；选取上视基准面作为草图基准面，绘制图 8.3.4 所示的横断面草图；在 方向1 区域的 下拉列表中选择 成形到一顶点 选项，选取图 8.3.5 所示的顶点；在 钣金参数(S) 区域的 文本框中输入厚度值 1，在 文本框中输入圆角半径值 1；单击 ✔ 按钮，完成基体-法兰 1 的创建。

Step4. 创建图 8.3.6 所示的切除-拉伸-薄壁 1。选择下拉菜单 插入(I) ➡ 切除(C) ➡ 拉伸(E)... 命令；选取草图 1 为横断面草图；取消选中 □ 正交切除(N) 复选框，选

中 ☑ **薄壁特征(T)** 复选框，在该区域的 下拉列表中选择 **两侧对称** 选项，在 文本框中输入深度值 0.1；单击 按钮，在系统弹出的"要保留的实体"对话框中选中 ⦿ **所有实体(A)** 单选按钮；单击 **确定(K)** 按钮，完成切除-拉伸-薄壁 1 的创建。

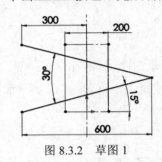

图 8.3.2　草图 1

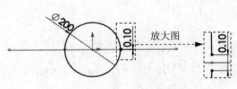

图 8.3.3　基体-法兰 1

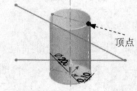

图 8.3.4　横断面草图　　　　图 8.3.5　指定顶点　　图 8.3.6　切除-拉伸-薄壁 1

Step5. 选择下拉菜单 **文件(F)** ➡ **保存(S)** 命令，将模型命名为"60°三节圆形等径弯头"，保存钣金模型。

Step6. 插入新零件（一）。右击设计树中 **⊞ 切割清单(3)** 下拉列表中的 **切除-拉伸-薄壁1[2]** 选项，在系统弹出的快捷菜单中选择 **插入到新零件...(H)** 命令；将模型命名为"60°三节圆形等径弯头首节"，保存零件模型。

Step7. 插入新零件（二）。右击设计树中 **⊞ 切割清单(3)** 下拉列表中的 **切除-拉伸-薄壁1[1]** 选项，在系统弹出的快捷菜单中选择 **插入到新零件...(H)** 命令；将模型命名为"60°三节圆形等径弯头中节"，保存零件模型。

Step8. 插入新零件（三）。右击设计树中 **⊞ 切割清单(3)** 下拉列表中的 **切除-拉伸-薄壁1[3]** 选项，在系统弹出的快捷菜单中选择 **插入到新零件...(H)** 命令；将模型命名为"60°三节圆形等径弯头尾节"，保存零件模型。

Stage2. 装配，生成 60°三节圆形等径弯头

新建一个装配文件，将 60°三节圆形等径弯头首节、中节和尾节进行装配，命名为"60°三节圆形等径弯头"，保存装配模型。

Task2. 展平 60°三节圆形等径弯头

从上面的创建过程中可以看出，在现有的软件中，由于插入新零件后只保留了实体特征，创建的钣金特征并不存在，因而展开放样只能通过"拉伸切除"命令，保留其要展平

的部分，从而进行展开放样，其操作过程如下。

Stage1. 展平 60°三节圆形等径弯头首节

Step1. 打开模型文件 D:\sw14.15\work\ch08.03\60°三节圆形等径弯头.SLDPRT。

Step2. 定义保留"首节"部分。右击设计树中的 特征，在系统弹出的快捷菜单中单击"编辑特征"按钮 ，单击 ✔ 按钮，系统弹出"要保留的实体"对话框，选中 ⦿ 所选实体(S) 单选按钮和 ☑实体 2 复选框；单击 确定(K) 按钮。

Step3. 创建展平（图 8.3.7）。选择下拉菜单 插入(I) ➡ 钣金 (H) ➡ 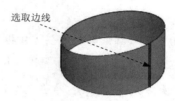 展开(U)... 命令；选取图 8.3.8 所示的边线，单击 收集所有折弯(A) 按钮；单击 ✔ 按钮，完成展平的创建。

选取边线

图 8.3.7　展平后的钣金

图 8.3.8　选取固定边线

Step4. 选择下拉菜单 文件(F) ➡ 另存为(A)... 命令，将模型命名为"60°三节圆形等径弯头首节展开"，保存钣金模型。

Stage2. 展平 60°三节圆形等径弯头中节

展平 60°三节圆形等径弯头中节（图 8.3.9），要保留的实体为 ☑实体 1，命名为"60°三节圆形等径弯头中节展开"，详细操作参考 Stage 1。

图 8.3.9　60°三节圆形等径弯头中节展开

Stage3. 展平 60°三节圆形等径弯头尾节

展平 60°三节圆形等径弯头尾节（图 8.3.10），要保留的实体为 ☑实体 3，命名为"60°三节圆形等径弯头尾节展开"，详细操作参考 Stage 1。

Stage4. 装配展开图

新建一个装配文件。依次插入零件"60°三节圆形等径弯头尾节展开"、"60°三节圆形等径弯头中节展开"、"60°三节圆形等径弯头首节展开"；单击 ✔ 按钮，与装配体原点重合放置零部件原点，将各节管拼接为普通圆柱管的展平（图 8.3.11），完成后将文件保存为"60°三节圆形等径弯头展开"。

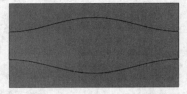

图 8.3.10　60°三节圆形等径弯头尾节展开　　　图 8.3.11　60°三节圆形等径弯头展开图

8.4　90°四节圆形等径弯头

90°四节圆形等径弯头是由四节等径的圆柱管构成，且两端口平面夹角为 90°，首尾两端节较短，是中间节的一半。下面以图 8.4.1 所示的模型为例，介绍在 SolidWorks 中创建和展开 90°四节圆形等径弯头的一般过程。

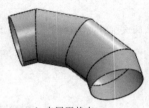　　　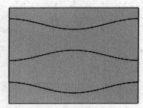

a）未展平状态　　　　　　　　　　　　b）展平状态

图 8.4.1　90°四节圆形等径弯头的创建与展平

Task1. 创建 90°四节圆形等径弯头

Stage1. 创建端节模型

Step1. 新建模型文件。

Step2. 创建草图 1。选取前视基准面为草图基准面，绘制图 8.4.2 所示的草图 1。

Step3. 创建图 8.4.3 所示的基体-法兰 1。选择下拉菜单 插入(I) ➡️ 钣金 (H) ➡️ 基体法兰 (A)... 命令；选取上视基准面作为草图基准面，绘制图 8.4.4 所示的横断面草图；在 方向 1 区域的 下拉列表中选择 成形到一顶点 选项，选取图 8.4.5 所示的顶点；在 钣金参数(S) 区域的 文本框中输入厚度值 1，在 文本框中输入圆角半径值 1；单击 按钮，完成基体-法兰 1 的创建。

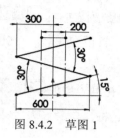

图 8.4.2 草图 1

图 8.4.3 基体-法兰 1

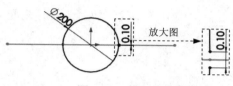

图 8.4.4 横断面草图

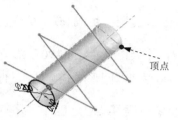

图 8.4.5 指定顶点

Step4. 创建图 8.4.6 所示的切除-拉伸-薄壁 1。选择下拉菜单 插入(I) ➡ 切除(C) ▶
➡ 拉伸(E)... 命令；选取草图 1 为横断面草图；取消选中 □ 正交切除(N) 复选框；选
中 ☑ 薄壁特征(T) 复选框，在该区域的 ↗ 下拉列表中选择 两侧对称 选项，在 ←T₁ 文本框中输
入深度值 0.1；单击 ✓ 按钮，在系统弹出的"要保留的实体"对话框中选中 ◉ 所有实体(A) 单
选按钮；单击 确定(K) 按钮，完成切除-拉伸-薄壁 1 的创建。

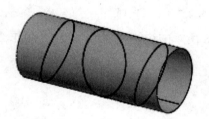

图 8.4.6 切除-拉伸-薄壁 1

Step5. 选择下拉菜单 文件(F) ➡ 💾 保存(S) 命令，将模型命名为"90°四节圆形等
径弯头"，保存钣金模型。

Step6. 插入新零件（一）。右击设计树中 🔠 切割清单 (4) 下拉列表中的 🔲 切除-拉伸-薄壁1[4]
选项，在系统弹出的快捷菜单中选择 插入到新零件...(H) 命令；将模型命名为"90°四节圆形
等径弯头首节"，保存零件模型。

Step7. 插入新零件（二）。右击设计树中 🔠 切割清单 (4) 下拉列表中的 🔲 切除-拉伸-薄壁1[2]
选项，在系统弹出的快捷菜单中选择 插入到新零件...(H) 命令；将模型命名为"90°四节圆形
等径弯头中节 1"，保存零件模型。

Step8. 插入新零件（三）。右击设计树中 切割清单 (4) 下拉列表中的 切除-拉伸-薄壁1[1] 选项，在系统弹出的快捷菜单中选择 插入到新零件... (H) 命令；将模型命名为 "90°四节圆形等径弯头中节 2"，保存零件模型。

Step9. 插入新零件（四）。右击设计树中 切割清单 (4) 下拉列表中的 切除-拉伸-薄壁1[3] 选项，在系统弹出的快捷菜单中选择 插入到新零件... (H) 命令；将模型命名为 "90°四节圆形等径弯头尾节"，保存零件模型。

Stage2. 装配，生成 90°四节圆形等径弯头

新建一个装配文件，将 90°四节圆形等径弯头首节、中节（1、2）和尾节进行装配，命名为 "90°四节圆形等径弯头"，保存装配模型。

Task2. 展平 90°四节圆形等径弯头

Stage1. 展平 90°四节圆形等径弯头首节

Step1. 打开模型文件 D:\sw14.15\work\ch08.04\90°四节圆形等径弯头.SLDPRT。

Step2. 定义保留 "首节" 部分。右击设计树中的 切除-拉伸-薄壁1 特征，在系统弹出的快捷菜单中单击 "编辑特征" 按钮 ，单击 按钮，系统弹出 "要保留的实体" 对话框，选中 所选实体(S) 单选按钮和 实体 3 复选框；单击 确定(K) 按钮，完成保留 "首节" 部分的操作。

Step3. 创建展平（图 8.4.7）。选择下拉菜单 插入(I) ➡️ 钣金 (H) ➡️ 展开(U)... 命令；选取图 8.4.8 所示的边线为固定面边线，单击 收集所有折弯(A) 按钮；单击 按钮，完成展平的创建。

图 8.4.7 展平后的钣金

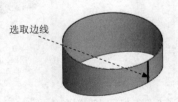
选取边线
图 8.4.8 选取固定面边线

Step4. 选择下拉菜单 文件(F) ➡️ 另存为(A)... 命令，命名为 "90°四节圆形等径弯头首节展开"，保存钣金模型。

Stage2. 展平 90°四节圆形等径弯头中节 1

展平 90°四节圆形等径弯头中节 1（图 8.4.9），要保留的实体为 实体 2，命名为 "90°四节圆形等径弯头中节展开 1"，详细操作参考 Stage 1。

Stage3. 展平 90°四节圆形等径弯头中节 2

展平 90°四节圆形等径弯头中节 2（图 8.4.10），要保留的实体为 ☑实体 1，命名为"90°四节圆形等径弯头中节展开 2"，详细操作参考 Stage 1。

图 8.4.9　90°四节圆形等径弯头中节展开 1

图 8.4.10　90°四节圆形等径弯头中节展开 2

Stage4. 展平 90°四节圆形等径弯头尾节

展平 90°四节圆形等径弯头尾节（图 8.4.11），要保留的实体为 ☑实体 4，命名为"90°四节圆形等径弯头尾节展开"，详细操作参考 Stage 1。

Stage5. 装配展开图

新建一个装配文件。依次插入零件"90°四节圆形等径弯头尾节展开"、"90°四节圆形等径弯头中节展开 2"、"90°四节圆形等径弯头中节展开 1"和"90°四节圆形等径弯头首节展开"；单击 ☑ 按钮，与装配体原点重合放置零部件原点，将各节管拼接为普通圆柱管的展平（图 8.4.12），完成后将文件保存为"90°四节圆形等径弯头展开"。

图 8.4.11　90°四节圆形等径弯头尾节展开

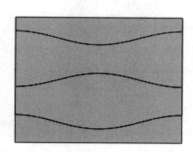

图 8.4.12　90°四节圆形等径弯头展开图

第 9 章　变径圆形弯头展开

本章提要　本章主要介绍变径圆形弯头的钣金在 SolidWorks 中的创建和展开过程，包括 60°两节渐缩弯头、75°三节渐缩弯头、90°三节渐缩弯头等。此类钣金都是采用放样、切除分割等方法来创建。

9.1　60°两节渐缩弯头

60°两节渐缩弯头是由两节圆锥台管首尾连接构成，两圆锥台端面夹角为 60°。图 9.1.1 所示的分别是其钣金件及展开图，下面介绍其在 SolidWorks 中创建和展开的操作过程。

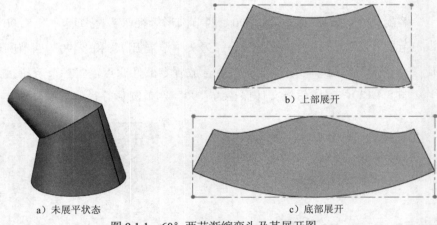

b）上部展开

a）未展平状态

c）底部展开

图 9.1.1　60°两节渐缩弯头及其展开图

Task1. 创建平口偏心斜角圆锥台钣金件

Stage1. 创建整体零件结构模型

Step1. 新建一个零件模型文件。

Step2. 创建基准面 1。选择下拉菜单 插入(I) ➡ 参考几何体(G) ➡ 基准面(P)... 命令，选取上视基准面为参考实体，输入偏移距离值 350.0；单击 ✔ 按钮。

Step3. 创建草图 1。选取上视基准面作为草图基准面，绘制图 9.1.2 所示的草图 1。

Step4. 创建草图 2。选取基准面 1 为草图基准面，绘制图 9.1.3 所示的草图 2。

Step5. 创建图 9.1.4 所示的放样折弯特征。选择下拉菜单 插入(I) ➡ 钣金(H) ➡ 放样的折弯(L)... 命令；选取草图 1 和草图 2 作为放样折弯特征的轮廓；在"放样折弯"

对话框的 厚度 文本框中输入数值 1.0，并单击"反向"按钮 调整材料方向向内；单击 按钮，完成放样折弯特征的创建。

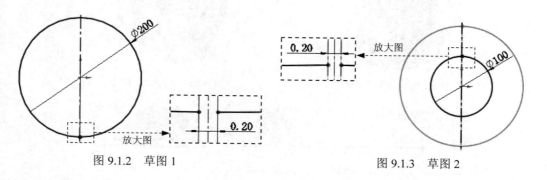

图 9.1.2　草图 1　　　　　　　　　图 9.1.3　草图 2

Step6. 创建图 9.1.5 所示的草图 3。选取右视基准面为草图基准面，绘制图 9.1.6 所示的横断面草图。

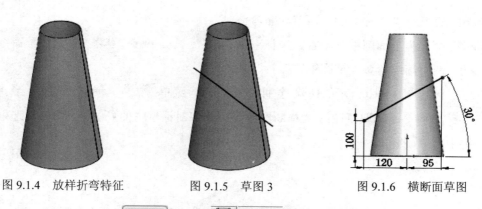

图 9.1.4　放样折弯特征　　　图 9.1.5　草图 3　　　图 9.1.6　横断面草图

Step7. 选择下拉菜单 文件(F) ➡ 保存(S) 命令，将模型命名为"60°两节渐缩弯头"，保存钣金模型。

Stage2. 创建底部圆锥管

Step1. 另存为底部圆锥管副本。选择下拉菜单 文件(F) ➡ 另存为(A)... 命令，命名为"60°两节渐缩弯头底部圆锥管"。

Step2. 创建图 9.1.7 所示的切除-拉伸 1。选择下拉菜单 插入(I) ➡ 切除(C) ➡ 拉伸(E)... 命令；选取草图 3 为横断面草图，单击对话框中的 按钮。

Step3. 创建图 9.1.8 所示的切除-拉伸 2。选择下拉菜单 插入(I) ➡ 切除(C) ➡ 拉伸(E)... 命令；选取右视基准面为草图基准面，绘制图 9.1.9 所示的横断面草图；选中对话框中的 ☑ 反侧切除(F) 复选框，单击对话框中的 按钮。

说明：此处创建切除-拉伸 2 的目的是将钣金件的端面切平，方便后期展开。

Step4. 选择下拉菜单 文件(F) ➡ 保存(S) 命令，保存钣金模型。

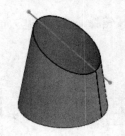

图 9.1.7　切除-拉伸 1

图 9.1.8　切除-拉伸 2

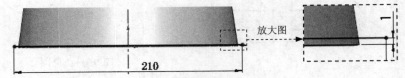

图 9.1.9　横断面草图

Stage3. 创建上部圆锥管

Step1. 打开模型文件：60°两节渐缩弯头。

Step2. 另存为上部圆锥管副本。选择下拉菜单 文件(F) ➡ 另存为(A)... 命令，命名为"60°两节渐缩弯头上部圆锥管"。

Step3. 创建图 9.1.10 所示的切除-拉伸 1。选择下拉菜单 插入(I) ➡ 切除(C) ➡ 拉伸(E)... 命令；选取草图 3 为横断面草图，选中对话框中的 ☑ 反侧切除(F) 复选框，单击对话框中的 ✔ 按钮。

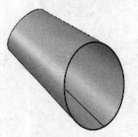

图 9.1.10　切除-拉伸 1

Step4. 创建图 9.1.11 所示的切除-拉伸 2。选择下拉菜单 插入(I) ➡ 切除(C) ➡ 拉伸(E)... 命令；选取右视基准面为草图基准面，绘制图 9.1.12 所示的横断面草图；单击对话框中的 ✔ 按钮。

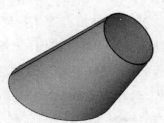

图 9.1.11　切除-拉伸 2

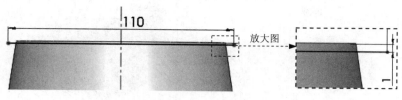

图 9.1.12　横断面草图

Step5. 选择下拉菜单 文件(F) ➡ 💾 保存(S) 命令，保存钣金模型。

Stage4. 创建完整钣金件

Step1. 新建一个装配文件，使用底部圆锥管和上部圆锥管进行装配，得到完整的钣金件，结果如图 9.1.1a 所示。

Step2. 选择下拉菜单 文件(F) ➡ 💾 保存(S) 命令，将模型命名为"60°两节渐缩弯头"，保存钣金模型。

Task2. 展平平口偏心斜角圆锥台管

Step1. 打开零件模型文件：60°两节渐缩弯头底部圆锥管。

Step2. 在设计树中右击 🔲 平板型式1 特征，在系统弹出的快捷菜单中单击"解除压缩"命令按钮 ⬆, 即可将钣金展平，展平结果如图 9.1.1c 所示。

Step3. 打开零件模型文件：60°两节渐缩弯头上部圆锥管。

Step4. 在设计树中右击 🔲 平板型式1 特征，在系统弹出的快捷菜单中单击"解除压缩"命令按钮 ⬆, 即可将钣金展平，展平结果如图 9.1.1b 所示。

9.2　75°三节渐缩弯头

75°三节渐缩弯头由三节圆锥台管首尾连接构成，两圆锥台端面夹角为 75°。图 9.2.1 所示的分别是其钣金件及展开图，下面介绍其在 SolidWorks 中创建和展开的操作过程。

Task1. 创建平口偏心斜角圆锥台钣金件

Stage1. 创建整体零件结构模型

Step1. 新建一个零件模型文件。

Step2. 创建基准面 1。选择下拉菜单 插入(I) ➡ 参考几何体(G) ➡ ◇ 基准面(P)... 命令，选取上视基准面为参考实体，输入偏移距离值 500.0；单击 ✓ 按钮，完成基准面 1 的创建。

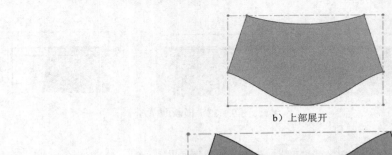

b）上部展开

c）中部展开

a）未展平状态

d）底部展开

图 9.2.1　75°三节渐缩弯头及其展开图

Step3. 创建草图 1。选取上视基准面作为草图基准面，绘制图 9.2.2 所示的草图 1。

Step4. 创建草图 2。选取基准面 1 为草图基准面，绘制图 9.2.3 所示的草图 2。

图 9.2.2　草图 1

图 9.2.3　草图 2

Step5. 创建图 9.2.4 所示的放样折弯特征。选择下拉菜单 插入(I) ➡ 钣金 (H) ➡ 放样的折弯 (L)… 命令；选取草图 1 和草图 2 作为放样折弯特征的轮廓；在"放样折弯"对话框的 厚度 文本框中输入数值 1.0，并单击"反向"按钮 调整材料方向向内；单击 按钮，完成放样折弯特征的创建。

Step6. 创建草图 3。选取右视基准面为草图基准面，绘制图 9.2.5 所示的草图 3。

Step7. 创建草图 4。选取右视基准面为草图基准面，绘制图 9.2.6 所示的草图 4。

Step8. 选择下拉菜单 文件(F) ➡ 保存(S) 命令，将模型命名为"75°三节渐缩弯头"，保存钣金模型。

图 9.2.4 放样折弯特征

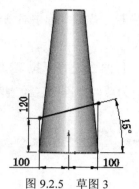

图 9.2.5 草图 3

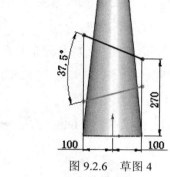

图 9.2.6 草图 4

Stage2. 创建底部圆锥管

Step1. 另存为底部圆锥管副本。选择下拉菜单 文件(F) ➡ 另存为(A)... 命令，命名为"75° 三节渐缩弯头底部圆锥管"。

Step2. 创建图 9.2.7 所示的切除-拉伸 1。选择下拉菜单 插入(I) ➡ 切除(C) ➡ 拉伸(E)... 命令；选取草图 3 为横断面草图，单击对话框中的 ✔ 按钮。

Step3. 创建图 9.2.8 所示的切除-拉伸 2。选择下拉菜单 插入(I) ➡ 切除(C) ➡ 拉伸(E)... 命令；选取右视基准面为草图基准面，绘制图 9.2.9 所示的横断面草图；选中对话框中的 ☑ 反侧切除(F) 复选框，单击对话框中的 ✔ 按钮。

Step4. 选择下拉菜单 文件(F) ➡ 保存(S) 命令，保存钣金模型。

图 9.2.7 切除-拉伸 1   图 9.2.8 切除-拉伸 2

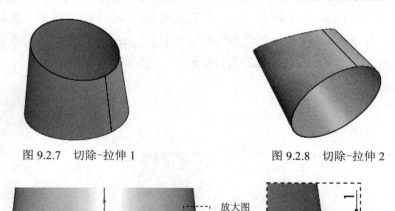

图 9.2.9 横断面草图

Stage3. 创建上部圆锥管

Step1. 另存为上部圆锥管副本。选择下拉菜单 文件(F) ➡ 另存为(A)... 命令，命名为"75° 三节渐缩弯头上部圆锥管"。

Step2. 创建图 9.2.10 所示的切除-拉伸 1。选择下拉菜单 插入(I) ➤ 切除(C) ➤ 拉伸(E)... 命令；选取草图 4 为横断面草图；选中对话框中的 ☑ 反侧切除(F) 复选框，单击对话框中的 ✓ 按钮。

Step3. 创建图 9.2.11 所示的切除-拉伸 2。选择下拉菜单 插入(I) ➤ 切除(C) ➤ 拉伸(E)... 命令；选取右视基准面为草图基准面，绘制图 9.2.12 所示的横断面草图；单击对话框中的 ✓ 按钮。

Step4. 选择下拉菜单 文件(F) ➤ 保存(S) 命令，保存钣金模型。

图 9.2.10　切除-拉伸 1　　　　　　图 9.2.11　切除-拉伸 2

Stage4. 创建中部圆锥管

Step1. 打开模型文件：75°三节渐缩弯头。

Step2. 另存为中部圆锥管副本。选择下拉菜单 文件(F) ➤ 另存为(A)... 命令，命名为"75°三节渐缩弯头中部圆锥管"。

Step3. 创建图 9.2.13 所示的切除-拉伸。首先选取草图 4 为横断面草图，然后选取草图 3 为横断面草图，并选中对话框中的 ☑ 反侧切除(F) 复选框，单击对话框中的 ✓ 按钮。

Step4. 选择下拉菜单 文件(F) ➤ 保存(S) 命令，保存钣金模型。

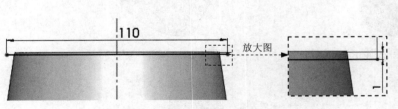　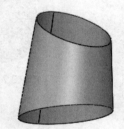

图 9.2.12　横断面草图　　　　　　　图 9.2.13　切除-拉伸

Stage5. 创建完整钣金件

Step1. 新建一个装配文件，使用底部圆锥管、中部圆锥管和上部圆锥管进行装配，得到完整的钣金件，结果如图 9.2.1a 所示。

Step2. 选择下拉菜单 文件(F) ➤ 保存(S) 命令，将模型命名为"75°三节渐缩弯头"，保存钣金模型。

Task2.　展平平口偏心斜角圆锥台管

Step1.　打开零件模型文件：75°三节渐缩弯头底部圆锥管。

Step2.　在设计树中右击 📄 平板型式1 特征，在系统弹出的快捷菜单中单击"解除压缩"命令按钮 ⬆️📄，即可将钣金展平，展平结果如图 9.2.1d 所示。

Step3.　打开零件模型文件：75°三节渐缩弯头中部圆锥管。

Step4.　在设计树中右击 📄 平板型式1 特征，在系统弹出的快捷菜单中单击"解除压缩"命令按钮 ⬆️📄，即可将钣金展平，展平结果如图 9.2.1c 所示。

Step5.　打开零件模型文件：75°三节渐缩弯头上部圆锥管。

Step6.　在设计树中右击 📄 平板型式1 特征，在系统弹出的快捷菜单中单击"解除压缩"命令按钮 ⬆️📄，即可将钣金展平，展平结果如图 9.2.1b 所示。

9.3　90°三节渐缩弯头

90°三节渐缩弯头由三节圆锥台管首尾连接构成，两圆锥台端面夹角为 90°。图 9.3.1 所示的分别是其钣金件及展开图，下面介绍其在 SolidWorks 中创建和展开的操作过程。

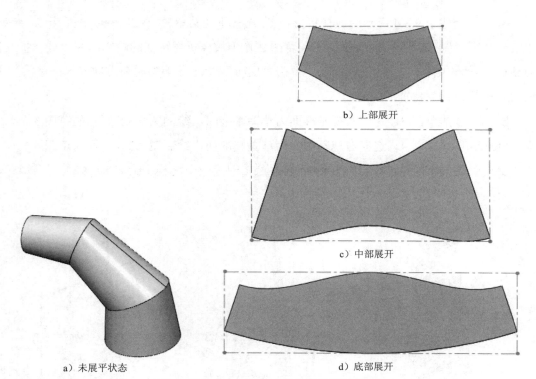

b）上部展开

c）中部展开

a）未展平状态　　　　　　d）底部展开

图 9.3.1　90°三节渐缩弯头及其展开图

Task1. 创建平口偏心斜角圆锥台钣金件

Stage1. 创建整体零件结构模型

Step1. 新建一个零件模型文件。

Step2. 创建基准面 1。选择下拉菜单 插入(I) ➡️ 参考几何体(G) ➡️ 基准面(P)… 命令，选取上视基准面为参考实体，输入偏移距离值 500.0；单击 ✔ 按钮，完成基准面 1 的创建。

Step3. 创建草图 1。选取上视基准面作为草图基准面，绘制图 9.3.2 所示的草图 1。

Step4. 创建草图 2。选取基准面 1 为草图基准面，绘制图 9.3.3 所示的草图 2。

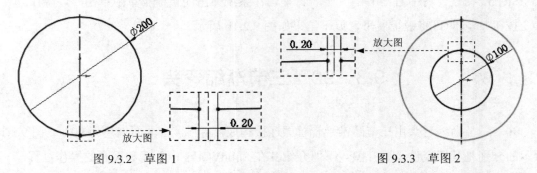

图 9.3.2　草图 1　　　　　　　　　　　　　图 9.3.3　草图 2

Step5. 创建图 9.3.4 所示的放样折弯特征。选择下拉菜单 插入(I) ➡️ 钣金(H) ➡️ 放样的折弯(L)… 命令；选取草图 1 和草图 2 作为放样折弯特征的轮廓；在"放样折弯"对话框的 厚度 文本框中输入数值 1.0，单击"反向"按钮 调整材料方向向内；单击 ✔ 按钮，完成放样折弯特征的创建。

Step6. 创建草图 3。选取右视基准面为草图基准面，绘制图 9.3.5 所示的草图 3。

Step7. 创建草图 4。选取右视基准面为草图基准面，绘制图 9.3.6 所示的草图 4。

Step8. 选择下拉菜单 文件(F) ➡️ 保存(S) 命令，将模型命名为"90°三节渐缩弯头"，保存钣金模型。

图 9.3.4　放样折弯

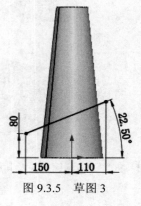

图 9.3.5　草图 3

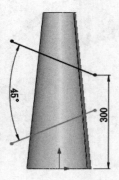

图 9.3.6　草图 4

Stage2. 创建底部圆锥管

Step1. 另存为底部圆锥管副本。选择下拉菜单 文件(F) ➡ 另存为(A)... 命令，命名为"90°三节渐缩弯头底部圆锥管"。

Step2. 创建图 9.3.7 所示的切除-拉伸 1。选择下拉菜单 插入(I) ➡ 切除(C) ➡ 拉伸(E)... 命令；选取草图 3 为横断面草图，单击对话框中的 ✔ 按钮。

Step3. 创建图 9.3.8 所示的切除-拉伸 2。选择下拉菜单 插入(I) ➡ 切除(C) ➡ 拉伸(E)... 命令；选取右视基准面为草图基准面，绘制图 9.3.9 所示的横断面草图；选中对话框中的 ☑ 反侧切除(F) 复选框，单击对话框中的 ✔ 按钮。

Step4. 选择下拉菜单 文件(F) ➡ 保存(S) 命令，保存钣金模型。

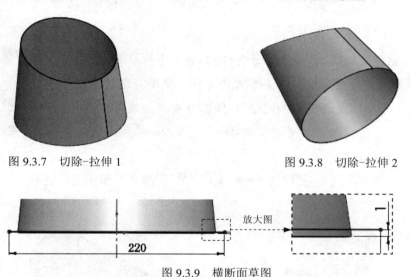

图 9.3.7 切除-拉伸 1 　　　　　　图 9.3.8 切除-拉伸 2

图 9.3.9 横断面草图

Stage3. 创建中部圆锥管

Step1. 打开模型文件：90°三节渐缩弯头。

Step2. 另存为中部圆锥管副本。选择下拉菜单 文件(F) ➡ 另存为(A)... 命令，命名为"90°三节渐缩弯头中部圆锥管"。

Step3. 创建图 9.3.10 所示的切除-拉伸 1。选择下拉菜单 插入(I) ➡ 切除(C) ➡ 拉伸(E)... 命令；选取草图 4 为横断面草图，选中对话框中的 ☑ 反侧切除(F) 复选框，单击对话框中的 ✔ 按钮。

Step4 创建图 9.3.11 所示的切除-拉伸 2。选择下拉菜单 插入(I) ➡ 切除(C) ➡ 拉伸(E)... 命令；选取草图 3 为横断面草图，选中对话框中的 ☑ 反侧切除(F) 复选框，单击对话框中的 ✔ 按钮。

Step5. 选择下拉菜单 文件(F) ➡ 保存(S) 命令，保存钣金模型。

Stage4. 创建上部圆锥管

Step1. 另存为上部圆锥管副本。选择下拉菜单 文件(F) ➡ 另存为(A)... 命令，命名为"90°三节渐缩弯头上部圆锥管"。

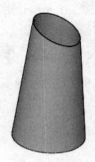

图 9.3.10　切除-拉伸 1

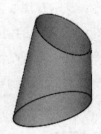

图 9.3.11　切除-拉伸 2

Step2. 创建图 9.3.12 所示的切除-拉伸 1。选择下拉菜单 插入(I) ➡ 切除(C) ➡ 拉伸(E)... 命令；选取草图 4 为横断面草图，单击对话框中的 ✔ 按钮。

Step3. 创建图 9.3.13 所示的切除-拉伸 2。选择下拉菜单 插入(I) ➡ 切除(C) ➡ 拉伸(E)... 命令；选取右视基准面为草图基准面，绘制图 9.3.14 所示的横断面草图，单击对话框中的 ✔ 按钮。

Step4. 选择下拉菜单 文件(F) ➡ 保存(S) 命令，保存钣金模型。

图 9.3.12　切除-拉伸 1　　　　图 9.3.13　切除-拉伸 2

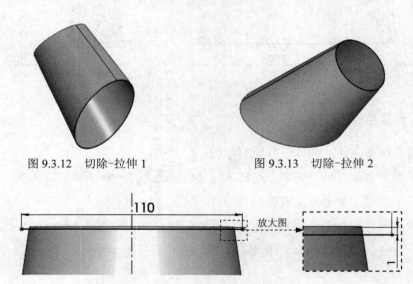

图 9.3.14　横断面草图

Stage5. 创建完整钣金件

Step1. 新建一个装配文件，使用底部圆锥管、中部圆锥管和上部圆锥管进行装配，得到完整的钣金件，结果如图 9.3.1a 所示。

Step2. 选择下拉菜单 文件(F) ➡️ 保存(S) 命令，将模型命名为"90°三节渐缩弯头"，保存钣金模型。

Task2. 展平平口偏心斜角圆锥台管

Step1. 打开零件模型文件：90°三节渐缩弯头底部圆锥管。

Step2. 在设计树中右击 平板型式1 特征，在系统弹出的快捷菜单中单击"解除压缩"命令按钮，即可将钣金展平，展平结果如图 9.3.1d 所示。

Step3. 打开零件模型文件：90°三节渐缩弯头中部圆锥管。

Step4. 在设计树中右击 平板型式1 特征，在系统弹出的快捷菜单中单击"解除压缩"命令按钮，即可将钣金展平，展平结果如图 9.3.1c 所示。

Step5. 打开零件模型文件：90°三节渐缩弯头上部圆锥管。

Step6. 在设计树中右击 平板型式1 特征，在系统弹出的快捷菜单中单击"解除压缩"命令按钮，即可将钣金展平，展平结果如图 9.3.1b 所示。

第 **10** 章　圆形三通及多通展开

本章提要　本章主要介绍圆形三通及多通类的钣金在 SolidWorks 中的创建和展开过程，包括等径圆管直交三通、等径圆管斜交三通、等径圆管直交锥形过渡三通、等径圆管 Y 形三通、等径圆管 Y 形补料三通、变径圆管 V 形三通、等径圆管人字形三通。在创建和展开此类钣金时要注意定义切口的位置。

10.1　等径圆管直交三通

等径圆管直交三通是由两个等径圆柱管垂直相交而成的构件。下面以图 10.1.1 所示的模型为例，介绍在 SolidWorks 中创建和展开等径圆管直交三通的一般过程。

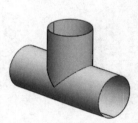
a）未展平状态

b）水平管展开

c）竖管展开

图 10.1.1　等径圆管直交三通的创建与展平

Task1. 创建等径圆管直交三通

Step1. 新建模型文件。

Step2. 创建图 10.1.2 所示的凸台-拉伸 1。选择下拉菜单 插入(I) ▶ 凸台/基体(B) ▶ 拉伸(E)... 命令；选取右视基准面作为草图基准面，绘制图 10.1.3 所示的横断面草图；在 方向1 区域的 下拉列表中选择 两侧对称 选项，在 文本框中输入深度值 800.0；单击 按钮，完成凸台-拉伸 1 的创建。

图 10.1.2　凸台-拉伸 1

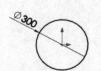
图 10.1.3　横断面草图

Step3. 创建图 10.1.4 所示的凸台-拉伸 2。选择下拉菜单 插入(I) ▶ 凸台/基体(B)

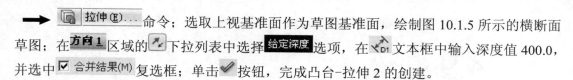

→ 拉伸(E)... 命令；选取上视基准面作为草图基准面，绘制图 10.1.5 所示的横断面草图；在 方向1 区域的 下拉列表中选择 给定深度 选项，在 D1 文本框中输入深度值 400.0，并选中 ☑ 合并结果(M) 复选框；单击 ✓ 按钮，完成凸台-拉伸 2 的创建。

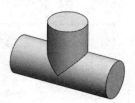

图 10.1.4 凸台-拉伸 2

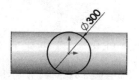

图 10.1.5 横断面草图

Step4. 创建图 10.1.6 所示的抽壳 1。选择下拉菜单 插入(I) → 特征(F) →
抽壳(S)... 命令；选取图 10.1.7 所示的模型表面为移除面；在 参数(P) 区域的 D1 文本框中输入厚度值 1.0；单击 ✓ 按钮，完成抽壳 1 的创建。

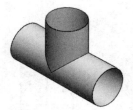

图 10.1.6 抽壳 1

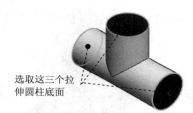

选取这三个拉伸圆柱底面

图 10.1.7 定义移除面

Step5. 创建图 10.1.8 所示的切除-拉伸-薄壁 1。选择下拉菜单 插入(I) → 切除(C) →
→ 拉伸(E)... 命令；选取前视基准面作为草图基准面，绘制图 10.1.9 所示的横断面草图；选中 ☑ 薄壁特征(T) 复选框，在该区域的 下拉列表中选择 两侧对称 选项，在 T1 文本框中输入深度值 0.1；单击 ✓ 按钮，在系统弹出的"要保留的实体"对话框中选中 ⊙ 所有实体(A) 单选按钮；单击 确定(K) 按钮，完成切除-拉伸-薄壁 1 的创建。

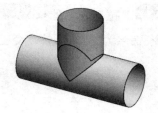

图 10.1.8 切除-拉伸-薄壁 1

图 10.1.9 横断面草图

Step6. 创建图 10.1.10 所示的切除-拉伸-薄壁 2。选择下拉菜单 插入(I) → 切除(C) →
→ 拉伸(E)... 命令；选取上视基准面作为草图基准面，绘制图 10.1.11 所示的横断面草图；在对话框中取消选中 ☐ 方向2 复选框；选中 ☑ 薄壁特征(T) 复选框，在该区域的 下拉列表中选择 两侧对称 选项，在 T1 文本框中输入深度值 0.1；在 特征范围(F) 区域选中 ⊙ 所选实体(S) 单选按钮，并在其下的下拉列表中选取 ☐ 切除-拉伸-薄壁1[1] 为受影响的实体；

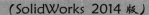
单击 ✅ 按钮，完成切除-拉伸-薄壁 2 的创建。

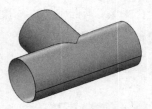

图 10.1.10 切除-拉伸-薄壁 2

图 10.1.11 横断面草图

Step7. 创建图 10.1.12 所示的切除-拉伸-薄壁 3。选择下拉菜单 插入(I) ➡ 切除(C) ➡ 拉伸(E)... 命令；选取右视基准面作为草图基准面；绘制图 10.1.13 所示的横断面草图；在对话框中取消选中 □ 方向2 复选框；选中 ☑ 薄壁特征(T) 复选框，在该区域的 ⤢ 下拉列表中选择 两侧对称 选项，在 ⤢T1 文本框中输入深度值 0.1；在 特征范围(F) 区域选中 ⦿ 所选实体(S) 单选按钮，并在其下的下拉列表中选取 ⬚ 切除-拉伸-薄壁1[2] 为受影响的实体；单击 ✅ 按钮，完成切除-拉伸-薄壁 3 的创建。

图 10.1.12 切除-拉伸-薄壁 3

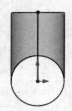

图 10.1.13 横断面草图

Step8. 选择下拉菜单 文件(F) ➡ 🖫 保存(S) 命令，命名为"等径圆管直交三通"，保存模型。

Step9. 保存水平管子钣金件。右击设计树中 ⓑ 实体(2) 下拉列表中的 ⬚ 切除-拉伸-薄壁2 选项，在系统弹出的快捷菜单中选择 插入到新零件...(H) 命令；命名为"等径圆管直交三通水平管"。

Step10. 保存竖管子钣金件。右击设计树中 ⓑ 实体(2) 下拉列表中的 ⬚ 切除-拉伸-薄壁3 选项，在系统弹出的快捷菜单中选择 插入到新零件...(H) 命令；命名为"等径圆管直交三通竖管"。

Step11. 切换到"等径圆管直交三通水平管"窗口。

Step12. 创建钣金转换。选择下拉菜单 插入(I) ➡ 钣金(H) ➡ 🖐 折弯(B)... 命令，选取图 10.1.14 所示的模型边线为固定边线。

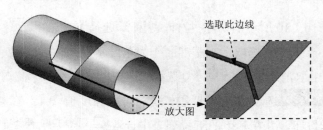

图 10.1.14 选取固定边线

Step13. 选择下拉菜单 文件(F) ➡ 保存(S) 命令，保存钣金子构件模型。

Step14. 切换到"等径圆管直交三通竖管"窗口。

Step15. 创建钣金转换。选择下拉菜单 插入(I) ➡ 钣金(H) ▶ 折弯(B)...命令，选取图 10.1.15 所示的模型边线为固定边线。

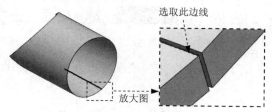

图 10.1.15 选取固定边线

Step16. 选择下拉菜单 文件(F) ➡ 保存(S) 命令，保存钣金子构件模型。

Step17. 新建一个装配文件，使用创建的等径圆管直交三通水平管和竖管子钣金件进行装配，得到完整的钣金件，命名为"等径圆管直交三通"，结果如图 10.1.1a 所示。

Task2. 展平等径圆管直交三通

Step1. 打开零件模型文件"等径圆管直交三通水平管"。

Step2. 在设计树中右击 平板型式1 特征，在系统弹出的快捷菜单中单击"解除压缩"命令按钮，即可将钣金展平，展平结果如图 10.1.1b 所示。

Step3. 打开零件模型文件"等径圆管直交三通竖管"。

Step4. 在设计树中右击 平板型式1 特征，在系统弹出的快捷菜单中单击"解除压缩"命令按钮，即可将钣金展平，展平结果如图 10.1.1c 所示。

10.2 等径圆管斜交三通

等径圆管斜交三通是由两个等径圆柱管相交(非垂直相交)而成的构件。下面以图 10.2.1 所示的模型为例，介绍在 SolidWorks 中创建和展开等径圆管斜交三通的一般过程。

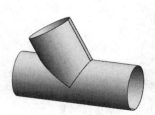

a）未展平状态

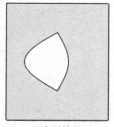

b）水平管展开

c）竖管展开

图 10.2.1 等径圆管斜交三通的创建与展平

Task 1. 创建等径圆管斜交三通

Step1. 新建模型文件。

Step2. 创建图 10.2.2 所示的凸台-拉伸 1。选择下拉菜单 插入(I) ➡ 凸台/基体(B) ➡ 拉伸(E)... 命令；选取右视基准面作为草图基准面，绘制图 10.2.3 所示的横断面草图；在 方向1 区域的 下拉列表中选择 两侧对称 选项，在 文本框中输入深度值 800.0；单击 按钮，完成凸台-拉伸 1 的创建。

Step3. 创建草图 2。选取上视基准面作为草图基准面，绘制图 10.2.4 所示的草图 2。

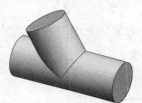

图 10.2.2 凸台-拉伸 1

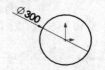

图 10.2.3 横断面草图

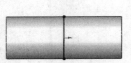

图 10.2.4 草图 2

Step4. 创建基准面 1。选择下拉菜单 插入(I) ➡ 参考几何体(G) ➡ 基准面(P)... 命令（注：具体参数和操作参见随书光盘）。

Step5. 创建图 10.2.5 所示的凸台-拉伸 2。选择下拉菜单 插入(I) ➡ 凸台/基体(B) ➡ 拉伸(E)... 命令；选取基准面 1 作为草图基准面，绘制图 10.2.6 所示的横断面草图；在 方向1 区域的 下拉列表中选择 给定深度 选项，在 文本框中输入深度值 400.0，并选中 合并结果(M) 复选框；单击 按钮，完成凸台-拉伸 2 的创建。

图 10.2.5 凸台-拉伸 2

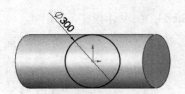

图 10.2.6 横断面草图

Step6. 创建图 10.2.7 所示的抽壳 1。选择下拉菜单 插入(I) ➡ 特征(F) ➡ 抽壳(S)... 命令；选取 10.2.8 所示的模型表面为移除面；在 参数(P) 区域的 文本框中输入厚度值 1.0；单击 按钮，完成抽壳 1 的创建。

图 10.2.7 抽壳 1

选取这三个拉伸圆柱底面

图 10.2.8 定义移除面

Step7. 创建图 10.2.9 所示的切除-拉伸-薄壁 1。选择下拉菜单 插入(I) ➡ 切除(C)

→ 拉伸(E)...命令；选取前视基准面作为草图基准面，绘制图 10.2.10 所示的横断面草图；选中 ✓ 薄壁特征(T) 复选框，在该区域的 ✎ 下拉列表中选择 两侧对称 选项，在 ✎T1 文本框中输入深度值 0.1；单击 ✓ 按钮，在系统弹出的"要保留的实体"对话框中选中 ⊙ 所有实体(A) 单选按钮；单击 确定(K) 按钮，完成切除-拉伸-薄壁 1 的创建。

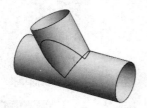

图 10.2.9 切除-拉伸-薄壁 1

图 10.2.10 横断面草图

Step8. 创建图 10.2.11 所示的切除-拉伸-薄壁 2。选择下拉菜单 插入(I) → 切除(C) →

→ 拉伸(E)...命令；选取上视基准面作为草图基准面，绘制图 10.2.12 所示的横断面草图；在对话框中取消选中 ☐ 方向2 复选框；选中 ✓ 薄壁特征(T) 复选框，在该区域的 ✎ 下拉列表中选择 两侧对称 选项，在 ✎T1 文本框中输入深度值 0.1；在 特征范围(F) 区域选中 ⊙ 所选实体(S) 单选按钮，并在其下的下拉列表中选取 ☐ 切除-拉伸-薄壁1[1] 为受影响的实体；单击 ✓ 按钮，完成切除-拉伸-薄壁 2 的创建。

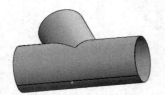

图 10.2.11 切除-拉伸-薄壁 2

图 10.2.12 横断面草图

Step9. 创建基准面 2。选择下拉菜单 插入(I) → 参考几何体(G) → ◇ 基准面(P)... 命令；选取基准面 1 和草图 2 为参考实体，单击"垂直"按钮 ⊥；单击 ✓ 按钮，完成基准面 2 的创建。

Step10. 创建图 10.2.13 所示的切除-拉伸-薄壁 3。选择下拉菜单 插入(I) → 切除(C) →

→ 拉伸(E)...命令；选取基准面 2 作为草图基准面，绘制图 10.2.14 所示的横断面草图；在对话框中取消选中 ☐ 方向2 复选框；选中 ✓ 薄壁特征(T) 复选框，在该区域的 ✎ 下拉列表中选择 两侧对称 选项，在 ✎T1 文本框中输入深度值 0.1；在 特征范围(F) 区域选中 ⊙ 所选实体(S) 单选按钮，并在其下的下拉列表中选取 ☐ 切除-拉伸-薄壁1[2] 为受影响的实体；单击 ✓ 按钮，完成切除-拉伸-薄壁 3 的创建。

Step11. 选择下拉菜单 文件(F) → 🖫 保存(S) 命令，命名为"等径圆管斜交三通"，保存模型。

Step12. 保存水平管子钣金件。右击设计树中 🗐 实体(2) 下拉列表中的 ☐ 切除-拉伸-薄壁2

选项，在系统弹出的快捷菜单中选择 插入到新零件...(H) 命令；命名为"等径圆管斜交三通水平管"。

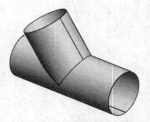

图 10.2.13　切除-拉伸-薄壁 3

图 10.2.14　横断面草图

Step13. 保存竖管子钣金件。右击设计树中 实体 (2) 下拉列表中的 切除-拉伸-薄壁3 选项，在系统弹出的快捷菜单中选择 插入到新零件...(H) 命令；命名为"等径圆管斜交三通竖管"。

Step14. 切换到"等径圆管斜交三通水平管"窗口。

Step15. 创建钣金转换。选择下拉菜单 插入(I) ➡ 钣金(H) ▶ 折弯(B)... 命令，选取图 10.2.15 所示的模型边线为固定边线。

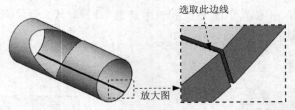

图 10.2.15　选取固定边线

Step16. 选择下拉菜单 文件(F) ➡ 保存(S) 命令，保存钣金子构件模型。

Step17. 切换到"等径圆管斜交三通竖管"窗口。

Step18. 创建钣金转换。选择下拉菜单 插入(I) ➡ 钣金(H) ▶ 折弯(B)... 命令，选取图 10.2.16 所示的模型边线为固定边线。

Step19. 选择下拉菜单 文件(F) ➡ 保存(S) 命令，保存钣金子构件模型。

Step20. 切换到"等径圆管斜交三通"窗口。选择下拉菜单 文件(F) ➡ 保存(S) 命令，保存模型。

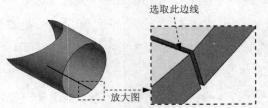

图 10.2.16　选取固定边线

Step21. 新建一个装配文件，使用创建的等径圆管斜交三通水平管和竖管子钣金件进行装配，得到完整的钣金件，命名为"等径圆管斜交三通"，结果如图 10.2.1a 所示。

Task2．展平等径圆管斜交三通

Step1．打开零件模型文件"等径圆管斜交三通水平管"。

Step2．在设计树中右击 ▦ 平板型式1 特征，在系统弹出的快捷菜单中单击"解除压缩"命令按钮 ⬆️，即可将钣金展平，展平结果如图 10.2.1b 所示。

Step3．打开零件模型文件"等径圆管斜交三通竖管"。

Step4．在设计树中右击 ▦ 平板型式1 特征，在系统弹出的快捷菜单中单击"解除压缩"命令按钮 ⬆️，即可将钣金展平，展平结果如图 10.2.1c 所示。

10.3　等径圆管直交锥形过渡三通

等径圆管直交锥形过渡三通与等径圆管直交三通相比，是在竖直与水平圆柱管之间存在两块等径圆柱面补料。下面以图 10.3.1 所示的模型为例，介绍在 SolidWorks 中创建和展开等径圆管直交锥形过渡三通的一般过程。

a）未展平状态

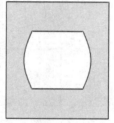

b）水平管展开

c）竖管展开

d）补料展开（二分之一）

图 10.3.1　等径圆管直交锥形过渡三通的创建与展平

Task1．创建等径圆管直交锥形过渡三通

Step1．新建模型文件。

Step2．创建图 10.3.2 所示的凸台-拉伸 1。选择下拉菜单 插入(I) ➡️ 凸台/基体 (B) ➡️ 拉伸(E)... 命令；选取右视基准面作为草图基准面，绘制图 10.3.3 所示的横断面草图；在 方向 1 区域的 下拉列表中选择 两侧对称 选项，在 ⬚D1 文本框中输入深度值 800.0；单击 ✓ 按钮，完成凸台-拉伸 1 的创建。

图 10.3.2　凸台-拉伸 1

图 10.3.3　横断面草图

Step3. 创建图 10.3.4 所示的凸台-拉伸 2。选择下拉菜单 插入(I) ➞ 凸台/基体(B) ➞ 拉伸(E)... 命令；选取上视基准面作为草图基准面，绘制图 10.3.5 所示的横断面草图；在 方向1 区域的 下拉列表中选择 给定深度 选项，在 文本框中输入深度值 400.0，选中 合并结果(M) 复选框；单击 按钮，完成凸台-拉伸 2 的创建。

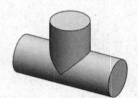

图 10.3.4　凸台-拉伸 2

图 10.3.5　横断面草图

Step4. 创建草图 3。选取上视基准面作为草图基准面，绘制图 10.3.6 所示的草图 3。

Step5. 创建草图 4。选取前视基准面作为草图基准面，绘制图 10.3.7 所示的草图 4。

图 10.3.6　草图 3

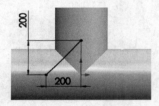

图 10.3.7　草图 4

Step6. 创建基准面 1。选择下拉菜单 插入(I) ➞ 参考几何体(G) ➞ 基准面(P)... 命令；选取右视基准面和草图 3 为参考实体，输入旋转角度值 45；单击 按钮，完成基准面 1 的创建。

Step7. 创建图 10.3.8 所示的凸台-拉伸 3。选择下拉菜单 插入(I) ➞ 凸台/基体(B) ➞ 拉伸(E)... 命令；选取基准面 1 作为草图基准面，绘制图 10.3.9 所示的横断面草图；在 方向1 区域的 下拉列表中选择 成形到实体 选项，选取模型为实体，并选中 合并结果(M) 复选框；选中 方向2 复选框，在该区域的下拉列表中选择 成形到实体 选项，选取模型为实体；单击 按钮，完成凸台-拉伸 3 的创建。

说明：添加图 10.3.9 所示横断面草图中的圆弧中心与草图 4 中的直线为 "穿透" 几何关系。

Step8. 创建图 10.3.10 所示的镜像 1。选择下拉菜单 插入(I) ➞ 阵列/镜向(E) ➞ 镜向(M)... 命令；选取右视基准面作为镜像面；选取 "凸台-拉伸 3" 为要镜像的特征，

并选中 ☑几何体阵列(G) 复选框；单击 ✓ 按钮，完成镜像1的创建。

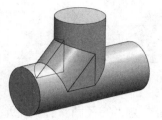

图10.3.8 凸台-拉伸3

图10.3.9 横断面草图

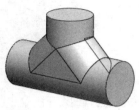

图10.3.10 镜像1

Step9. 创建图10.3.11所示的抽壳1。选择下拉菜单 插入(I) ➡ 特征(F) ▸ ➡ 抽壳(S)... 命令；选取图10.3.12所示的模型表面为移除面；在 参数(P) 区域的 ✎D1 文本框中输入厚度值1.0；单击 ✓ 按钮，完成抽壳1的创建。

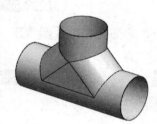

图10.3.11 抽壳1

选取这三个拉伸圆柱底面

图10.3.12 定义移除面

Step10. 创建图10.3.13所示的切除-拉伸-薄壁1。选择下拉菜单 插入(I) ➡ 切除(C) ➡ 拉伸(E)... 命令；选取前视基准面作为草图基准面，绘制图10.3.14所示的横断面草图；选中 ☑薄壁特征(T) 复选框，在该区域的 ⬈ 下拉列表中选择 两侧对称 选项，在 ✕T1 文本框中输入深度值0.1；单击 ✓ 按钮，在系统弹出的"要保留的实体"对话框中选中 ⊙所有实体(A) 单选按钮；单击 确定(K) 按钮，完成切除-拉伸-薄壁1的创建。

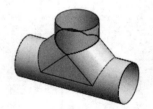

图10.3.13 切除-拉伸-薄壁1

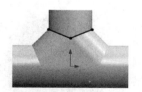

图10.3.14 横断面草图

Step11. 创建图10.3.15所示的切除-拉伸-薄壁2。选择下拉菜单 插入(I) ➡ 切除(C) ➡ 拉伸(E)... 命令；选取前视基准面作为草图基准面，绘制图10.3.16所示的横断面草图；选中 ☑薄壁特征(T) 复选框，在该区域的 ⬈ 下拉列表中选择 两侧对称 选项，在 ✕T1 文本框中输入深度值0.1；单击 ✓ 按钮，在系统弹出的"要保留的实体"对话框中选中 ⊙所有实体(A) 单选按钮；单击 确定(K) 按钮，完成切除-拉伸-薄壁2的创建。

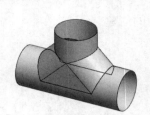

图 10.3.15 切除-拉伸-薄壁 2

图 10.3.16 横断面草图

Step12. 选择下拉菜单 文件(F) → 保存(S) 命令，命名为"等径圆管直交锥形过渡三通"，保存模型。

Step13. 保存竖管子钣金件。右击设计树中 实体(3) 下拉列表中的 切除-拉伸-薄壁1[2] 选项，在系统弹出的快捷菜单中选择 插入到新零件...(H) 命令；命名为"等径圆管直交锥形过渡三通竖管"。

Step14. 保存水平管子钣金件。右击设计树中 实体(3) 下拉列表中的 切除-拉伸-薄壁2[1] 选项，在系统弹出的快捷菜单中选择 插入到新零件...(H) 命令；命名为"等径圆管直交锥形过渡三通水平管"。

Step15. 保存补料子钣金件。右击设计树中 实体(3) 下拉列表中的 切除-拉伸-薄壁2[2] 选项，在系统弹出的快捷菜单中选择 插入到新零件...(H) 命令；命名为"等径圆管直交锥形过渡三通补料"。

Step16. 切换到"等径圆管直交锥形过渡三通竖管"窗口。

Step17. 创建图 10.3.17 所示的切除-拉伸-薄壁 1。选择下拉菜单 插入(I) → 切除(C) → 拉伸(E)... 命令；选取右视基准面作为草图基准面，绘制图 10.3.18 所示的横断面草图；在对话框中取消选中 方向2 复选框；选中 薄壁特征(T) 复选框，在该区域的 下拉列表中选择 两侧对称 选项，在 文本框中输入深度值 0.1；单击 按钮，完成切除-拉伸-薄壁 1 的创建。

图 10.3.17 切除-拉伸-薄壁 1

图 10.3.18 横断面草图

Step18. 创建钣金转换。选择下拉菜单 插入(I) → 钣金(H) → 折弯(B)... 命令；选取图 10.3.19 所示的模型边线为固定边线。

Step19. 选择下拉菜单 文件(F) → 保存(S) 命令，保存钣金子构件模型。

Step20. 切换到"等径圆管直交锥形过渡三通水平管"窗口。

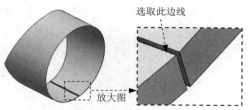

图 10.3.19　选取固定边线

Step21. 创建图 10.3.20 所示的切除-拉伸-薄壁 1。选择下拉菜单 插入(I) ➞ 切除(C) ➞ 拉伸(E)... 命令；选取上视基准面作为草图基准面，绘制图 10.3.21 所示的横断面草图；在对话框中取消选中 □ 方向2 复选框；选中 ☑ 薄壁特征(T) 复选框，在该区域的 下拉列表中选择 两侧对称 选项，在 文本框中输入深度值 0.1；单击 按钮，完成切除-拉伸-薄壁 1 的创建。

图 10.3.20　切除-拉伸-薄壁 1

图 10.3.21　横断面草图

Step22. 创建钣金转换。选择下拉菜单 插入(I) ➞ 钣金(H) ➞ 折弯(B)... 命令，选取图 10.3.22 所示的模型边线为固定边线。

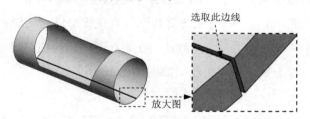

图 10.3.22　选取固定边线

Step23. 选择下拉菜单 文件(F) ➞ 保存(S) 命令，保存钣金子构件模型。

Step24. 切换到"等径圆管直交锥形过渡三通补料"窗口。

Step25. 创建图 10.3.23 所示的切除-拉伸 1。选择下拉菜单 插入(I) ➞ 切除(C) ➞ 拉伸(E)... 命令；选取前视基准面作为草图基准面，绘制图 10.3.24 所示的横断面草图；单击 按钮，完成切除-拉伸 1 的创建。

Step26. 创建钣金转换。选择下拉菜单 插入(I) ➞ 钣金(H) ➞ 折弯(B)... 命令，选取图 10.3.25 所示的模型表面为固定面。

Step27. 选择下拉菜单 文件(F) ➞ 另存为(A)... 命令，命名为"二分之一等径圆管直交锥形过渡三通补料"。

图 10.3.23　切除-拉伸 1

图 10.3.24　横断面草图

选取此模型表面

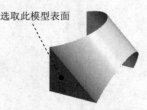

图 10.3.25　选取固定面

Step28. 切换到"等径圆管直交锥形过渡三通"窗口。选择下拉菜单 文件(F) ➡ 保存(S) 命令，保存模型。

Step29. 新建一个装配文件，使用创建的等径圆管直交锥形过渡三通水平管、竖管和补料（二分之一）子钣金件进行装配，得到完整的钣金件，命名为"等径圆管直交锥形过渡三通"，结果如图 10.3.1a 所示。

Task2. 展平等径圆管直交锥形过渡三通

Step1. 打开零件模型文件：等径圆管直交锥形过渡三通水平管。

Step2. 在设计树中右击 平板型式1 特征，在系统弹出的快捷菜单中单击"解除压缩"命令按钮，即可将钣金展平，展平结果如图 10.3.1b 所示。

Step3. 打开零件模型文件：等径圆管直交锥形过渡三通竖管。

Step4. 在设计树中右击 平板型式1 特征，在系统弹出的快捷菜单中单击"解除压缩"命令按钮，即可将钣金展平，展平结果如图 10.3.1c 所示。

Step5. 打开零件模型文件：二分之一等径圆管直交锥形过渡三通补料。

Step6. 在设计树中右击 平板型式1 特征，在系统弹出的快捷菜单中单击"解除压缩"命令按钮，即可将钣金展平，展平结果如图 10.3.1d 所示。

10.4　等径圆管 Y 形三通

等径圆管 Y 形三通由三条轴线相交于一点的等径圆柱管组成。下面以图 10.4.1 所示的模型为例，介绍在 SolidWorks 中创建和展开等径圆管 Y 形三通的一般过程。

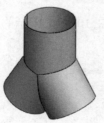

a）未展平状态

b）上部竖管展开

c）下部斜管展开

图 10.4.1　等径圆管 Y 形三通的创建与展平

Task1. 创建等径圆管 Y 形三通

Step1. 新建模型文件。

Step2. 创建图 10.4.2 所示的凸台-拉伸 1。选择下拉菜单 插入(I) ➡ 凸台/基体(B) ➡ 拉伸(E)... 命令；选取上视基准面作为草图基准面，绘制图 10.4.3 所示的横断面草图；在 方向1 区域的 下拉列表中选择 给定深度 选项，在 文本框中输入深度值 300.0；单击 按钮，完成凸台-拉伸 1 的创建。

Step3. 创建草图 2。选取右视基准面作为草图基准面，绘制图 10.4.4 所示的草图 2。

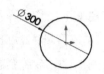

图 10.4.2 凸台-拉伸 1   图 10.4.3 横断面草图   图 10.4.4 草图 2

Step4. 创建基准面 1。选择下拉菜单 插入(I) ➡ 参考几何体(G) ➡ 基准面(P)... 命令；选取右视基准面和草图 2 为参考实体，输入旋转角度值 60；单击 按钮，完成基准面 1 的创建。

Step5. 创建图 10.4.5 所示的凸台-拉伸 2。选择下拉菜单 插入(I) ➡ 凸台/基体(B) ➡ 拉伸(E)... 命令；选取基准面 1 作为草图基准面，绘制图 10.4.6 所示的横断面草图；在 方向1 区域的 下拉列表中选择 给定深度 选项，在 文本框中输入深度值 300.0，并选中 合并结果(M) 复选框；单击 按钮，完成凸台-拉伸 2 的创建。

Step6. 创建图 10.4.7 所示的镜像 1。选择下拉菜单 插入(I) ➡ 阵列/镜向(E) ➡ 镜向(M)... 命令；选取右视基准面作为镜像面；选取"凸台-拉伸 2"为要镜像的特征，选中 几何体阵列(G) 复选框；单击 按钮，完成镜像 1 的创建。

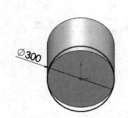

图 10.4.5 凸台-拉伸 2   图 10.4.6 横断面草图   图 10.4.7 镜像 1

Step7. 创建图 10.4.8 所示的抽壳 1。选择下拉菜单 插入(I) ➡ 特征(F) ➡ 抽壳(S)... 命令；选取图 10.4.9 所示的模型表面为移除面；在 参数(P) 区域的 文本框中输入厚度值 1.0；单击 按钮，完成抽壳 1 的创建。

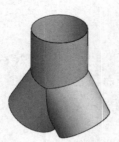

图 10.4.8　抽壳 1

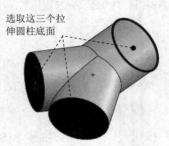

选取这三个拉
伸圆柱底面

图 10.4.9　定义移除面

Step8. 创建图 10.4.10 所示的切除-拉伸-薄壁 1。选择下拉菜单 插入(I) ➝ 切除(C) ➝ 拉伸(E)... 命令；选取前视基准面作为草图基准面，绘制图 10.4.11 所示的横断面草图；选中 ☑ 薄壁特征(T) 复选框，在该区域的 下拉列表中选择 两侧对称 选项，在 文本框中输入深度值 0.1；单击 ✔ 按钮，在系统弹出的"要保留的实体"对话框中选中 ⦿ 所有实体(A) 单选按钮；单击 确定(K) 按钮，完成切除-拉伸-薄壁 1 的创建。

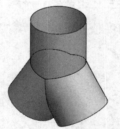

图 10.4.10　切除-拉伸-薄壁 1

图 10.4.11　横断面草图

Step9. 创建图 10.4.12 所示的切除-拉伸-薄壁 2。选择下拉菜单 插入(I) ➝ 切除(C) ➝ 拉伸(E)... 命令；选取前视基准面作为草图基准面，绘制图 10.4.13 所示的横断面草图；选中 ☑ 薄壁特征(T) 复选框，在该区域的 下拉列表中选择 两侧对称 选项，在 文本框中输入深度值 0.1；单击 ✔ 按钮，在系统弹出的"要保留的实体"对话框中选中 ⦿ 所有实体(A) 单选按钮；单击 确定(K) 按钮，完成切除-拉伸-薄壁 2 的创建。

Step10. 选择下拉菜单 文件(F) ➝ 保存(S) 命令，命名为"等径圆管 Y 形三通"，保存模型。

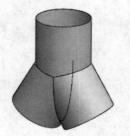

图 10.4.12　切除-拉伸-薄壁 2

图 10.4.13　横断面草图

Step11. 保存上部竖管子钣金件。右击设计树中 🔲 实体 (3) 下拉列表中的 🔲 切除-拉伸-薄壁1[2] 选项，在系统弹出的快捷菜单中选择 插入到新零件...(H) 命令；命名为"等径圆管 Y 形三通上部竖管"。

Step12. 保存下部斜管 1 子钣金件。右击设计树中 🔲 实体 (3) 下拉列表中的 🔲 切除-拉伸-薄壁2[1] 选项，在系统弹出的快捷菜单中选择 插入到新零件...(H) 命令；命名为"等径圆管 Y 形三通下部斜管 1"。

Step13. 保存下部斜管 2 子钣金件。右击设计树中 🔲 实体 (3) 下拉列表中的 🔲 切除-拉伸-薄壁2[2] 选项，在系统弹出的快捷菜单中选择 插入到新零件...(H) 命令；命名为"等径圆管 Y 形三通下部斜管 2"。

Step14. 切换到"等径圆管 Y 形三通上部竖管"窗口。

Step15. 创建图 10.4.14 所示的切除-拉伸-薄壁 1。选择下拉菜单 插入(I) ➡ 切除(C) ➡ 🔲 拉伸(E)... 命令；选取右视基准面作为草图基准面，绘制图 10.4.15 所示的横断面草图；在对话框中取消选中 □ 方向 2 复选框；选中 ☑ 薄壁特征(T) 复选框，在该区域的 🔽 下拉列表中选择 两侧对称 选项，在 🔽T1 文本框中输入深度值 0.1；单击 ✅ 按钮，完成切除-拉伸-薄壁 1 的创建。

Step16. 创建钣金转换。选择下拉菜单 插入(I) ➡ 钣金(H) ▸ ➡ 👍 折弯(B)... 命令，选取图 10.4.16 所示的模型边线为固定边线。

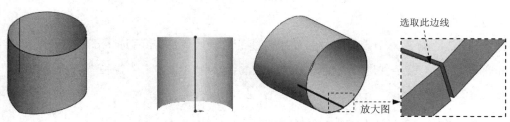

图 10.4.14　切除-拉伸-薄壁 1　　图 10.4.15　横断面草图　　图 10.4.16　选取固定边线

Step17. 选择下拉菜单 文件(F) ➡ 💾 保存(S) 命令，保存钣金子构件模型。

Step18. 切换到"等径圆管 Y 形三通下部斜管 1"窗口。

Step19. 创建图 10.4.17 所示的切除-拉伸-薄壁 1。选择下拉菜单 插入(I) ➡ 切除(C) ➡ 🔲 拉伸(E)... 命令；选取右视基准面作为草图基准面，绘制图 10.4.18 所示的横断面草图；选中 ☑ 薄壁特征(T) 复选框，在该区域的 🔽 下拉列表中选择 两侧对称 选项，在 🔽T1 文本框中输入深度值 0.1；在对话框 方向 1 区域的 🔽 下拉列表中选择 两侧对称 选项，在 🔽T1 文本框中输入深度值 100.0；单击 ✅ 按钮，完成切除-拉伸-薄壁 1 的创建。

Step20. 创建钣金转换。选择下拉菜单 插入(I) ➡ 钣金(H) ▸ ➡ 👍 折弯(B)... 命令，选取图 10.4.19 所示的模型边线为固定边线。

图 10.4.17　切除-拉伸-薄壁 1

图 10.4.18　横断面草图

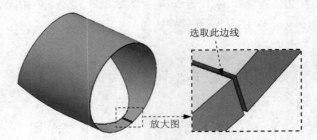

选取此边线

放大图

图 10.4.19　选取固定边线

Step21. 选择下拉菜单 文件(F) ➡ 保存(S) 命令，保存钣金子构件模型。

Step22. 切换窗口，将等径圆管 Y 形三通下部斜管 2 转换为钣金件，具体步骤参照 Step18 至 Step21。

Step23. 切换到"等径圆管 Y 形三通"窗口。选择下拉菜单 文件(F) ➡ ， 保存(S) 命令，保存模型。

Step24. 新建一个装配文件，使用创建的等径圆管 Y 形三通上部竖管、下部斜管 1 和下部斜管 2 子钣金件进行装配，得到完整的钣金件，命名为"等径圆管 Y 形三通"，结果如图 10.4.1a 所示。

Task2. 展平等径圆管 Y 形三通

Step1. 打开零件模型文件：等径圆管 Y 形三通上部竖管。

Step2. 在设计树中右击 平板型式1 特征，在系统弹出的快捷菜单中单击"解除压缩"命令按钮 ，即可将钣金展平，展平结果如图 10.4.1b 所示。

Step3. 打开零件模型文件：等径圆管 Y 形三通下部斜管 1。

Step4. 在设计树中右击 平板型式1 特征，在系统弹出的快捷菜单中单击"解除压缩"命令按钮 ，即可将钣金展平，展平结果如图 10.4.1c 所示。

Step5. 打开零件模型文件：等径圆管 Y 形三通下部斜管 2。

Step6. 在设计树中右击 平板型式1 特征，在系统弹出的快捷菜单中单击"解除压缩"命令按钮 ，即可将钣金展平，展平结果如图 10.4.1c 所示。

10.5　等径圆管 Y 形补料三通

等径圆管 Y 形补料三通与等径圆管 Y 形三通相比，则是下部两斜管轴线互相垂直，且两管之间存在一等径圆柱面补料。下面以图 10.5.1 所示的模型为例，介绍在 SolidWorks 中创建和展开等径圆管 Y 形补料三通的一般过程。

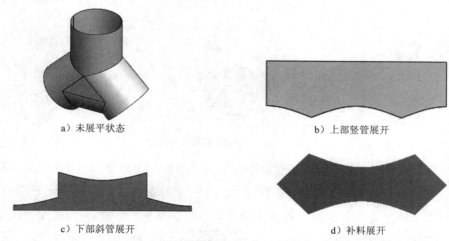

a）未展平状态　　　　　　　　　　　　b）上部竖管展开

c）下部斜管展开　　　　　　　　　　　d）补料展开

图 10.5.1　等径圆管 Y 形补料三通的创建与展平

Task1. 创建等径圆管 Y 形补料三通

Step1. 新建模型文件。

Step2. 创建图 10.5.2 所示的凸台-拉伸 1。选择下拉菜单 插入(I) ➡ 凸台/基体(B) ➡ 拉伸(E)... 命令；选取上视基准面作为草图基准面，绘制图 10.5.3 所示的横断面草图；在 方向1 区域的 下拉列表中选择 给定深度 选项，在 文本框中输入深度值 300.0；单击 按钮，完成凸台-拉伸 1 的创建。

Step3. 创建草图 2。选取右视基准面作为草图基准面，绘制图 10.5.4 所示的草图 2。

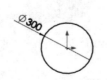

图 10.5.2　凸台-拉伸 1　　　　图 10.5.3　横断面草图　　　　图 10.5.4　草图 2

Step4. 创建基准面 1。选择下拉菜单 插入(I) ➡ 参考几何体(G) ➡ 基准面(P)... 命令；选取右视基准面和草图 2 为参考实体，输入旋转角度值 45；单击 按钮，完成基准面 1 的创建。

Step5. 创建图 10.5.5 所示的凸台-拉伸 2。选择下拉菜单 插入(I) ➡ 凸台/基体(B)

➡️ 拉伸(E)... 命令；选取基准面 1 作为草图基准面，绘制图 10.5.6 所示的横断面草图；在 方向1 区域的 下拉列表中选择 给定深度 选项，在 文本框中输入深度值 300.0，并选中 ☑ 合并结果(M) 复选框；单击 ✔ 按钮，完成凸台-拉伸 2 的创建。

Step6. 创建图 10.5.7 所示的镜像 1。选择下拉菜单 插入(I) ➡️ 阵列/镜向(E) ▶ ➡️ 镜向(M)... 命令；选取右视基准面作为镜像面；选取"凸台-拉伸 2"为要镜像的特征，并选中 ☑ 几何体阵列(G) 复选框；单击 ✔ 按钮，完成镜像 1 的创建。

图 10.5.5 凸台-拉伸 2

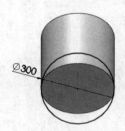
图 10.5.6 横断面草图

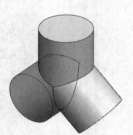
图 10.5.7 镜像 1

Step7. 创建草图 4。选取前视基准面作为草图基准面，绘制图 10.5.8 所示的草图 4。

Step8. 创建图 10.5.9 所示的凸台-拉伸 3。选择下拉菜单 插入(I) ➡️ 凸台/基体(B) ▶ ➡️ 拉伸(E)... 命令；选取右视基准面作为草图基准面，绘制图 10.5.10 所示的横断面草图；在 方向1 区域的 下拉列表中选择 成形到实体 选项，选取模型为实体；选中 ☑ 方向2 复选框，在该区域的下拉列表中选择 成形到实体 选项，选取模型为实体；单击 ✔ 按钮，完成凸台-拉伸 3 的创建。

Step9. 创建图 10.5.11 所示的抽壳 1。选择下拉菜单 插入(I) ➡️ 特征(F) ▶ ➡️ 抽壳(S)... 命令；选取图 10.5.12 所示的模型表面为移除面；在 参数(P) 区域的 文本框中输入厚度值 1.0；单击 ✔ 按钮，完成抽壳 1 的创建。

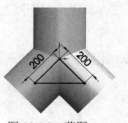
图 10.5.8 草图 4

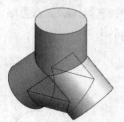
图 10.5.9 凸台-拉伸 3

图 10.5.10 横断面草图

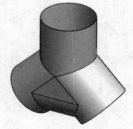
图 10.5.11 抽壳 1

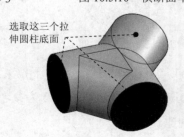
选取这三个拉伸圆柱底面
图 10.5.12 定义移除面

Step10. 创建图 10.5.13 所示的切除-拉伸-薄壁 1。选择下拉菜单 插入(I) ➡ 切除(C) ➡ 拉伸(E)... 命令；选取前视基准面作为草图基准面，绘制图 10.5.14 所示的横断面草图；选中 ☑ 薄壁特征(T) 复选框，在该区域的 下拉列表中选择 两侧对称 选项，在 文本框中输入深度值 0.1；单击 ✓ 按钮，在系统弹出的"要保留的实体"对话框中选中 ⊙ 所有实体(A) 单选按钮；单击 确定(K) 按钮，完成切除-拉伸-薄壁 1 的创建。

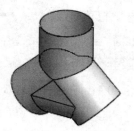
图 10.5.13 切除-拉伸-薄壁 1

图 10.5.14 横断面草图

Step11. 创建图 10.5.15 所示的切除-拉伸-薄壁 2。选择下拉菜单 插入(I) ➡ 切除(C) ➡ 拉伸(E)... 命令；选取前视基准面作为草图基准面，绘制图 10.5.16 所示的横断面草图；选中 ☑ 薄壁特征(T) 复选框，在该区域的 下拉列表中选择 两侧对称 选项，在 文本框中输入深度值 0.1；单击 ✓ 按钮，在系统弹出的"要保留的实体"对话框中选中 ⊙ 所有实体(A) 单选按钮；单击 确定(K) 按钮，完成切除-拉伸-薄壁 2 的创建。

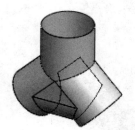
图 10.5.15 切除-拉伸-薄壁 2

图 10.5.16 横断面草图

Step12. 选择下拉菜单 文件(F) ➡ 保存(S) 命令，命名为"等径圆管 Y 形补料三通"，保存模型。

Step13. 保存下部斜管子钣金件 1。右击设计树中 实体(4) 下拉列表中的 切除-拉伸-薄壁2[1] 选项，在系统弹出的快捷菜单中选择 插入到新零件...(H) 命令；命名为"等径圆管 Y 形补料三通下部斜管 1"。

Step14. 保存下部斜管子钣金件 2。右击设计树中 实体(4) 下拉列表中的 切除-拉伸-薄壁2[2] 选项，在系统弹出的快捷菜单中选择 插入到新零件...(H) 命令；命名为"等径圆管 Y 形补料三通下部斜管 2"。

Step15. 保存上部竖管子钣金件。右击设计树中 实体(4) 下拉列表中的 切除-拉伸-薄壁2[3] 选项，在系统弹出的快捷菜单中选择 插入到新零件...(H) 命令；命名为"等径圆管 Y 形补料三通上部竖管"。

Step16. 保存补料子钣金件。右击设计树中 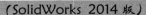实体(4) 下拉列表中的 切除-拉伸-薄壁2[4] 选项，在系统弹出的快捷菜单中选择 插入到新零件...(H) 命令；命名为"等径圆管 Y 形补料三通补料"。

Step17. 切换到"等径圆管 Y 形补料三通上部竖管"窗口。

Step18. 创建图 10.5.17 所示的切除-拉伸-薄壁1。选择下拉菜单 插入(I) ➡ 切除(C) ➡ 拉伸(E)... 命令；选取右视基准面作为草图基准面，绘制图 10.5.18 所示的横断面草图；在对话框中取消选中 方向2 复选框；选中 薄壁特征(T) 复选框，在该区域的 下拉列表中选择 两侧对称 选项，在 文本框中输入深度值 0.1；单击 按钮，完成切除-拉伸-薄壁1 的创建。

图 10.5.17　切除-拉伸-薄壁1

图 10.5.18　横断面草图

Step19. 创建钣金转换。选择下拉菜单 插入(I) ➡ 钣金(H) ➡ 折弯(B)... 命令，选取图 10.5.19 所示的模型边线为固定边线。

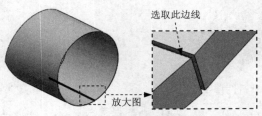

选取此边线

放大图

图 10.5.19　选取固定边线

Step20. 选择下拉菜单 文件(F) ➡ 保存(S) 命令，保存钣金子构件模型。

Step21. 切换到"等径圆管 Y 形补料三通下部斜管1"窗口。

Step22. 创建图 10.5.20 所示的切除-拉伸-薄壁1。选择下拉菜单 插入(I) ➡ 切除(C) ➡ 拉伸(E)... 命令；选取右视基准面作为草图基准面，绘制图 10.5.21 所示的横断面草图；在对话框中取消选中 方向2 复选框；选中 薄壁特征(T) 复选框，在该区域的 下拉列表中选择 两侧对称 选项，在 文本框中输入深度值 0.1；在对话框 方向1 区域的 下拉列表中选择 给定深度 选项，在 文本框中输入深度值 150.0；单击 按钮，完成切除-拉伸-薄壁1 的创建。

图 10.5.20 切除-拉伸-薄壁 1

图 10.5.21 横断面草图

Step23. 创建钣金转换。选择下拉菜单 插入(I) ➡ 钣金(H) ➡ 折弯(B)...命令，选取图 10.5.22 所示的模型边线为固定边线。

Step24. 选择下拉菜单 文件(F) ➡ 保存(S)命令，保存钣金子构件模型。

Step25. 切换窗口，将等径圆管 Y 形补料三通下部斜管 2 转换为钣金件，具体步骤参照 Step21 至 Step24。

Step26. 切换到"等径圆管 Y 形补料三通补料"窗口。

Step27. 创建钣金转换。选择下拉菜单 插入(I) ➡ 钣金(H) ➡ 折弯(B)...命令，选取图 10.5.23 所示的模型表面为固定面。

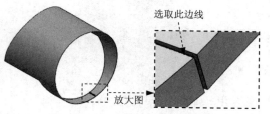

图 10.5.22 选取固定边线

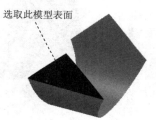

图 10.5.23 选取固定面

Step28. 选择下拉菜单 文件(F) ➡ 保存(S)命令，保存钣金子构件模型。

Step29. 切换到"等径圆管 Y 形补料三通"窗口。选择下拉菜单 文件(F) ➡ 保存(S)命令，保存模型。

Step30. 新建一个装配文件，使用创建的等径圆管 Y 形补料三通上部竖管、下部斜管 1、下部斜管 2 和补料子钣金件进行装配，得到完整的钣金件，命名为"等径圆管 Y 形补料三通"，结果如图 10.5.1a 所示。

Task2. 展平等径圆管 Y 形补料三通

Step1. 打开零件模型文件：等径圆管 Y 形补料三通上部竖管。

Step2. 在设计树中右击 平板型式1 特征，在系统弹出的快捷菜单中单击"解除压缩"命令按钮，即可将钣金展平，展平结果如图 10.5.1b 所示。

Step3. 打开零件模型文件：等径圆管 Y 形补料三通下部斜管 1。

Step4. 在设计树中右击 平板型式1 特征，在系统弹出的快捷菜单中单击"解除压缩"

命令按钮，即可将钣金展平，展平结果如图 10.5.1c 所示。

Step5. 打开零件模型文件：等径圆管 Y 形补料三通下部斜管 2。

Step6. 在设计树中右击 平板型式1 特征，在系统弹出的快捷菜单中单击"解除压缩"命令按钮，即可将钣金展平，展平结果如图 10.5.1c 所示。

Step7. 打开零件模型文件：等径圆管 Y 形补料三通补料。

Step8. 在设计树中右击 平板型式1 特征，在系统弹出的快捷菜单中单击"解除压缩"命令按钮，即可将钣金展平，展平结果如图 10.5.1d 所示。

10.6　变径圆管 V 形三通

变径圆管 V 形三通是由左右两平口偏心圆锥台结合而成的构件。下面以图 10.6.1 所示的模型为例，介绍在 SolidWorks 中创建和展开变径圆管 V 形三通的一般过程。

a）未展平状态　　　　　　　　　　b）展平状态（二分之一）

图 10.6.1　变径圆管 V 形三通的创建与展平

Task1.　创建变径圆管 V 形三通

Stage1.　创建单节平口偏心圆锥台

Step1. 新建模型文件。

Step2. 创建基准面 1。选择下拉菜单 插入(I) → 参考几何体(G) → 基准面(P)... 命令（注：具体参数和操作参见随书光盘）。

Step3. 创建草图 1。选取上视基准面作为草图基准面，绘制图 10.6.2 所示的草图 1。

Step4. 创建草图 2。选取基准面 1 作为草图基准面，绘制图 10.6.3 所示的草图 2。

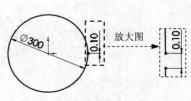

图 10.6.2　草图 1

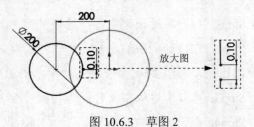

图 10.6.3　草图 2

Step5. 创建图 10.6.4 所示的放样折弯 1。选择下拉菜单 插入(I) ➡️ 钣金(H) ➡️ 放样的折弯(L)··· 命令；依次选取草图 1 和草图 2 作为放样折弯特征的轮廓；在"放样折弯"对话框的 厚度 文本框中输入数值 1.0；单击 ✓ 按钮，完成放样折弯特征的创建。

Step6. 创建图 10.6.5 所示的切除-拉伸 1。选择下拉菜单 插入(I) ➡️ 切除(C) ➡️ 拉伸(E)··· 命令；选取上视基准面为草图基准面，绘制图 10.6.6 所示的横断面草图；单击 ✓ 按钮，完成切除-拉伸 1 的创建。

图 10.6.4 放样折弯 1

图 10.6.5 切除-拉伸 1

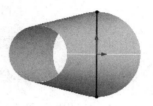

图 10.6.6 横断面草图

Step7. 选择下拉菜单 文件(F) ➡️ 保存(S) 命令，将模型命名为"单节平口偏心圆锥台"，保存钣金模型。

Stage2. 装配，生成变径圆管 V 形三通

新建一个装配文件，将两个单节平口偏心圆锥台进行装配，将模型命名为"变径圆管V 形三通"，保存装配模型。

Task2. 展平变径圆管 V 形三通

从上面的创建过程中可以看出，变径圆管 V 形三通是由两个单节平口偏心圆锥台装配形成的，所以其展开放样即为单节平口偏心圆锥台的展开放样。

Step1. 打开零件模型文件：单节平口偏心圆锥台。

Step2. 在设计树中右击 📋 平板型式 1 特征，在系统弹出的快捷菜单中单击"解除压缩"命令按钮 📇，即可将钣金展平，展平结果如图 10.6.1b 所示。

10.7 等径圆管人字形三通

等径圆管人字形三通可以看作左右对称的两个 90°四节圆形等径弯头结合而成的构件。下面以图 10.7.1 所示的模型为例，介绍在 SolidWorks 中创建和展开等径圆管人字形三通的一般过程。

a）未展平状态   b）展平状态（左半部分）

图 10.7.1   等径圆管人字形三通的创建与展平

Task1. 创建等径圆管人字形三通

Stage1. 创建左侧二分之一模型

Step1. 打开模型文件 D:\sw14.15\work\ch10.07\90°四节圆形等径弯头.SLDASM。

Step2. 创建图 10.7.2 所示的切除-拉伸 1。选择下拉菜单 插入(I) ➡ 装配体特征(S) ➡ 切除(C) ➡ 拉伸(E)... 命令；选取前视基准面为草图基准面，绘制图 10.7.3 所示的横断面草图；选中 ☑ 反侧切除(F) 复选框；单击 ✔ 按钮，完成切除-拉伸 1 的创建。

图 10.7.2   切除-拉伸 1   图 10.7.3   横断面草图

Step3. 将装配模型保存为零件模型。选择下拉菜单 文件(F) ➡ 另存为(A)... 命令，将模型命名为"90°四节圆形等径弯头左"，保存类型为零件。

Stage2. 装配，生成等径圆管人字形三通

新建一个装配文件，将两个"90°四节圆形等径弯头左"进行装配，将模型命名为"等径圆管人字形三通"，保存装配模型。

Task2. 展平等径圆管人字形三通

因为构件左右对称，因此只需要展开构件的左部分，其操作过程如下。

Stage1. 展平首节

Step1. 打开模型文件 D:\sw14.15\work\ch10.07\90°四节圆形等径弯头左.SLDPRT。

Step2. 右击 **曲面实体(4)** 下拉列表中的 **90° 四节圆形等径弯头首节-1-surface1** 选项，在系统弹出的快捷菜单中选择 **插入到新零件... (F)** 命令；将模型命名为"等径圆管人字形三通首节展开"，保存零件模型。

Step3. 创建加厚 1。选择下拉菜单 **插入(I)** ➡ **凸台/基体(B)** ➡ **加厚(T)...** 命令；选取整个模型表面，并选中 **☑ 从闭合的体积生成实体(C)** 复选框；单击 **✔** 按钮，完成加厚 1 的创建。

Step4. 创建钣金转换。选择下拉菜单 **插入(I)** ➡ **钣金(H)** ➡ **折弯(B)...** 命令，选取图 10.7.4 所示的模型边线为固定边线。

Step5. 在设计树中右击 **平板型式1** 特征，在系统弹出的快捷菜单中单击"解除压缩"命令按钮，即可将钣金展平，展平结果如图 10.7.5 所示。

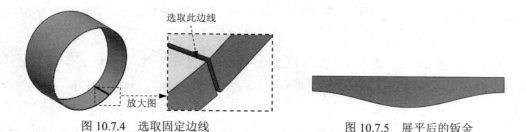

图 10.7.4　选取固定边线　　　　　　　图 10.7.5　展平后的钣金

Step6. 选择下拉菜单 **文件(F)** ➡ **保存(S)** 命令，保存钣金模型。

Stage2. 展平中节 1

Step1. 右击 **曲面实体(4)** 下拉列表中的 **90° 四节圆形等径弯头中节1-1-surface1** 选项，在系统弹出的快捷菜单中选择 **插入到新零件... (F)** 命令；将模型命名为"等径圆管人字形三通中节展开 1"，保存零件模型。

Step2. 创建加厚 1。选择下拉菜单 **插入(I)** ➡ **凸台/基体(B)** ➡ **加厚(T)...** 命令；选取整个模型表面，并选中 **☑ 从闭合的体积生成实体(C)** 复选框；单击 **✔** 按钮，完成加厚 1 的创建。

Step3. 创建钣金转换。选择下拉菜单 **插入(I)** ➡ **钣金(H)** ➡ **折弯(B)...** 命令，选取图 10.7.6 所示的模型边线为固定边线。

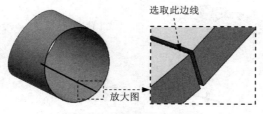

图 10.7.6　选取固定边线

Step4. 在设计树中右击  平板型式1 特征，在系统弹出的快捷菜单中单击"解除压缩"命令按钮 ，即可将钣金展平，展平结果如图 10.7.7 所示。

图 10.7.7　展平后的钣金

Step5. 选择下拉菜单 文件(F) ➡ 保存(S) 命令，保存钣金模型。

Stage3. 展平中节 2

Step1. 右击 曲面实体(4) 下拉列表中的 90° 四节圆形等径弯头中节2-1-surface1 选项，在系统弹出的快捷菜单中选择 插入到新零件… (P) 命令；将模型命名为"等径圆管人字形三通中节 2"，保存零件模型。

Step2. 创建加厚 1。选择下拉菜单 插入(I) ➡ 凸台/基体 (B) ➡ 加厚(T)… 命令；选取整个模型表面，并选中 ☑ 从闭合的体积生成实体(C) 复选框；单击 按钮，完成加厚 1 的创建。

Step3. 创建图 10.7.8 所示的切除-拉伸 1。选择下拉菜单 插入(I) ➡ 切除(C) ➡ 拉伸(E)… 命令；选取右视基准面作为草图基准面，绘制图 10.7.9 所示的横断面草图；单击 按钮，完成切除-拉伸 1 的创建。

图 10.7.8　切除-拉伸 1

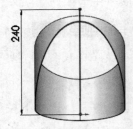

图 10.7.9　横断面草图

Step4. 创建钣金转换。选择下拉菜单 插入(I) ➡ 钣金 (H) ➡ 折弯 (B)… 命令，选取图 10.7.10 所示的模型边线为固定边线。

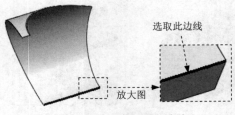

选取此边线

放大图

图 10.7.10　选取固定边线

Step5. 在设计树中右击 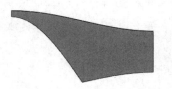平板型式1特征，在系统弹出的快捷菜单中单击"解除压缩"命令按钮📇，即可将钣金展平，展平结果如图 10.7.11 所示。

Step6. 选择下拉菜单 文件(F) ➡ 📄 保存(S)命令，保存钣金模型。

Step7. 新建一个装配文件，将两个等径圆管人字形三通中节 2 展开图装配在一起（图 10.7.12），将模型命名为"等径圆管人字形三通中节展开 2"，保存装配模型。

图 10.7.11 展平后的钣金   图 10.7.12 展平后的钣金

Stage4. 展平尾节

Step1. 右击 ⬡ 曲面实体(4) 下拉列表中的 ◇ 90° 四节圆形等径弯头尾节-1-surface1 选项，在系统弹出的快捷菜单中选择 插入到新零件…(F) 命令；将模型命名为"等径圆管人字形三通尾节展开"，保存零件模型。

Step2. 创建加厚 1。选择下拉菜单 插入(I) ➡ 凸台/基体(B) ▸ ➡ 🛠 加厚(T)…命令；选取整个模型表面，并选中 ☑ 从闭合的体积生成实体(C) 复选框；单击 ✔ 按钮，完成加厚 1 的创建。

Step3. 创建钣金转换。选择下拉菜单 插入(I) ➡ 钣金(H) ▸ ➡ 🥄 折弯(B)…命令，选取图 10.7.13 所示的模型边线为固定边线。

Step4. 在设计树中右击 📄平板型式1特征，在系统弹出的快捷菜单中单击"解除压缩"命令按钮📇，即可将钣金展平，展平结果如图 10.7.14 所示。

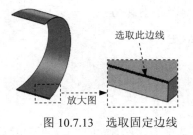

选取此边线

放大图

图 10.7.13 选取固定边线

图 10.7.14 展平后的钣金

Step5. 选择下拉菜单 文件(F) ➡ 📄 保存(S)命令，保存钣金模型。

第 **11** 章　长圆形弯头展开

本章提要　本章主要介绍长圆形弯头类的钣金在 SolidWorks 中的创建和展开过程，包括三节拱形（半长圆）直角弯头、四节拱形（半长圆）直角弯头、三节横拱形（倾斜半长圆）直角弯头和四节长圆形直角弯头。在创建和展开此类钣金时要注意定义切口的位置，以及衔接位置的材料厚度方向。

11.1　三节拱形（半长圆）直角弯头

三节拱形（半长圆）直角弯头是由三节拱形（半长圆）柱管接合而成的构件，其中两端口平面夹角为 90°，且两端节较短，为中间节的一半。下面以图 11.1.1 所示的模型为例，介绍在 SolidWorks 中创建和展开三节拱形（半长圆）直角弯头的一般过程。

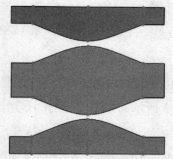

a）未展平状态　　　　　　　　　　b）展平状态

图 11.1.1　三节拱形（半长圆）直角弯头的创建与展平

Task1. 创建三节拱形（半长圆）直角弯头

Stage1. 创建端节

Step1. 新建模型文件。

Step2. 创建草图 1。选取前视基准面作为草图基准面，绘制图 11.1.2 所示的草图 1。

Step3. 创建图 11.1.3 所示的基体-法兰 1。选择下拉菜单 插入(I) ➡ 钣金 (H) ➡ 基体法兰 (A)... 命令；选取右视基准面作为草图基准面，绘制图 11.1.4 所示的横断面草图；在 方向1 区域的 下拉列表中选择 成形到一顶点 选项，选取图 11.1.5 所示的顶点；在 钣金参数(S) 区域的 文本框中输入厚度值 1，选中 ☑ 反向(E) 复选框，在 文本框中输入圆角半径值 1；单击 ✔ 按钮，完成基体-法兰 1 的创建。

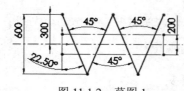

图 11.1.2 草图 1

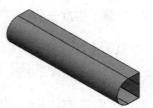

图 11.1.3 基体-法兰 1

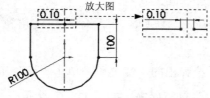

图 11.1.4 横断面草图

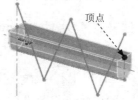

图 11.1.5 定义指定顶点

Step4. 创建图 11.1.6 所示的切除-拉伸 1。选择下拉菜单 插入(I) → 切除(C) → 拉伸(E)... 命令；选取草图 1 为横断面草图；单击 ✓ 按钮，在系统弹出的"要保留的实体"对话框中选中 ⊙ 所有实体(A) 单选按钮；单击 确定(K) 按钮，完成切除-拉伸 1 的创建。

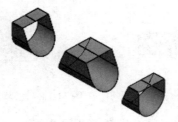

图 11.1.6 切除-拉伸 1

Step5. 选择下拉菜单 文件(F) → 💾 保存(S) 命令，将模型命名为"三节拱形（半长圆）直角弯头端节"，保存钣金模型。

Step6. 插入新零件（一）。右击设计树中 ⊞ 📇 切割清单(3) 下拉列表中的 🗋 切除-拉伸1[2] 选项，在系统弹出的快捷菜单中选择 插入到新零件...(H) 命令；将模型命名为"三节拱形（半长圆）直角弯头首节"，保存零件模型。

Step7. 插入新零件（二）。右击设计树中 ⊞ 📇 切割清单(3) 下拉列表中的 🗋 切除-拉伸1[1] 选项，在系统弹出的快捷菜单中选择 插入到新零件...(H) 命令；将模型命名为"三节拱形（半长圆）直角弯头中节"，保存零件模型。

Step8. 插入新零件（三）。右击设计树中 ⊞ 📇 切割清单(3) 下拉列表中的 🗋 切除-拉伸1[3] 选项，在系统弹出的快捷菜单中选择 插入到新零件...(H) 命令；将模型命名为"三节拱形（半长圆）直角弯头尾节"，保存零件模型。

Stage2．装配，生成三节拱形（半长圆）直角弯头

新建一个装配文件，将三节拱形（半长圆）直角弯头首节、中节和尾节进行装配，将模型命名为"三节拱形（半长圆）直角弯头"，保存装配模型。

Task2．展平三节拱形（半长圆）直角弯头

Stage1．展平三节拱形（半长圆）直角弯头首节

Step1．打开模型文件 D:\sw14.15\work\ch11.01\三节拱形（半长圆）直角弯头端节.SLDPRT。

Step2．在设计树中右击 平板型式3 特征，在系统弹出的快捷菜单中单击"解除压缩"命令按钮，即可将该三节拱形（半长圆）直角弯头首节展平，如图 11.1.7 所示。

Stage2．展平三节拱形（半长圆）直角弯头中节

在设计树中右击 平板型式3 特征，在系统弹出的快捷菜单中单击"压缩"命令按钮，右击 平板型式1 特征，在系统弹出的快捷菜单中单击"解除压缩"命令按钮，即可将该三节拱形（半长圆）直角弯头中节展平，如图 11.1.8 所示。

 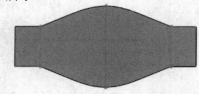

图 11.1.7　三节拱形（半长圆）直角弯头首节展开　　图 11.1.8　三节拱形（半长圆）直角弯头中节展开

Stage3．展平三节拱形（半长圆）直角弯头尾节

在设计树中右击 平板型式1 特征，在系统弹出的快捷菜单中单击"压缩"命令按钮，右击 平板型式2 特征，在系统弹出的快捷菜单中单击"解除压缩"命令按钮，即可将该三节拱形（半长圆）直角弯头尾节展平，如图 11.1.9 所示。

图 11.1.9　三节拱形（半长圆）直角弯头尾节展开

11.2　四节拱形（半长圆）直角弯头

四节拱形（半长圆）直角弯头是由四节拱形（半长圆）柱管构成，其中两端口平面夹角为 90°，且首尾两端节较短，为中间节的一半。下面以图 11.2.1 所示的模型为例，介绍

在 SolidWorks 中创建和展开四节拱形（半长圆）直角弯头的一般过程。

a）未展平状态

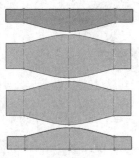
b）展平状态

图 11.2.1 四节拱形（半长圆）直角弯头的创建与展平

Task1. 创建四节拱形（半长圆）直角弯头

Stage1. 创建端节模型（首尾两端）

Step1. 新建模型文件。

Step2. 创建图 11.2.2 所示的基体-法兰 1。选择下拉菜单 插入(I) ➡ 钣金 (H) ➡ 基体法兰 (A)... 命令；选取上视基准面作为草图基准面，绘制图 11.2.3 所示的横断面草图；在 方向1 区域的 下拉列表中选择 给定深度 选项，在 D1 文本框中输入深度值 400；在 钣金参数(S) 区域的文本框 T1 中输入厚度值 1，选中 反向(E) 复选框，在 文本框中输入圆角半径值 1；单击 按钮，完成基体-法兰 1 的创建。

图 11.2.2 基体-法兰 1

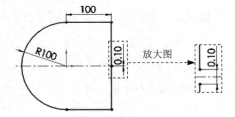
图 11.2.3 横断面草图

Step3. 创建图 11.2.4 所示的切除-拉伸 1。选择下拉菜单 插入(I) ➡ 切除 (C) ➡ 拉伸 (E)... 命令；选取前视基准面作为草图基准面，绘制图 11.2.5 所示的横断面草图；单击 按钮，完成切除-拉伸 1 的创建。

Step4. 选择下拉菜单 文件(F) ➡ 保存 (S) 命令，将模型命名为"四节拱形（半长圆）直角弯头首（尾）节"，保存钣金模型。

Stage2. 创建端节模型（中间端）

创建中间端模型文件，其中切除-拉伸的横断面草图如图 11.2.6 所示，具体操作过程参照 Stage1；并将模型命名为"四节拱形（半长圆）直角弯头中间节"，保存钣金模型。

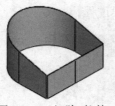

图 11.2.4 切除-拉伸 1

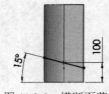

图 11.2.5 横断面草图

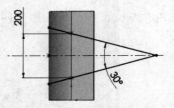

图 11.2.6 横断面草图

Stage3. 装配，生成四节拱形（半长圆）直角弯头

新建一个装配文件，按顺序依次将四节拱形（半长圆）直角弯头首（尾）节和四节拱形（半长圆）直角弯头中间节进行装配，将模型命名为"四节拱形（半长圆）直角弯头"，保存装配模型。

Task2. 展平四节拱形（半长圆）直角弯头

Stage1. 展平四节拱形（半长圆）直角弯头首（尾）节

Step1. 打开模型文件 D:\sw14.15\work\ch11.02\四节拱形（半长圆）直角弯头首（尾）节.SLDPRT。

Step2. 在设计树中右击 平板型式1 特征，在系统弹出的快捷菜单中单击"解除压缩"命令按钮，即可将该四节拱形（半长圆）直角弯头首（尾）节展平，如图 11.2.7 所示。

Stage2. 展平四节拱形（半长圆）直角弯头中间节

Step1. 打开模型文件 D:\sw14.15\work\ch11.02\四节拱形（半长圆）直角弯头中间节.SLDPRT。

Step2. 在设计树中右击 平板型式1 特征，在系统弹出的快捷菜单中单击"解除压缩"命令按钮，即可将该四节拱形（半长圆）直角弯头中间节展平，如图 11.2.8 所示。

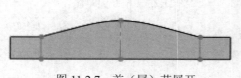

图 11.2.7 首（尾）节展开

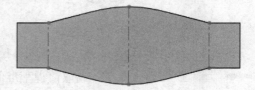

图 11.2.8 中间节展开

11.3 三节横拱形（倾斜半长圆）直角弯头

三节横拱形（倾斜半长圆）直角弯头是由三节横拱形（倾斜半长圆）柱管接合而成的构件，其中两端节较短，且为中间节的一半。下面以图 11.3.1 所示的模型为例，介绍在 SolidWorks 中创建和展开三节横拱形（倾斜半长圆）直角弯头的一般过程。

a) 未展平状态

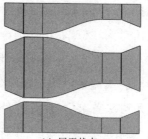
b) 展平状态

图 11.3.1 三节横拱形（倾斜半长圆）直角弯头的创建与展平

Task1. 创建三节横拱形（倾斜半长圆）直角弯头

Stage1. 创建端节

Step1. 新建模型文件。

Step2. 创建草图 1。选取前视基准面作为草图基准面，绘制图 11.3.2 所示的草图 1。

Step3. 创建图 11.3.3 所示的基体-法兰 1。选择下拉菜单 插入(I) ➡ 钣金(H) ➡ 基体法兰(A)... 命令；选取右视基准面作为草图基准面，绘制图 11.3.4 所示的横断面草图；在 方向1 区域的 下拉列表中选择 成形到一顶点 选项，选取图 11.3.5 所示的顶点；在 钣金参数(S) 区域的文本框 中输入厚度值 1，选中 反向(E) 复选框，在 文本框中输入圆角半径值 1；单击 按钮，完成基体-法兰 1 的创建。

Step4. 创建图 11.3.6 所示的切除-拉伸 1。选择下拉菜单 插入(I) ➡ 切除(C) ➡ 拉伸(E)... 命令；选取草图 1 为横断面草图；取消选中 正交切除(N) 复选框；单击 按钮，在系统弹出的"要保留的实体"对话框中选中 所有实体(A) 单选按钮；单击 确定(K) 按钮，完成切除-拉伸 1 的创建。

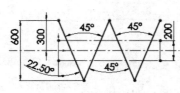
图 11.3.2 草图 1

图 11.3.3 基体-法兰 1

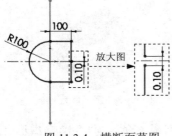
图 11.3.4 横断面草图

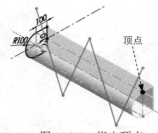
图 11.3.5 指定顶点

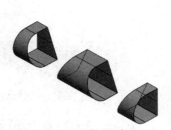
图 11.3.6 切除-拉伸 1

Step5. 选择下拉菜单 文件(F) ➡ 保存(S) 命令，将模型命名为"三节横拱形（倾斜半长圆）直角弯头端节"，保存钣金模型。

Step6. 插入新零件（一）。右击设计树中 ⊞ 切割清单(3) 下拉列表中的 切除-拉伸1[2] 选项，在系统弹出的快捷菜单中选择 插入到新零件...(H) 命令；将模型命名为"三节横拱形（倾斜半长圆）直角弯头首节"，保存零件模型。

Step7. 插入新零件（二）。右击设计树中 ⊞ 切割清单(3) 下拉列表中的 切除-拉伸1[1] 选项，在系统弹出的快捷菜单中选择 插入到新零件...(H) 命令；将模型命名为"三节横拱形（倾斜半长圆）直角弯头中节"，保存零件模型。

Step8. 插入新零件（三）。右击设计树中 ⊞ 切割清单(3) 下拉列表中的 切除-拉伸1[3] 选项，在系统弹出的快捷菜单中选择 插入到新零件...(H) 命令；将模型命名为"三节横拱形（倾斜半长圆）直角弯头尾节"，保存零件模型。

Stage2. 装配，生成三节横拱形（倾斜半长圆）直角弯头

新建一个装配文件，将三节横拱形（倾斜半长圆）直角弯头首节、中节和尾节进行装配，将模型命名为"三节横拱形（倾斜半长圆）直角弯头"，保存装配模型。

Task2. 展平三节横拱形（倾斜半长圆）直角弯头

Stage1. 展平三节横拱形（倾斜半长圆）直角弯头首节

Step1. 打开模型文件 D:\sw14.15\work\ch11.03\三节横拱形（倾斜半长圆）直角弯头端节.SLDPRT。

Step2. 定义保留"首节"部分。右击设计树中的 切除-拉伸1 特征，在系统弹出的快捷菜单中单击"编辑特征"按钮 ，单击 ✔ 按钮；系统弹出"要保留的实体"对话框，依次选中 ⊙ 所选实体(S) 单选按钮和 ☑ 实体 2 复选框；单击 确定(K) 按钮，完成保留"首节"部分的操作。

Step3. 创建展平（图 11.3.7）。选择下拉菜单 插入(I) ➡ 钣金(H) ➡ 展开(U)... 命令；选取图 11.3.8 所示的模型表面为固定面，单击 收集所有折弯(A) 按钮；单击 ✔ 按钮，完成展平的创建。

选取此面

图 11.3.7　展平后的钣金　　　　　　　　图 11.3.8　定义固定面

Step4. 选择下拉菜单 文件(F) ➡ 另存为(A)... 命令，将模型命名为"三节横拱形（倾

斜半长圆）直角弯头首节展开"，保存钣金模型。

Stage2. 展平三节横拱形（倾斜半长圆）直角弯头中节

展平三节横拱形（倾斜半长圆）直角弯头中节（图 11.3.9），要保留的实体为 ☑ 实体 1，并将模型命名为"三节横拱形（倾斜半长圆）直角弯头中节展开"，详细操作参考 Stage1。

Stage3. 展平三节横拱形（倾斜半长圆）直角弯头尾节

展平三节横拱形（倾斜半长圆）直角弯头尾节（图 11.3.10），要保留的实体为 ☑ 实体 3，并将模型命名为"三节横拱形（倾斜半长圆）直角弯头尾节展开"，详细操作参考 Stage1。

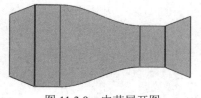
图 11.3.9 中节展开图

图 11.3.10 尾节展开图

11.4 四节长圆形直角弯头

四节长圆形直角弯头由四节长圆柱管构成，其中两端口平面夹角为 90°，且首尾两端节较短，为中间节的一半。下面以图 11.4.1 所示的模型为例，介绍在 SolidWorks 中创建和展开四节长圆形直角弯头的一般过程。

a）未展平状态

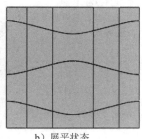
b）展平状态

图 11.4.1 四节长圆形直角弯头的创建与展平

Task1. 创建四节长圆形直角弯头

Stage1. 创建端节模型

Step1. 新建模型文件。

Step2. 创建草图 1。选取前视基准面作为草图基准面，绘制图 11.4.2 所示的草图 1。

Step3. 创建图 11.4.3 所示的基体-法兰 1。选择下拉菜单 插入(I) ➡ 钣金(H) ➡

命令；选取上视基准面作为草图基准面，绘制图 11.4.4 所示的横断面草图；在 **方向1** 区域的 下拉列表中选择 **成形到一顶点** 选项，选取图 11.4.5 所示的顶点；在 **钣金参数(S)** 区域的 文本框中输入厚度值 1，在 文本框中输入圆角半径值 1；单击 按钮，完成基体-法兰 1 的创建。

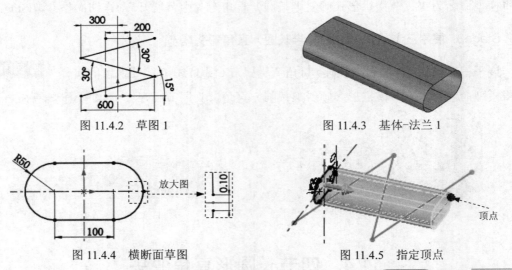

图 11.4.2　草图 1　　　　　　　　　　　图 11.4.3　基体-法兰 1

图 11.4.4　横断面草图　　　　　　　　　图 11.4.5　指定顶点

Step4. 创建图 11.4.6 所示的切除-拉伸-薄壁 1。选择下拉菜单 **插入(I)** ➡ **切除(C)** ➡ **拉伸(E)...** 命令；选取草图 1 为横断面草图；选中 **☑ 薄壁特征(T)** 复选框，在该区域的 下拉列表中选择 **两侧对称** 选项，在 文本框中输入深度值 0.1；单击 按钮，在系统弹出的"要保留的实体"对话框中选中 **◉ 所有实体(A)** 单选按钮；单击 **确定(K)** 按钮，完成切除-拉伸-薄壁 1 的创建。

图 11.4.6　切除-拉伸-薄壁 1

Step5. 选择下拉菜单 **文件(F)** ➡ **保存(S)** 命令，将模型命名为"四节长圆形直角弯头端节"，保存钣金模型。

Step6. 插入新零件（一）。右击设计树中 **切割清单(4)** 下拉列表中的 **切除-拉伸-薄壁1[4]** 选项，在系统弹出的快捷菜单中选择 **插入到新零件...(H)** 命令；将模型命名为"四节长圆形直角弯头首节"，保存零件模型。

Step7. 插入新零件（二）。右击设计树中 **切割清单(4)** 下拉列表中的 **切除-拉伸-薄壁1[1]** 选项，在系统弹出的快捷菜单中选择 **插入到新零件...(H)** 命令；将模型命名为"四节长圆形直角弯头中节 1"，保存零件模型。

Step8. 插入新零件（三）。右击设计树中 🏷️ 切割清单 (4) 下拉列表中的 📄 切除-拉伸-薄壁1[2] 选项，在系统弹出的快捷菜单中选择 插入到新零件...(H) 命令；将模型命名为"四节长圆形直角弯头中节 2"，保存零件模型。

Step9. 插入新零件（四）。右击设计树中 🏷️ 切割清单 (4) 下拉列表中的 📄 切除-拉伸-薄壁1[3] 选项，在系统弹出的快捷菜单中选择 插入到新零件...(H) 命令；将模型命名为"四节长圆形直角弯头尾节"，保存零件模型。

Stage2. 装配，生成四节长圆形直角弯头

新建一个装配文件，将四节长圆形直角弯头首节、中节（1、2）和尾节进行装配，将模型命名为"四节长圆形直角弯头"，保存装配模型。

Task2. 展平四节长圆形直角弯头

Stage1. 展平四节长圆形直角弯头首节

Step1. 打开模型文件 D:\sw14.15\work\ch11.04\四节长圆形直角弯头端节.SLDPRT。

Step2. 定义保留"首节"部分。右击设计树中的 📄 切除-拉伸-薄壁1 特征，在系统弹出的快捷菜单中单击"编辑特征"按钮 📇，单击 ✓ 按钮，系统弹出"要保留的实体"对话框，依次选中 ⦿ 所选实体(S) 单选按钮和 ☑ 实体 3 复选框；单击 确定(K) 按钮，完成保留"首节"部分的操作。

Step3. 创建展平（图 11.4.7）。选择下拉菜单 插入(I) ➡ 钣金(H) ➡ ↧▐ 展开(U)... 命令；选取图 11.4.8 所示的模型表面为固定面，单击 收集所有折弯(A) 按钮；单击 ✓ 按钮，完成展平的创建。

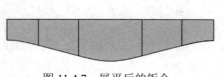

图 11.4.7　展平后的钣金

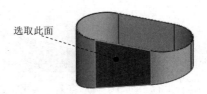

选取此面

图 11.4.8　定义固定面

Step4. 选择下拉菜单 文件(F) ➡ 💾 另存为(A)... 命令，将模型命名为"四节长圆形直角弯头首节展开"，保存钣金模型。

Stage2. 展平四节长圆形直角弯头中节 1

展平四节长圆形直角弯头中节 1（图 11.4.9），要保留的实体为 ☑ 实体 2 ，并将模型命名为"四节长圆形直角弯头中节展开 1"，详细操作参考 Stage 1。

Stage3. 展平四节长圆形直角弯头中节 2

展平四节长圆形直角弯头中节 2（图 11.4.10），要保留的实体为 ☑实体 1，并将模型命名为"四节长圆形直角弯头中节展开 2"，详细操作参考 Stage 1。

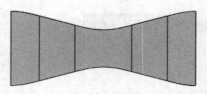

图 11.4.9　四节长圆形直角弯头中节展开 1

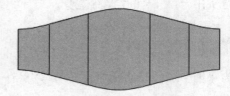

图 11.4.10　四节长圆形直角弯头中节展开 2

Stage4. 展平四节长圆形直角弯头尾节

展平四节长圆形直角弯头尾节（图 11.4.11），要保留的实体为 ☑实体 4，并将模型命名为"四节长圆形直角弯头尾节展开"，详细操作参考 Stage 1。

Stage5. 装配展开图

新建一个装配文件。依次插入零件"四节长圆形直角弯头尾节展开"、"四节长圆形直角弯头中节展开 2"、"四节长圆形直角弯头中节展开 1"和"四节长圆形直角弯头首节展开"；单击 ✔ 按钮，与装配体原点重合放置零部件原点，将各节管拼接为长圆柱管的展平（图 11.4.12），完成后将文件保存为"四节长圆形直角弯头展开"。

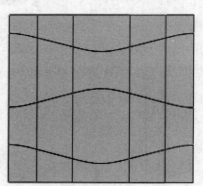

图 11.4.11　四节长圆形直角弯头尾节展开

图 11.4.12　四节长圆形直角弯头展开图

第12章 长圆管三通展开

本章提要 本章主要介绍长圆管三通钣金在 SolidWorks 中的创建和展开过程，包括长圆管直角三通和长圆管 Y 形三通。此类钣金都是采用抽壳等方法来创建的。

12.1 长圆管直角三通

　　长圆管直角三通是由两端截面为长圆形的长圆管直角连接形成的钣金结构。图 12.1.1 所示的分别是其钣金件及展开图，下面介绍其在 SolidWorks 中创建和展开的操作过程。

　　此类钣金件的创建方法是：先创建钣金结构零件，然后使用切除分割方法，将其拆分成两个子钣金件，最后分别对其进行展开，并使用装配方法得到完整钣金件。

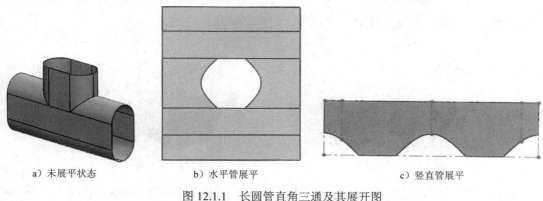

　　　a）未展平状态　　　　　　　b）水平管展平　　　　　　　　c）竖直管展平

图 12.1.1　长圆管直角三通及其展开图

Task1. 创建长圆管直角三通钣金件

Stage1. 创建结构零件模型

Step1. 新建一个零件模型文件。

Step2. 创建图 12.1.2 所示的凸台-拉伸 1。选择下拉菜单 插入(I) ➡ 凸台/基体 (B) ➡ 拉伸 (E)... 命令，选取前视基准面为草绘基准面，绘制图 12.1.3 所示的横断面草图；在 方向1 区域的下拉列表中选择 两侧对称 选项，在其下的文本框中输入值 500.0，单击对话框中的 ✓ 按钮。

Step3. 创建图 12.1.4 所示的凸台-拉伸 2。选择下拉菜单 插入(I) ➡ 凸台/基体 (B) ➡ 拉伸 (E)... 命令，选取右视基准面为草绘基准面，绘制图 12.1.5 所示的横断面草图；输入深度值 200.0，单击对话框中的 ✓ 按钮。

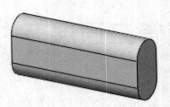

图 12.1.2　凸台-拉伸 1

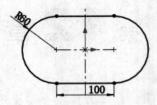

图 12.1.3　横断面草图

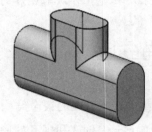

图 12.1.4　凸台-拉伸

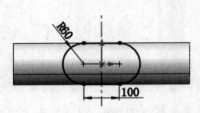

图 12.1.5　横断面草图

Step4. 创建图 12.1.6 所示的抽壳 1。选择下拉菜单 插入(I) ➡ 特征(F) ➡
抽壳(S). 命令，选取图 12.1.7 所示的三个面为移除面，在"抽壳 1"对话框的 参数(P) 区域输入壁厚值 1.0；单击 ✓ 按钮，完成抽壳特征的创建。

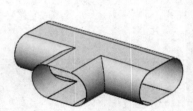

图 12.1.6　抽壳 1

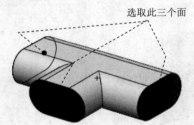

选取此三个面

图 12.1.7　选取移除面

Step5. 创建图 12.1.8 所示的切除-拉伸。选择下拉菜单 插入(I) ➡ 切除(C) ➡
拉伸(E)... 命令，选取上视基准面为草图平面，绘制图 12.1.9 所示的横断面草图（注：具体参数和操作参见随书光盘）。

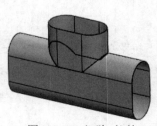

图 12.1.8　切除-拉伸

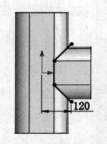

图 12.1.9　横断面草图

Step6. 选择下拉菜单 文件(F) ➡ 保存(S) 命令，将模型命名为"长圆管直角三通"，保存模型文件。

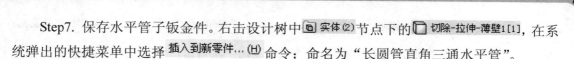

Step7. 保存水平管子钣金件。右击设计树中 🔲 实体(2) 节点下的 🔲 切除-拉伸-薄壁1[1]，在系统弹出的快捷菜单中选择 插入到新零件... (H) 命令；命名为"长圆管直角三通水平管"。

Step8. 保存竖直管子钣金件。右击设计树中 🔲 实体(2) 节点下的 🔲 切除-拉伸-薄壁1[2]，在系统弹出的快捷菜单中选择 插入到新零件... (H) 命令；命名为"长圆管直角三通竖直管"。

Stage2. 创建水平管子钣金件

Step1. 切换到"长圆管直角三通水平管"窗口。

Step2. 创建图 12.1.10 所示的草图 1。选择上视基准面为草图基准面，绘制图 12.1.11 所示的草图。

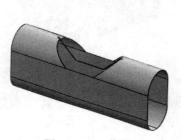

图 12.1.10 草图 1

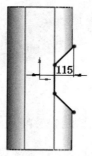

图 12.1.11 草图

Step3. 创建图 12.1.12 所示的凸台-拉伸 1。选择下拉菜单 插入(I) ➡️ 凸台/基体 (B) ➡️ 🔲 拉伸 (E)... 命令，选取长圆管一端面为草图基准面，绘制图 12.1.13 所示的横断面草图；在 方向1 区域的下拉列表中选择 成形到一面 选项，选取长圆管另一端面为拉伸终止面，单击对话框中的 ✅ 按钮。

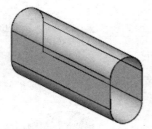

图 12.1.12 凸台-拉伸 1

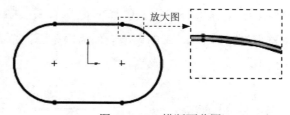

放大图

图 12.1.13 横断面草图

Step4. 创建图 12.1.14 所示的切除-拉伸。选择下拉菜单 插入(I) ➡️ 切除 (C) ➡️ 🔲 拉伸 (E)... 命令，选取右视基准面为草图平面，绘制图 12.1.15 所示的横断面草图；在对话框中取消选中 □ 方向2 复选框；在 ☑ 薄壁特征(T) 区域的下拉列表中选择 两侧对称 选项，在其下的文本框中输入值 0.1，单击 ✅ 按钮。

Step5. 创建钣金转换。选择下拉菜单 插入(I) ➡️ 钣金 (H) ➡️ 折弯 (B)... 命令，选取图 12.1.16 所示的模型表面为固定面，其他参数采用系统默认设置值，单击 ✅ 按钮。

Step6. 创建图 12.1.17 所示的切除-拉伸 1。选择下拉菜单 插入(I) ➡ 切除(C) ➡ 📦 拉伸(E)... 命令，选取草图 1 为横断面草图，单击 ✓ 按钮。

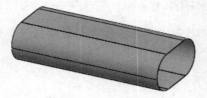

图 12.1.14　切除-拉伸

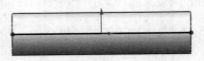

图 12.1.15　横断面草图

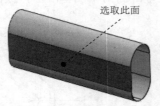

图 12.1.16　选取固定面

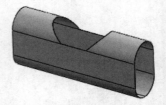

图 12.1.17　切除-拉伸 1

Step7. 选择下拉菜单 文件(F) ➡ 📙 保存(S) 命令，保存钣金子构件模型。

Stage3. 创建竖直管子钣金件

Step1. 切换到"长圆管直角三通竖直管"窗口。

Step2. 创建图 12.1.18 所示的切除-拉伸。选择下拉菜单 插入(I) ➡ 切除(C) ➡ 📦 拉伸(E)... 命令，选取前视基准面为草图平面，绘制图 12.1.19 所示的横断面草图；在对话框中取消选中 □ 方向 2 复选框，在 ☑ 薄壁特征(T) 区域的下拉列表中选择 两侧对称 选项，在其下的文本框中输入值 0.1，单击 ✓ 按钮。

Step3. 创建钣金转换。选择下拉菜单 插入(I) ➡ 钣金(H) ➡ 👍 折弯(B)... 命令，选取图 12.1.20 所示的模型表面为固定面，单击 ✓ 按钮。

Step4. 选择下拉菜单 文件(F) ➡ 📙 保存(S) 命令，保存钣金子构件模型。

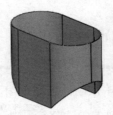

图 12.1.18　切除-拉伸

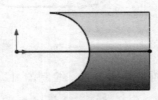

图 12.1.19　横断面草图

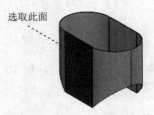

图 12.1.20　选取固定面

Stage4. 创建完整钣金件

Step1. 新建一个装配文件，使用创建的水平管子钣金件和竖直管子钣金件进行装配，得到完整的钣金件，结果如图 12.1.1a 所示。

Step2. 选择下拉菜单 文件(F) ➡ 保存(S) 命令，将模型命名为"长圆管直角三通"，保存钣金模型。

Task2. 展平钣金件

Step1. 打开零件模型文件：长圆管直角三通水平管。

Step2. 在设计树中右击 平板型式1 特征，在系统弹出的快捷菜单中单击"解除压缩"命令按钮，即可将钣金展平，展平结果如图 12.1.1b 所示。

Step3. 打开零件模型文件：长圆管直角三通竖直管。

Step4. 在设计树中右击 平板型式1 特征，在系统弹出的快捷菜单中单击"解除压缩"命令按钮，即可将钣金展平，展平结果如图 12.1.1c 所示。

12.2 长圆管 Y 形三通

长圆管 Y 形三通是由三个长圆管 Y 形连接形成的钣金结构。图 12.2.1 所示的分别是其钣金件及展开图，下面介绍其在 SolidWorks 中的创建和展开的操作过程。

a）未展平状态   b）展平状态

图 12.2.1 长圆管 Y 形三通及其展开图

此类钣金件的创建方法是：先创建钣金结构零件，然后使用切除分割方法，将其拆分成两个子钣金件，最后对其进行展开，并使用装配方法得到完整钣金件。

Task1. 创建长圆管 Y 形三通钣金件

Stage1. 创建结构零件模型

Step1. 新建一个零件模型文件。

Step2. 创建图 12.2.2 所示的凸台-拉伸 1。选择下拉菜单 插入(I) ➡ 凸台/基体(B) ➡ 拉伸(E)... 命令，绘制如图 12.2.3 所示的截面草图（注：具体参数和操作参见随书光盘）。

Step3. 创建图 12.2.4 所示的基准轴 1。选择下拉菜单 插入(I) ➡ 参考几何体(G) ➡ 基准轴(A)... 命令，选择长圆形凸台上两条对应直边中点为参考实体，单击 ✓ 按钮。

图 12.2.2 凸台-拉伸 1

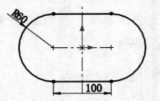

图 12.2.3 横断面草图

Step4. 创建图 12.2.5 所示的圆周阵列。选择下拉菜单 插入(I) ➡ 阵列/镜向(E) ➡ 圆周阵列(C)... 命令，选择基准轴 1 为阵列旋转轴，选择凸台-拉伸 1 为阵列对象，阵列个数为 3，单击 ✔ 按钮。

图 12.2.4 基准轴 1

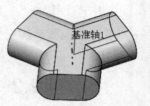

图 12.2.5 圆周阵列

Step5. 创建图 12.2.6 所示的抽壳 1。选择下拉菜单 插入(I) ➡ 特征(F) ➡ 抽壳(S)... 命令，选取图 12.2.7 所示的三个面为移除面，在"抽壳 1"对话框的 参数(P) 区域输入壁厚值 1.0，单击 ✔ 按钮，完成抽壳特征的创建。

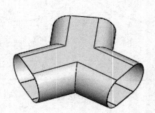

图 12.2.6 抽壳 1

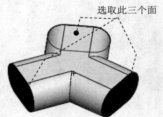

图 12.2.7 选取移除面

Step6. 创建图 12.2.8 所示的切除-拉伸。选择下拉菜单 插入(I) ➡ 切除(C) ➡ 拉伸(E)... 命令，选取上视基准面为草图平面，绘制图 12.2.9 所示的横断面草图；在 ☑ 薄壁特征(T) 区域的文本框中输入值 0.1，单击 ✔ 按钮；在系统弹出的"要保留的实体"对话框中选中 ⊙ 所有实体(A) 单选按钮；单击 确定(K) 按钮。

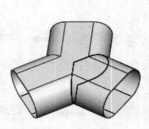

图 12.2.8 切除-拉伸

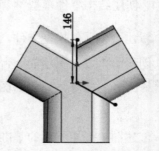

图 12.2.9 横断面草图

Step7. 选择下拉菜单 文件(F) ➡️ 保存(S) 命令，将模型命名为"长圆管 Y 形三通"，保存模型文件。

Step8. 保存圆管子钣金件。右击设计树中 实体(2) 节点下的 切除-拉伸-薄壁1[2]，在系统弹出的快捷菜单中选择 插入到新零件...(H) 命令；命名为"长圆管 Y 形三通子构件"。

Step9. 创建图 12.2.10 所示的切除-拉伸。选择下拉菜单 插入(I) ➡️ 切除(C) ➡️ 拉伸(E)... 命令，选取上视基准面为草图平面，绘制图 12.2.11 所示的横断面草图；在对话框中取消选中 方向2 复选框，在 薄壁特征(T) 区域的下拉列表中选择 两侧对称 选项，在其下的文本框中输入值 0.1，单击 ✅ 按钮。

Step10. 创建钣金转换。选择下拉菜单 插入(I) ➡️ 钣金(H) ➡️ 折弯(B)... 命令，选取图 12.2.12 所示的模型表面为固定面，单击 ✅ 按钮。

图 12.2.10 切除-拉伸

图 12.2.11 横断面草图

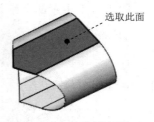
选取此面
图 12.2.12 选取固定面

Step11. 后面的详细操作过程请参见随书光盘中 video\ch12\reference 文件下的语音视频讲解文件"长圆管 Y 形三通-r01.avi"。

第 **13** 章　正棱锥管展开

本章提要　　本章主要介绍正棱锥管在 SolidWorks 中的创建和展开过程，包括正三棱锥、正四棱锥、正六棱锥等。此类钣金的创建都是采用放样、抽壳等方法来创建，然后通过实体转换成钣金件再进行展开。

13.1　正 三 棱 锥

图 13.1.1 所示的分别是正三棱锥钣金件及展开图，下面介绍其在 SolidWorks 中创建和展开的操作过程。

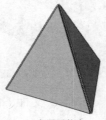
a）未展平状态

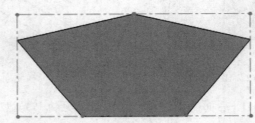
b）展平状态

图 13.1.1　正三棱锥及其展开图

Task1. 创建正三棱锥钣金件

Step1. 新建一个零件模型文件。

Step2. 创建基准面 1。选择下拉菜单 插入(I)　➡　参考几何体(G)　➡　⬦ 基准面(P)...
命令（注：具体参数和操作参见随书光盘）；单击 ✔ 按钮，完成基准面 1 的创建。

Step3. 创建草图 1。选取上视基准面作为草图基准面，绘制图 13.1.2 所示的草图 1。

Step4. 创建草图 2。选取基准面 1 为草图基准面，绘制图 13.1.3 所示的草图 2（与原点重合的草图点）。

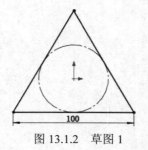
图 13.1.2　草图 1

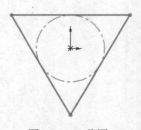
图 13.1.3　草图 2

Step5. 创建图 13.1.4 所示的正三棱锥。选择下拉菜单 插入(I) ➡ 凸台/基体(B) ➡ 放样(L)... 命令；选取草图 1 和草图 2 作为放样的轮廓；单击 ✓ 按钮，完成正三棱锥的创建。

Step6. 创建图 13.1.5 所示的抽壳 1。选择下拉菜单 插入(I) ➡ 特征(F) ➡ 抽壳(S). 命令，选取图 13.1.6 所示的模型表面为要移除的面，在"抽壳 1"对话框的 参数(P) 区域输入壁厚值 1.0；单击 ✓ 按钮，完成抽壳特征的创建。

图 13.1.4 正三棱锥

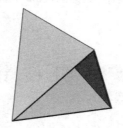

图 13.1.5 抽壳 1

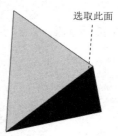

选取此面

图 13.1.6 选取移除面

Step7. 创建图 13.1.7 所示的切除-拉伸。选择下拉菜单 插入(I) ➡ 切除(C) ➡ 拉伸(E)... 命令，选取前视基准面为草绘基准面，绘制图 13.1.8 所示的横断面草图；在对话框中取消选中 ☐ 方向2 复选框，在 ☑ 薄壁特征(T) 区域的下拉列表中选择 两侧对称 选项，在其下的文本框中输入值 0.1，单击对话框中的 ✓ 按钮。

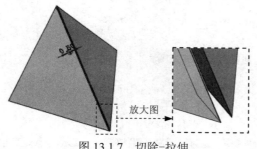

放大图

图 13.1.7 切除-拉伸

图 13.1.8 横断面草图

Step8. 将实体转换成钣金，如图 13.1.9 所示。选择下拉菜单 插入(I) ➡ 钣金(H) ➡ 折弯(B)... 命令，选取图 13.1.10 所示的模型表面为固定面，输入折弯半径值 0.2，单击 ✓ 按钮。

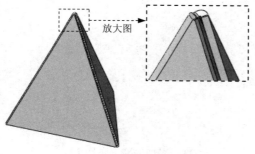

放大图

图 13.1.9 将实体转换成钣金

选取此面

图 13.1.10 选取固定面

Step9. 选择下拉菜单 文件(F) ➡️ 💾 保存(S) 命令，将模型命名为"正三棱锥"，保存钣金模型。

Task2. 展平正三棱锥

Step1. 在设计树中右击 📖 平板型式1 特征，在系统弹出的快捷菜单中单击"解除压缩"命令按钮 ⬆️，即可将钣金展平，展平结果如图 13.1.1b 所示。

Step2. 保存展开图样。选择下拉菜单 文件(F) ➡️ 🖪 另存为(A)... 命令，命名为"正三棱锥展开"。

13.2 正 四 棱 锥

图 13.2.1 所示的分别是正四棱锥钣金件及展开图，下面介绍其在 SolidWorks 中创建和展开的操作过程。

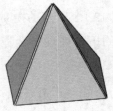
a）未展平状态

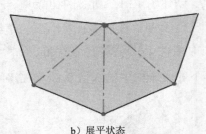
b）展平状态

图 13.2.1 正四棱锥及其展开图

Task1. 创建正四棱锥钣金件

Step1. 新建一个零件模型文件。

Step2. 创建基准面 1。选择下拉菜单 插入(I) ➡️ 参考几何体(G) ➡️ ◇ 基准面(P). 命令，选取上视基准面为参考实体，输入偏移距离值 100；单击 ✔ 按钮，完成基准面 1 的创建。

Step3. 创建草图 1。选取上视基准面作为草图基准面，绘制图 13.2.2 所示的草图 1。

Step4. 创建草图 2。选取基准面 1 为草图基准面，绘制图 13.2.3 所示的草图 2（与原点重合的草图点）。

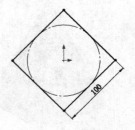
图 13.2.2 草图 1

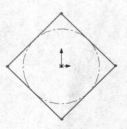
图 13.2.3 草图 2

Step5. 创建图 13.2.4 所示的正四棱锥。选择下拉菜单 插入(I) ➞ 凸台/基体(B) ➞ 放样(L)... 命令，选取草图 1 和草图 2 作为放样的轮廓，单击 ✓ 按钮，完成正四棱锥的创建。

Step6. 创建图 13.2.5 所示的抽壳 1。选择下拉菜单 插入(I) ➞ 特征(F) ➞ 抽壳(S) 命令，选取图 13.2.6 所示的模型表面为要移除的面，在"抽壳 1"对话框的 参数(P) 区域输入壁厚值 1.0；单击 ✓ 按钮，完成抽壳特征的创建。

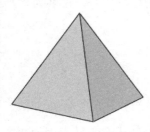
图 13.2.4　正四棱锥

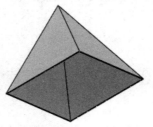
图 13.2.5　抽壳 1

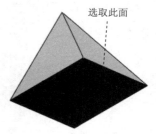
选取此面
图 13.2.6　选取移除面

Step7. 创建图 13.2.7 所示的切除-拉伸。选择下拉菜单 插入(I) ➞ 切除(C) ➞ 拉伸(E)... 命令，选取前视基准面为草绘基准面，绘制图 13.2.8 所示的横断面草图；在对话框中取消选中 □ 方向2 复选框，在 ☑ 薄壁特征(T) 区域的下拉列表中选择 两侧对称 选项，在其下的文本框中输入值 0.5，单击对话框中的 ✓ 按钮。

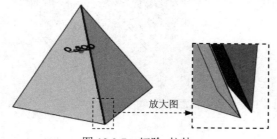
放大图
图 13.2.7　切除-拉伸

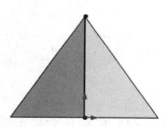
图 13.2.8　横断面草图

Step8. 将实体转换成钣金，如图 13.2.9 所示。选择下拉菜单 插入(I) ➞ 钣金(H) ➞ 折弯(B)... 命令，选取图 13.2.10 所示的模型表面为固定面，在 ⚲ 文本框中输入折弯半径值 0.2；在 ☑ 自动切释放槽(T) 区域的下拉列表中选择 矩形 选项，单击 ✓ 按钮，系统弹出 SolidWorks 对话框，单击该对话框中的 确定 按钮，完成钣金转换。

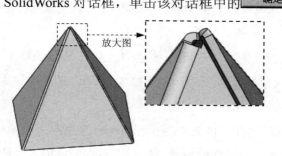
放大图
图 13.2.9　将实体转换成钣金

选取此面
图 13.2.10　选取固定面

Step9. 选择下拉菜单 文件(F) ➡ 保存(S) 命令，将模型命名为"正四棱锥"，保存钣金模型。

Task2. 展平正四棱锥

Step1. 在设计树中右击 平板型式1 特征，在系统弹出的快捷菜单中单击"解除压缩"命令按钮 ，即可将钣金展平，展平结果如图 13.2.1b 所示。

Step2. 保存展开图样。选择下拉菜单 文件(F) ➡ 另存为(A)... 命令，命名为"正四棱锥展开"。

13.3 正 六 棱 锥

正六棱锥钣金与之前介绍的正三棱锥和正四棱锥钣金的创建方法稍有不同，因为正六棱锥结构相对要复杂一些，正六棱锥钣金的六个侧表面均为平整面且完全相等，故此类钣金可以使用导出曲面的方法分片来创建，然后使用装配方法得到整体。图 13.3.1 所示的分别是正六棱锥钣金件及展开图，下面介绍其在 SolidWorks 中创建和展开的操作过程。

a) 未展平状态　　　　　　　　　　b) 展平状态

图 13.3.1　正六棱锥及其展开图

Task1. 创建正六棱锥钣金件

Stage1. 创建整体零件结构

Step1. 新建一个零件模型文件。

Step2. 创建基准面 1。选择下拉菜单 插入(I) ➡ 参考几何体(G) ➡ 基准面(P)... 命令，选取上视基准面为参考实体，输入偏移距离值 100；单击 按钮，完成基准面 1 的创建。

Step3. 创建草图 1。选取上视基准面作为草图基准面，绘制图 13.3.2 所示的草图 1。

Step4. 创建草图 2。选取基准面 1 为草图基准面，绘制图 13.3.3 所示的草图 2（与原点重合的草图点）。

Step5. 创建图 13.3.4 所示的正六棱锥。选择下拉菜单 插入(I) ➡ 凸台/基体(B) ➡ 放样(L)... 命令，选取草图 1 和草图 2 作为放样的轮廓，单击 按钮，完成正六棱锥的创建。

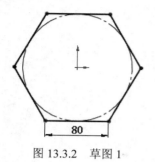

图 13.3.2　草图 1

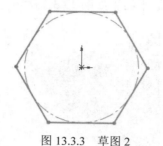

图 13.3.3　草图 2

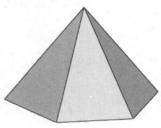
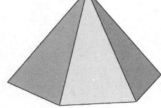

图 13.3.4　正六棱锥

Stage2. 创建子钣金结构

Step1. 保存侧面曲面。选中正六棱锥表面任意两个相连的表面（图 13.3.5），选择下拉菜单 文件(F) ➡ 另存为(A)... 命令，将其保存为 IGS 文件，命名为"正六棱锥侧面"，在系统弹出的"输出"对话框中选中 ⊙ 所选面(F) 单选按钮，单击 确定 按钮。

Step2. 打开 IGS 文件：正六棱锥侧面。

Step3. 加厚曲面。选择下拉菜单 插入(I) ➡ 凸台/基体(B) ➡ 加厚(T)... 命令，输入厚度值为 1.0。

Step4. 创建图 13.3.6 所示的钣金转换。选择下拉菜单 插入(I) ➡ 钣金(H) ➡ 折弯(B)... 命令，选取图 13.3.6 所示的模型表面为固定面。

Step5. 选择下拉菜单 文件(F) ➡ 保存(S) 命令，保存钣金子构件模型。

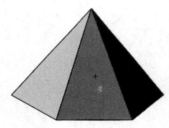

图 13.3.5　选取导出曲面

选取此面

图 13.3.6　钣金转换

Stage3. 创建子钣金结构

Step1. 新建一个装配文件，使用以上创建的子钣金结构进行装配得到完整的钣金件，结果如图 13.3.1a 所示。

Step2. 选择下拉菜单 文件(F) ➡ 保存(S) 命令，将模型命名为"正六棱锥"，保存钣金模型。

Task2. 展平正六棱锥

Step1. 打开零件模型文件：正六棱锥侧面。

Step2. 在设计树中右击 平板型式1 特征，在系统弹出的快捷菜单中单击"解除压缩"命令按钮，即可将钣金展平，展平结果如图 13.3.7 所示。

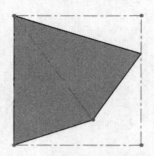

图 13.3.7 正六棱锥侧面展开

Step3. 保存侧面展开图样。选择下拉菜单 文件(F) ➡ 另存为(A)... 命令，命名为"正六棱锥侧面展开"。

Step4. 新建一个装配体文件，使用 Step3 保存的"正六棱锥侧面展开"装配得到完整钣金件的展开图样，结果如图 13.3.1b 所示。

Step5. 选择下拉菜单 文件(F) ➡ 保存(S) 命令，将模型命名为"正六棱锥展开"，保存钣金模型。

第14章　方锥管展开

本章提要　本章主要介绍方锥管在 SolidWorks 中的创建和展开过程，包括平口方（矩形）锥管、斜口方（矩形）锥管、斜口偏心（双偏心）矩形锥管、上下口垂直方锥管、上下垂直偏心矩形锥管以及成角度的矩形锥管和方口斜漏斗等。此类钣金的创建都是采用放样、抽壳等方法来创建，然后通过实体转换成钣金件，再进行展开。

14.1　平口方锥管

平口方锥管是由两个平行平面的方形截面经过放样得到的钣金结构。此类钣金的创建方法是：先创建钣金结构零件，然后使用抽壳和转换钣金方法创建钣金件。图 14.1.1 所示的分别是平口方锥管钣金件及展开图，下面介绍其在 SolidWorks 中创建和展开的操作过程。

a）未展平状态　　　　　　　　　　　　　　b）展平状态

图 14.1.1　平口方锥管及其展开图

Task1．创建平口方锥管钣金件

Step1．新建一个零件模型文件。

Step2．创建基准面 1。选择下拉菜单 插入(I) ➡ 参考几何体(G) ➡ 基准面(P)... 命令；选取上视基准面为参考实体，输入偏移距离值 100.0；单击 ✓ 按钮，完成基准面 1 的创建。

Step3．创建草图 1。选取上视基准面作为草图基准面，绘制图 14.1.2 所示的草图 1。

Step4．创建草图 2。选取基准面 1 为草图基准面，绘制图 14.1.3 所示的草图 2。

Step5．创建图 14.1.4 所示的方锥台。选择下拉菜单 插入(I) ➡ 凸台/基体(B) ➡ 放样(L)... 命令，选取草图 1 和草图 2 为放样的轮廓，单击 ✓ 按钮，完成方锥台的创建。

Step6．创建图 14.1.5 所示的抽壳 1。选择下拉菜单 插入(I) ➡ 特征(F) ➡ 抽壳(S) 命令，选取方锥台的上下两个底面为移除面，在"抽壳 1"对话框的 参数(P) 区域输入壁厚值 1.0，单击 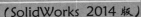 按钮，完成抽壳特征的创建。

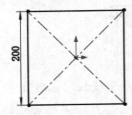

图 14.1.2 草图 1

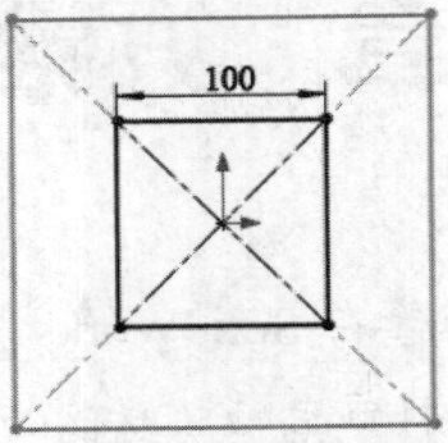

图 14.1.3 草图 2

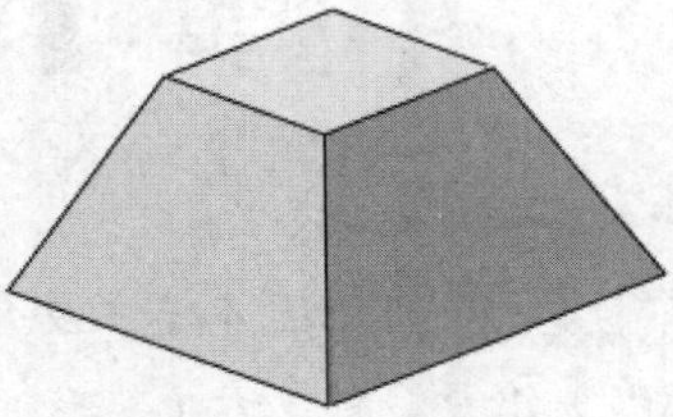

图 14.1.4 方锥台

Step7. 创建图 14.1.6 所示的切除-拉伸。选择下拉菜单 插入(I) ➡ 切除(C) ▶

拉伸(E)... 命令，选取前视基准面为草绘基准面，绘制图 14.1.7 所示的横断面草图；在对话框中取消选中 □ 方向2 复选框，在 ☑ 薄壁特征(T) 区域的下拉列表中选择 两侧对称 选项，在其下的文本框中输入值 0.2，单击对话框中的 ✔ 按钮。

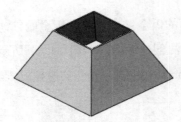
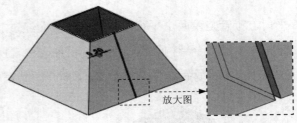

放大图

图 14.1.5 抽壳 1

图 14.1.6 切除-拉伸

Step8. 将实体转换成钣金，如图 14.1.8 所示。选择下拉菜单 插入(I) ➡ 钣金(H) ▶

➡ 折弯(B)... 命令，选取图 14.1.9 所示的模型表面为固定面，单击 ✔ 按钮。

选取此面

图 14.1.7 横断面草图

图 14.1.8 将实体转换成钣金

图 14.1.9 选取固定面

Step9. 选择下拉菜单 文件(F) ➡ 💾 保存(S) 命令，将模型命名为"平口方锥管"，保存钣金模型。

Task2. 展平平口方锥管

Step1. 在设计树中右击 📖 平板型式1 特征，在系统弹出的快捷菜单中单击"解除压缩"命令按钮 📇，即可将钣金展平，展平结果如图 14.1.1b 所示。

Step2. 保存展开图样。选择下拉菜单 文件(F) ➡ 📷 另存为(A)... 命令，命名为"平口方锥管展开"。

14.2　平口矩形锥管

平口矩形锥管是由两个平行平面的矩形截面经过放样得到的钣金结构。图 14.2.1 所示的分别是平口矩形锥管钣金件及展开图，下面介绍其在 SolidWorks 中创建和展开的操作过程。

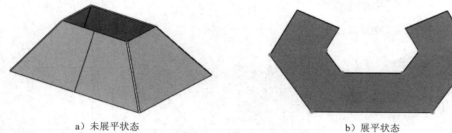

a）未展平状态　　　　　　　　　　　　　　　b）展平状态

图 14.2.1　平口矩形锥管及其展开图

Task1. 创建平口矩形锥管钣金件

Step1. 新建一个零件模型文件。

Step2. 创建基准面 1。选择下拉菜单 插入(I) ➞ 参考几何体(G) ➞ 基准面(P)... 命令；选取上视基准面为参考实体，输入偏移距离值 100；单击 ✔ 按钮，完成基准面 1 的创建。

Step3. 创建草图 1。选取上视基准面作为草图基准面，绘制图 14.2.2 所示的草图 1。

Step4. 创建草图 2。选取基准面 1 为草图基准面，绘制图 14.2.3 所示的草图 2。

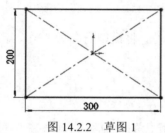

图 14.2.2　草图 1

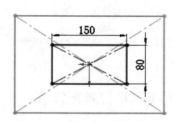

图 14.2.3　草图 2

Step5. 创建图 14.2.4 所示的矩形锥台。选择下拉菜单 插入(I) ➞ 凸台/基体(B) ➞ 放样(L)... 命令，选取草图 1 和草图 2 为放样轮廓，单击 ✔ 按钮，完成矩形锥台的创建。

Step6. 创建图 14.2.5 所示的抽壳 1。选择下拉菜单 插入(I) ➞ 特征(F) ➞ 抽壳(S) 命令，选取矩形锥台的上下两个底面为移除面，在"抽壳 1"对话框的 参数(P) 区域输入壁厚值 2.0，单击 ✔ 按钮，完成抽壳特征的创建。

Step7. 创建图 14.2.6 所示的切除-拉伸。选择下拉菜单 插入(I) ➞ 切除(C) ➞ 拉伸(E)... 命令，选取前视基准面为草绘基准面，绘制图 14.2.7 所示的横断面草图；在

对话框中取消选中 □ 方向2 复选框，在 ☑ 薄壁特征(T) 区域的下拉列表中选择 两侧对称 选项，在其下的文本框中输入值 0.2，单击对话框中的 ✅ 按钮。

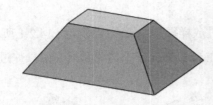

图 14.2.4　矩形锥台

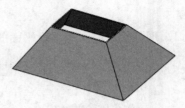

图 14.2.5　抽壳 1

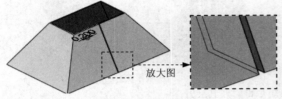

图 14.2.6　切除-拉伸

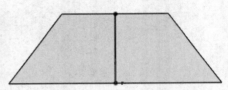

图 14.2.7　横断面草图

Step8. 将实体转换成钣金，如图 14.2.8 所示。选择下拉菜单 插入(I) ➡ 钣金 (H) ➡ 🥄 折弯 (B)... 命令，选取图 14.2.9 所示的模型表面为固定面，单击 ✅ 按钮。

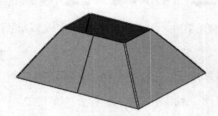

图 14.2.8　将实体转换成钣金

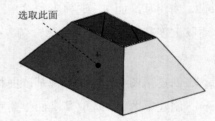

选取此面

图 14.2.9　选取固定面

Step9. 选择下拉菜单 文件(F) ➡ 💾 保存 (S) 命令，将模型命名为"平口矩形锥管"，保存钣金模型。

Task2. 展平平口矩形锥管

Step1. 在设计树中右击 🔲 平板型式1 特征，在系统弹出的快捷菜单中单击"解除压缩"命令按钮 ⬆, 即可将钣金展平，展平结果如图 14.2.1b 所示。

Step2. 保存展开图样。选择下拉菜单 文件(F) ➡ 💾 另存为 (A)... 命令，命名为"平口矩形锥管展开"。

14.3　斜口方锥管

斜口方锥管是由一与底面成一定角度的正垂面截断一方锥管的下部形成的钣金结构。

图 14.3.1 所示的分别是斜口方锥管钣金件及展开图。下面介绍其在 SolidWorks 中创建和展开的操作过程。

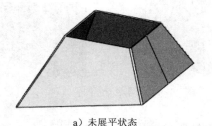
a）未展平状态

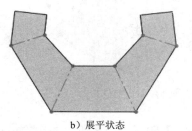
b）展平状态

图 14.3.1 斜口方锥管及其展开图

Task1. 创建斜口方锥管钣金件

Step1. 新建一个零件模型文件。

Step2. 创建基准面 1。选择下拉菜单 **插入(I)** ➡ **参考几何体(G)** ➡ **基准面(P)...** 命令；选取上视基准面为参考实体，输入偏移距离值 100；单击 ✔ 按钮，完成基准面 1 的创建。

Step3. 创建草图 1。选取上视基准面作为草图基准面，绘制图 14.3.2 所示的草图 1。

Step4. 创建草图 2。选取基准面 1 为草图基准面，绘制图 14.3.3 所示的草图 2。

Step5. 创建图 14.3.4 所示的方锥台。选择下拉菜单 **插入(I)** ➡ **凸台/基体(B)** ➡ **放样(L)...** 命令，选取草图 1 和草图 2 为放样的轮廓，单击 ✔ 按钮，完成方锥台的创建。

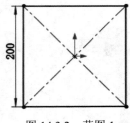

图 14.3.2 草图 1

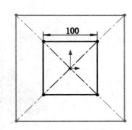
图 14.3.3 草图 2

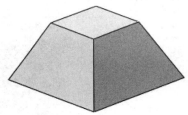
图 14.3.4 方锥台

Step6. 创建图 14.3.5 所示的抽壳 1。选择下拉菜单 **插入(I)** ➡ **特征(F)** ➡ **抽壳(S)...** 命令，选取方锥台的上下两个底面为移除面，在"抽壳 1"对话框的 **参数(P)** 区域输入壁厚值 2.0，单击 ✔ 按钮，完成抽壳特征的创建。

Step7. 创建图 14.3.6 所示的切除-拉伸。选择下拉菜单 **插入(I)** ➡ **切除(C)** ➡ **拉伸(E)...** 命令，选取前视基准面为草绘基准面，绘制图 14.3.7 所示的横断面草图；在对话框中取消选中 **☐ 方向2** 复选框，在 **☑ 薄壁特征(T)** 区域的下拉列表中选择 **两侧对称** 选项，在其下的文本框中输入值 0.2，单击对话框中的 ✔ 按钮。

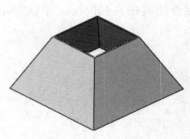

图 14.3.5　抽壳 1

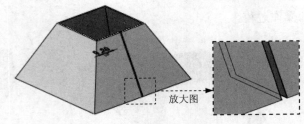

放大图

图 14.3.6　切除-拉伸

Step8. 创建图 14.3.8 所示的切除-拉伸。选择下拉菜单 插入(I) ➡ 切除(C) ➡ 拉伸(E)... 命令，选取右视基准面为草绘基准面，绘制图 14.3.9 所示的横断面草图；选中 ☑ 反侧切除(F) 复选框，单击对话框中的 ✔ 按钮。

图 14.3.7　横断面草图　　　图 14.3.8　切除-拉伸　　　图 14.3.9　横断面草图

Step9. 将实体转换成钣金，如图 14.3.10 所示。选择下拉菜单 插入(I) ➡ 钣金(H) ➡ 折弯(B)... 命令，选取图 14.3.11 所示的模型表面为固定面，单击 ✔ 按钮。

Step10. 选择下拉菜单 文件(F) ➡ 保存(S) 命令，将模型命名为"斜口方锥管"，保存钣金模型。

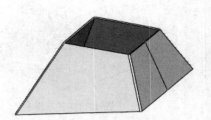

图 14.3.10　将实体转换成钣金

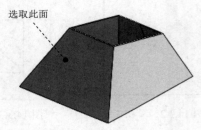

选取此面

图 14.3.11　选取固定面

Task2．展平斜口方锥管

Step1. 在设计树中右击 平板型式1 特征，在系统弹出的快捷菜单中单击"解除压缩"命令按钮 ↑□，即可将钣金展平，展平结果如图 14.3.1b 所示。

Step2. 保存展开图样。选择下拉菜单 文件(F) ➡ 另存为(A)... 命令，命名为"斜口方锥管展开"。

14.4 斜口矩形锥管

斜口矩形锥管是由一与底面成一定角度的正垂面截断一矩形锥管的上部形成的钣金结构。图 14.4.1 所示的分别是斜口矩形锥管钣金件及展开图，下面介绍其在 SolidWorks 中创建和展开的操作过程。

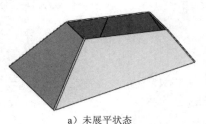

a）未展平状态

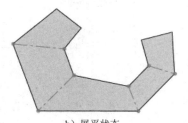

b）展平状态

图 14.4.1 斜口矩形锥管及其展开图

Task1. 创建斜口矩形锥管钣金件

Step1. 新建一个零件模型文件。

Step2. 创建基准面 1。选择下拉菜单 插入(I) → 参考几何体(G) → 基准面(P)... 命令，选取上视基准面为参考实体，输入偏移距离值 100，单击 ✔ 按钮。

Step3. 创建草图 1。选取上视基准面作为草图基准面，绘制图 14.4.2 所示的草图 1。

Step4. 创建草图 2。选取基准面 1 为草图基准面，绘制图 14.4.3 所示的草图 2。

Step5. 创建图 14.4.4 所示的矩形锥台。选择下拉菜单 插入(I) → 凸台/基体(B) → 放样(L)... 命令，选取草图 1 和草图 2 为放样轮廓，单击 ✔ 按钮，完成矩形锥台的创建。

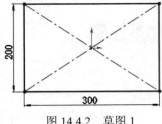

图 14.4.2 草图 1

图 14.4.3 草图 2

图 14.4.4 矩形锥台

Step6. 创建图 14.4.5 所示的抽壳 1。选择下拉菜单 插入(I) → 特征(F) → 抽壳(S)... 命令，选取矩形锥台的上下两个底面为移除面，在"抽壳 1"对话框的 参数(P) 区域输入壁厚值 1.0，单击 ✔ 按钮，完成抽壳特征的创建。

Step7. 创建图 14.4.6 所示的切除-拉伸。选择下拉菜单 插入(I) → 切除(C) → 拉伸(E)... 命令，选取前视基准面为草绘基准面，绘制图 14.4.7 所示的横断面草图；在

对话框中取消选中 □ 方向2 复选框，在 ☑ 薄壁特征(T) 区域的下拉列表中选择 两侧对称 选项，在其下的文本框中输入值 0.2，单击对话框中的 ✅ 按钮。

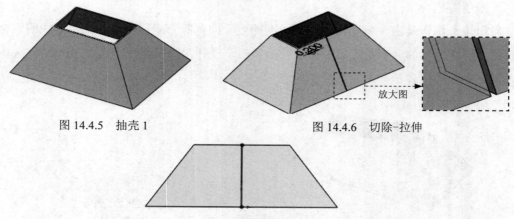

图 14.4.5　抽壳 1　　　　　　　　图 14.4.6　切除-拉伸

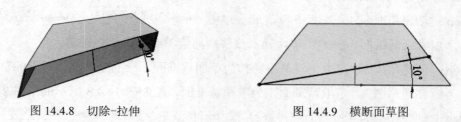

图 14.4.7　横断面草图

Step8. 创建图 14.4.8 所示的切除-拉伸。选择下拉菜单 插入(I) ➜ 切除(C) ➜ 📦 拉伸(E)... 命令，选取前视基准面为草绘基准面，绘制图 14.4.9 所示的横断面草图；选中 ☑ 反侧切除(F) 复选框，单击对话框中的 ✅ 按钮。

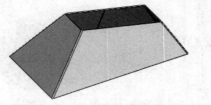
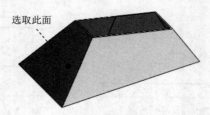

图 14.4.8　切除-拉伸　　　　　　　图 14.4.9　横断面草图

Step9. 将实体转换成钣金，如图 14.4.10 所示。选择下拉菜单 插入(I) ➜ 钣金(H) ➜ 👆 折弯(B)... 命令，选取图 14.4.11 所示的模型表面为固定面，单击 ✅ 按钮。

图 14.4.10　将实体转换成钣金　　　　图 14.4.11　选取固定面

Step10. 选择下拉菜单 文件(F) ➜ 🖫 保存(S) 命令，将模型命名为"斜口矩形锥管"，保存钣金模型。

Task2. 展平斜口矩形锥管

Step1. 在设计树中右击 🔲 平板型式1 特征，在系统弹出的快捷菜单中单击"解除压缩"

命令按钮，即可将钣金展平，展平结果如图 14.4.1b 所示。

Step2. 保存展开图样。选择下拉菜单 文件(F) ➡ 另存为(A)... 命令，命名为"斜口矩形锥管展开"。

14.5 斜口偏心矩形锥管

斜口偏心矩形锥管是由一与底面成一定角度的正垂面截断一偏心矩形锥管的下部形成的钣金结构。图 14.5.1 所示的分别是斜口偏心矩形锥管钣金件及展开图，下面介绍其在 SolidWorks 中的创建和展开的操作过程。

a）未展平状态　　　　　　　　　　　　b）展平状态

图 14.5.1　斜口偏心矩形锥管及其展开图

Task1. 创建斜口偏心矩形锥管钣金件

Step1. 新建一个零件模型文件。

Step2. 创建基准面 1。选择下拉菜单 插入(I) ➡ 参考几何体(G) ➡ 基准面(P)... 命令，选取上视基准面为参考实体，输入偏移距离值 150；单击 按钮，完成基准面 1 的创建。

Step3. 创建草图 1。选取上视基准面作为草图基准面，绘制图 14.5.2 所示的草图 1。

Step4. 创建草图 2。选取基准面 1 为草图基准面，绘制图 14.5.3 所示的草图 2。

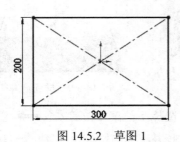

图 14.5.2　草图 1

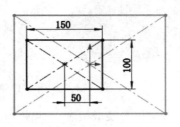

图 14.5.3　草图 2

Step5. 创建图 14.5.4 所示的矩形锥台。选择下拉菜单 插入(I) ➡ 凸台/基体(B) ➡ 放样(L)... 命令，选取草图 1 和草图 2 为放样轮廓，单击 按钮，完成矩形锥台的创建。

Step6. 创建图 14.5.5 所示的切除-拉伸。选择下拉菜单 插入(I) ➡ 切除(C) ➡
📁 拉伸(E)... 命令，选取前视基准面为草绘基准面，绘制图 14.5.6 所示的横断面草图；选
中 ☑ 反侧切除(F) 复选框，单击对话框中的 ✔ 按钮。

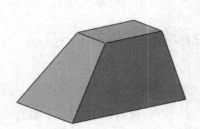

图 14.5.4　矩形锥台

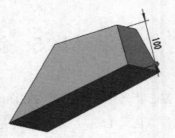

图 14.5.5　切除-拉伸

Step7. 创建图 14.5.7 所示的抽壳 1。选择下拉菜单 插入(I) ➡ 特征(F) ➡
📁 抽壳(S)... 命令，选取矩形锥台的上下两个底面为移除面，在"抽壳 1"对话框的 参数(P) 区
域输入壁厚值 1.0；单击 ✔ 按钮，完成抽壳特征的创建。

Step8. 创建图 14.5.8 所示的切除-拉伸。选择下拉菜单 插入(I) ➡ 切除(C) ➡
📁 拉伸(E)... 命令，选取右视基准面为草绘基准面，绘制图 14.5.9 所示的横断面草图，在
对话框中取消选中 ☐ 方向2 复选框，在 ☑ 薄壁特征(T) 区域的下拉列表中选择 两侧对称 选
项，在其下的文本框中输入值 0.2，单击对话框中的 ✔ 按钮。

图 14.5.6　横断面草图

图 14.5.7　抽壳 1

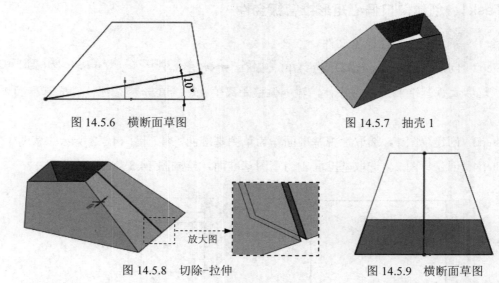

放大图

图 14.5.8　切除-拉伸

图 14.5.9　横断面草图

Step9. 将实体转换成钣金，如图 14.5.10 所示。选择下拉菜单 插入(I) ➡ 钣金(H)
➡ 👆 折弯(B)... 命令，选取图 14.5.11 所示的模型表面为固定面，单击 ✔ 按钮。

Step10. 选择下拉菜单 文件(F) ➡ 💾 保存(S) 命令，将模型命名为"斜口偏心矩形
锥管"，保存钣金模型。

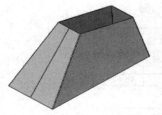

图 14.5.10 将实体转换成钣金

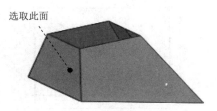

选取此面

图 14.5.11 选取固定面

Task2. 展平斜口偏心矩形锥管

Step1. 在设计树中右击 平板型式1 特征，在系统弹出的快捷菜单中单击"解除压缩"命令按钮 ，即可将钣金展平，展平结果如图 14.5.1b 所示。

Step2. 保存展开图样。选择下拉菜单 文件(F) ➡ 另存为(A)... 命令，命名为"斜口偏心矩形锥管展开"。

14.6 斜口双偏心矩形锥管

斜口双偏心矩形锥管是由一与底面成一定角度的正垂面截断一双偏心矩形锥管的上部形成的钣金结构。图 14.6.1 所示的分别是斜口双偏心矩形锥管的钣金件及展开图，下面介绍其在 SolidWorks 中的创建和展开的操作过程。

a）未展平状态

b）展平状态

图 14.6.1 斜口双偏心矩形锥管及其展开图

Task1. 创建斜口双偏心矩形锥管钣金件

Step1. 新建一个零件模型文件。

Step2. 创建基准面 1。选择下拉菜单 插入(I) ➡ 参考几何体(G) ➡ 基准面(P)... 命令，选取上视基准面为参考实体，输入偏移距离值 150；单击 按钮，完成基准面 1 的创建。

Step3. 创建草图 1。选取上视基准面作为草图基准面，绘制图 14.6.2 所示的草图 1。

Step4. 创建草图 2。选取基准面 1 为草图基准面，绘制图 14.6.3 所示的草图 2。

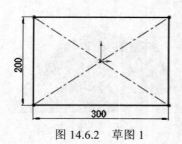

图 14.6.2　草图 1

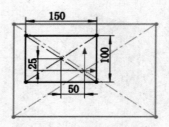

图 14.6.3　草图 2

Step5. 创建图 14.6.4 所示的矩形锥台。选择下拉菜单 插入(I) ➡ 凸台/基体(B) ➡ 放样(L)... 命令，选取草图 1 和草图 2 为放样轮廓，单击 ✅ 按钮，完成矩形锥台的创建。

Step6. 创建图 14.6.5 所示的切除-拉伸。选择下拉菜单 插入(I) ➡ 切除(C) ➡ 拉伸(E)... 命令，选取前视基准面为草绘基准面，绘制图 14.6.6 所示的横断面草图；单击对话框中的 ✅ 按钮。

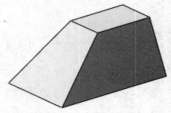

图 14.6.4　矩形锥台

图 14.6.5　切除-拉伸

Step7. 创建图 14.6.7 所示的抽壳 1。选择下拉菜单 插入(I) ➡ 特征(F) ➡ 抽壳(S)... 命令，选取矩形锥台的上下两个底面为移除面，在"抽壳 1"对话框的 参数(P) 区域输入壁厚值 1.0，单击 ✅ 按钮，完成抽壳特征的创建。

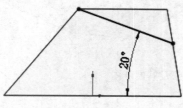

图 14.6.6　横断面草图

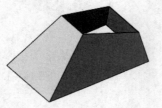

图 14.6.7　抽壳 1

Step8. 创建图 14.6.8 所示的切除-拉伸。选择下拉菜单 插入(I) ➡ 切除(C) ➡ 拉伸(E)... 命令，选取图 14.6.8 所示的模型表面为草绘基准面，绘制图 14.6.9 所示的横断面草图；在对话框中取消选中 □ 方向2 复选框，在 ☑ 薄壁特征(T) 区域的下拉列表中选择 两侧对称 选项，在其下的文本框中输入值 0.2，在 方向1 下拉列表中选择 成形到下一面 选项，单击对话框中的 ✅ 按钮。

Step9. 将实体转换成钣金，如图 14.6.10 所示。选择下拉菜单 插入(I) ➡ 钣金(H)

➡ 折弯(B)... 命令，选取图 14.6.11 所示的模型表面为固定面，单击 ✓ 按钮。

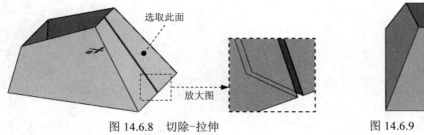

图 14.6.8 切除-拉伸

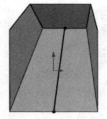

图 14.6.9 横断面草图

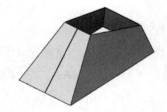

图 14.6.10 将实体转换成钣金

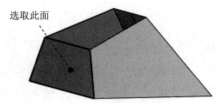

图 14.6.11 选取固定面

Step10. 选择下拉菜单 文件(F) ➡ 💾 保存(S) 命令，将模型命名为"斜口双偏心矩形锥管"，保存钣金模型。

Task2. 展平斜口双偏心矩形锥管

Step1. 在设计树中右击 平板型式1 特征，在系统弹出的快捷菜单中单击"解除压缩"命令按钮 🔧，即可将钣金展平，展平结果如图 14.6.1b 所示。

Step2. 保存展开图样。选择下拉菜单 文件(F) ➡ 📄 另存为(A)... 命令，命名为"斜口双偏心矩形锥管展开"。

14.7 上下口垂直方形锥管

上下口垂直方形锥管是由两互相垂直的方形截面经过一定混合连接形成的钣金结构。此类钣金件的创建方法是：先创建钣金结构零件，然后使用另存为 IGS 方法导出曲面进行子钣金件的创建，最后分别对其进行展开，并使用装配方法得到完整钣金件。图 14.7.1 所示的分别是其钣金件及展开图，下面介绍其在 SolidWorks 中的创建和展开的操作过程。

Task1. 创建钣金件

Stage1. 创建整体零件结构模型

Step1. 新建一个零件模型文件。

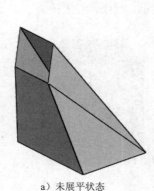
a）未展平状态

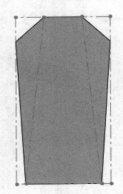
b）前侧板展平

c）后侧板展平

图 14.7.1　上下口垂直方形锥管及其展开图

Step2. 创建草图 1。选取前视基准面作为草图基准面，绘制图 14.7.2 所示的草图 1。

Step3. 创建基准面 1。选择下拉菜单 插入(I) ➡ 参考几何体(G) ➡ 基准面(P)... 命令，选取右视基准面为参考实体，输入偏移距离值 200.0；单击 ✓ 按钮，完成基准面 1 的创建。

Step4. 创建草图 2。选取基准面 1 为草图基准面，绘制图 14.7.3 所示的草图 2。

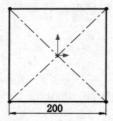

图 14.7.2　草图 1

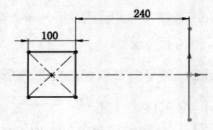
图 14.7.3　草图 2

Step5. 创建图 14.7.4 所示的基准面 2。选择下拉菜单 插入(I) ➡ 参考几何体(G) ➡ 基准面(P)... 命令，选取图 14.7.4 所示的三点为参考实体。

Step6. 创建草图 3。选取基准面 2 为草图基准面，绘制图 14.7.5 所示的草图 3。

Step7. 创建图 14.7.6 所示的曲面-基准面 1。选择下拉菜单 插入(I) ➡ 曲面(S) ➡ 平面区域(P)... 命令，选择草图 3 为对象，单击 ✓ 按钮。

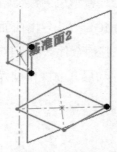
图 14.7.4　基准面 2

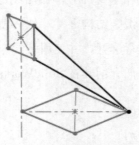
图 14.7.5　草图 3

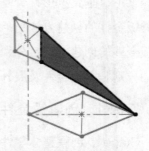
图 14.7.6　曲面-基准面 1

Step8. 参照 Step5～Step7，创建图 14.7.7 所示的其余 5 个曲面-基准面。

Stage2. 创建前侧板钣金件

Step1. 保存前侧板曲面。选中图 14.7.8 所示的模型表面，选择下拉菜单 文件(F) → 另存为(A)...命令，将其保存为 IGS 文件，命名为"上下口垂直方形锥管前侧板"，在系统弹出的"输出"对话框中选中 ⊙ 所选面(F) 单选按钮，单击 确定 按钮。

Step2. 打开 IGS 文件：上下口垂直方形锥管前侧板。

Step3. 加厚曲面。选择下拉菜单 插入(I) → 凸台/基体(B) → 加厚(T)...命令，输入厚度值为 0.5。

Step4. 创建钣金转换。选择下拉菜单 插入(I) → 钣金(H) ▶ → 折弯(B)...命令；选取图 14.7.9 所示的模型表面为固定面；在 ☑ 自动切释放槽(T) 区域的下拉列表中选择 矩形 选项。

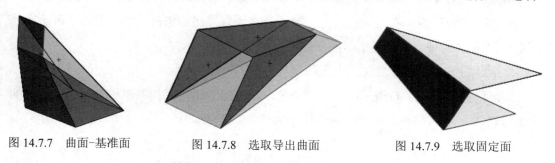

图 14.7.7 曲面-基准面　　　图 14.7.8 选取导出曲面　　　图 14.7.9 选取固定面

Step5. 选择下拉菜单 文件(F) → 保存(S)命令，保存钣金子构件模型。

Stage3. 创建后侧板钣金件

Step1. 保存后侧板曲面。切换到整体结构模型窗口，选中图 14.7.10 所示的模型表面；选择下拉菜单 文件(F) → 另存为(A)...命令，将其保存为 IGS 文件，命名为"上下口垂直方形锥管后侧板"；在系统弹出的"输出"对话框中选中 ⊙ 所选面(F) 单选按钮，单击 确定 按钮。

Step2. 打开 IGS 文件：上下口垂直方形锥管后侧板。

Step3. 加厚曲面。选择下拉菜单 插入(I) → 凸台/基体(B) → 加厚(T)...命令，输入厚度值为 0.5。

Step4. 创建钣金转换。选择下拉菜单 插入(I) → 钣金(H) ▶ → 折弯(B)...命令，选取图 14.7.11 所示的模型表面为固定面。

图 14.7.10 选取导出曲面　　　　　图 14.7.11 选取固定面

Step5. 选择下拉菜单 文件(F) ➡ 保存(S) 命令，保存钣金子构件模型。

Stage4. 创建完整钣金件

Step1. 新建一个装配文件，使用前侧板子钣金件和后侧板子钣金件进行装配，得到完整的钣金件，结果如图 14.7.1a 所示。

Step2. 选择下拉菜单 文件(F) ➡ 保存(S) 命令，将模型命名为"上下口垂直方形锥管"，保存钣金模型。

Task2. 展平钣金件

Step1. 打开零件模型文件：上下口垂直方形锥管前侧板。

Step2. 在设计树中右击 平板型式1 特征，在系统弹出的快捷菜单中单击"解除压缩"命令按钮，即可将钣金展平，展平结果如图 14.7.1b 所示。

Step3. 打开零件模型文件：上下口垂直方形锥管后侧板。

Step4. 在设计树中右击 平板型式1 特征，在系统弹出的快捷菜单中单击"解除压缩"命令按钮，即可将钣金展平，展平结果如图 14.7.1c 所示。

14.8　上下口垂直偏心矩形锥管

上下口垂直偏心矩形锥管，是由两互相垂直的矩形截面经过一定混合连接形成的钣金结构。图 14.8.1 所示的分别是其钣金件及展开图，下面介绍其在 SolidWorks 中的创建和展开的操作过程。

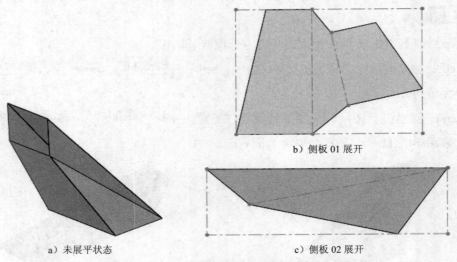

b）侧板 01 展开

a）未展平状态　　　　　　　　　c）侧板 02 展开

图 14.8.1　上下口垂直偏心距形锥管及其展开图

Task1. 创建钣金件

Stage1. 创建整体零件结构模型

Step1. 新建一个零件模型文件。

Step2. 创建草图 1。选取前视基准面作为草图基准面，绘制图 14.8.2 所示的草图 1。

Step3. 创建基准面 1。选择下拉菜单 插入(I) ➡ 参考几何体(G) ➡ 🔷 基准面(P)... 命令（注：具体参数和操作参见随书光盘）。

Step4. 创建草图 2。选取基准面 1 为草图基准面，绘制图 14.8.3 所示的草图 2。

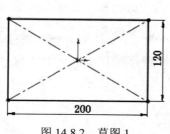

图 14.8.2 草图 1

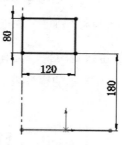

图 14.8.3 草图 2

Step5. 创建图 14.8.4 所示的基准面 2。选择下拉菜单 插入(I) ➡ 参考几何体(G) ➡ 🔷 基准面(P)... 命令，选取图 14.8.4 所示的两条直线为参考实体。

Step6. 创建草图 3。选取基准面 2 为草图基准面，绘制图 14.8.5 所示的草图 3。

Step7. 创建图 14.8.6 所示的曲面-基准面 1。选择下拉菜单 插入(I) ➡ 曲面(S) ➡ ▭ 平面区域(P)... 命令，选择草图 3 为对象，单击 ✅ 按钮。

图 14.8.4 基准面 2

图 14.8.5 草图 3

图 14.8.6 曲面-基准面 1

Step8. 参照 Step5～Step7 步骤，创建图 14.8.7 所示的其余 4 个曲面-基准面。

Stage2. 创建侧板 01

Step1. 保存侧板 01 曲面。选中图 14.8.8 所示的模型表面，选择下拉菜单 文件(F) ➡ 🖫 另存为(A)... 命令，将其保存为 IGS 文件，命名为"上下口垂直偏心矩形锥管侧板 01"；在系统弹出的"输出"对话框中选中 ⊙ 所选面(F) 单选按钮，单击 确定 按钮。

Step2. 打开 IGS 文件：上下口垂直偏心矩形锥管侧板 01。

Step3. 加厚曲面。选择下拉菜单 插入(I) ➡ 凸台/基体(B) ➡ 加厚(T)...命令，输入厚度值为 0.5。

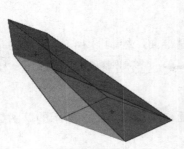

图 14.8.7　曲面-基准面

图 14.8.8　选取导出曲面

Step4. 创建钣金转换。选择下拉菜单 插入(I) ➡ 钣金(H) ▶ ➡ 折弯(B)...命令；选取图 14.8.9 所示的模型表面为固定面；在 ☑ 自动切释放槽(T) 区域的下拉列表中选择 矩形 选项。

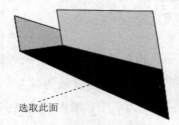

选取此面

图 14.8.9　转换成钣金

Step5. 选择下拉菜单 文件(F) ➡ 保存(S) 命令，保存钣金子构件模型。

Stage3. 创建侧板 2

参照 Stage2 步骤，选择图 14.8.10 所示的曲面对象，将其转换成图 14.8.11 所示的钣金件，命名为"上下口垂直偏心矩形锥管侧板 02"。

图 14.8.10　选取固定面

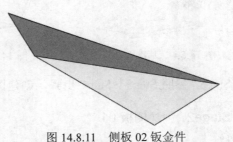

图 14.8.11　侧板 02 钣金件

Stage4. 创建完整钣金件

Step1. 新建一个装配文件，使用侧板 01 子钣金件和侧板 02 子钣金件进行装配，得到完整的钣金件，结果如图 14.8.1a 所示。

Step2. 选择下拉菜单 文件(F) ➡ 保存(S) 命令，将模型命名为"上下口垂直偏心矩形锥管"，保存钣金模型。

Task2. 展平钣金件

Step1. 打开零件模型文件：上下口垂直偏心矩形锥管侧板 01。

Step2. 在设计树中右击 平板型式1 特征，在系统弹出的快捷菜单中单击"解除压缩"命令按钮，即可将钣金展平，展平结果如图 14.8.1b 所示。

Step3. 打开零件模型文件：上下口垂直偏心矩形锥管侧板 02。

Step4. 在设计树中右击 平板型式1 特征，在系统弹出的快捷菜单中单击"解除压缩"命令按钮，即可将钣金展平，展平结果如图 14.8.1c 所示。

14.9 45°扭转矩形锥管

45°扭转矩形锥管是由两个夹角为 45°的矩形经过钣金连接形成的钣金结构。这类钣金件的创建使用导出曲面的方法来创建，最后使用装配方法得到完整的钣金件产品；因为该钣金件是一中心对称结构的钣金件，在创建展开图样时，只需要创建其一半展开图样，其中一半的展开图样又可以分成两部分来创建。图 14.9.1 所示的分别是其钣金件及展开图，下面介绍其在 SolidWorks 中的创建和展开的操作过程。

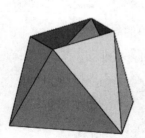
a）未展平状态

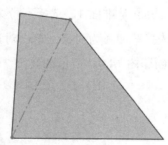
b）侧板展平 01

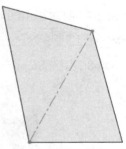
c）侧板展平 02

图 14.9.1 45°扭转矩形锥管及其展开图

Task1. 创建钣金件

Stage1. 创建结构零件模型

Step1. 新建一个零件模型文件。

Step2. 创建基准面 1。选择下拉菜单 插入(I) ➡ 参考几何体(G) ➡ 基准面(P)... 命令，选取上视基准面为参考实体，输入偏移距离值 150；单击 按钮，完成基准面 1 的创建。

Step3. 创建草图 1。选取上视基准面作为草图基准面，绘制图 14.9.2 所示的草图 1。

Step4. 创建草图 2。选取基准面 1 为草图基准面，绘制图 14.9.3 所示的草图 2。

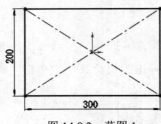

图 14.9.2　草图 1

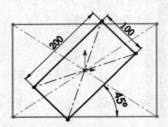

图 14.9.3　草图 2

Step5. 创建图 14.9.4 所示的基准面 2。选择下拉菜单 插入(I) ➡ 参考几何体(G) ➡ ◇ 基准面(P)... 命令，选取图 14.9.4 所示的三点为参考实体。

Step6. 创建草图 3。选取基准面 2 为草图基准面，绘制图 14.9.5 所示的草图 3。

图 14.9.4　基准面 2

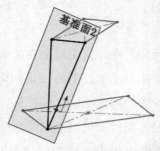

图 14.9.5　草图 3

Step7. 创建图 14.9.6 所示的曲面-基准面 1。选择下拉菜单 插入(I) ➡ 曲面(S) ➡ ▭ 平面区域(P)... 命令，选择草图 3 为对象，单击对话框中的 ✔ 按钮。

Step8. 参照 Step5～Step7，创建图 14.9.7 所示的其余 7 个曲面-基准面。

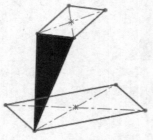

图 14.9.6　曲面-基准面 1

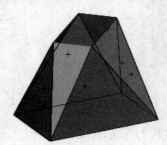

图 14.9.7　曲面-基准面

Step9. 选择下拉菜单 文件(F) ➡ 💾 保存(S) 命令，将模型命名为"45°扭转矩形锥管"，保存模型文件。

Stage2. 创建侧板 01

Step1. 保存侧板 01 曲面。选中"曲面-基准面 1"和"曲面-基准面 2"为保存对象，

选择下拉菜单 文件(F) ➡ 📄 另存为(A)... 命令，将其保存为 IGS 文件，命名为"45°扭转矩形锥管侧板 01"；在系统弹出的"输出"对话框中选中 ⊙ 所选面(F) 单选按钮，单击 确定 按钮。

Step2. 打开 IGS 文件：45°扭转矩形锥管侧板 01。

Step3. 加厚曲面。选择下拉菜单 插入(I) ➡ 凸台/基体(B) ➡ 📑 加厚(T)... 命令，输入厚度值为 1.0。

Step4. 创建图 14.9.8 所示的将实体转换成钣金。选择下拉菜单 插入(I) ➡ 钣金(H) ▸ ➡ 🖐 折弯(B)... 命令，选取图 14.9.9 所示的模型表面为固定面，单击 ✓ 按钮。

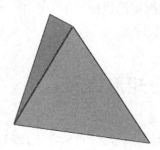

图 14.9.8 实体转换钣金

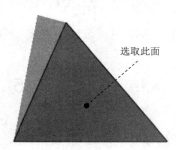

选取此面

图 14.9.9 选取固定面

Step5. 选择下拉菜单 文件(F) ➡ 💾 保存(S) 命令，保存钣金子构件模型。

Stage3. 创建侧板 02、侧板 03、侧板 04

参照 Stage2 步骤，选择"曲面-基准面 3"和"曲面-基准面 4"，将其转换成图 14.9.10 所示的钣金件，命名为"45°扭转矩形锥管侧板 02"。

因为此钣金件为中心对称结构的零件，侧板 03 和侧板 01 是完全一样的，创建侧板 03 的步骤可以省略；侧板 04 和侧板 02 的创建过程是完全一样的，创建侧板 04 的步骤也可以省略。

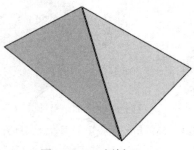

图 14.9.10 侧板 02

Stage4. 创建完整钣金件

Step1. 新建一个装配文件，使用侧板 01 子钣金件和侧板 02 子钣金件进行装配，得到完整的钣金件，结果如图 14.9.1a 所示。

Step2. 选择下拉菜单 文件(F) ➡ 💾 保存(S) 命令，将模型命名为"45°扭转矩形锥管"，保存钣金模型。

Task2. 展平钣金件

Step1. 打开零件模型文件：45°扭转矩形锥管侧板 01。

Step2. 在设计树中右击 🔲 平板型式1 特征，在系统弹出的快捷菜单中单击"解除压缩"命令按钮 📇，即可将钣金展平，展平结果如图 14.9.1b 所示。

Step3. 打开零件模型文件：45°扭转矩形锥管侧板 02。

Step4. 在设计树中右击 🔲 平板型式1 特征，在系统弹出的快捷菜单中单击"解除压缩"命令按钮 📇，即可将钣金展平，展平结果如图 14.9.1c 所示。

14.10 45°扭转偏心矩形锥管

45°扭转偏心矩形锥管，是由两个夹角为 45°的偏心矩形经过钣金连接形成的钣金结构，图 14.10.1 所示的分别是其钣金件及展开图，下面介绍其在 SolidWorks 中的创建和展开的操作过程。

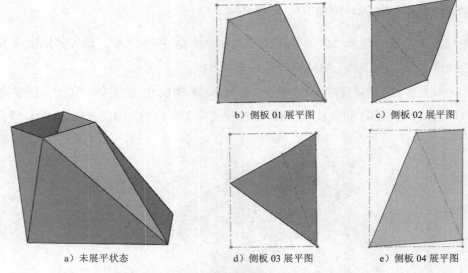

a）未展平状态　　b）侧板 01 展平图　　c）侧板 02 展平图　　d）侧板 03 展平图　　e）侧板 04 展平图

图 14.10.1　45°扭转偏心矩形锥管及其展开图

Task1. 创建钣金件

Stage1. 创建结构零件模型

Step1. 新建一个零件模型文件。

Step2. 创建基准面 1。选择下拉菜单 插入(I) ➡ 参考几何体(G) ➡ ◇ 基准面(P)...
命令；选取上视基准面为参考实体，输入偏移距离值 240；单击 ✔ 按钮，完成基准面 1 的
创建。

Step3. 创建草图 1。选取上视基准面作为草图基准面，绘制图 14.10.2 所示的草图 1。

Step4. 创建草图 2。选取基准面 1 为草图基准面，绘制图 14.10.3 所示的草图 2。

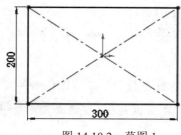

图 14.10.2 草图 1

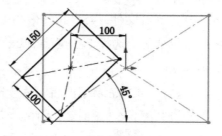

图 14.10.3 草图 2

Step5. 创建图 14.10.4 所示的基准面 2。选择下拉菜单 插入(I) ➡ 参考几何体(G)
➡ ◇ 基准面(P)... 命令，选取图 14.10.4 所示的三点为参考实体。

Step6. 创建草图 3。选取基准面 2 为草图基准面，绘制图 14.10.5 所示的草图 3。

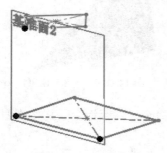

图 14.10.4 基准面 2

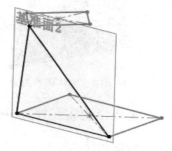

图 14.10.5 草图 3

Step7. 创建图 14.10.6 所示的曲面-基准面 1。选择下拉菜单 插入(I) ➡ 曲面(S)
➡ ▭ 平面区域(P)... 命令，选择草图 3 为对象，单击对话框中的 ✔ 按钮。

Step8. 参照 Step5～Step7，创建图 14.10.7 所示的其余 7 个曲面-基准面。

Step9. 选择下拉菜单 文件(F) ➡ 🖫 保存(S) 命令，将模型命名为 "45° 扭转偏心矩
形锥管"，保存模型文件。

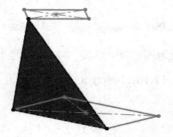

图 14.10.6 曲面-基准面 1

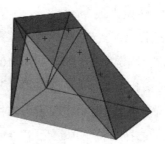

图 14.10.7 曲面-基准面

Stage2. 创建侧板 01

Step1. 保存侧板 01 曲面。选中"曲面-基准面 1"和"曲面-基准面 2"为保存对象，选择下拉菜单 文件(F) ➡ 另存为(A)... 命令，将其保存为 IGS 文件，命名为"45°扭转偏心矩形锥管侧板 01"，在系统弹出的"输出"对话框中选中 所选面(F) 单选按钮，单击 确定 按钮。

Step2. 打开 IGS 文件：45°扭转偏心矩形锥管侧板 01。

Step3. 加厚曲面。选择下拉菜单 插入(I) ➡ 凸台/基体(B) ➡ 加厚(T)... 命令，输入厚度值为 1.0。

Step4. 创建图 14.10.8 所示的将实体转换成钣金。选择下拉菜单 插入(I) ➡ 钣金(H) ➡ 折弯(B)... 命令，选取图 14.10.9 所示的模型表面为固定面，在 ☑ 自动切释放槽(T) 区域的下拉列表中选择矩形选项，单击 ✓ 按钮。

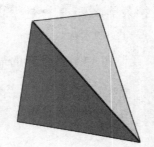
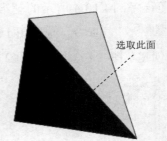

取此面

图 14.10.8　实体转换为钣金　　　　图 14.10.9　选取固定面

Step5. 选择下拉菜单 文件(F) ➡ 保存(S) 命令，保存钣金子构件模型。

Stage3. 创建侧板 02

Step1. 参照 Stage2 步骤，选中"曲面-基准面 3"和"曲面-基准面 4"保存为 IGS 文件，命名为"45°扭转偏心矩形锥管侧板 02"。

Step2. 打开 IGS 文件：45°扭转偏心矩形锥管侧板 02。

Step3. 加厚曲面。选择下拉菜单 插入(I) ➡ 凸台/基体(B) ➡ 加厚(T)... 命令，输入厚度值为 1.0。

Step4. 转换为钣金。

（1）选择命令。选择下拉菜单 插入(I) ➡ 钣金(H) ➡ 转换到钣金(T)... 命令。

（2）定义固定面。选取图 14.10.10 所示的模型表面为固定面，厚度为 1.0，折弯半径为 1.0。

（3）定义折弯边线。激活 折弯边线(B) 区域，选取图 14.10.11 所示的模型边线为折弯边线。

（4）单击 ✓ 按钮，完成钣金转换。

Step5. 选择下拉菜单 文件(F) ➡ 保存(S) 命令，保存钣金子构件模型。

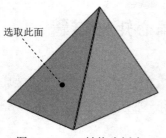

选取此面

图 14.10.10 转换为钣金

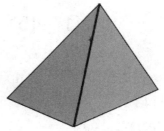

图 14.10.11 选取折弯边线

Stage4. 创建侧板 03

选中"曲面–基准面 5"和"曲面–基准面 6"保存为 IGS 文件，命名为"45°扭转偏心矩形锥管侧板 03"；然后参照 Stage2 步骤，将其转换成钣金，结果如图 14.10.12 所示。

Stage5. 创建侧板 04

选中"曲面–基准面 7"和"曲面–基准面 8"保存为 IGS 文件，命名为"45°扭转偏心矩形锥管侧板 04"；然后参照 Stage3 步骤，将其转换成钣金，结果如图 14.10.13 所示。

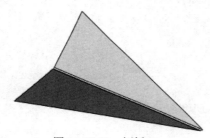

图 14.10.12 侧板 03

图 14.10.13 侧板 04

Stage6. 创建完整钣金件

Step1. 新建一个装配文件，使用侧板 01、侧板 02、侧板 03 和侧板 04 子钣金件进行装配，得到完整的钣金件，结果如图 14.10.1a 所示。

Step2. 选择下拉菜单 文件(F) ➡ 保存(S) 命令，将模型命名为"45°扭转偏心矩形锥管"，保存钣金模型。

Task2. 展平钣金件

Step1. 打开零件模型文件：45°扭转偏心矩形锥管侧板 01。

Step2. 在设计树中右击 平板型式1 特征，在系统弹出的快捷菜单中单击"解除压缩"命令按钮，即可将钣金展平，展平结果如图 14.10.1b 所示。

Step3. 参照 Step1、Step2 步骤展平侧板 02、03 和 04 子钣金件，展平结果分别如图 14.10.1c、d、e 所示。

14.11　45°扭转双偏心矩形锥管

　　45°扭转双偏心矩形锥管，是由两个夹角为45°的双偏心矩形经过钣金连接形成的钣金结构，图14.11.1所示的分别是其钣金件及展开图，下面介绍其在 SolidWorks 中的创建和展开的操作过程。

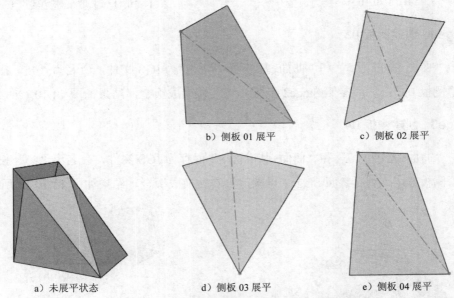

b）侧板 01 展平　　　　　c）侧板 02 展平

a）未展平状态　　　　d）侧板 03 展平　　　　e）侧板 04 展平

图 14.11.1　45°扭转双偏心矩形锥管及其展开图

Task1.　创建钣金件

Stage1.　创建结构零件模型

Step1. 新建一个零件模型文件。

Step2. 创建基准面 1。选择下拉菜单 插入(I) ➡ 参考几何体(G) ➡ ◇ 基准面(P). 命令；选取上视基准面为参考实体，输入偏移距离值 240；单击 ✔ 按钮，完成基准面 1 的创建。

Step3. 创建草图 1。选取上视基准面作为草图基准面，绘制图 14.11.2 所示的草图 1。

Step4. 创建草图 2。选取基准面 1 为草图基准面，绘制图 14.11.3 所示的草图 2。

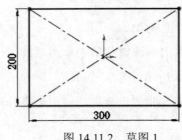

图 14.11.2　草图 1

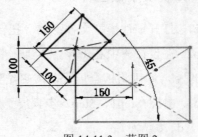

图 14.11.3　草图 2

Step5. 创建图 14.11.4 所示的基准面 2。选择下拉菜单 插入(I) ➡ 参考几何体(G) ➡ 基准面(P)... 命令，选取图 14.11.4 所示的三点为参考实体。

Step6. 创建草图 3。选取基准面 2 为草图基准面，绘制图 14.11.5 所示的草图 3。

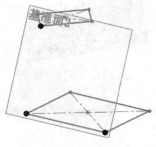

图 14.11.4　基准面 2

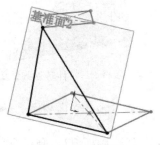

图 14.11.5　草图 3

Step7. 创建图 14.11.6 所示的曲面-基准面 1。选择下拉菜单 插入(I) ➡ 曲面(S) ➡ 平面区域(P)... 命令，选择草图 3 为对象，单击对话框中的 ✅ 按钮。

Step8. 参照 Step5～Step7，创建图 14.11.7 所示的其余 7 个曲面-基准面。

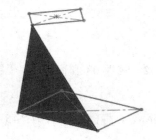

图 14.11.6　曲面-基准面 1

图 14.11.7　曲面-基准面

Step9. 选择下拉菜单 文件(F) ➡ 💾 保存(S) 命令，将模型命名为"45°扭转双偏心矩形锥管"，保存模型文件。

Stage2. 创建侧板 01

Step1. 保存侧板 01 曲面。选中"曲面-基准面 1"和"曲面-基准面 2"为保存对象，选择下拉菜单 文件(F) ➡ 另存为(A)... 命令，将其保存为 IGS 文件，命名为"45°扭转双偏心矩形锥管侧板 01"；在系统弹出的"输出"对话框中选中 ⦿ 所选面(F) 单选按钮，单击 确定 按钮。

Step2. 打开 IGS 文件：45°扭转双偏心矩形锥管侧板 01。

Step3. 加厚曲面。选择下拉菜单 插入(I) ➡ 凸台/基体(B) ➡ 加厚(T)... 命令，输入厚度值为 1.0。

Step4. 创建图 14.11.8 所示的将实体转换成钣金。选择下拉菜单 插入(I) ➡ 钣金(H) ➡ 折弯(B)... 命令，选取图 14.11.9 所示的模型表面为固定面，单击 ✅ 按钮。

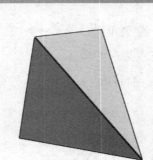

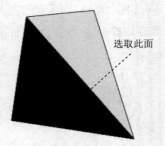

选取此面

图 14.11.8　实体转换为钣金　　　　图 14.11.9　选取固定面

Step5. 选择下拉菜单 文件(F) ➡ 保存(S) 命令，保存钣金子构件模型。

Stage3. 创建侧板 02、侧板 03、侧板 04

参照 Stage2 步骤，分别选中"曲面-基准面 3"和"曲面-基准面 4"、"曲面-基准面 5"和"曲面-基准面 6"、"曲面-基准面 7"和"曲面-基准面 8"对象，将其转换成"45°扭转双偏心矩形锥管侧板 02"、"45°扭转双偏心矩形锥管侧板 03"和"45°扭转双偏心矩形锥管侧板 04"。

Stage4. 创建完整钣金件

Step1. 新建一个装配文件，使用侧板 01、侧板 02、侧板 03 和侧板 04 子钣金件进行装配，得到完整的钣金件，结果如图 14.11.1a 所示。

Step2. 选择下拉菜单 文件(F) ➡ 保存(S) 命令，将模型命名为"45°扭转双偏心矩形锥管"，保存钣金模型。

Task2. 展平钣金件

Step1. 打开零件模型文件：45°扭转双偏心矩形锥管侧板 01。

Step2. 在设计树中右击 平板型式1 特征，在系统弹出的快捷菜单中单击"解除压缩"命令按钮，即可将钣金展平，展平结果如图 14.11.1b 所示。

Step3. 参照 Step1、Step2 展平侧板 02、侧板 03 和侧板 04 子钣金件，展平结果分别如图 14.11.1c、d、e 所示。

14.12　方口斜漏斗

方口斜漏斗是由两互成角度的方形截面和矩形截面经过一定混合连接形成的钣金结构。图 14.12.1 所示的分别是其钣金件及展开图，下面介绍其在 SolidWorks 中的创建和展开的操作过程。

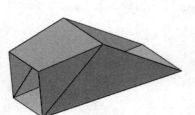

a）未展平状态

b）将侧板 01 展平

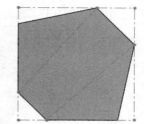

c）将侧板 02 展平

图 14.12.1 方口斜漏斗及其展开图

Task1. 创建钣金件

Stage1. 创建整体零件结构模型

Step1. 新建一个零件模型文件。

Step2. 创建草图 1。选取上视基准面作为草图基准面，绘制图 14.12.2 所示的草图 1。

Step3. 创建草图 2。选取前视基准面作为草图基准面，绘制图 14.12.3 所示的草图 2。

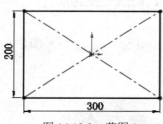

图 14.12.2 草图 1

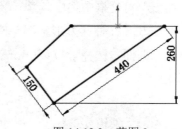

图 14.12.3 草图 2

Step4. 创建基准面 1。选择下拉菜单 插入(I) ➡ 参考几何体(G) ➡ 基准面(P)... 命令；选取图 14.12.4 所示的直线和前视基准面为参考实体，创建一个与前视基准面垂直的基准面，单击 ✔ 按钮。

Step5. 创建草图 3。选取基准面 1 为草图基准面，绘制图 14.12.5 所示的草图 3。

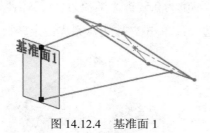

图 14.12.4 基准面 1

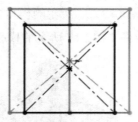

图 14.12.5 草图 3

Step6. 创建图 14.12.6 所示的基准面 2。选择下拉菜单 插入(I) ➡ 参考几何体(G) ➡ 基准面(P)... 命令，选取图 14.12.6 所示的三个点为参考实体。

Step7. 创建草图 4。选取基准面 2 为草图基准面，绘制图 14.12.7 所示的草图 4。

Step8. 创建图 14.12.8 所示的曲面-基准面 1。选择下拉菜单 插入(I) ➡ 曲面(S) ▶
➡ ▣ 平面区域(P)... 命令，选择草图 4 为对象，单击 ✔ 按钮。

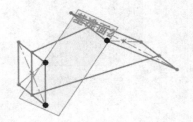

图 14.12.6　基准面 2

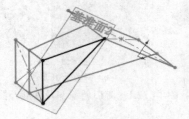

图 14.12.7　草图 4

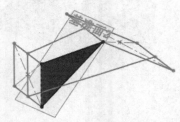

图 14.12.8　曲面-基准面 1

Step9. 参照 Step5～Step7，创建图 14.12.9 所示的其余 5 个曲面-基准面。

Stage2. 创建侧板 01

Step1. 保存侧板 01 曲面。选中图 14.12.10 所示的模型表面，选择下拉菜单 文件(F)
➡ ▣ 另存为(A)... 命令，将其保存为 IGS 文件，命名为"方形斜漏斗侧板 01"；在系统弹出的"输出"对话框中选中 ⦿ 所选面(F) 单选按钮，单击 确定 按钮。

Step2. 打开 IGS 文件：方形斜漏斗侧板 01。

Step3. 加厚曲面。选择下拉菜单 插入(I) ➡ 凸台/基体(B) ➡ ▣↓ 加厚(T)... 命令，输入厚度值 0.5。

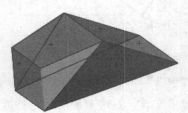

图 14.12.9　曲面-基准面

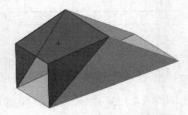

图 14.12.10　选取导出曲面

Step4. 创建转换到钣金。选择下拉菜单 插入(I) ➡ 钣金(H) ➡ ▣ 转换到钣金(T).
命令；选取图 14.12.11 所示的模型表面为固定面，厚度为 0.5，折弯半径为 0.1；激活 折弯边线(B)
区域，选取图 14.12.12 所示的模型边线为折弯边线；单击 ✔ 按钮，完成钣金转换。

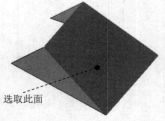

选取此面

图 14.12.11　转换成钣金

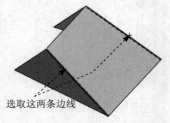

选取这两条边线

图 14.12.12　选取折弯边线

Step5. 选择下拉菜单 文件(F) ➡ ▣ 保存(S) 命令，保存钣金子构件模型。

Stage3. 创建侧板 02

参照 Stage2 步骤，选择图 14.12.13 所示的曲面对象，将其转换成图 14.12.14 所示的钣金件，命名为"方形斜漏斗侧板 02"。

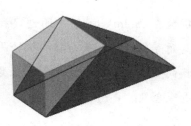

图 14.12.13　选取固定面

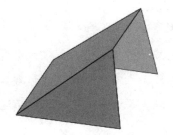

图 14.12.14　侧板 02 钣金件

Stage4. 创建完整钣金件

Step1. 新建一个装配文件，使用侧板 01 子钣金件和侧板 02 子钣金件进行装配，得到完整的钣金件，结果如图 14.12.1a 所示。

Step2. 选择下拉菜单 文件(F) ➡ 保存(S) 命令，将模型命名为"方口斜漏斗"，保存钣金模型。

Task2. 展平钣金件

Step1. 打开零件模型文件：方形斜漏斗侧板 01。

Step2. 在设计树中右击 平板型式1 特征，在系统弹出的快捷菜单中单击"解除压缩"命令按钮，即可将钣金展平，展平结果如图 14.12.1b 所示。

Step3. 打开零件模型文件：方形斜漏斗侧板 02。

Step4. 在设计树中右击 平板型式1 特征，在系统弹出的快捷菜单中单击"解除压缩"命令按钮，即可将钣金展平，展平结果如图 14.12.1c 所示。

第 15 章　等径方形弯头展开

本章提要　本章主要介绍等径方形弯头的钣金在 SolidWorks 中的创建和展开过程，包括两节（三节）直角等径方形弯头、两节任意角等径矩形弯头、45°扭转两节直角等径方形弯头、三节偏心等径方形弯头、三节直角换向管和三节错位换向管。此类钣金的创建都采用抽壳等方法来创建，然后通过实体转换成钣金件，再进行展开。

15.1　两节直角等径方形弯头

两节直角等径方形弯头是由两节等径方形管直角连接得到的钣金结构。图 15.1.1 所示的分别是其钣金件及展开图，下面介绍其在 SolidWorks 中创建和展开的操作过程。

此类钣金的创建方法是：先创建钣金结构零件，然后使用抽壳和转换钣金方法创建钣金件。

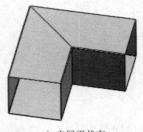
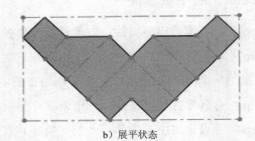

a）未展平状态　　　　　　　　　　　　　　b）展平状态

图 15.1.1　两节直角等径方形弯头及其展开图

Task1.　创建两节直角等径方形弯头钣金件

Step1.　新建一个零件模型文件。

Step2.　创建图 15.1.2 所示的凸台-拉伸。选择下拉菜单 插入(I) → 凸台/基体(B) → 拉伸(E)... 命令，选取前视基准面为草绘基准面，绘制图 15.1.3 所示的横断面草图；在 方向1 区域的下拉列表中选择 两侧对称 选项，在其下的文本框中输入值 100.0，单击对话框中的 ✔ 按钮。

Step3.　创建图 15.1.4 所示的抽壳 1。选择下拉菜单 插入(I) → 特征(F) → 抽壳(S). 命令，选取图 15.1.5 所示的两个面为移除面，在"抽壳 1"对话框的 参数(P) 区域输入壁厚值 2.0，单击 ✔ 按钮，完成抽壳特征的创建。

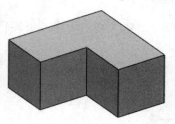

图 15.1.2　凸台-拉伸

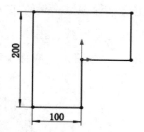

图 15.1.3　截面草图

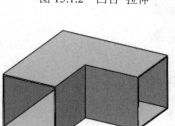

图 15.1.4　抽壳 1

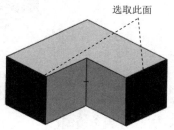

选取此面

图 15.1.5　选取移除面

Step4. 创建图 15.1.6 所示的草图 2。选取图 15.1.7 所示的模型表面为草图基准面，绘制图 15.1.6 所示的草图 2。

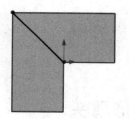

图 15.1.6　草图 2

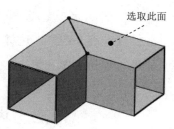

选取此面

图 15.1.7　选取草图面

Step5. 创建图 15.1.8 所示的转换到钣金。

（1）选择命令。选择下拉菜单 插入(I) ➡ 钣金 (H) ➡ 转换到钣金 (T)... 命令。

（2）定义固定面。选取图 15.1.9 所示的模型表面为固定面。

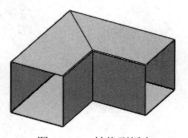

图 15.1.8　转换到钣金

选取此面

图 15.1.9　选取固定面

（3）定义切口草图。在对话框中激活 切口草图(S) 区域，选取草图 2 为切口草图。

（4）定义折弯边线。激活 折弯边线(B) 区域，从下往上依次选取图 15.1.10 所示的六条模型边线为折弯边线。

（5）定义半径参数。设置钣金厚度为1.0，折弯半径为0.5。

（6）定义边角参数。在 边角默认值 区域单击 按钮，在 文本框中输入缝隙值2.0。

（7）单击 按钮，完成钣金转换。

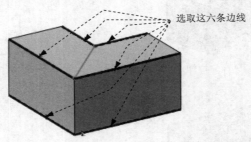

选取这六条边线

图 15.1.10　选取折弯边线

Step6. 选择下拉菜单 文件(F) ➡ 保存(S) 命令，将模型命名为"两节直角等径方形弯头"，保存钣金模型。

Task2. 展平钣金件

Step1. 在设计树中右击 平板型式1 特征，在系统弹出的快捷菜单中单击"解除压缩"命令按钮 ，即可将钣金展平，展平结果如图15.1.1b所示。

Step2. 保存展开图样。选择下拉菜单 文件(F) ➡ 另存为(A)... 命令，命名为"两节直角等径方形弯头展开图样"。

15.2　两节任意角等径矩形弯头

两节任意角等径矩形弯头，是由两节等径矩形管任意角连接得到的钣金结构。图15.2.1所示的分别是其钣金件及展开图，下面介绍其在 SolidWorks 中创建和展开的操作过程。

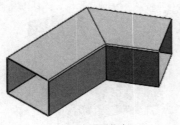
a）未展平状态

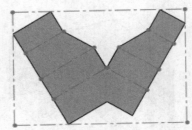
b）展平状态

图 15.2.1　两节任意角等径矩形弯头及其展开图

Task1. 创建两节任意角等径矩形弯头钣金件

Step1. 新建一个零件模型文件。

Step2. 创建图 15.2.2 所示的凸台-拉伸。选择下拉菜单 插入(I) ➡ 凸台/基体(B) ➡ 拉伸(E)... 命令，选取前视基准面为草绘基准面，绘制图 15.2.3 所示的横断面草图；在 方向1 区域的下拉列表中选择 两侧对称 选项，在其下的文本框中输入值 80.0，单击对话框中的 ✔ 按钮。

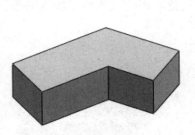

图 15.2.2 凸台-拉伸

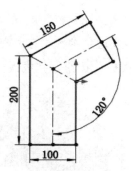

图 15.2.3 横断面草图

Step3. 创建图 15.2.4 所示的抽壳 1。选择下拉菜单 插入(I) ➡ 特征(F) ➡ 抽壳(S) 命令，选取图 15.2.5 所示的两个面为移除面，在"抽壳 1"对话框的 参数(P) 区域输入壁厚值 2.0，单击 ✔ 按钮，完成抽壳特征的创建。

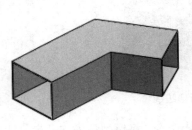

图 15.2.4 抽壳 1

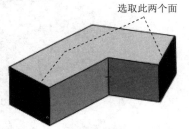

选取此两个面

图 15.2.5 选取移除面

Step4. 创建图 15.2.6 所示的草图 2。选取图 15.2.7 所示的模型表面为草图基准面，绘制图 15.1.6 所示的草图 2。

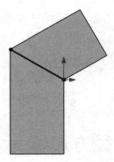

图 15.2.6 草图 2

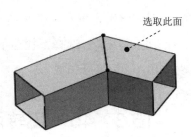

选取此面

图 15.2.7 选取草图面

Step5. 创建图 15.2.8 所示的转换到钣金。

（1）选择命令。选择下拉菜单 插入(I) ➡ 钣金(H) ➡ 转换到钣金(T)... 命令。

（2）定义固定面。选取图 15.2.9 所示的模型表面为固定面。

（3）定义切口草图。在对话框中激活 切口草图(S) 区域，选取草图 2 为切口草图。

（4）定义折弯边线。激活 折弯边线(B) 区域，从下往上依次选取图 15.2.10 所示的六条模型边线为折弯边线。

（5）定义半径参数。设置钣金厚度为 1.0，折弯半径为 0.5。

（6）定义边角参数。在 边角默认值 区域单击 按钮，在 文本框中输入缝隙值 2.0。

（7）单击 按钮，完成钣金转换。

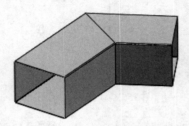

图 15.2.8 转换到钣金

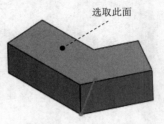

选取此面

图 15.2.9 选取固定面

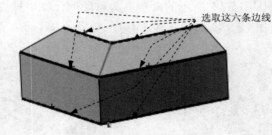

选取这六条边线

图 15.2.10 选取折弯边线

Step6. 选择下拉菜单 文件(F) ➡ 保存(S) 命令，将模型命名为"两节任意角等径矩形弯头"，保存钣金模型。

Task2. 展平钣金件

Step1. 在设计树中右击 平板型式1 特征，在系统弹出的快捷菜单中单击"解除压缩"命令按钮 ，即可将钣金展平，展平结果如图 15.2.1b 所示。

Step2. 保存展开图样。选择下拉菜单 文件(F) ➡ 另存为(A)... 命令，命名为"两节任意角等径矩形弯头展开图样"。

15.3 45°扭转两节直角等径方形弯头

45°扭转两节直角等径方形弯头，是由两节互成 45°夹角的等径方形管连接得到的钣金结构。图 15.3.1 所示的分别是其钣金件及展开图，下面介绍其在 SolidWorks 中的创建和展开的操作过程。

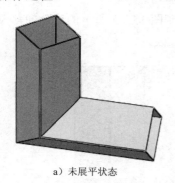

a) 未展平状态

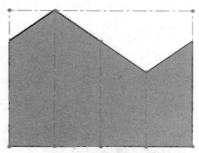

b) 展平状态

图 15.3.1 45°扭转两节直角等径方形弯头及其展开图

此类钣金件可以分割成两个独立的钣金件来创建，然后使用装配的方法得到完整的钣金件及其展开图。

Task1. 创建钣金件

Stage1. 创建钣金子构件

Step1. 新建一个零件模型文件。

Step2. 创建图 15.3.2 所示的基体-法兰。选择下拉菜单 插入(I) ➡ 钣金 (H) ➡ 基体法兰 (A)... 命令，选取上视基准面为草图基准面，绘制图 15.3.3 所示的横断面草图；在 方向1 区域的下拉列表中选择 给定深度 选项，输入深度值 300.0；在 钣金参数(S) 区域中输入钣金厚度值为 2.0，折弯半径为 1.0；选中对话框中的 ☑ 反向(E) 复选框，单击对话框中的 ✔ 按钮。

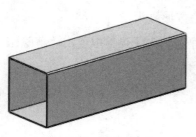

图 15.3.2 基体-法兰

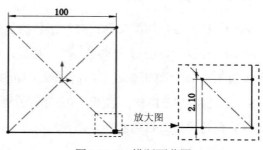

放大图

图 15.3.3 横断面草图

Step3. 创建基准轴 1。选择下拉菜单 插入(I) ➡ 参考几何体(G) ➡ 基准轴 (A)... 命令；单击"基准轴"对话框中的"两平面"按钮 ，选取前视基准面和右视基准面为参考实体；单击 ✔ 按钮，完成基准轴 1 的创建。

Step4. 创建基准面 1。选择下拉菜单 插入(I) ➡ 参考几何体(G) ➡ 基准面(F)... 命令；选取基准轴 1 和右视基准面为参考实体，输入旋转角度值 45.0；单击 ✔ 按钮，完成基准面 1 的创建。

Step5. 创建图 15.3.4 所示的切除-拉伸。选择下拉菜单 插入(I) ➡ 切除(C) ➡ 拉伸(E)... 命令，选取基准面 1 为草绘基准面，绘制图 15.3.5 所示的横断面草图，单击对话框中的 ✔ 按钮。

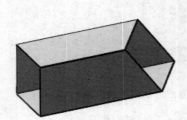

图 15.3.4 切除-拉伸

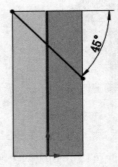

图 15.3.5 横断面草图

Step6. 选择下拉菜单 文件(F) ➡ 保存(S) 命令，将模型命名为"45°扭转两节直角等径方形弯头"，保存钣金模型。

Stage2. 创建钣金整体构件

Step1. 新建一个装配文件，使用两个"45°扭转两节直角等径方形弯头"进行装配得到完整的钣金件，结果如图 15.3.1a 所示。

Step2. 选择下拉菜单 文件(F) ➡ 保存(S) 命令，将模型命名为"45°扭转两节直角等径方形弯头"，保存钣金模型。

Task2. 展平钣金件

Step1. 打开零件模型文件：45°扭转两节直角等径方形弯头。

Step2. 在设计树中右击 平板型式1 特征，在系统弹出的快捷菜单中单击"解除压缩"命令按钮 ，即可将钣金展平，展平结果如图 15.3.1b 所示。

Step3. 保存展开图样。选择下拉菜单 文件(F) ➡ 另存为(A)... 命令，命名为"45°扭转两节直角等径方形弯头展开图样"。

15.4 三节直角等径方形弯头

三节直角等径方形弯头是由三节等径方形管两两垂直连接构成的钣金结构。图 15.4.1 所示的分别是其钣金件及展开图，下面介绍其在 SolidWorks 中的创建和展开的操作过程。

此类钣金件的创建方法是：先创建基础构件，然后对其进行分割切除，将基础构件拆分成三个独立的钣金构件，然后分别对三个钣金构件进行展开，最后使用装配方法，将单独的构件进行装配得到完整的钣金件。

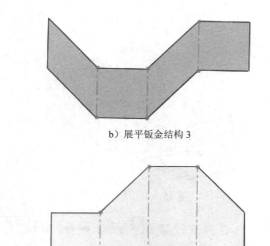

b）展平钣金结构3

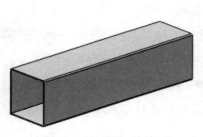

a）未展平状态

c）展平钣金结构1、2

图 15.4.1 三节直角等径方形弯头及其展开图

Task1. 创建钣金件

Step1. 新建一个零件模型文件。

Step2. 创建图 15.4.2 所示的基体-法兰。选择下拉菜单 插入(I) ➡ 钣金 (H) ➡ 基体法兰 (A)... 命令，选取上视基准面为草图基准面，绘制图 15.4.3 所示的横断面草图；在 方向1 区域的下拉列表中选择 给定深度 选项，输入深度值 400.0；在 钣金参数(S) 区域中输入钣金厚度值为 2.0，选中 ☑ 反向(E) 复选框，单击对话框中的 ✓ 按钮。

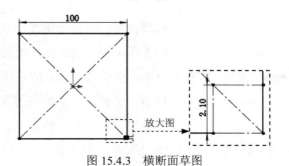

图 15.4.2 基体-法兰

图 15.4.3 横断面草图

Step3. 创建图 15.4.4 所示的切除-拉伸 1。选择下拉菜单 插入(I) ➡ 切除 (C) ➡ 拉伸 (E)... 命令，选取前视基准面为草绘基准面，绘制图 15.4.5 所示的横断面草图；取消选中 ☐ 正交切除(N) 复选框；选中 ☑ 薄壁特征(T) 区域，在该区域的 ↗ 下拉列表中选择 两侧对称 选项，在 ↖ 文本框中输入深度值 0.1；单击对话框中的 ✓ 按钮；在系统弹出的"要保留的实体"对话框中选中 ⦿ 所有实体(A) 单选按钮，单击 确定(K) 按钮。

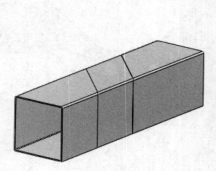

图 15.4.4　切除-拉伸 1

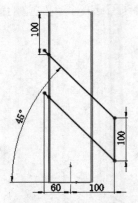

图 15.4.5　横断面草图

Step4. 选择下拉菜单 文件(F) ➡ 保存(S) 命令，命名为"三节直角等径方形弯头"，保存钣金模型。

Step5. 保存钣金构件 1。右击设计树中 切割清单(3) 节点下的 切除-拉伸-薄壁1[1]，在系统弹出的快捷菜单中选择 插入到新零件...(H) 命令；命名为"三节直角等径方形弯头 01"。

Step6. 保存钣金构件 2。右击设计树中 切割清单(3) 节点下的 切除-拉伸-薄壁1[2]，在系统弹出的快捷菜单中选择 插入到新零件...(H) 命令；命名为"三节直角等径方形弯头 02"。

Step7. 保存钣金构件 3。右击设计树中 切割清单(3) 节点下的 切除-拉伸-薄壁1[3]，在系统弹出的快捷菜单中选择 插入到新零件...(H) 命令；命名为"三节直角等径方形弯头 03"。

Task2. 展平钣金件

Stage1. 展开钣金结构 3

Step1. 打开零件模型文件：三节直角等径方形弯头 03。

Step2. 创建图 15.4.6 所示的将实体转换成钣金。选择下拉菜单 插入(I) ➡ 钣金(H) ➡ 折弯(B)... 命令，选取图 15.4.6 所示的模型表面为固定面，单击 ✔ 按钮。

Step3. 保存钣金模型。选择下拉菜单 文件(F) ➡ 保存(S) 命令，保存钣金模型。

Step4. 在设计树中右击 平板型式1 特征，在系统弹出的快捷菜单中单击"解除压缩"命令按钮，即可将钣金展平，展平结果如图 15.4.7 所示。

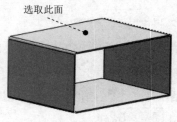

选取此面

图 15.4.6　转换到钣金

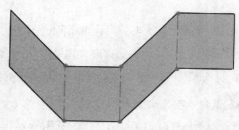

图 15.4.7　展开钣金构件 3

Step5. 保存钣金展开图。选择下拉菜单 文件(F) ➡ 📄 另存为(A)... 命令，命名为"三节直角等径方形弯头展开 03"，保存钣金展开图。

Stage2. 展开钣金结构 1、钣金结构 2

参照 Stage1 步骤，分别打开三节直角等径方形弯头 01 和三节直角等径方形弯头 02，然后将其转换成钣金并展开，分别保存其零件模型和展开图。

说明：该实例中钣金构件 1 和钣金构件 2 是一样的，其钣金构件和展开图分别如图 15.4.8 和图 15.4.9 所示。

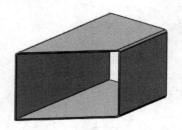

图 15.4.8 钣金结构 1、2

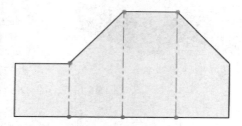

图 15.4.9 展开钣金结构 1、2

Task3. 装配钣金件

新建一个装配文件，将创建的三个钣金构件进行装配，得到完整的钣金件。结果如图 15.4.1a 所示，然后保存钣金件，命名为"三节直角等径方形弯头"。

15.5 三节偏心等径方形弯头

三节偏心等径方形弯头是由三节偏心等径方管两两连接形成的钣金结构。图 15.5.1 所示的分别是其钣金件及展开图，下面介绍其在 SolidWorks 中的创建和展开的操作过程。

此类钣金件的创建方法是：先创建基础构件，然后对其进行分割切除，将基础构件拆分成三个独立的钣金构件，然后分别对三个钣金构件进行展开，最后使用装配方法，将单独的构件进行装配得到完整的钣金件。

Task1. 创建钣金件

Step1. 新建一个零件模型文件。

Step2. 创建基准面 1。选择下拉菜单 插入(I) ➡ 参考几何体(G) ➡ 📐 基准面(P)... 命令；选取上视基准面为参考实体，输入偏移距离值 400.0；单击 ✔ 按钮，完成基准面 1 的创建。

Step3. 创建草图 1。选取上视基准面作为草图基准面，绘制图 15.5.2 所示的草图 1。

Step4. 创建草图 2。选取基准面 1 为草图基准面，绘制图 15.5.3 所示的草图 2。

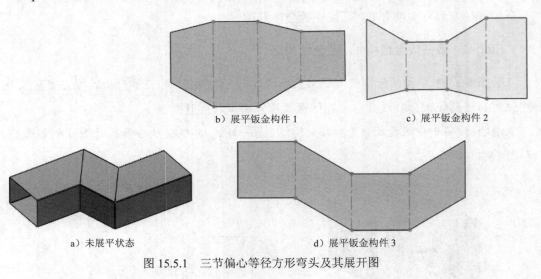

b）展平钣金构件 1   c）展平钣金构件 2

a）未展平状态   d）展平钣金构件 3

图 15.5.1　三节偏心等径方形弯头及其展开图

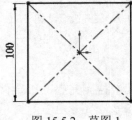

图 15.5.2　草图 1

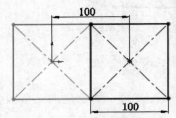

图 15.5.3　草图 2

Step5. 创建图 15.5.4 所示的放样特征。选择下拉菜单 插入(I) ➡ 凸台/基体 (B) ➡ 放样 (L)... 命令，选取草图 1 和草图 2 为放样轮廓，单击 ✔ 按钮。

Step6. 创建图 15.5.5 所示的抽壳 1。选择下拉菜单 插入(I) ➡ 特征(F) ➡ 抽壳 (S) 命令，选取放样特征的两个端面为移除面，在"抽壳 1"对话框的 参数(P) 区域输入壁厚值 1.0，单击 ✔ 按钮，完成抽壳特征的创建。

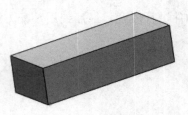

图 15.5.4　放样特征

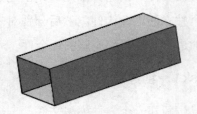

图 15.5.5　抽壳 1

Step7. 创建图 15.5.6 所示的转换到钣金。

（1）选择命令。选择下拉菜单 插入(I) ➡ 钣金 (H) ➡ 转换到钣金 (T)... 命令。

（2）定义固定面。选取图 15.5.6 所示的模型表面为固定面。

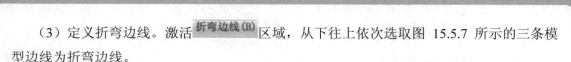

（3）定义折弯边线。激活 折弯边线(B) 区域，从下往上依次选取图 15.5.7 所示的三条模型边线为折弯边线。

（4）定义半径参数。设置钣金厚度为 1.0，折弯半径为 0.5。

（5）定义边角参数。在 边角默认值 区域单击 ⬚ 按钮，在 🔧 文本框中输入缝隙值 0.2。

（6）单击 ✔ 按钮，完成钣金转换。

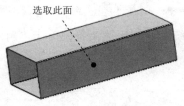

图 15.5.6　钣金到转换

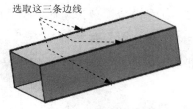

图 15.5.7　选取折弯边线

Step8. 创建图 15.5.8 所示的切除-拉伸 1。选择下拉菜单 插入(I) ➡ 切除(C) ➡
🗔 拉伸(E)... 命令，选取前视基准面为草绘基准面，绘制图 15.5.9 所示的横断面草图；取消选中 ☐ 正交切除(N) 复选框；选中 ☑ 薄壁特征(T) 区域，在该区域的下拉列表中选择 两侧对称 选项，在 🔧 文本框中输入深度值 0.1；单击对话框中的 ✔ 按钮；在系统弹出的"要保留的实体"对话框中选中 ◉ 所有实体(A) 单选按钮，单击 确定(K) 按钮。

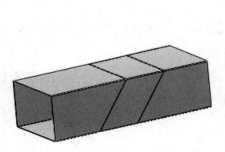

图 15.5.8　切除-拉伸 1

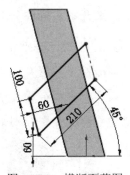

图 15.5.9　横断面草图

Step9. 选择下拉菜单 文件(F) ➡ 🖫 保存(S) 命令，将模型命名为"三节偏心等径方形弯头"，保存钣金模型。

Step10. 保存钣金构件 1。右击设计树中 📇 切割清单(3) 节点下的 🗔 切除-拉伸-薄壁1[1]，在系统弹出的快捷菜单中选择 插入到新零件...(H) 命令；命名为"三节偏心等径方形弯头 01"。

Step11. 保存钣金构件 2。右击设计树中 📇 切割清单(3) 节点下的 🗔 切除-拉伸-薄壁1[2]，在系统弹出的快捷菜单中选择 插入到新零件...(H) 命令；命名为"三节偏心等径方形弯头 02"。

Step12. 保存钣金构件 3。右击设计树中 📇 切割清单(3) 节点下的 🗔 切除-拉伸-薄壁1[3]，在系统弹出的快捷菜单中选择 插入到新零件...(H) 命令；命名为"三节偏心等径方形弯头 03"。

Task2. 展平钣金件

Stage1. 展开钣金构件 1

Step1. 打开零件模型文件：三节偏心等径方形弯头 01。

Step2. 创建图 15.5.10 所示的将实体转换成钣金。选择下拉菜单 插入(I) ➤ 钣金(H) ➤ 折弯(B)... 命令，选取图 15.5.10 所示的模型表面为固定面，单击 ✔ 按钮。

Step3. 保存钣金模型。选择下拉菜单 文件(F) ➤ 💾 保存(S) 命令，保存钣金模型。

Step4. 在设计树中右击 📄 平板型式1 特征，在系统弹出的快捷菜单中单击"解除压缩"命令按钮 ↑🔓，即可将钣金展平，展平结果如图 15.5.11 所示。

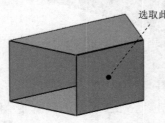
选取此面

图 15.5.10　转换到钣金

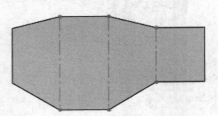

图 15.5.11　展开钣金构件 1

Step5. 保存钣金展开图。选择下拉菜单 文件(F) ➤ 📄 另存为(A)... 命令，命名为"三节偏心等径方形弯头展开 01"，保存钣金展开图。

Stage2. 展开钣金构件 2、钣金构件 3

参照 Stage1 步骤，分别打开三节偏心等径方形弯头 02 和三节偏心等径方形弯头 03，然后将其转换成钣金并展开，分别保存其零件模型和展开图。

说明：该实例中钣金构件 2 和钣金构件 3 的展开方法和钣金构件 1 的展开方法完全一样，其钣金构件和展开图分别如图 15.5.12～图 15.5.15 所示。

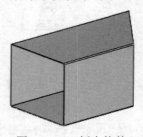

图 15.5.12　钣金构件 2

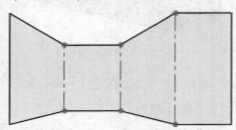

图 15.5.13　展开钣金构件 2

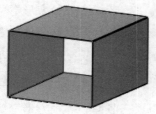

图 15.5.14　钣金构件 3

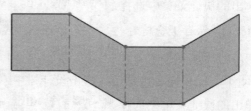

图 15.5.15　展开钣金构件 3

Task3. 装配钣金件

新建一个装配文件，将创建的三个钣金构件进行装配，得到完整的钣金件，结果如图 15.5.1a 所示，然后保存钣金件，命名为"三节偏心等径方形弯头"。

15.6 三节直角矩形换向管

三节直角矩形换向管是由位于两个方向的矩形截面，中间使用过渡钣金连接形成的钣金结构。图 15.6.1 所示的分别是其钣金件及展开图，下面介绍其在 SolidWorks 中创建和展开的操作过程。

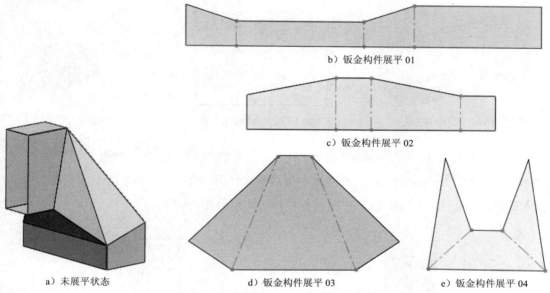

b）钣金构件展平 01

c）钣金构件展平 02

a）未展平状态　　　　d）钣金构件展平 03　　　　e）钣金构件展平 04

图 15.6.1　三节直角矩形换向管及其展开图

此类钣金件的创建是先创建整体零件结构模型，然后使用另存为 IGS 的方法导出曲面，然后分别创建独立的子钣金件，最后使用装配方法创建其完整的钣金件。

Task1. 创建钣金件

Step1. 新建一个零件模型文件。

Step2. 创建图 15.6.2 所示的凸台-拉伸 1。选择下拉菜单 插入(I) ➡ 凸台/基体(B) ➡ 拉伸(E)... 命令，选取上视基准面为草绘基准面，绘制图 15.6.3 所示的横断面草图；输入拉伸深度值 100.0，单击 ✔ 按钮。

Step3. 创建图 15.6.4 所示的切除-拉伸 1。选择下拉菜单 插入(I) ➡ 切除(C) ➡ 拉伸(E)... 命令，选取右视基准面为草图平面，绘制图 15.6.5 所示的横断面草图；在对话框中选中 ☑ 反侧切除(F) 复选框，单击 ✔ 按钮。

图 15.6.2　凸台-拉伸 1

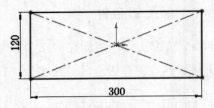

图 15.6.3　横断面草图

Step4. 创建图 15.6.6 所示的基准面 1。选择下拉菜单 插入(I) ➡ 参考几何体(G) ➡ 基准面(P)... 命令（注：具体参数和操作参见随书光盘）。

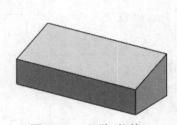

图 15.6.4　切除-拉伸 1

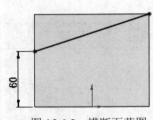

图 15.6.5　横断面草图

图 15.6.6　基准面 1

Step5. 创建图 15.6.7 所示的凸台-拉伸 2。选择下拉菜单 插入(I) ➡ 凸台/基体(B) ➡ 拉伸(E)... 命令，选取基准面 1 为草绘基准面，绘制图 15.6.8 所示的横断面草图；输入拉伸深度值 120.0，单击 按钮调整拉伸方向，单击 按钮。

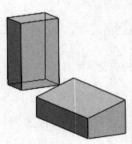

图 15.6.7　凸台-拉伸 2

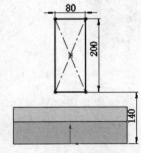

图 15.6.8　横断面草图

Step6. 创建图 15.6.9 所示的切除-拉伸 2。选择下拉菜单 插入(I) ➡ 切除(C) ➡ 拉伸(E)... 命令，选取右视基准面为草图平面，绘制图 15.6.10 所示的横断面草图；单击 按钮。

Step7. 创建图 15.6.11 所示的基准面 2。选择下拉菜单 插入(I) ➡ 参考几何体(G) ➡ 基准面(P)... 命令；选取图 15.6.11 所示的三个顶点为参考实体，单击 按钮。

Step8. 创建图 15.6.12 所示的草图 5。选取基准面 2 为草图基准面，绘制图 15.6.12 所示的草图 5。

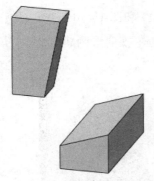

图 15.6.9 切除-拉伸 2

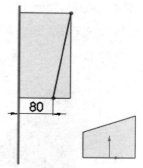

图 15.6.10 横断面草图

Step9. 创建图 15.6.13 所示的曲面-基准面 1。选择下拉菜单 插入(I) ➤ 曲面(S) ➤ 平面区域(P)... 命令；选择草图 5 为对象，单击 ✔ 按钮。

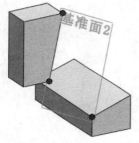

图 15.6.11 基准面 2

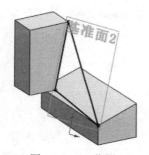

图 15.6.12 草图 5

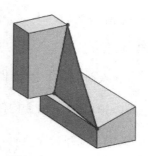

图 15.6.13 曲面-基准面 1

Step10. 参照 Step7～Step9，创建图 15.6.14 所示的其余 5 个曲面-基准面。

Step11. 保存矩形管曲面 01。选中图 15.6.15 所示的模型表面，选择下拉菜单 文件(F) ➤ 另存为(A)... 命令，将其保存为 IGS 文件，命名为"三节直角矩形换向管矩形管 01"，在系统弹出的"输出"对话框中选中 ⊙ 所选面(F) 单选按钮，单击 确定 按钮。

Step12. 保存矩形管曲面 02。选中图 15.6.16 所示的模型表面，选择下拉菜单 文件(F) ➤ 另存为(A)... 命令，将其保存为 IGS 文件，命名为"三节直角矩形换向管矩形管 02"，在系统弹出的"输出"对话框中选中 ⊙ 所选面(F) 单选按钮，单击 确定 按钮。

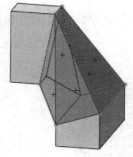

图 15.6.14 创建其余 5 个曲面-基准面

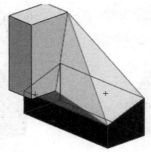

图 15.6.15 选取矩形管曲面 01

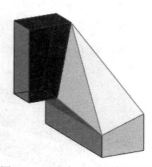

图 15.6.16 选取矩形管曲面 02

Step13. 参照 Step11、Step12，分别选取图 15.6.17 和图 15.6.18 所示的侧曲面对象，将其保存为 IGS 格式的文件，分别命名为"三节直角矩形换向管侧曲面 01"和"三节直角矩形换向管侧曲面 02"。

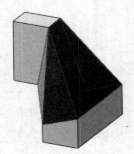　　　　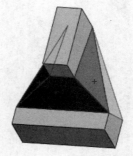

图 15.6.17　选取侧曲面 01　　　　图 15.6.18　选取侧曲面 02

Step14. 选择下拉菜单 文件(F) ➡ 💾 保存(S) 命令，将模型命名为"三节直角矩形换向管"。

Task2. 展平钣金件

Stage1. 展开钣金构件 1

Step1. 打开 IGS 文件：三节直角矩形换向管矩形管 01。

Step2. 加厚曲面。选择下拉菜单 插入(I) ➡ 凸台/基体(B) ➡ 📧 加厚(T)...命令，输入厚度值为 1.0。

说明： 此处加厚曲面注意调整加厚方向向内侧加厚；以下在创建其他钣金件时，注意调整加厚方向以此方向为准。

Step3. 创建图 15.6.19 所示的转换到钣金。

（1）选择命令。选择下拉菜单 插入(I) ➡ 钣金(H) ➡ 🔲 转换到钣金(T)...命令。

（2）定义固定面。选取图 15.6.20 所示的模型表面为固定面。

（3）定义折弯边线。激活 折弯边线(B) 区域，选取图 15.6.20 所示的模型边线为折弯边线。

（4）定义钣金参数。定义钣金厚度值为 1.0，折弯半径为 0.5。

（5）定义边角参数。在 边角默认值 区域单击 🔲 按钮，在 📐 文本框中输入缝隙值 0.2。

（6）单击 ✅ 按钮，完成钣金转换。

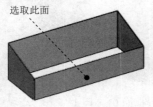　　　　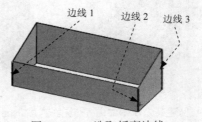

图 15.6.19　转换到钣金　　　　图 15.6.20　选取折弯边线

Step4. 保存钣金模型。选择下拉菜单 文件(F) ➡ 保存(S) 命令，保存钣金模型。

Step5. 在设计树中右击 平板型式1 特征，在系统弹出的快捷菜单中单击"解除压缩"命令按钮，即可将钣金展平，展平结果如图 15.6.21 所示。

图 15.6.21 展开钣金构件 1

Step6. 保存钣金展开图。选择下拉菜单 文件(F) ➡ 另存为(A)... 命令，命名为"三节直角矩形换向管矩形管展开图样 01"，保存钣金展开图。

Stage2. 展开钣金构件 2

参照 Stage1 步骤，打开 IGS 文件"三节直角矩形换向管矩形管 02"，然后将其转换成钣金，结果如图 15.6.22 所示；其展开图如图 15.6.23 所示，将展开图命名为"三节直角矩形换向管矩形管展开图样 02"，并保存钣金展开图。

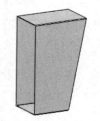

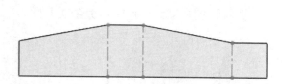

图 15.6.22 转换到钣金   图 15.6.23 展开钣金构件 2

Stage3. 展开钣金构件 3

Step1. 打开 IGS 文件：三节直角矩形换向管侧曲面 01。

Step2. 加厚曲面。选择下拉菜单 插入(I) ➡ 凸台/基体(B) ➡ 加厚(T)... 命令，输入厚度值为 1.0。

Step3. 创建图 15.6.24 所示的转换到钣金。选择下拉菜单 插入(I) ➡ 钣金(H) ➡ 转换到钣金(T)... 命令，选取图 15.6.24 所示的模型表面为固定面，激活 折弯边线(B) 区域，选取图 15.6.25 所示的模型边线为折弯边线，定义钣金厚度值为 1.0，折弯半径为 0.5，单击 ✔ 按钮，完成钣金转换。

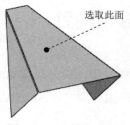

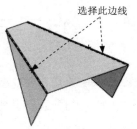

图 15.6.24 转换到钣金   图 15.6.25 选取折弯边线

Step4. 保存钣金模型。选择下拉菜单 文件(F) ➡ 保存(S) 命令，保存钣金模型。

Step5. 在设计树中右击 平板型式1 特征，在系统弹出的快捷菜单中单击"解除压缩"命令按钮 ，即可将钣金展平，展平结果如图 15.6.26 所示。

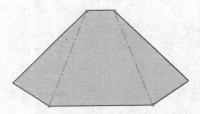

图 15.6.26　展开钣金构件 3

Step6. 保存钣金展开图。选择下拉菜单 文件(F) ➡ 另存为(A)... 命令，命名为"三节直角矩形换向管侧板展开图样 01"，保存钣金展开图。

Stage4. 展开钣金构件 4

参照 Stage1 步骤，打开 IGS 文件"三节直角矩形换向管侧曲面 02"，然后将其转换成钣金，结果如图 15.6.27 所示；其展开图如图 15.6.28 所示，将展开图命名为"三节直角矩形换向管侧板展开图样 02"，并保存钣金展开图。

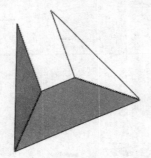

图 15.6.27　转换到钣金

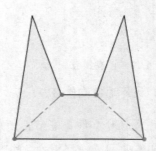

图 15.6.28　展开钣金构件 4

Task3. 装配钣金件

新建一个装配文件，将创建的三个钣金构件进行装配，得到完整的钣金件。结果如图 15.6.1a 所示，然后保存钣金件，命名为"三节直角矩形换向管"。

15.7　三节错位矩形换向管

三节错位矩形换向管是由位于两个方向的矩形截面，中间使用过渡钣金连接形成的钣金结构。图 15.7.1 所示的分别是其钣金件及展开图，下面介绍其在 SolidWorks 中的创建和展开的操作过程。

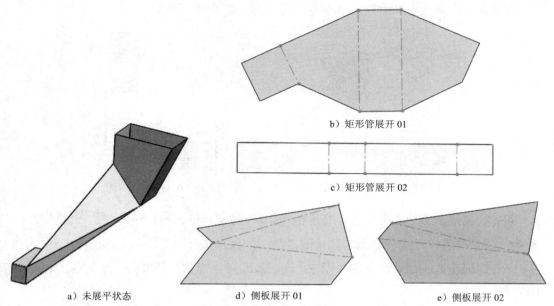

b）矩形管展开 01

c）矩形管展开 02

a）未展平状态　　　　　　　d）侧板展开 01　　　　　　　e）侧板展开 02

图 15.7.1　三节错位矩形换向管及其展开图

此类钣金件的创建方法为：先创建整体零件结构模型，然后使用另存为 IGS 的方法导出曲面，分别创建独立的子钣金件，最后使用装配方法创建其完整的钣金件。

Task1.　创建钣金件

Step1. 新建一个零件模型文件。

Step2. 创建图 15.7.2 所示的凸台-拉伸 1。选择下拉菜单 插入(I) ➡ 凸台/基体(B) ➡ 拉伸(E)... 命令，选取前视基准面为草绘基准面，绘制图 15.7.3 所示的横断面草图；在 方向 1 区域的下拉列表中选择 两侧对称 选项，输入拉伸深度值 100.0，单击 ✔ 按钮。

Step3. 创建图 15.7.4 所示的基准面 1。选择下拉菜单 插入(I) ➡ 参考几何体(G) ➡ 基准面(P)... 命令（注：具体参数和操作参见随书光盘）。

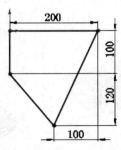

图 15.7.2　凸台-拉伸 1　　　　　图 15.7.3　横断面草图　　　　　图 15.7.4　基准面 1

Step4. 创建图 15.7.5 所示的凸台-拉伸 2。选择下拉菜单 插入(I) ➡ 凸台/基体(B) ➡ 拉伸(E)... 命令，选取基准面 1 为草绘基准面，绘制图 15.7.6 所示的横断面草图；

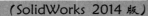

输入拉伸深度值 60.0，单击 按钮调整拉伸方向，单击 按钮。

图 15.7.5 凸台-拉伸 2

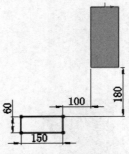

图 15.7.6 横断面草图

Step5. 创建图 15.7.7 所示的基准面 2。选择下拉菜单 插入(I) ➡ 参考几何体(G) ➡ 基准面(P)... 命令，选取图 15.7.7 所示的顶点和直边为参考实体，单击 按钮。

Step6. 创建图 15.7.8 所示的草图 3。选取基准面 2 为草图基准面，绘制图 15.7.8 所示的草图 3。

Step7. 创建图 15.7.9 所示的曲面-基准面 1。选择下拉菜单 插入(I) ➡ 曲面(S) ➡ 平面区域(P)... 命令，选择草图 3 为对象，单击 按钮。

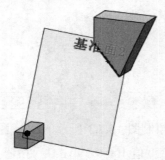

图 15.7.7 基准面 2

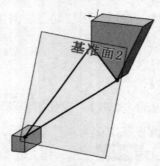

图 15.7.8 草图 3

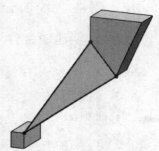

图 15.7.9 曲面-基准面 1

Step8. 参照 Step5～Step7，创建图 15.7.10 所示的其余 5 个曲面-基准面。

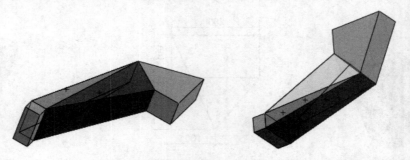

图 15.7.10 创建其余 5 个曲面-基准面

Step9. 选择下拉菜单 文件(F) ➡ 保存(S) 命令，将模型命名为"三节错位矩形换向管"。

Step10. 保存矩形管曲面 01。选中图 15.7.11 所示的模型表面，选择下拉菜单 文件(F) → 另存为(A)... 命令，将其保存为 IGS 文件，命名为"三节错位矩形换向管矩形管 01"；在系统弹出的"输出"对话框中选中 ⊙ 所选面(F) 单选按钮，单击 确定 按钮。

Step11. 保存矩形管曲面 02。选中图 15.7.12 所示的模型表面，选择下拉菜单 文件(F) → 另存为(A)... 命令，将其保存为 IGS 文件，命名为"三节错位矩形换向管矩形管 02"；在系统弹出的"输出"对话框中选中 ⊙ 所选面(F) 单选按钮，单击 确定 按钮。

图 15.7.11　选取矩形曲面 01

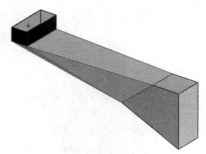

图 15.7.12　选取矩形曲面 02

Step12. 参照 Step10、Step11，分别选取图 15.7.13、图 15.7.14 和图 15.7.15 所示的侧曲面对象，将其保存为 IGS 格式的文件，分别命名为"三节错位矩形换向管侧板 01"、"三节错位矩形换向管侧板 02"和"三节错位矩形换向管侧板 03"。

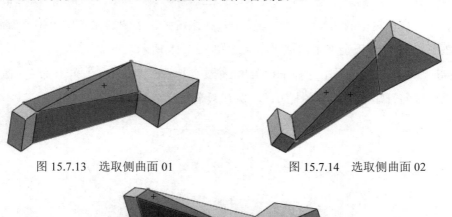

图 15.7.13　选取侧曲面 01　　　　　　图 15.7.14　选取侧曲面 02

图 15.7.15　选取侧曲面 03

Task2. 展平钣金件

Stage1. 展开钣金构件 1

Step1. 打开 IGS 文件：三节错位矩形换向管矩形管 01。

Step2. 加厚曲面。选择下拉菜单 插入(I) ➡ 凸台/基体(B) ➡ 加厚(T)...命令，输入厚度值为 1.0。

说明：此处加厚曲面注意调整加厚方向向内侧加厚；以下在创建其他钣金件时，注意调整加厚方向以此方向为准。

Step3. 创建图 15.7.16 所示的转换到钣金。选择下拉菜单 插入(I) ➡ 钣金(H) ➡ 转换到钣金(T)...命令，选取图 15.7.16 所示的模型表面为固定面，激活 折弯边线(B) 区域，选取图 15.7.17 所示的模型边线为折弯边线，定义钣金厚度值为 1.0，折弯半径为 0.5，在 边角默认值 区域单击 按钮，在 文本框中输入缝隙值 0.2；单击 ✓ 按钮，完成钣金转换。

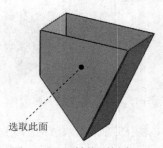

选取此面

图 15.7.16　转换到钣金

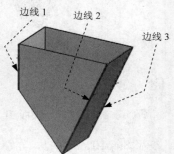

边线 1　边线 2　边线 3

图 15.7.17　选取折弯边线

Step4. 保存钣金模型。选择下拉菜单 文件(F) ➡ 保存(S)命令，保存钣金模型。

Step5. 在设计树中右击 平板型式1 特征，在系统弹出的快捷菜单中单击"解除压缩"命令按钮，即可将钣金展平，展平结果如图 15.7.18 所示。

Step6. 保存钣金展开图。选择下拉菜单 文件(F) ➡ 另存为(A)...命令，命名为"三节错位矩形换向管矩形管展开图样 01"，保存钣金展开图。

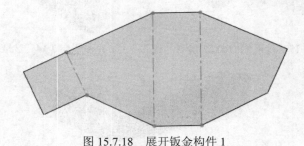

图 15.7.18　展开钣金构件 1

Stage2. 展开钣金构件 2

参照 Stage1 步骤，打开 IGS 文件"三节错位矩形换向管矩形管 02"，然后将其转换成钣金，结果如图 15.7.19 所示；其展开图如图 15.7.20 所示，将展开图命名为"三节错位矩形换向管矩形管展开图样 02"，并保存钣金展开图。

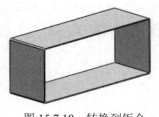

图 15.7.19 转换到钣金

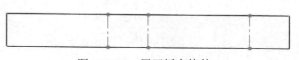

图 15.7.20 展开钣金构件 2

Stage3. 展开钣金构件 3

Step1. 打开 IGS 文件：三节错位矩形换向管侧板 01。

Step2. 加厚曲面。选择下拉菜单 插入(I) ➡ 凸台/基体(B) ➡ 加厚(T)... 命令，输入厚度值为 1.0。

Step3. 创建图 15.7.21 所示的转换到钣金。选择下拉菜单 插入(I) ➡ 钣金(H) ➡ 转换到钣金(T)... 命令；选取图 15.7.21 所示的模型表面为固定面，激活 折弯边线(B) 区域，选取图 15.7.22 所示的模型边线为折弯边线，定义钣金厚度值为 1.0，折弯半径为 0.5，单击 ✓ 按钮，完成钣金转换。

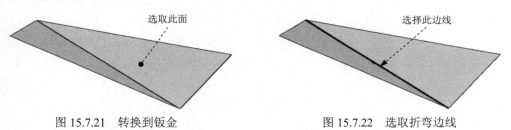

图 15.7.21 转换到钣金　　　　图 15.7.22 选取折弯边线

Step4. 保存钣金模型。选择下拉菜单 文件(F) ➡ 保存(S) 命令，保存钣金模型。

Step5. 在设计树中右击 平板型式1 特征，在系统弹出的快捷菜单中单击"解除压缩"命令按钮 ，即可将钣金展平，展平结果如图 15.7.23 所示。

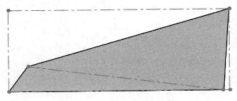

图 15.7.23 展开钣金侧板 1

Step6. 保存钣金展开图。选择下拉菜单 文件(F) ➡ 另存为(A)... 命令，命名为"三节错位矩形换向管侧板展开图样 01"，保存钣金展开图。

Stage4. 展开钣金构件 4

参照 Stage1 步骤，打开 IGS 文件"三节错位矩形换向管侧板 02"和"三节错位矩形换向管侧板 03"，然后将其转换成钣金并创建展开图，展开图分别如图 15.7.24 和图 15.7.25 所示；将展开图命名为"三节错位矩形换向管侧板展开图样 02"和"三节错位矩形换向管侧板展开图样 03"，保存钣金展开图。

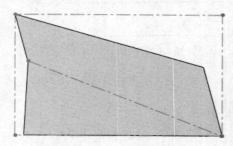

图 15.7.24　展开钣金侧板 2

图 15.7.25　展开钣金侧板 3

Task3. 装配钣金件

新建一个装配文件，将创建的各钣金构件进行装配，得到完整的钣金件，结果如图 15.7.1a 所示，然后保存钣金件，命名为"三节错位矩形换向管"。

第 16 章　方形三通展开

本章提要 本章主要介绍等径方管三通的钣金在 SolidWorks 中的创建和展开过程，包括等径方管三通、等径方管斜交三通、方管 Y 形三通、异径方管 V 形偏心三通、等径矩形管裤型三通。此类钣金都是采用抽壳等方法来创建，然后通过实体转换成钣金件，再进行展开。

16.1　等径方管直交三通

等径方管直交三通是由两节等径方形管正交连接得到的钣金结构。图 16.1.1 所示的分别是其钣金件及展开图，下面介绍其在 SolidWorks 中的创建和展开的操作过程。

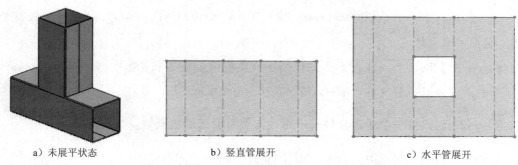

　　　a）未展平状态　　　　　　　b）竖直管展开　　　　　　　c）水平管展开

图 16.1.1　等径方管直交三通及其展开图

此类钣金件的创建方法是：先创建钣金结构零件，然后使用切除分割方法，将其拆分成两个子钣金件，最后分别对其进行展开，并使用装配方法得到完整钣金件。

Task1. 创建等径方管直交三通钣金件

Stage1. 创建钣金结构零件

Step1. 新建一个零件模型文件。

Step2. 创建图 16.1.2 所示的凸台-拉伸。选择下拉菜单 插入(I) ➡ 凸台/基体(B) ➡ 拉伸(E)... 命令，选取前视基准面为草绘基准面，绘制图 16.1.3 所示的横断面草图（注：具体参数和操作参见随书光盘）。

Step3. 创建图 16.1.4 所示的抽壳 1。选择下拉菜单 插入(I) ➡ 特征(F) ➡ 抽壳(S). 命令，选取图 16.1.5 所示的三个面为移除面，在"抽壳 1"对话框的 参数(P) 区域输入壁厚值 2.0；单击 ✓ 按钮，完成抽壳特征的创建。

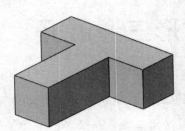

图 16.1.2　凸台-拉伸

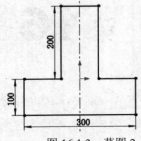

图 16.1.3　草图 2

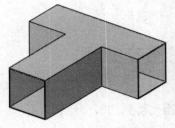

图 16.1.4　抽壳 1

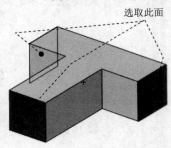

选取此面

图 16.1.5　选取移除面

Step4. 选择下拉菜单 文件(F) ➡ 保存(S) 命令，将模型命名为"等径方管直交三通"，保存模型文件。

Step5. 分割钣金件（注：本步的详细操作过程请参见随书光盘中 video\ch16\reference 文件下的语音视频讲解文件"等径方管直交三通-r01.avi"）。

Stage2. 创建第一个子钣金件——等径方管直交三通竖直管

Step1. 切换到"等径方管直交三通竖直管"窗口。

Step2. 创建移动面特征。选择下拉菜单 插入(I) ➡ 面(F) ➡ 移动(M)... 命令，在对话框中选中 ⦿ 等距(O) 单选按钮，选取图 16.1.6 所示的模型表面为移动面，输入移动距离为 2.5；单击 ✔ 按钮，完成移动面特征的创建。

Step3. 创建图 16.1.7 所示的草图 1。选取图 16.1.7 所示的模型表面为草图基准面，绘制图 16.1.8 所示的草图 1。

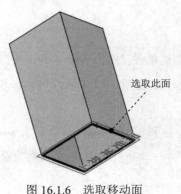

选取此面

图 16.1.6　选取移动面

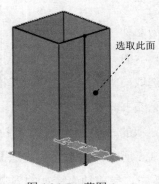

选取此面

图 16.1.7　草图 1

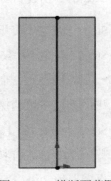

图 16.1.8　横断面草图

Step4. 创建图 16.1.9 所示的实体转换到钣金。

（1）选择命令。选择下拉菜单 插入(I) ➡ 钣金 (H) ➡ 转换到钣金 (T)... 命令。

（2）定义固定面。选取图 16.1.10 所示的模型表面为固定面。

（3）定义切口草图。在对话框中激活 切口草图(S) 区域，选取草图 1 为切口草图。

（4）定义折弯边线。激活 折弯边线(B) 区域，依次选取图 16.1.11 所示的四条模型边线为折弯边线。

（5）定义钣金参数。定义厚度值为 2.0，定义折弯半径值为 2.0。

（6）定义边角参数。在 边角默认值 区域单击 按钮，在 文本框中输入缝隙值 0.2。

（7）单击 按钮，完成钣金转换。

图 16.1.9 转换到钣金　　　图 16.1.10 选取固定面　　　图 16.1.11 选取折弯边线

Step5. 选择下拉菜单 文件(F) ➡ 保存(S) 命令，保存钣金模型。

Stage3. 创建第二个子钣金件——等径方管直交三通水平管

Step1. 切换到"等径方管直交三通水平管"窗口。

Step2. 创建图 16.1.12 所示的草图 1。选取图 16.1.12 所示的模型表面为草图基准面，绘制图 16.1.13 所示的草图。

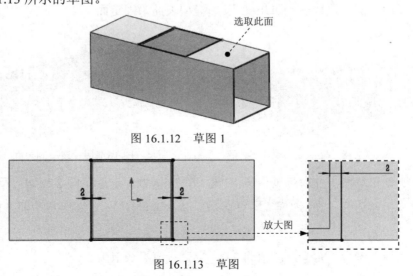

图 16.1.12 草图 1

图 16.1.13 草图

Step3. 创建图 16.1.14 所示的凸台-拉伸。选择下拉菜单 插入(I) ➡ 凸台/基体(B)

➡ 拉伸(E)... 命令，选取水平管一端面为草绘基准面，绘制图 16.1.15 所示的横断面
草图；在 方向1 区域的下拉列表中选择 成形到一面 选项，选择水平管的另一端面为拉伸终止
面，单击对话框中的 ✔ 按钮。

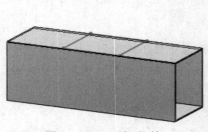

图 16.1.14　凸台-拉伸

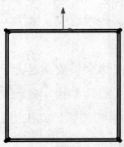

图 16.1.15　横断面草图

Step4. 创建图 16.1.16 所示的草图 2。选取图 16.1.16 所示的模型表面为草图基准面，
绘制图 16.1.17 所示的草图。

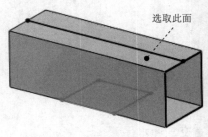

图 16.1.16　草图 2

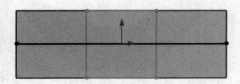

图 16.1.17　草图

Step5. 创建图 16.1.18 所示的实体转换到钣金。

（1）选择命令。选择下拉菜单 插入(I) ➡ 钣金(H) ▶ ➡ 转换到钣金(T)... 命令。

（2）定义固定面。选取图 16.1.19 所示的模型表面为固定面。

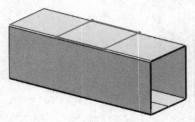

图 16.1.18　转换到钣金

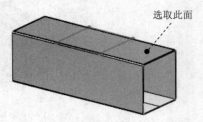

图 16.1.19　选取固定面

（3）定义切口草图。在对话框中激活 切口草图(S) 区域，选取草图 2 为切口草图。

（4）定义折弯边线。激活 折弯边线(B) 区域，依次选取图 16.1.20 所示的四条模型边线为
折弯边线。

（5）定义钣金参数。定义厚度值为 2.0，定义折弯半径值为 2.0。

（6）定义边角参数。在 边角默认值 区域单击 按钮，在 文本框中输入缝隙值 0.5。

（7）单击 按钮，完成钣金转换。

Step6. 创建图 16.1.21 所示的切除-拉伸。选择下拉菜单 插入(I) ➡ 切除(C) ➡ 拉伸(E)... 命令，选取草图 1 为横断面草图，拉伸深度值为 2.5，单击 按钮。

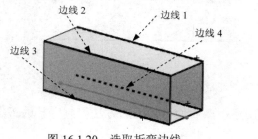

图 16.1.20 选取折弯边线

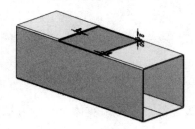

图 16.1.21 切除-拉伸

Step7. 选择下拉菜单 文件(F) ➡ 保存(S) 命令，保存钣金模型。

Stage4. 创建完整钣金件

Step1. 新建一个装配文件，将"等径方管直交三通竖直管"和"等径方管直交三通水平管"进行装配，结果如图 16.1.1a 所示。

Step2. 选择下拉菜单 文件(F) ➡ 保存(S) 命令，将模型命名为"等径方管直交三通"，保存钣金模型。

Task2. 展平钣金件

Stage1. 展开竖直管

Step1. 打开零件模型文件：等径方管直交三通竖直管。

Step2. 在设计树中右击 平板型式1 特征，在系统弹出的快捷菜单中单击"解除压缩"命令按钮 ，即可将钣金展平，展平结果如图 16.1.1b 所示。

Step3. 选择下拉菜单 文件(F) ➡ 另存为(A)... 命令，将模型命名为"等径方管直交三通竖直管展开"，保存展开模型。

Stage2. 展开水平管

Step1. 打开零件模型文件：等径方管直交三通水平管。

Step2. 参照 Stage1 步骤，完成水平管的展开，结果如图 16.1.1c 所示。

16.2 方管 Y 形三通

方管 Y 形三通是由三节互成 120° 夹角的方形管连接得到的钣金结构。图 16.2.1 所示的分别是其钣金件及展开图，下面介绍其在 SolidWorks 中的创建和展开的操作过程。

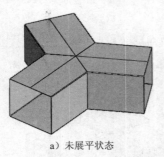

a）未展平状态

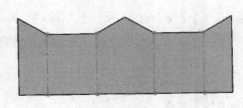

b）展平状态

图 16.2.1　方管 Y 形三通及其展开图

此类钣金件可以使用实体分割的方法来创建，然后使用装配的方法得到完整的钣金件及其展开图。

Task1．创建钣金件

Step1．新建一个零件模型文件。

Step2．创建图 16.2.2 所示的凸台-拉伸。选择下拉菜单 插入(I) ➡ 凸台/基体(B) ➡ 拉伸(E)... 命令，选取前视基准面为草绘基准面，绘制图 16.2.3 所示的横断面草图；在 方向1 区域的下拉列表中选择 两侧对称 选项，在其下的文本框中输入值 150.0；单击对话框中的 ✔ 按钮。

Step3．创建图 16.2.4 所示的抽壳 1。选择下拉菜单 插入(I) ➡ 特征(F) ➡ 抽壳(S) 命令，选取图 16.2.5 所示的三个面为移除面，在"抽壳 1"对话框的 参数(P) 区域输入壁厚值 1.0，单击 ✔ 按钮，完成抽壳特征的创建。

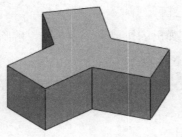

图 16.2.2　凸台-拉伸

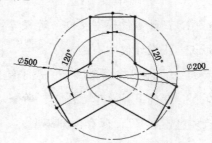

图 16.2.3　横断面草图

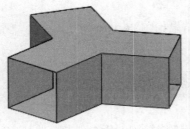

图 16.2.4　抽壳 1

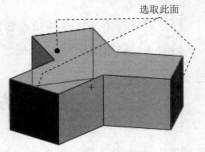

图 16.2.5　选取移除面

Step4. 创建图 16.2.6 所示的切除-拉伸。选择下拉菜单 插入(I) ➡ 切除(C) ➡ 拉伸(E)... 命令，选取前视基准面为草图平面，绘制图 16.2.7 所示的横断面草图；在 ☑ 薄壁特征(T) 区域的下拉列表中选择 两侧对称 选项，在其下的文本框中输入值 0.1，单击 ✔️ 按钮；在系统弹出的"要保留的实体"对话框中选中 ⊙ 所有实体(A) 单选按钮；单击 确定(K) 按钮。

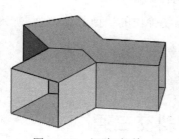

图 16.2.6　切除-拉伸

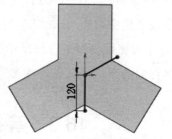

图 16.2.7　横断面草图

Step5. 选择下拉菜单 文件(F) ➡ 💾 保存(S) 命令，将模型命名为"方管 Y 形三通"，保存模型文件。

Step6. 保存钣金构件。右击设计树中 🔲 实体(2) 节点下的 🔲 切除-拉伸-薄壁1[2]，在系统弹出的快捷菜单中选择 插入到新零件...(H) 命令；命名为"方管 Y 形三通子构件"。

Step7. 切换到"方管 Y 形三通子构件"窗口。

Step8. 创建图 16.2.8 所示的切除-拉伸。选择下拉菜单 插入(I) ➡ 切除(C) ➡ 拉伸(E)... 命令，选取图 16.2.8 所示的模型表面为草图平面，绘制图 16.2.9 所示的横断面草图；在对话框中取消选中 ☐ 方向2 复选框；在 ☑ 薄壁特征(T) 区域的下拉列表中选择 两侧对称 选项，在其下的文本框中输入值 0.1；在 方向1 区域的下拉列表中选择 成形到下一面 选项，单击 ✔️ 按钮。

Step9. 创建钣金转换。选择下拉菜单 插入(I) ➡ 钣金(H) ➡ 🔩 折弯(B)... 命令，选取图 16.2.10 所示的模型表面为固定面。

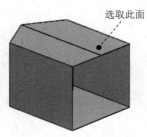

选取此面

图 16.2.8　切除-拉伸

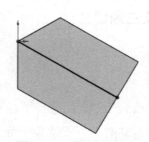

图 16.2.9　横断面草图

选取此面

图 16.2.10　选取固定面

Step10. 选择下拉菜单 文件(F) ➡ 💾 保存(S) 命令，保存钣金子构件模型。

Step11. 新建一个装配文件，将三个"方管 Y 形三通子构件"进行装配，得到完整的钣金件，结果如图 16.2.1a 所示。

Step12. 选择下拉菜单 文件(F) ➡ 保存(S) 命令，将模型命名为"方管 Y 形三通"，
保存钣金模型。

Task2. 展平钣金件

Step1. 打开零件模型文件：方管 Y 形三通子构件。

Step2. 在设计树中右击 平板型式1 特征，在系统弹出的快捷菜单中单击"解除压缩"
命令按钮 ，即可将钣金展平，展平结果如图 16.2.1b 所示。

Step3. 另存为展平结果文件，命名为"方管 Y 形三通子构件展开"。

16.3 等径方管斜交三通

等径方管斜交三通是由两节等径方形管斜交连接得到的钣金结构，图 16.3.1 所示的分
别是其钣金件及展开图，下面介绍其在 SolidWorks 中的创建和展开的操作过程。

此类钣金件的创建方法是：先创建钣金结构零件，然后使用分割命令，将其拆分成两
个子钣金件，最后分别对齐进行展开，并使用装配方法得到完整钣金件。

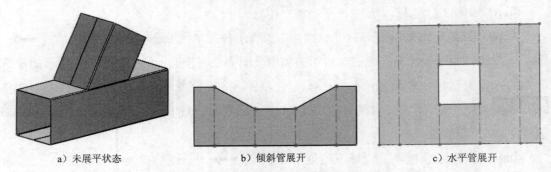

a）未展平状态　　　　　b）倾斜管展开　　　　　c）水平管展开

图 16.3.1　等径方管斜交三通及其展开图

Task1. 创建等径方管斜交三通钣金件

Stage1. 创建钣金结构零件

Step1. 新建一个零件模型文件。

Step2. 创建图 16.3.2 所示的凸台-拉伸。选择下拉菜单 插入(I) ➡ 凸台/基体(B)
➡ 拉伸(E)... 命令，选取前视基准面为草绘基准面，绘制图 16.3.3 所示的横断面草
图；在 方向1 区域的下拉列表中选择 两侧对称 选项，在其下的文本框中输入值 100.0，单击
对话框中的 按钮。

Step3. 创建图 16.3.4 所示的抽壳 1。选择下拉菜单 插入(I) ➡ 特征(F) ➡
抽壳(S)... 命令，选取图 16.3.5 所示的三个面为移除面，在"抽壳 1"对话框的 参数(P) 区

域输入壁厚值 1.0；单击 ✔ 按钮，完成抽壳特征的创建。

图 16.3.2　凸台-拉伸

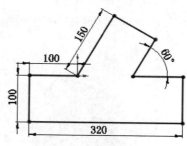

图 16.3.3　草图 2

图 16.3.4　抽壳 1

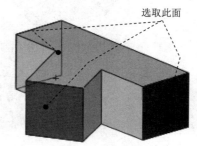

选取此面

图 16.3.5　选取移除面

Step4. 选择下拉菜单 文件(F) ➡ 💾 保存(S) 命令，将模型命名为"等径方管斜交三通"，保存模型文件。

Step5. 分割钣金件。

（1）选择命令。选择下拉菜单 插入(I) ➡ 特征(F) ▶ ➡ 分割(L)... 命令。

（2）定义剪裁曲面。选取上视基准面为剪裁曲面，单击对话框中的 切除零件(C) 按钮。

（3）分割倾斜管。在对话框中的 所产生实体(R) 区域双击 1 ▢ <无> 选项；在图形区，倾斜管高亮显示，在系统弹出的"另存为"对话框中输入零件名称"等径方管斜交三通倾斜管"。

（4）分割水平管。在对话框中的 所产生实体(R) 区域双击 2 ▢ <无> 选项；在图形区，水平管高亮显示，在系统弹出的"另存为"对话框中输入零件名称"等径方管斜交三通水平管"。

（5）单击 ✔ 按钮，完成分割特征的创建。

Step6. 选择下拉菜单 文件(F) ➡ 💾 保存(S) 命令，保存模型文件。

Stage2. 创建第一个子钣金件——等径方管斜交三通倾斜管

Step1. 切换到"等径方管斜交三通倾斜管"窗口。

Step2. 创建图 16.3.6 所示的切除-拉伸。选择下拉菜单 插入(I) ➡ 切除(C) ▶ ➡

拉伸(E)... 命令，选取图 16.3.6 所示的模型表面为草图平面，绘制图 16.3.7 所示的横断面草图；在 ☑ 薄壁特征(T) 区域的下拉列表中选择 两侧对称 选项，在其下的文本框中输入值 0.1；在 方向1 区域的下拉列表中选择 成形到下一面 选项，在对话框中取消选中 ☐ 方向2 复选框，单击 ✔ 按钮。

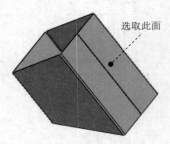
图 16.3.6　切除-拉伸

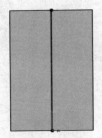
图 16.3.7　横断面草图

Step3. 创建图 16.3.8 所示的将实体转换成钣金。选择下拉菜单 插入(I) ➡ 钣金 (H) ➡ 折弯 (B)... 命令，选取图 16.3.9 所示的模型表面为固定面。单击 ✔ 按钮，系统弹出 SolidWorks 对话框，单击对话框中的 确定 按钮，完成钣金转换。

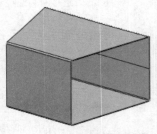
图 16.3.8　实体转换到钣金

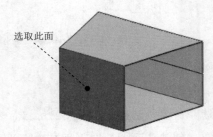
图 16.3.9　选取固定面

Step4. 选择下拉菜单 文件(F) ➡ 保存 (S) 命令，保存钣金模型。

Stage3. 创建第二个子钣金件——等径方管斜交三通水平管

Step1. 切换到"等径方管斜交三通水平管"窗口。

Step2. 创建图 16.3.10 所示的草图 1。选取图 16.3.10 所示的模型表面为草图基准面，绘制图 16.3.11 所示的草图。

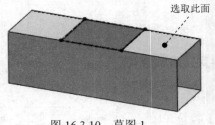
图 16.3.10　草图 1

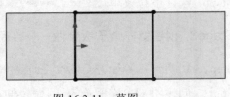
图 16.3.11　草图

Step3. 创建图 16.3.12 所示的凸台-拉伸。选择下拉菜单 插入(I) ➡ 凸台/基体(B)
➡ 拉伸(E)...命令，选取水平管一端面为草绘基准面，绘制图 16.3.13 所示的横断面草图；在 方向1 区域的下拉列表中选择 成形到一面 选项，选择水平管的另一端面为拉伸终止面，单击对话框中的 ✔ 按钮。

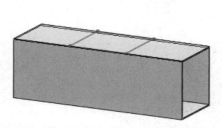

图 16.3.12　凸台-拉伸

图 16.3.13　横断面草图

Step4. 创建图 16.3.14 所示的切除-拉伸。选择下拉菜单 插入(I) ➡ 切除(C) ➡
拉伸(E)...命令，选取图 16.3.14 所示的模型表面为草图平面，绘制图 16.3.15 所示的横断面草图；在对话框中取消选中 ☐ 方向2 复选框，在 ☑ 薄壁特征(T) 区域的下拉列表中选择 两侧对称 选项，在其下的文本框中输入值 0.1，在 方向1 区域的下拉列表中选择 成形到下一面 选项，单击 ✔ 按钮。

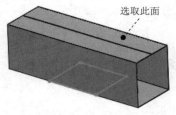

选取此面

图 16.3.14　拉伸-切除

图 16.3.15　横断面草图

Step5. 创建钣金转换。选择下拉菜单 插入(I) ➡ 钣金(H) ➡ 折弯(B)...命令，选取图 16.3.16 所示的模型表面为固定面，单击 ✔ 按钮。

Step6. 创建图 16.3.17 所示的切除-拉伸。选择下拉菜单 插入(I) ➡ 切除(C) ➡
拉伸(E)...命令，选取草图 1 为拉伸截面草图，深度值为 2.0，单击 ✔ 按钮。

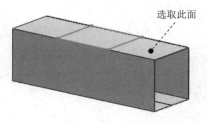

选取此面

图 16.3.16　选取固定面

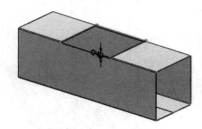

图 16.3.17　切除-拉伸

Step7. 选择下拉菜单 文件(F) ➡ 保存(S)命令，保存钣金模型。

Stage4. 创建完整钣金件

Step1. 新建一个装配文件，将"等径方管斜交三通倾斜管"和"等径方管斜交三通水平管"进行装配，结果如图 16.3.1a 所示。

Step2. 选择下拉菜单 文件(F) ➡ 保存(S) 命令，将模型命名为"等径方管斜交三通"，保存钣金模型。

Task2. 展平钣金件

Stage1. 展开倾斜管

Step1. 打开零件模型文件：等径方管斜交三通倾斜管。

Step2. 在设计树中右击 平板型式1 特征，在系统弹出的快捷菜单中单击"解除压缩"命令按钮 ，即可将钣金展平，展平结果如图 16.3.1b 所示。

Step3. 选择下拉菜单 文件(F) ➡ 另存为(A)... 命令，将模型命名为"等径方管斜交三通倾斜管展开"，保存展开模型。

Stage2. 展开水平管

Step1. 打开零件模型文件：等径方管斜交三通水平管。

Step2. 参照 Stage1 步骤，完成水平管的展开，结果如图 16.3.1c 所示。

16.4 异径方管 V 形偏心三通

异径方管 V 形偏心三通是由两节等径方形管呈 V 形连接得到的钣金结构。图 16.4.1 所示的分别是其钣金件及展开图，下面介绍其在 SolidWorks 中的创建和展开的操作过程。

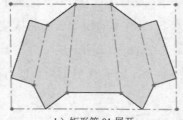

b）矩形管 01 展开

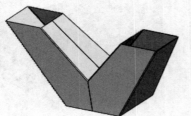

a）未展平状态

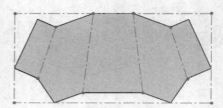

c）矩形管 02 展开

图 16.4.1 异径方管 V 形偏心三通及其展开图

此类钣金件可以使用实体分割的方法来创建，然后使用装配的方法得到完整的钣金件及其展开图。

Task1. 创建钣金件

Stage1. 创建钣金结构零件

Step1. 新建一个零件模型文件。

Step2. 创建基准面 1。选择下拉菜单 插入(I) ➞ 参考几何体(G) ➞ 基准面(P)... 命令；选取上视基准面为参考实体，输入偏移距离值 180.0；单击 ✔ 按钮，完成基准面 1 的创建。

Step3. 创建草图 1。选取上视基准面为草图基准面，绘制图 16.4.2 所示的草图 1。

Step4. 创建草图 2。选取基准面 1 为草图基准面，绘制图 16.4.3 所示的草图 2。

Step5. 创建草图 3。选取基准面 1 为草图基准面，绘制图 16.4.4 所示的草图 3。

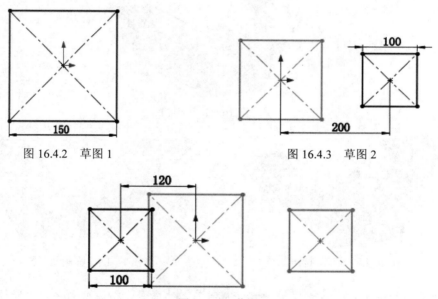

图 16.4.2　草图 1　　　　　　　　图 16.4.3　草图 2

图 16.4.4　草图 3

Step6. 创建图 16.4.5 所示的放样特征 1。选择下拉菜单 插入(I) ➞ 凸台/基体(B) ➞ 放样(L)... 命令，选取草图 1 和草图 3 为放样轮廓，单击 ✔ 按钮。

Step7. 创建图 16.4.6 所示的放样特征 2。选择下拉菜单 插入(I) ➞ 凸台/基体(B) ➞ 放样(L)... 命令，选取草图 1 和草图 2 为放样轮廓，单击 ✔ 按钮。

Step8. 创建图 16.4.7 所示的抽壳 1。选择下拉菜单 插入(I) ➞ 特征(F) ➞ 抽壳(S) 命令，选取模型上的三个端面为移除面，在 "抽壳 1" 对话框的 参数(P) 区域输入壁厚值 1.0；单击 ✔ 按钮，完成抽壳特征的创建。

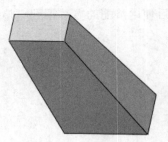
图 16.4.5　放样特征 1

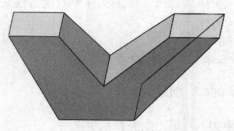
图 16.4.6　放样特征 2

Step9. 创建图 16.4.8 所示的切除-拉伸。选择下拉菜单 插入(I) ➡ 切除(C) ▶ ➡

拉伸(E)... 命令，选取前视基准面为草绘基准面，绘制图 16.4.9 所示的横断面草图；在

薄壁特征(T) 区域的下拉列表中选择 两侧对称 选项，在其下方的文本框中输入值 0.1，单击

对话框中的 ✓ 按钮；在系统弹出的"要保留的实体"对话框中选中 ⊙ 所有实体(A) 单选按钮；

单击 确定(K) 按钮。

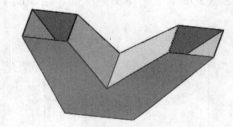
图 16.4.7　抽壳 1

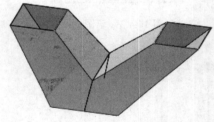
图 16.4.8　切除-拉伸

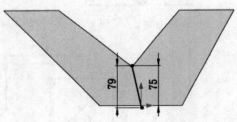
图 16.4.9　横断面草图

Step10. 选择下拉菜单 文件(F) ➡ 保存(S) 命令，将模型命名为"异径方管 V 形

偏心三通"，保存钣金模型。

Step11. 保存矩形管 01。右击设计树中 ⓡ 实体(2) 节点下的 切除-拉伸-薄壁1[1]，在系统弹

出的快捷菜单中选择 插入到新零件...(H) 命令；命名为"异径方管 V 形偏心三通矩形管 01"。

Step12. 保存矩形管 02。右击设计树中 ⓡ 实体(2) 节点下的 切除-拉伸-薄壁1[2]，在系统弹

出的快捷菜单中选择 插入到新零件...(H) 命令；命名为"异径方管 V 形偏心三通矩形管 02"。

Stage2. 创建钣金结构 01

Step1. 切换到"异径方管 V 形偏心三通矩形管 01"窗口。

Step2. 创建图 16.4.10 所示的切除-拉伸。选择下拉菜单 插入(I) ➝ 切除(C) ➝
拉伸(E)... 命令,选取右视基准面为草图平面,绘制图 16.4.11 所示的横断面草图;在对话框中取消选中 □ 方向2 复选框,在 ☑ 薄壁特征(T) 区域的下拉列表中选择 两侧对称 选项,在其下方的文本框中输入值 0.1,在 方向1 区域的下拉列表中选择 成形到下一面 选项,单击"反向"按钮 ⤵,单击 ✓ 按钮。

Step3. 创建钣金转换。选择下拉菜单 插入(I) ➝ 钣金(H) ▶ ➝ 折弯(B)... 命令,选取图 16.4.12 所示的模型表面为固定面,单击 ✓ 按钮。

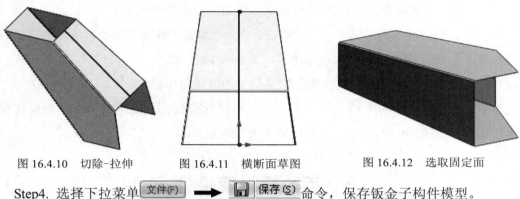

图 16.4.10 切除-拉伸　　图 16.4.11 横断面草图　　图 16.4.12 选取固定面

Step4. 选择下拉菜单 文件(F) ➝ 保存(S) 命令,保存钣金子构件模型。

Stage3. 创建钣金结构 02

Step1. 切换到"异径方管 V 形偏心三通矩形管 02"窗口。

Step2. 创建图 16.4.13 所示的切除-拉伸。选择下拉菜单 插入(I) ➝ 切除(C) ➝
拉伸(E)... 命令,选取右视基准面为草图平面,绘制图 16.4.14 所示的横断面草图;在 ☑ 薄壁特征(T) 区域的下拉列表中选择 两侧对称 选项,在其下方的文本框中输入值 0.1;在 方向1 区域的下拉列表中选择 成形到下一面 选项;在 ☑ 方向2 区域的下拉列表中选择 完全贯穿 选项,单击 ✓ 按钮。

Step3. 创建钣金转换。选择下拉菜单 插入(I) ➝ 钣金(H) ▶ ➝ 折弯(B)... 命令,选取图 16.4.15 所示的模型表面为固定面,单击 ✓ 按钮。

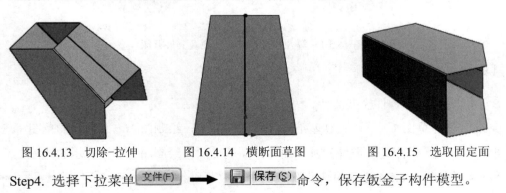

图 16.4.13 切除-拉伸　　图 16.4.14 横断面草图　　图 16.4.15 选取固定面

Step4. 选择下拉菜单 文件(F) ➝ 保存(S) 命令,保存钣金子构件模型。

Stage4. 创建完整钣金件

Step1. 新建一个装配文件，将创建的构件进行装配，得到完整的钣金件，结果如图 16.4.1a 所示。

Step2. 选择下拉菜单 文件(F) ➡ 保存(S) 命令，将模型命名为"异径方管 V 形偏心三通"，保存钣金模型。

Task2. 展平异径方管 V 形偏心三通

Step1. 打开零件模型文件：异径方管 V 形偏心三通矩形管 01。

Step2. 在设计树中右击 平板型式1 特征，在系统弹出的快捷菜单中单击"解除压缩"命令按钮，即可将钣金展平，展平结果如图 16.4.1b 所示。

Step3. 打开零件模型文件：异径方管 V 形偏心三通矩形管 02。

Step4. 在设计树中右击 平板型式1 特征，在系统弹出的快捷菜单中单击"解除压缩"命令按钮，即可将钣金展平，展平结果如图 16.4.1c 所示。

16.5　等径矩形管裤型三通

等径矩形管裤型三通是由等径矩形截面连接形成的裤型三通钣金结构。图 16.5.1 所示的分别是其钣金件及展开图，下面介绍其在 SolidWorks 中的创建和展开的操作过程。

此类钣金件可以使用实体分割的方法来创建，然后使用装配的方法得到完整的钣金件及其展开图。

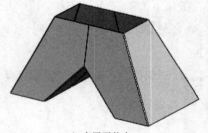
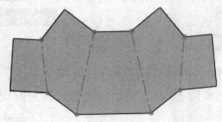

a）未展平状态　　　　　　　　　　　b）展平状态

图 16.5.1　等径矩形管裤型三通及其展开图

Task1. 创建钣金件

Step1. 新建一个零件模型文件。

Step2. 创建草图 1。选取上视基准面为草图基准面，绘制图 16.5.2 所示的草图 1。

Step3. 创建草图 2。选取前视基准面为草图基准面，绘制图 16.5.3 所示的草图 2。

Step4. 创建图 16.5.4 所示的基准面 1。选择下拉菜单 插入(I) ➡ 参考几何体(G) ➡

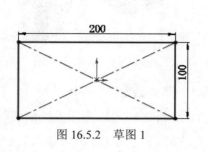
图 16.5.2 草图 1

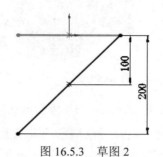
图 16.5.3 草图 2

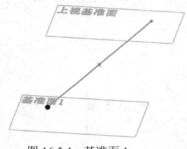
图 16.5.4 基准面 1

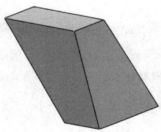
图 16.5.5 草图 3

基准面(P)... 命令；选取上视基准面和图 16.5.4 所示的点为参考实体，单击 ✔ 按钮。

Step5. 创建草图 3。选取基准面 1 为草图基准面，绘制图 16.5.5 所示的草图 3（草图 3 左边的竖直直线经过草图 2 的下端点）。

Step6. 创建图 16.5.6 所示的放样特征。选择下拉菜单 插入(I) ➡️ 凸台/基体 (B) ➡️ 放样 (L)... 命令，选取草图 1 和草图 3 为放样轮廓。单击 ✔ 按钮，完成放样的创建。

Step7. 创建图 16.5.7 所示的镜像特征。选择下拉菜单 插入(I) ➡️ 阵列/镜向 (E) ➡️ 镜向 (M)... 命令，选取右视基准面为镜像平面，选取放样特征为镜像特征；单击 ✔ 按钮，完成镜像特征的创建。

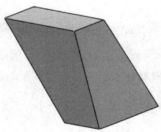
图 16.5.6 放样特征

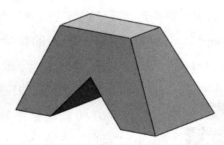
图 16.5.7 镜像特征

Step8. 创建图 16.5.8 所示的抽壳 1。选择下拉菜单 插入(I) ➡️ 特征 (F) ➡️ 抽壳 (S)... 命令，选取图 16.5.9 所示的裤型模型上的三个端面为移除面，在"抽壳 1"对话框的 参数(P) 区域输入壁厚值 1.0；单击 ✔ 按钮，完成抽壳特征的创建。

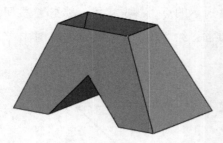

图 16.5.8　抽壳 1

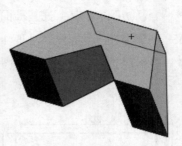

图 16.5.9　选取移除面

Step9. 创建图 16.5.10 所示的切除-拉伸。选择下拉菜单 插入(I) ➡ 切除(C) ➡ 拉伸(E)... 命令，选取前视基准面为草绘基准面，绘制图 16.5.11 所示的横断面草图；在 ☑ 薄壁特征(T) 区域的下拉列表中选择 两侧对称 选项，在其下方的文本框中输入值 0.1，单击对话框中的 ✔ 按钮；在系统弹出的"要保留的实体"对话框中选中 ⊙ 所有实体(A) 单选按钮；单击 确定(K) 按钮。

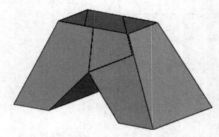

图 16.5.10　切除-拉伸

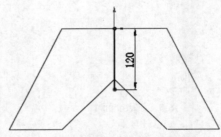

图 16.5.11　横断面草图

Step10. 选择下拉菜单 文件(F) ➡ 📁 保存(S) 命令，将模型命名为"等径矩形管裤型三通"，保存模型文件。

Step11. 保存钣金构件。右击设计树中 🗐 实体(2) 节点下的 🗐 切除-拉伸-薄壁1[2]，在系统弹出的快捷菜单中选择 插入到新零件...(H) 命令；命名为"等径矩形管裤型三通子构件"。

Step12. 切换到"等径矩形管裤型三通子构件"窗口。

Step13. 创建图 16.5.12 所示的切除-拉伸。选择下拉菜单 插入(I) ➡ 切除(C) ➡ 拉伸(E)... 命令，选取右视基准面为草图平面，绘制图 16.5.13 所示的横断面草图；在对话框中取消选中 ☐ 方向2 复选框，在 ☑ 薄壁特征(T) 区域的下拉列表中选择 两侧对称 选项，在其下方的文本框中输入值 0.1；在 方向1 区域的下拉列表中选择 成形到下一面 选项，击"反向"按钮 ↗，单击 ✔ 按钮。

Step14. 创建钣金转换。选择下拉菜单 插入(I) ➡ 钣金(H) ➡ 🗐 折弯(B)... 命令，选取图 16.5.14 所示的模型表面为固定面。

Step15. 选择下拉菜单 文件(F) ➡ 📁 保存(S) 命令，保存钣金子构件模型。

Step16. 切换到"等径矩形管裤型三通"窗口并保存模型。

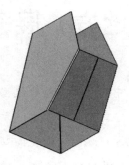

图 16.5.12　切除-拉伸

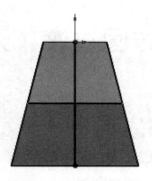

图 16.5.13　横断面草图

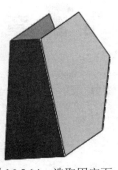

图 16.5.14　选取固定面

Step17. 新建一个装配文件，将三个"等径矩形管裤型三通子构件"进行装配，得到完整的钣金件，结果如图 16.5.1a 所示。

Step18. 选择下拉菜单 文件(F) ➡ 保存 (S) 命令，将模型命名为"等径矩形管裤型三通"，保存钣金模型。

Task2. 展平等径矩形管裤型三通

Step1. 打开零件模型文件：等径矩形管裤型三通子构件。

Step2. 在设计树中右击 平板型式1 特征，在系统弹出的快捷菜单中单击"解除压缩"命令按钮，即可将钣金展平，展平结果如图 16.5.1b 所示。

Step3. 另存为展平结果文件，命名为"等径矩形管裤型三通子构件展开"。

第 **17** 章 方圆过渡（天圆地方）展开

本章提要 本章主要介绍方圆过渡的钣金在 SolidWorks 中的创建和展开过程，包括平口天圆地方、平口偏心天圆地方、平口双偏心天圆地方、方口倾斜天圆地方、方口倾斜双偏心天圆地方、圆口倾斜天圆地方、圆口倾斜双偏心天圆地方、方圆口垂直偏心天圆地方。此类钣金都是采用放样等方法来创建的。

17.1 平口天圆地方

平口天圆地方是由相互平行的同心圆形截面和方形截面使用钣金放样得到的钣金结构。图 17.1.1 所示的分别是其钣金件及展开图，下面介绍其在 SolidWorks 中的创建和展开的操作过程。

a）未展平状态

b）展平状态

图 17.1.1 平口天圆地方及其展开图

Task1. 创建平口天圆地方钣金件

Step1. 新建一个零件模型文件。

Step2. 创建基准面 1。选择下拉菜单 插入(I) ➡ 参考几何体(G) ➡ 基准面(P)... 命令，选取上视基准面为参考实体，输入偏移距离值 100；单击 ✔ 按钮，完成基准面 1 的创建。

Step3. 创建草图 1。选取上视基准面作为草图基准面，绘制图 17.1.2 所示的草图 1。

Step4. 创建草图 2。选取基准面 1 为草图基准面，绘制图 17.1.3 所示的草图 2。

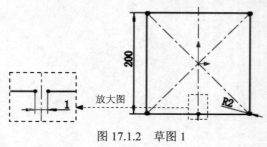
图 17.1.2 草图 1

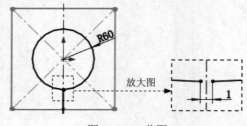
图 17.1.3 草图 2

Step5. 创建图 17.1.1a 所示的平口天圆地方钣金件。选择下拉菜单 插入(I) ➡ 钣金(H) ➡ 放样的折弯(L)… 命令，选取草图 1 和草图 2 作为放样折弯特征的轮廓。在"放样折弯"对话框的 厚度 文本框中输入数值 1.0，并单击"反向"按钮 调整材料方向向内。单击 按钮，完成钣金件的创建。

Step6. 选择下拉菜单 文件(F) ➡ 保存(S) 命令，将模型命名为"平口天圆地方"，保存钣金模型。

Task2. 展平钣金件

Step1. 在设计树中右击 平板型式1 特征，在系统弹出的快捷菜单中单击"解除压缩"命令按钮 ，即可将钣金展平，展平结果如图 17.1.1b 所示。

Step2. 保存展开图样。选择下拉菜单 文件(F) ➡ 另存为(A)… 命令，命名为"平口天圆地方展开图样"。

17.2 平口偏心天圆地方

平口偏心天圆地方是由相互平行的偏心圆形截面和方形截面使用钣金放样得到的钣金结构。图 17.2.1 所示的分别是其钣金件及展开图，下面介绍其在 SolidWorks 中创建和展开的操作过程。

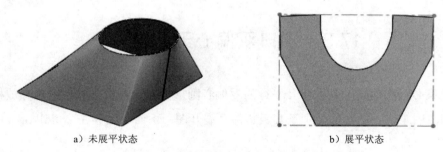

a）未展平状态　　　　　　　　　　b）展平状态

图 17.2.1 平口偏心天圆地方及其展开图

Task1. 创建平口偏心天圆地方钣金件

Step1. 新建一个零件模型文件。

Step2. 创建基准面 1。选择下拉菜单 插入(I) ➡ 参考几何体(G) ➡ 基准面(P)… 命令；选取上视基准面为参考实体，输入偏移距离值 100；单击 按钮，完成基准面 1 的创建。

Step3. 创建草图 1。选取上视基准面作为草图基准面，绘制图 17.2.2 所示的草图 1。

Step4. 创建草图 2。选取基准面 1 为草图基准面，绘制图 17.2.3 所示的草图 2。

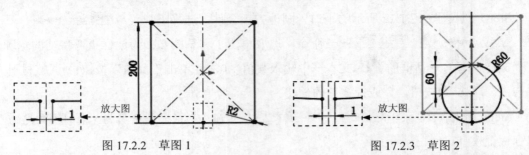

图 17.2.2　草图 1　　　　　　　　　　图 17.2.3　草图 2

Step5. 创建图 17.2.1a 所示的平口偏心天圆地方钣金件。选择下拉菜单 插入(I) ➡️ 钣金(H) ▸ ➡️ 放样的折弯(L)… 命令，选取草图 1 和草图 2 作为放样折弯特征的轮廓。在"放样折弯"对话框的 厚度 文本框中输入数值 1.0，并单击"反向"按钮 调整材料方向向外，单击 ✔ 按钮，完成钣金件的创建。

Step6. 选择下拉菜单 文件(F) ➡️ 保存(S) 命令，将模型命名为"平口偏心天圆地方"，保存钣金模型。

Task2. 展平钣金件

Step1. 在设计树中右击 平板型式1 特征，在系统弹出的快捷菜单中单击"解除压缩"命令按钮 ，即可将钣金展平，展平结果如图 17.2.1b 所示。

Step2. 保存展开图样。选择下拉菜单 文件(F) ➡️ 另存为(A)… 命令，命名为"平口偏心天圆地方展开图样"。

17.3　平口双偏心天圆地方

平口双偏心天圆地方，是由相互平行的双偏心圆形截面和方形截面使用钣金放样得到的钣金结构。图 17.3.1 所示的分别是其钣金件及展开图，下面介绍其在 SolidWorks 中创建和展开的操作过程。

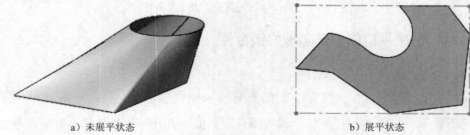

a）未展平状态　　　　　　　　　　b）展平状态

图 17.3.1　平口双偏心天圆地方及其展开图

Task1. 创建平口双偏心天圆地方钣金件

Step1. 新建一个零件模型文件。

Step2. 创建基准面 1。选择下拉菜单 插入(I) ➡ 参考几何体(G) ➡ 基准面(P)... 命令；选取上视基准面为参考实体，输入偏移距离值 100；单击 ✓ 按钮，完成基准面 1 的创建。

Step3. 创建草图 1。选取上视基准面作为草图基准面，绘制图 17.3.2 所示的草图 1。

Step4. 创建草图 2。选取基准面 1 为草图基准面，绘制图 17.3.3 所示的草图 2。

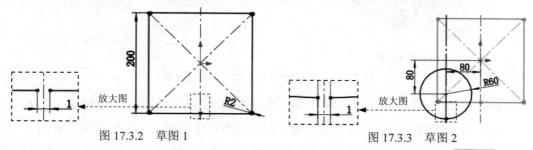

图 17.3.2　草图 1　　　　　　　　　图 17.3.3　草图 2

Step5. 创建图 17.3.1a 所示的平口双偏心天圆地方钣金件。选择下拉菜单 插入(I) ➡ 钣金(H) ➡ 放样的折弯(L)... 命令，选取草图 1 和草图 2 作为放样折弯特征的轮廓。在"放样折弯"对话框的 厚度 文本框中输入数值 1.0，并单击"反向"按钮 调整材料方向向外。单击 ✓ 按钮，完成钣金件的创建。

Step6. 选择下拉菜单 文件(F) ➡ 保存(S) 命令，将模型命名为"平口双偏心天圆地方"，保存钣金模型。

Task2．展平钣金件

Step1. 在设计树中右击 平板型式1 特征，在系统弹出的快捷菜单中单击"解除压缩"命令按钮 ，即可将钣金展平，展平结果如图 17.3.1b 所示。

Step2. 保存展开图样。选择下拉菜单 文件(F) ➡ 另存为(A)... 命令，命名为"平口双偏心天圆地方展开图样"。

17.4　方口倾斜天圆地方

方口倾斜天圆地方，是由一与方口平面成一角度的正垂直截面截断平口天圆地方底部形成的钣金件，图 17.4.1 所示的分别是其钣金件及展开图，下面介绍其在 SolidWorks 中创建和展开的操作过程。

Task1．创建方口倾斜天圆地方钣金件

Step1. 新建一个零件模型文件。

Step2. 创建基准面 1。选择下拉菜单 插入(I) ➡ 参考几何体(G) ➡ 基准面(P)...

命令；选取上视基准面为参考实体，输入偏移距离值 100，单击 ✓ 按钮；完成基准面 1 的创建。

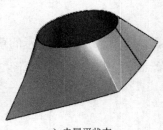

a）未展平状态　　　　　　　　b）展平状态

图 17.4.1　方口倾斜天圆地方及其展开图

Step3. 创建草图 1。选取上视基准面作为草图基准面，绘制图 17.4.2 所示的草图 1。

Step4. 创建草图 2。选取基准面 1 为草图基准面，绘制图 17.4.3 所示的草图 2。

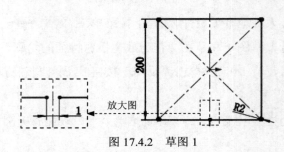　　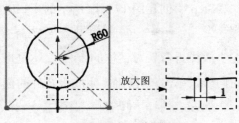

图 17.4.2　草图 1　　　　　　　　　图 17.4.3　草图 2

Step5. 创建图 17.4.4 所示的方口倾斜天圆地方钣金件。选择下拉菜单 插入(I) ➡
钣金(H) ▸ ➡ 放样的折弯(L)… 命令，选取草图 1 和草图 2 作为放样折弯特征的轮廓。在"放样折弯"对话框的 厚度 文本框中输入数值 1.0；单击 ✓ 按钮，完成该钣金件的创建。

图 17.4.4　方口倾斜天圆地方

Step6. 创建图 17.4.5 所示的切除-拉伸。选择下拉菜单 插入(I) ➡ 切除(C) ▸ ➡
拉伸(E)… 命令，选取右视基准面为草绘基准面，绘制图 17.4.6 所示的横断面草图；单击对话框中的 ✓ 按钮。

Step7. 选择下拉菜单 文件(F) ➡ 保存(S) 命令，将模型命名为"方口倾斜天圆地方"，保存钣金模型。

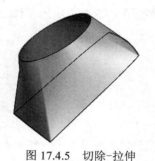

图 17.4.5　切除-拉伸

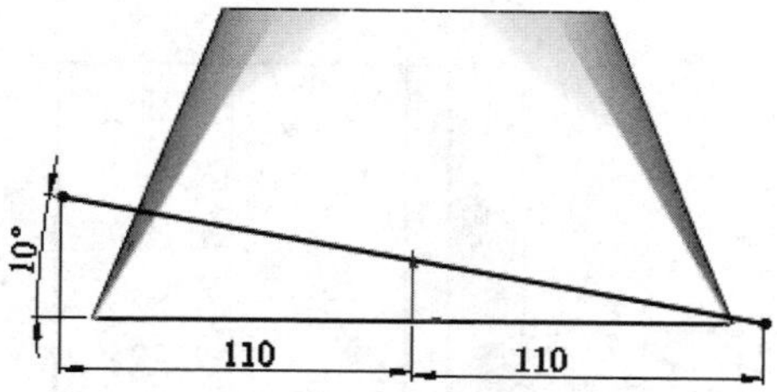

图 17.4.6　横断面草图

Task2. 展平钣金件

Step1. 在设计树中右击 📋 平板型式1 特征，在系统弹出的快捷菜单中单击"解除压缩"命令按钮 ⬆️ ，即可将钣金展平，展平结果如图 17.4.1b 所示。

Step2. 保存展开图样。选择下拉菜单 文件(F) ➡ 📑 另存为 (A)... 命令，命名为"方口倾斜天圆地方展开图样"。

17.5　方口倾斜双偏心天圆地方

方口倾斜双偏心天圆地方，是由一与方口平面成一角度的正垂直截面截断方口倾斜双偏心天圆地方底部形成的钣金件。图 17.5.1 所示的分别是其钣金件及展开图，下面介绍其在 SolidWorks 中创建和展开的操作过程。

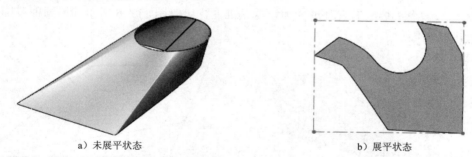

a）未展平状态

b）展平状态

图 17.5.1　方口倾斜双偏心天圆地方及其展开图

Task1. 创建方口倾斜双偏心天圆地方钣金件

Step1. 新建一个零件模型文件。

Step2. 创建基准面 1。选择下拉菜单 插入(I) ➡ 参考几何体 (G) ▸ ➡ 🔲 基准面 (P)... 命令；选取上视基准面为参考实体，输入偏移距离值 100；单击 ✔ 按钮，完成基准面 1 的创建。

Step3. 创建草图 1。选取上视基准面作为草图基准面，绘制图 17.5.2 所示的草图 1。

Step4. 创建草图 2。选取基准面 1 为草图基准面，绘制图 17.5.3 所示的草图 2。

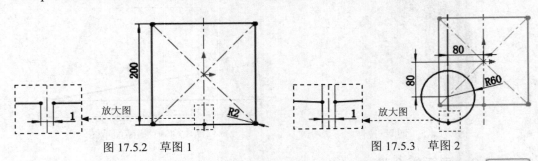

图 17.5.2　草图 1　　　　　　　　　　　图 17.5.3　草图 2

Step5. 创建图 17.5.4 所示的方口倾斜双偏心天圆地方钣金件。选择下拉菜单 `插入(I)`
➡ `钣金(H)` ➡ `放样的折弯(L)…` 命令，选取草图 1 和草图 2 作为放样折弯特征的
轮廓。在"放样折弯"对话框的 `厚度` 文本框中输入数值 1.0，并单击"反向"按钮 调整
材料方向向外，单击 按钮，完成钣金件的创建。

图 17.5.4　方口倾斜双偏心天圆地方

Step6. 创建图 17.5.5 所示的切除-拉伸。选择下拉菜单 `插入(I)` ➡ `切除(C)` ➡
`拉伸(E)…` 命令，选取右视基准面为草绘基准面，绘制图 17.5.6 所示的横断面草图，单
击对话框中的 按钮。

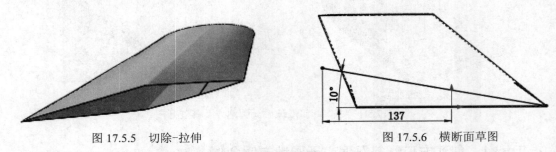

图 17.5.5　切除-拉伸　　　　　　　　　图 17.5.6　横断面草图

Step7. 选择下拉菜单 `文件(F)` ➡ `保存(S)` 命令，将模型命名为"方口倾斜双偏心
天圆地方"，保存钣金模型。

Task2. 展平钣金件

Step1. 在设计树中右击 `平板型式1` 特征，在系统弹出的快捷菜单中单击"解除压缩"
命令按钮 ，即可将钣金展平，展平结果如图 17.5.1b 所示。

Step2. 保存展开图样。选择下拉菜单 文件(F) ➡ 另存为(A)... 命令，命名为"方口倾斜双偏心天圆地方展开图样"。

17.6 圆口倾斜天圆地方

圆口倾斜天圆地方，是由一与圆口平面成一角度的正垂直截面截断平口天圆地方顶部形成的钣金件，图17.6.1所示的分别是其钣金件及展开图，下面介绍其在 SolidWorks 中创建和展开的操作过程。

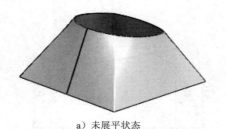
a）未展平状态

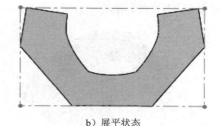
b）展平状态

图 17.6.1 圆口倾斜天圆地方及其展开图

Task1. 创建圆口倾斜天圆地方钣金件

Step1. 新建一个零件模型文件。

Step2. 创建基准面1。选择下拉菜单 插入(I) ➡ 参考几何体(G) ➡ 基准面(P)... 命令，选取上视基准面为参考实体，输入偏移距离值100；单击 ✔ 按钮，完成基准面1的创建。

Step3. 创建草图1。选取上视基准面作为草图基准面，绘制图17.6.2所示的草图1。

Step4. 创建草图2。选取基准面1为草图基准面，绘制图17.6.3所示的草图2。

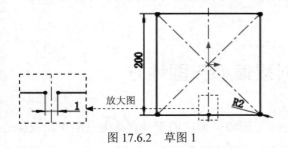
图 17.6.2 草图 1

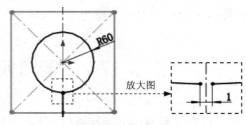
图 17.6.3 草图 2

Step5. 创建图 17.6.4 所示的圆口倾斜天圆地方钣金件。选择下拉菜单 插入(I) ➡ 钣金(H) ➡ 放样的折弯(L)... 命令，选取草图1和草图2作为放样折弯特征的轮廓。在"放样折弯"对话框的 厚度 文本框中输入数值 1.0；单击 ✔ 按钮，完成钣金件的创建。

图 17.6.4　圆口倾斜天圆地方

Step6. 创建图 17.6.5 所示的切除-拉伸。选择下拉菜单 插入(I) ➡ 切除(C) ▸ ➡
🔲 拉伸(E)... 命令，选取右视基准面为草绘基准面，绘制图 17.6.6 所示的横断面草图，单
击对话框中的 ✔ 按钮。

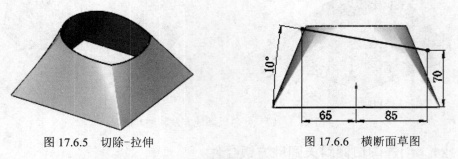

图 17.6.5　切除-拉伸　　　　　　　　　图 17.6.6　横断面草图

Step7. 选择下拉菜单 文件(F) ➡ 💾 保存(S) 命令，将模型命名为"圆口倾斜天圆地
方"，保存钣金模型。

Task2．展平钣金件

Step1. 在设计树中右击 🔳 平板型式1 特征，在系统弹出的快捷菜单中单击"解除压缩"
命令按钮 ⬆🔲，即可将钣金展平，展平结果如图 17.6.1b 所示。

Step2. 保存展开图样。选择下拉菜单 文件(F) ➡ 🔳 另存为 (A)... 命令，命名为"圆
口倾斜天圆地方展开图样"。

17.7　圆口倾斜双偏心天圆地方

　　圆口倾斜双偏心天圆地方，是由一与方口平面成一角度的正垂直截面截断平口双偏心
天圆地方顶部形成的钣金件。图 17.7.1 所示的分别是其钣金件及展开图，下面介绍其在
SolidWorks 中创建和展开的操作过程。

Task1．创建圆口倾斜双偏心天圆地方钣金件

Step1. 新建一个零件模型文件。

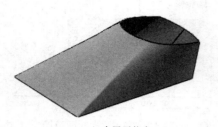

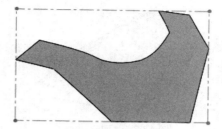

　　　a）未展平状态　　　　　　　　　　　　　　　　　b）展平状态

图 17.7.1　圆口倾斜双偏心天圆地方及其展开图

Step2. 创建基准面 1。选择下拉菜单 插入(I) → 参考几何体(G) → 基准面(P) 命令，选取上视基准面为参考实体，输入偏移距离值 100；单击 按钮，完成基准面 1 的创建。

Step3. 创建草图 1。选取上视基准面作为草图基准面，绘制图 17.7.2 所示的草图 1。

Step4. 创建草图 2。选取基准面 1 为草图基准面，绘制图 17.7.3 所示的草图 2。

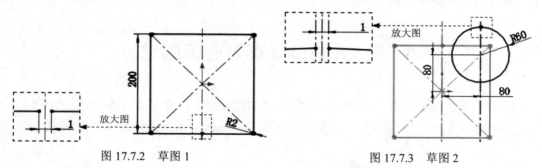

图 17.7.2　草图 1　　　　　　　　　　　　　图 17.7.3　草图 2

Step5. 创建图 17.7.4 所示的圆口倾斜双偏心天圆地方钣金件。选择下拉菜单 插入(I) → 钣金(H) → 放样的折弯(L)... 命令，选取草图 1 和草图 2 作为放样折弯特征的轮廓。在"放样折弯"对话框的 厚度 文本框中输入数值 1.0，并单击"反向"按钮 调整材料方向向外，单击 按钮，完成钣金件的创建。

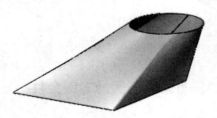

图 17.7.4　圆口倾斜双偏心天圆地方

Step6. 创建图 17.7.5 所示的切除-拉伸。选择下拉菜单 插入(I) → 切除(C) → 拉伸(E)... 命令，选取右视基准面为草绘基准面，绘制图 17.7.6 所示的横断面草图；单击对话框中的 按钮。

Step7. 选择下拉菜单 文件(F) → 保存(S) 命令，将模型命名为"圆口倾斜双偏心天圆地方"，保存钣金模型。

图 17.7.5　切除-拉伸

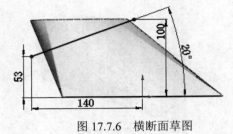

图 17.7.6　横断面草图

Task2.　展平钣金件

Step1. 在设计树中右击 平板型式1 特征，在系统弹出的快捷菜单中单击"解除压缩"命令按钮，即可将钣金展平，展平结果如图 17.7.1b 所示。

Step2. 保存展开图样。选择下拉菜单 文件(F) ➡ 另存为(A)... 命令，命名为"圆口倾斜双偏心天圆地方展开图样"。

17.8　方圆口垂直偏心天圆地方

方圆口垂直偏心天圆地方是由两相互垂直的截面经过放样形成的钣金件。图 17.8.1 所示的分别是其钣金件及展开图，下面介绍其在 SolidWorks 中的创建和展开的操作过程。

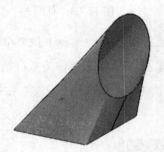

a）未展平状态

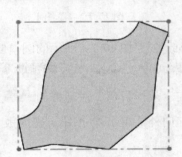

b）展平状态

图 17.8.1　方圆口垂直偏心天圆地方及其展开图

Task1.　创建方圆口垂直偏心天圆地方钣金件

Step1. 新建一个零件模型文件。

Step2. 创建基准面 1。选择下拉菜单 插入(I) ➡ 参考几何体(G) ➡ 基准面(P)... 命令；选取上视基准面为参考实体，输入偏移距离值 150；选中 反转 复选框，单击对话框中的 按钮。

Step3. 创建草图 1。选取前视基准面作为草图基准面，绘制图 17.8.2 所示的草图 1。

Step4. 创建草图 2。选取基准面 1 为草图基准面，绘制图 17.8.3 所示的草图 2。

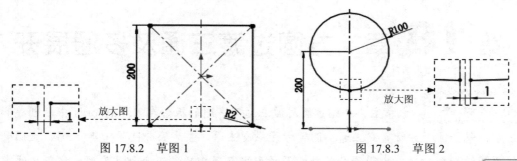

图 17.8.2　草图 1　　　　　　　　　图 17.8.3　草图 2

Step5. 创建图 17.8.1a 所示的方圆口垂直偏心天圆地方钣金件。选择下拉菜单 插入(I) ➡ 钣金(H) ➡ 放样的折弯(L)… 命令，选取草图 1 和草图 2 作为放样折弯特征的轮廓。在"放样折弯"对话框的 厚度 文本框中输入数值 1.0，单击 ✓ 按钮，完成钣金件的创建。

Step6. 选择下拉菜单 文件(F) ➡ 保存(S) 命令，将模型命名为"方圆口垂直偏心天圆地方"，保存钣金模型。

Task2. 展平钣金件

Step1. 在设计树中右击 平板型式1 特征，在系统弹出的快捷菜单中单击"解除压缩"命令按钮 ，即可将钣金展平，展平结果如图 17.8.1b 所示。

Step2. 保存展开图样。选择下拉菜单 文件(F) ➡ 另存为(A)… 命令，命名为"方圆口垂直偏心天圆地方展开图样"。

第18章 方圆过渡三通及多通展开

本章提要 本章主要介绍方圆过渡三通及多通的钣金在 SolidWorks 中的创建和展开过程，包括圆管方管直交三通、圆管方管斜交三通、主方管分圆管 V 形三通、主圆管分异径方管放射形四通、主圆管分异径方管放射形五通。此类钣金都是采用放样等方法来创建的。

18.1　圆管方管直交三通

圆管方管直交三通是由圆管和方管直交连接形成的钣金结构。图 18.1.1 所示的分别是其钣金件及展开图，下面介绍其在 SolidWorks 中的创建和展开的操作过程。

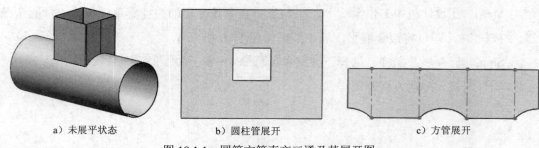

a）未展平状态　　　　b）圆柱管展开　　　　c）方管展开

图 18.1.1　圆管方管直交三通及其展开图

此类钣金件的创建方法是：先创建钣金结构零件，然后使用切除分割方法，将其拆分成两个子钣金件，最后分别对其进行展开，并使用装配方法得到完整钣金件。

Task1. 创建圆管方管直交三通钣金件

Step1. 新建一个零件模型文件。

Step2. 创建图 18.1.2 所示的凸台-拉伸 1。选择下拉菜单 插入(I) ➡ 凸台/基体(B) ➡ 拉伸(E)... 命令。选取前视基准面为草绘基准面，绘制图 18.1.3 所示的横断面草图（注：具体参数和操作参见随书光盘）；单击对话框中的 ✓ 按钮。

Step3. 创建图 18.1.4 所示的凸台-拉伸 2。选择下拉菜单 插入(I) ➡ 凸台/基体(B) ➡ 拉伸(E)... 命令。选取上视基准面为草绘基准面，绘制图 18.1.5 所示的横断面草图，输入深度值 180.0，单击对话框中的 ✓ 按钮。

Step4. 创建图 18.1.6 所示的抽壳 1。选择下拉菜单 插入(I) ➡ 特征(F) ➡

抽壳(S). 命令。选取图 18.1.7 所示的三个面为移除面，在"抽壳 1"对话框的 参数(P) 区域输入壁厚值 1.0；单击 ✓ 按钮，完成抽壳特征的创建。

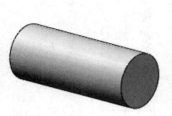

图 18.1.2 凸台-拉伸 1

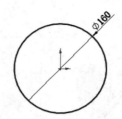

图 18.1.3 横断面草图

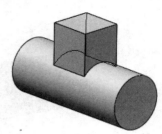

图 18.1.4 凸台-拉伸 2

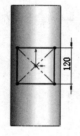

图 18.1.5 横断面草图

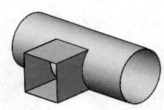

图 18.1.6 抽壳 1

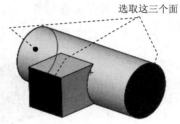

选取这三个面

图 18.1.7 选取移除面

Step5. 创建图 18.1.8 所示的切除-拉伸。选择下拉菜单 插入(I) ➡ 切除(C) ➡ 拉伸(E)... 命令。选取右视基准面为草图平面，绘制图 18.1.9 所示的横断面草图（注：具体参数和操作参见随书光盘）。

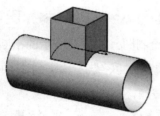

图 18.1.8 切除-拉伸

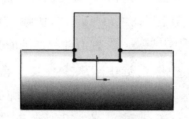

图 18.1.9 横断面草图

Step6. 选择下拉菜单 文件(F) ➡ 保存(S) 命令，将模型命名为"圆管方管直交三通"，保存模型文件。

Step7. 保存圆管子钣金件。右击设计树中 实体 (2) 节点下的 切除-拉伸-薄壁1[1]，在系统弹出的快捷菜单中选择 插入到新零件...(H) 命令；命名为"圆管方管直交三通圆柱管"。

Step8. 保存方管子钣金件。右击设计树中 实体 (2) 节点下的 切除-拉伸-薄壁1[2]，在系统弹出的快捷菜单中选择 插入到新零件...(H) 命令；命名为"圆管方管直交三通方管"。

Step9. 切换到"圆管方管直交三通圆柱管"窗口。

Step10. 创建图 18.1.10 所示的切除-拉伸。选择下拉菜单 插入(I) ➡ 切除(C) ➡ 拉伸(E)... 命令，选取上视基准面为草图平面，绘制图 18.1.11 所示的横断面草图；在对话框中取消选中 □ **方向2** 复选框；在 ☑ **薄壁特征(I)** 区域的下拉列表中选择 **两侧对称** 选项，在其下方的文本框中输入值 0.1，单击 ✔ 按钮。

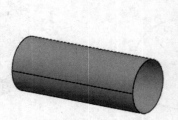

图 18.1.10 切除-拉伸

图 18.1.11 横断面草图

Step11. 创建钣金转换。选择下拉菜单 插入(I) ➡ 钣金(H) ▶ ➡ 折弯(B)... 命令，选取图 18.1.12 所示的模型边线为固定边线，单击 ✔ 按钮。

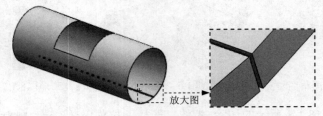

放大图 ➡

图 18.1.12 选取固定边线

Step12. 选择下拉菜单 文件(F) ➡ 保存(S) 命令，保存钣金子构件模型。

Step13. 切换到"圆管方管直交三通方管"窗口。

Step14. 创建图 18.1.13 所示的切除-拉伸。选择下拉菜单 插入(I) ➡ 切除(C) ➡ 拉伸(E)... 命令，选取前视基准面为草图平面，绘制图 18.1.14 所示的横断面草图；在对话框中取消选中 □ **方向2** 复选框；在 ☑ **薄壁特征(I)** 区域的下拉列表中选择 **两侧对称** 选项，在其下方的文本框中输入值 0.1，单击 ✔ 按钮。

Step15. 创建钣金转换。选择下拉菜单 插入(I) ➡ 钣金(H) ▶ ➡ 折弯(B)... 命令，选取图 18.1.15 所示的模型表面为固定面。

Step16. 选择下拉菜单 文件(F) ➡ 保存(S) 命令，保存钣金子构件模型。

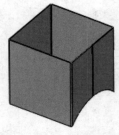

图 18.1.13 切除-拉伸

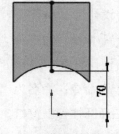

图 18.1.14 横断面草图

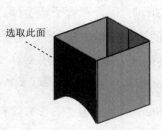

选取此面

图 18.1.15 选取固定面

Step17. 新建一个装配文件，使用创建的圆管子钣金件和方管子钣金件进行装配，得到完整的钣金件，结果如图 18.1.1a 所示。

Step18. 选择下拉菜单 文件(F) ➡ 保存(S) 命令，将模型命名为"圆管方管直交三通"，保存钣金模型。

Task2．展平钣金件

Step1. 打开零件模型文件：圆管方管直交三通圆柱管。

Step2. 在设计树中将"控制棒"拖动到 加工-折弯1 特征上，可以查看其展开状态，展开结果如图 18.1.1b 所示。

Step3. 打开零件模型文件：圆管方管直交三通方管。

Step4. 在设计树中右击 平板型式1 特征，在系统弹出的快捷菜单中单击"解除压缩"按钮 ，即可将钣金展平，展平结果如图 18.1.1c 所示。

18.2　圆管方管斜交三通

圆管方管斜交三通是由圆管和方管斜交连接形成的钣金结构。图 18.2.1 所示的分别是其钣金件及展开图，下面介绍其在 SolidWorks 中的创建和展开的操作过程。

a）未展平状态

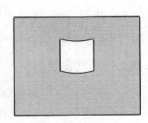
b）圆柱管展开

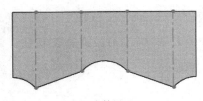
c）方管展开

图 18.2.1　圆管方管斜交三通及其展开

此类钣金件的创建方法是：先创建钣金结构零件，然后使用切除分割方法，将其拆分成两个子钣金件，最后分别对其进行展开，并使用装配方法得到完整钣金件。

Task1．创建圆管方管斜交三通钣金件

Step1. 新建一个零件模型文件。

Step2. 创建图 18.2.2 所示的凸台-拉伸 1。选择下拉菜单 插入(I) ➡ 凸台/基体 (B) ➡ 拉伸(E)... 命令，选取前视基准面为草绘基准面，绘制图 18.2.3 所示的横断面草图；在 方向1 区域的下拉列表中选择 两侧对称 选项，在其下方的文本框中输入值 400.0，单击对话框中的 按钮。

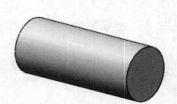

图 18.2.2　凸台-拉伸 1

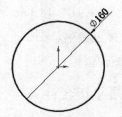

图 18.2.3　横断面草图

Step3. 创建图 18.2.4 所示的凸台-拉伸 2。选择下拉菜单 插入(I) ➡ 凸台/基体 (B) ➡ 拉伸 (E)... 命令，选取上视基准面为草绘基准面，绘制图 18.2.5 所示的横断面草图；在 方向1 区域的下拉列表中选择 两侧对称 选项，输入深度值 120.0，单击对话框中的 ✓ 按钮。

图 18.2.4　凸台-拉伸 2

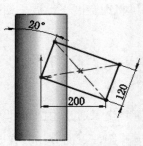

图 18.2.5　横断面草图

Step4. 创建图 18.2.6 所示的抽壳 1。选择下拉菜单 插入(I) ➡ 特征 (F) ➡ 抽壳 (S) 命令，选取图 18.2.7 所示的三个面为移除面，在"抽壳 1"对话框的 参数(P) 区域输入壁厚值 1.0；单击 ✓ 按钮，完成抽壳特征的创建。

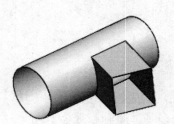

图 18.2.6　抽壳 1

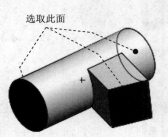

图 18.2.7　选取移除面

Step5. 创建图 18.2.8 所示的切除-拉伸。选择下拉菜单 插入(I) ➡ 切除 (C) ➡ 拉伸 (E)... 命令，选取上视基准面为草图平面，绘制图 18.2.9 所示的横断面草图；在 ☑ 薄壁特征(T) 区域的文本框中输入值 0.5，单击 ✓ 按钮；在系统弹出的"要保留的实体"对话框中选中 ⊙ 所有实体(A) 单选按钮；单击 确定(K) 按钮。

Step6. 选择下拉菜单 文件(F) ➡ 保存 (S) 命令，将模型命名为"圆管方管斜交三通"，保存模型文件。

图 18.2.8 切除-拉伸

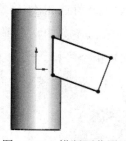

图 18.2.9 横断面草图

Step7. 保存圆管子钣金件。右击设计树中 实体(2) 节点下的 切除-拉伸-薄壁1[1]，在系统弹出的快捷菜单中选择 插入到新零件...(H) 命令；命名为"圆管方管斜交三通圆柱管"。

Step8. 保存方管子钣金件。右击设计树中 实体(2) 节点下的 切除-拉伸-薄壁1[2]，在系统弹出的快捷菜单中选择 插入到新零件...(H) 命令；命名为"圆管方管斜交三通方管"。

Step9. 切换到"圆管方管斜交三通圆柱管"窗口。

Step10. 创建图 18.2.10 所示的切除-拉伸。选择下拉菜单 插入(I) ➡ 切除(C) ➡ 拉伸(E)... 命令，选取右视基准面为草图平面，绘制图 18.2.11 所示的横断面草图；在对话框中取消选中 方向2 复选框，在 薄壁特征(T) 区域的下拉列表中选择 两侧对称 选项，在其下的文本框中输入值 0.1，单击 ✔ 按钮。

Step11. 创建钣金转换。选择下拉菜单 插入(I) ➡ 钣金(H) ➡ 折弯(B)... 命令，选取图 18.2.12 所示的模型边线为固定边线，单击 ✔ 按钮。

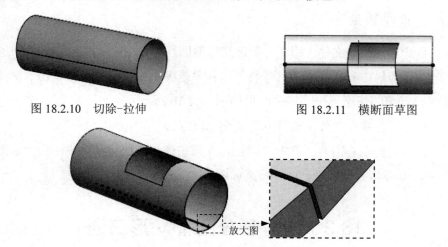

图 18.2.10 切除-拉伸

图 18.2.11 横断面草图

放大图

图 18.2.12 选取固定边线

Step12. 选择下拉菜单 文件(F) ➡ 保存(S) 命令，保存钣金子构件模型。

Step13. 切换到"圆管方管斜交三通方管"窗口。

Step14. 创建图 18.2.13 所示的切除-拉伸。选择下拉菜单 插入(I) ➡ 切除(C) ➡ 拉伸(E)... 命令，选取前视基准面为草图平面，绘制图 18.2.14 所示的横断面草

图；在对话框中取消选中 □ 方向2 复选框；在 ☑ 薄壁特征(T) 区域的下拉列表中选择

两侧对称 选项，在其下方的文本框中输入值 0.1，单击 ✔ 按钮。

Step15. 创建钣金转换。选择下拉菜单 插入(I) ➡ 钣金(H) ▶ 🖐 折弯(B)... 命令，选取图 18.2.15 所示的模型表面为固定面。

选取此面

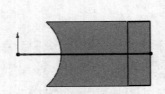

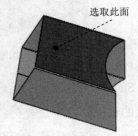

图 18.2.13 切除-拉伸   图 18.2.14 横断面草图   图 18.2.15 选取固定面

Step16. 选择下拉菜单 文件(F) ➡ 🖫 保存(S) 命令，保存钣金子构件模型。

Step17. 切换到"圆管方管斜交三通"窗口。选择下拉菜单 文件(F) ➡ 🖫 保存(S) 命令，保存模型。

Step18. 新建一个装配文件，将创建的圆管子钣金件和方管子钣金件进行装配，得到完整的钣金件，结果如图 18.2.1a 所示。

Step19. 选择下拉菜单 文件(F) ➡ 🖫 保存(S) 命令，将模型命名为"圆管方管斜交三通"，保存钣金模型。

Task2. 展平钣金件

Step1. 打开零件模型文件：圆管方管斜交三通圆柱管。

Step2. 在设计树中右击 🖼 平板型式1 特征，在系统弹出的快捷菜单中单击"解除压缩"命令按钮 🔁，即可将钣金展平，展平结果如图 18.2.1b 所示。

Step3. 打开零件模型文件：圆管方管斜交三通方管。

Step4. 在设计树中右击 🖼 平板型式1 特征，在系统弹出的快捷菜单中单击"解除压缩"命令按钮 🔁，即可将钣金展平，展平结果如图 18.2.1c 所示。

18.3 主方管分圆管 V 形三通

主方管分圆管 V 形三通是由两个天圆地方组合连接形成的三通管。图 18.3.1 所示的分别是其钣金件及展开图，下面介绍其在 SolidWorks 中的创建和展开的操作过程。

此类钣金件因为是对称结构的，可以创建其一半的结构，然后使用装配方法得到完整的钣金件。

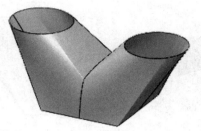

a）未展平状态 b）展平状态

图 18.3.1 主方管分圆管 V 形三通及其展开图

Task1. 创建钣金件

Step1. 新建一个零件模型文件。

Step2. 创建基准面 1。选择下拉菜单 插入(I) ➡ 参考几何体(G) ➡ 基准面(P)... 命令（注：具体参数和操作参见随书光盘）；单击 ✓ 按钮，完成基准面 1 的创建。

Step3. 创建草图 1。选取上视基准面作为草图基准面，绘制图 18.3.2 所示的草图 1。

Step4. 创建草图 2。选取基准面 1 为草图基准面，绘制图 18.3.3 所示的草图 2。

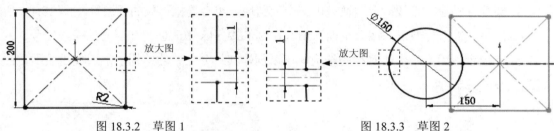

图 18.3.2 草图 1   图 18.3.3 草图 2

Step5. 创建图 18.3.4 所示的放样折弯特征。选择下拉菜单 插入(I) ➡ 钣金(H) ➡ 放样的折弯(L)... 命令，选取草图 1 和草图 2 作为放样折弯特征的轮廓。在"放样折弯"对话框的 厚度 文本框中输入数值 1.0，单击 ✓ 按钮，完成特征创建。

Step6. 创建图 18.3.5 所示的切除-拉伸。选择下拉菜单 插入(I) ➡ 切除(C) ➡ 拉伸(E)... 命令，选取前视基准面为草图平面，绘制图 18.3.6 所示的横断面草图；取消选中 □ 正交切除(N) 复选框，单击 ✓ 按钮。

Step7. 选择下拉菜单 文件(F) ➡ 保存(S) 命令，将模型命名为"主方管分圆管 V 形三通"，保存模型文件。

Step8. 新建一个装配文件，将创建的一半钣金件进行装配得到完整的钣金件，结果如图 18.3.1a 所示。

Step9. 选择下拉菜单 文件(F) ➡ 保存(S) 命令，将模型命名为"主方管分圆管 V 形三通"，保存钣金模型。

图 18.3.4　放样折弯特征

图 18.3.5　切除-拉伸

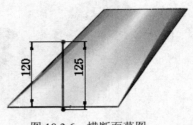

图 18.3.6　横断面草图

Task2.　展平钣金件

Step1. 打开零件模型文件：主方管分圆管 V 形三通。

Step2. 在设计树中右击 平板型式1 特征，在系统弹出的快捷菜单中单击"解除压缩"命令按钮，即可将钣金展平，展平结果如图 18.3.1b 所示。

18.4　主圆管分异径方管放射形四通

主圆管分异径方管放射形四通是由三个天圆地方组合连接形成的四通管。图 18.4.1 所示的分别是其钣金件及展开图，下面介绍其在 SolidWorks 中的创建和展开的操作过程。

此类钣金件因为是中心对称的结构，可以创建其三分之一的结构，然后使用装配方法得到完整的钣金件。

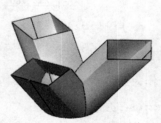

a）未展平状态

b）展平状态

图 18.4.1　主圆管分异径方管放射形四通及其展开图

Task1.　创建钣金件

Step1. 新建一个零件模型文件。

Step2. 创建基准面 1。选择下拉菜单 插入(I) ➡ 参考几何体(G) ➡ 基准面(P) 命令，选取上视基准面为参考实体，输入偏移距离值 180；单击 按钮，完成基准面 1 的创建。

Step3. 创建草图 1。选取上视基准面作为草图基准面，绘制图 18.4.2 所示的草图 1。

Step4. 创建草图 2。选取基准面 1 为草图基准面，绘制图 18.4.3 所示的草图 2。

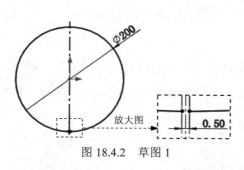

图 18.4.2 草图 1

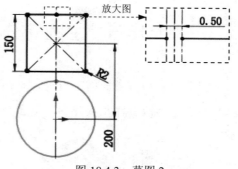

图 18.4.3 草图 2

Step5. 创建图 18.4.4 所示的放样折弯特征。选择下拉菜单 插入(I) ➡ 钣金(H) ▶ ➡ 🔩 放样的折弯(L)… 命令，选取草图 1 和草图 2 作为放样折弯特征的轮廓。在"放样折弯"对话框的 厚度 文本框中输入数值 1.0，单击"反向"按钮 ↗；单击 ✔ 按钮，完成特征的创建。

Step6. 创建图 18.4.5 所示的切除-拉伸。选择下拉菜单 插入(I) ➡ 切除(C) ➡ 🔲 拉伸(E)… 命令，选取上视基准面为草图平面，绘制图 18.4.6 所示的横断面草图，单击 ✔ 按钮。

图 18.4.4 放样折弯特征

图 18.4.5 切除-拉伸

图 18.4.6 横断面草图

Step7. 选择下拉菜单 文件(F) ➡ 🖫 保存(S) 命令，将模型命名为"主圆管分异径方管放射形四通"，保存模型文件。

Step8. 新建一个装配文件，将创建的三分之一钣金件进行装配得到完整的钣金件，结果如图 18.4.1a 所示。

Step9. 选择下拉菜单 文件(F) ➡ 🖫 保存(S) 命令，将模型命名为"主圆管分异径方管放射形四通"，保存钣金模型。

Task2. 展平钣金件

Step1. 打开零件模型文件：主圆管分异径方管放射形四通。

Step2. 在设计树中右击 🖳 平板型式1 特征，在系统弹出的快捷菜单中单击"解除压缩"命令按钮 ⬆️，即可将钣金展平，展平结果如图 18.4.1b 所示。

18.5　主圆管分异径方管放射形五通

主圆管分异径方管放射形五通，是由四个天圆地方组合连接形成的四通管。图 18.5.1 所示的分别是其钣金件及展开图，下面介绍其在 SolidWorks 中的创建和展开的操作过程。

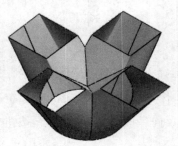
a）未展平状态

b）展平状态

图 18.5.1　主圆管分异径方管放射形五通及其展开图

此类钣金件因为是中心对称的结构，可以创建其四分之一的结构，然后使用装配方法得到完整的钣金件。

Task1. 创建钣金件

Step1. 新建一个零件模型文件。

Step2. 创建基准面 1。选择下拉菜单 插入(I) ➡ 参考几何体(G) ➡ ⟍ 基准面(P)... 命令，选取上视基准面为参考实体，输入偏移距离值 220；单击 ✓ 按钮，完成基准面 1 的创建。

Step3. 创建草图 1。选取上视基准面作为草图基准面，绘制图 18.5.2 所示的草图 1。

Step4. 创建草图 2。选取基准面 1 为草图基准面，绘制图 18.5.3 所示的草图 2。

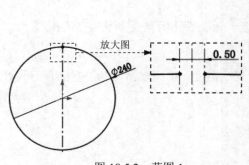
图 18.5.2　草图 1

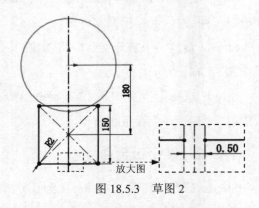
图 18.5.3　草图 2

Step5. 创建图 18.5.4 所示的放样折弯特征，选择下拉菜单 插入(I) ➡ 钣金(H) ➡ 🔔 放样的折弯(L)... 命令，选取草图 1 和草图 2 作为放样折弯特征的轮廓。在"放样折弯"对话框的 **厚度** 文本框中输入数值 1.0，单击 按钮，完成特征的创建。

Step6. 创建图 18.5.5 所示的切除-拉伸。选择下拉菜单 插入(I) ➡ 切除(C) ➡

拉伸(E)... 命令，选取上视基准面为草图平面，绘制图 18.5.6 所示的横断面草图；选中

☑ 反侧切除(F) 复选框，单击 按钮。

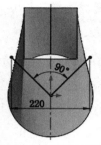

图 18.5.4 放样折弯特征 　　　图 18.5.5 切除-拉伸 　　　图 18.5.6 横断面草图

Step7. 选择下拉菜单 文件(F) ➡ 保存(S) 命令，将模型命名为"主圆管分异径方管放射形五通"，保存模型文件。

Step8. 新建一个装配文件，将创建的四分之一钣金件进行装配得到完整的钣金件，结果如图 18.5.1a 所示。

Step9. 选择下拉菜单 文件(F) ➡ 保存(S) 命令，将模型命名为"主圆管分异径方管放射形五通"，保存钣金模型。

Task2. 展平钣金件

Step1. 打开零件模型文件：主圆管分异径方管放射形五通。

Step2. 在设计树中右击 平板型式1 特征，在系统弹出的快捷菜单中单击"解除压缩"命令按钮 ，即可将钣金展平，展平结果如图 18.5.1b 所示。

第 **19** 章　其他相贯体展开

本章主要介绍相贯体类的钣金在 SolidWorks 中的创建和展开过程，包括之前介绍的几种常见基本体的相贯得到的较为复杂的相贯钣金件，如圆柱与圆台、圆锥的相贯，矩形管（或方形管）与圆柱、圆锥或圆台之间的相贯等。此类钣金都是采用实体抽壳后分割并转化为钣金的方法来创建的。

19.1　异径圆管直角三通

异径圆管直角三通是由两异径圆管直角连接形成的钣金结构。此类钣金件的创建方法是：先创建钣金结构零件，然后使用切除分割方法，将其拆分成两个子钣金件，最后分别对其进行展开，并使用装配方法得到完整钣金件。图 19.1.1 所示的分别是其钣金件及展开图，下面介绍其在 SolidWorks 中的创建和展开的操作过程。

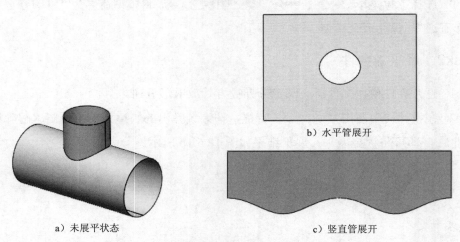

b）水平管展开

a）未展平状态

c）竖直管展开

图 19.1.1　异径圆管直角三通及其展开图

Task1. 异径圆管直角三通钣金件

Step1. 新建一个零件模型文件。

Step2. 创建图 19.1.2 所示的凸台-拉伸 1。选择下拉菜单 插入(I) ➡ 凸台/基体(B) ➡ 拉伸(E)... 命令，选取前视基准面为草绘基准面，绘制图 19.1.3 所示的横断面草图；在 方向1 区域的下拉列表中选择 两侧对称 选项，在其下方的文本框中输入值 450.0，单击对话框中的 ✓ 按钮。

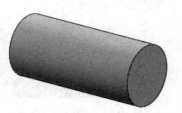

图 19.1.2 凸台-拉伸 1

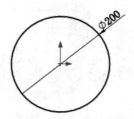

图 19.1.3 横断面草图

Step3. 创建图 19.1.4 所示的凸台-拉伸 2。选择下拉菜单 插入(I) ➡ 凸台/基体(B) ➡ 拉伸(E)... 命令，选取上视基准面为草绘基准面，绘制图 19.1.5 所示的横断面草图；输入深度值 200.0，单击对话框中的 ✔ 按钮。

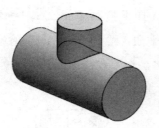

图 19.1.4 凸台-拉伸 2

图 19.1.5 横断面草图

Step4. 创建图 19.1.6 所示的抽壳 1。选择下拉菜单 插入(I) ➡ 特征(F) ➡ 抽壳(S) 命令，选取图 19.1.7 所示的三个面为移除面，在"抽壳 1"对话框的 参数(P) 区域输入壁厚值 1.0；单击 ✔ 按钮，完成抽壳特征的创建。

Step5. 选择下拉菜单 文件(F) ➡ 保存(S) 命令，将模型命名为"异径圆管直角三通"，保存钣金模型。

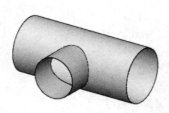

图 19.1.6 抽壳 1

选取此三个面

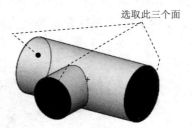

图 19.1.7 选取移除面

Step6. 创建图 19.1.8 所示的切除-拉伸。选择下拉菜单 插入(I) ➡ 切除(C) ➡ 拉伸(E)... 命令，选取右视基准面为草图平面，绘制图 19.1.9 所示的横断面草图（注：具体参数和操作参见随书光盘）。

Step7. 保存水平管子钣金件。右击设计树中 实体(2) 节点下的 切除-拉伸-薄壁1[1]，在系统弹出的快捷菜单中选择 插入到新零件...(H) 命令；命名为"异径圆管直角三通水平管"。

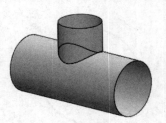

图 19.1.8　切除-拉伸

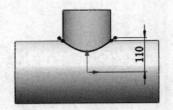

图 19.1.9　横断面草图

Step8. 保存竖直管子钣金件。切换到"异径圆管直角三通"窗口，右击设计树中 实体(2) 节点下的 切除-拉伸-薄壁1[2]，在系统弹出的快捷菜单中选择 插入到新零件...(H) 命令；命名为"异径圆管直角三通竖直管"。

Step9. 切换到"异径圆管直角三通水平管"窗口。

Step10. 创建图 19.1.10 所示的切除-拉伸。选择下拉菜单 插入(I) ➡ 切除(C) ➡ 拉伸(E)... 命令，选取上视基准面为草图平面，绘制图 19.1.11 所示的横断面草图；在对话框中取消选中 方向2 复选框，在 薄壁特征(T) 区域的下拉列表中选择 两侧对称 选项，在其下方的文本框中输入值 0.1，单击 按钮。

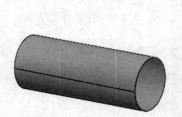

图 19.1.10　切除-拉伸

图 19.1.11　横断面草图

Step11. 创建钣金转换。选择下拉菜单 插入(I) ➡ 钣金(H) ➡ 折弯(B)... 命令，选取图 19.1.12 所示的模型边线为固定边线。

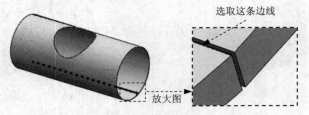

选取这条边线

放大图

图 19.1.12　选取固定边线

Step12. 选择下拉菜单 文件(F) ➡ 保存(S) 命令，保存钣金子构件模型。

Step13. 切换到"异径圆管直角三通竖直管"窗口。

Step14. 创建图 19.1.13 所示的切除-拉伸。选择下拉菜单 插入(I) ➡ 切除(C) ➡ 拉伸(E)... 命令，选取前视基准面为草图平面，绘制图 19.1.14 所示的横断面草图；在对话框中取消选中 □方向2 复选框，在 ☑薄壁特征(T) 区域的下拉列表中选择 两侧对称 选项，在其下方的文本框中输入值 0.1，单击 ✔ 按钮。

Step15. 创建钣金转换。选择下拉菜单 插入(I) ➡ 钣金(H) ▶ ➡ 折弯(B)... 命令，选取图 19.1.15 所示的模型边线为固定边线。

Step16. 选择下拉菜单 文件(F) ➡ 保存(S) 命令，保存钣金子构件模型。

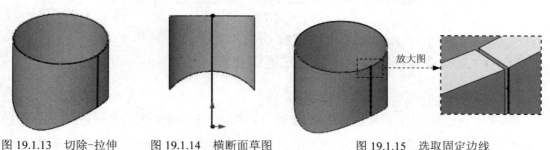

图 19.1.13　切除-拉伸　　　图 19.1.14　横断面草图　　　图 19.1.15　选取固定边线

Step17. 切换到"异径圆管直角三通"窗口。选择下拉菜单 文件(F) ➡ 保存(S) 命令，保存模型。

Step18. 新建一个装配文件，将创建的竖直管钣金件和水平管钣金件进行装配，得到完整的钣金件，结果如图 19.1.1a 所示。

Step19. 选择下拉菜单 文件(F) ➡ 保存(S) 命令，将模型命名为"异径圆管直角三通"，保存钣金模型。

Task2. 展平钣金件

Step1. 打开零件模型文件：异径圆管直角三通水平管。

Step2. 在设计树中将"控制棒"拖动到 加工-折弯3 特征之上，可以查看其展开状态，展开结果如图 19.1.1b 所示。

Step3. 打开零件模型文件：异径圆管直角三通竖直管。

Step4. 在设计树中将"控制棒"拖动到 加工-折弯3 特征之上，可以查看其展开状态，展开结果如图 19.1.1c 所示。

19.2　异径圆管偏心斜交三通

异径圆管偏心斜交三通是由圆管偏心斜交连接形成的钣金结构。此类钣金件的创建方法是：先创建钣金结构零件，然后使用另存为方法导出曲面进行子钣金件的创建，最后分别对其进行展开，并使用装配方法得到完整钣金件。图 19.2.1 所示的分别是其钣金件及展开图，下面介绍其在 SolidWorks 中的创建和展开的操作过程。

a）未展平状态

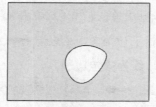

b）水平管展开

c）倾斜管展开

图 19.2.1　异径圆管偏心斜交三通及其展开图

Task1．创建异径圆管偏心斜交三通钣金件

Step1．新建一个零件模型文件。

Step2．创建图 19.2.2 所示的凸台-拉伸 1。选择下拉菜单 插入(I) ➡ 凸台/基体(B) ➡ 拉伸(E)... 命令，选取前视基准面为草绘基准面，绘制图 19.2.3 所示的横断面草图；在 方向1 区域的下拉列表中选择 两侧对称 选项，在其下方的文本框中输入值 450.0，单击对话框中的 ✔ 按钮。

Step3．创建图 19.2.4 所示的基准轴 1。选择下拉菜单 插入(I) ➡ 参考几何体(G) ➡ 基准轴(A)... 命令；选择前视基准面和上视基准面为参考实体，单击 ✔ 按钮。

图 19.2.2　凸台-拉伸 1

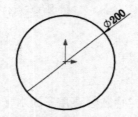

图 19.2.3　横断面草图

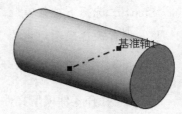

图 19.2.4　基准轴 1

Step4．创建图 19.2.5 所示的基准面 1。选择下拉菜单 插入(I) ➡ 参考几何体(G) ➡ 基准面(P)... 命令；选取基准轴 1 和上视基准面为参考实体，输入旋转角度值 30，单击 ✔ 按钮。

Step5．创建图 19.2.6 所示的凸台-拉伸 2。选择下拉菜单 插入(I) ➡ 凸台/基体(B) ➡ 拉伸(E)... 命令，选取基准面 1 为草绘基准面，绘制图 19.2.7 所示的横断面草图；输入深度值 240.0，单击对话框中的 ✔ 按钮。

Step6．保存倾斜管曲面。选中图 19.2.8 所示的模型表面，选择下拉菜单 文件(F) ➡ 另存为(A)... 命令，将其保存为 IGS 文件，命名为"异径圆管偏心斜交三通倾斜管"；在系统弹出的"输出"对话框中选中 ⊙ 所选面(F) 单选按钮，单击 确定 按钮。

Step7．保存水平管曲面。选中图 19.2.9 所示的模型表面，选择下拉菜单 文件(F) ➡ 另存为(A)... 命令，将其保存为 IGS 文件，命名为"异径圆管偏心斜交三通水平管"；在系统弹出的"输出"对话框中选中 ⊙ 所选面(F) 单选按钮，单击 确定 按钮。

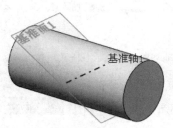

图 19.2.5　基准面 1

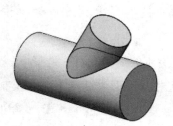

图 19.2.6　凸台-拉伸 2

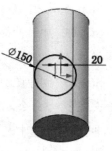

图 19.2.7　横断面草图

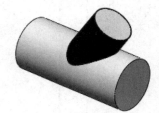

图 19.2.8　选取倾斜管曲面

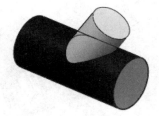

图 19.2.9　选取水平管曲面

Step8. 选择下拉菜单 文件(F) ➡ 保存(S) 命令，将模型命名为"异径圆管偏心斜交三通"。

Step9. 打开 IGS 文件：异径圆管偏心斜交三通倾斜管。

Step10. 加厚曲面。选择下拉菜单 插入(I) ➡ 凸台/基体(B) ➡ 加厚(T)... 命令，输入厚度值为 1.0。

Step11. 创建图 19.2.10 所示的切除-拉伸。选择下拉菜单 插入(I) ➡ 切除(C) ➡ 拉伸(E)... 命令，选取前视基准面为草图平面，绘制图 19.2.11 所示的横断面草图；在 ☑ 薄壁特征(T) 区域的下拉列表中选择 两侧对称 选项，在其下方的文本框中输入值 0.1；在 方向1 区域的下拉列表中选择 两侧对称 选项，在其下方的文本框中输入值 140.0，单击 ✅ 按钮。

Step12. 创建钣金转换。选择下拉菜单 插入(I) ➡ 钣金(H) ➡ 折弯(B)... 命令，选取图 19.2.12 所示的模型边线为固定边线。

图 19.2.10　切除-拉伸

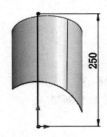

图 19.2.11　横断面草图

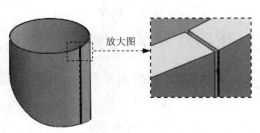

放大图

图 19.2.12　选取固定边线

Step13. 选择下拉菜单 文件(F) ➡ 保存(S) 命令，保存钣金子构件模型。

Step14. 打开 IGS 文件：异径圆管偏心斜交三通水平管。

Step15. 加厚曲面。选择下拉菜单 插入(I) ➡ 凸台/基体(B) ➡ 加厚(T)...命令，输入厚度值为 1.0。

Step16. 创建图 19.2.13 所示的切除-拉伸。选择下拉菜单 插入(I) ➡ 切除(C) ➡ 拉伸(E)...命令，选取上视基准面为草图平面，绘制图 19.2.14 所示的横断面草图；在对话框中取消选中 □ 方向2 复选框，在 ☑ 薄壁特征(T) 区域的下拉列表中选择 两侧对称 选项，在其下方的文本框中输入值 0.1，单击 ✔ 按钮。

图 19.2.13　切除-拉伸

图 19.2.14　横断面草图

Step17. 创建钣金转换。选择下拉菜单 插入(I) ➡ 钣金(H) ➡ 折弯(B)...命令，选取图 19.2.15 所示的模型边线为固定边线。

Step18. 选择下拉菜单 文件(F) ➡ 保存(S) 命令，保存钣金子构件模型。

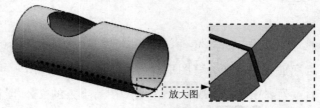

图 19.2.15　选取固定边线

Step19. 新建一个装配文件，将创建的倾斜管子钣金件和水平管子钣金件进行装配得到完整的钣金件，结果如图 19.2.1a 所示。

Step20. 选择下拉菜单 文件(F) ➡ 保存(S) 命令，将模型命名为"异径圆管偏心斜交三通"，保存钣金模型。

Task2. 展平钣金件

Step1. 打开零件模型文件：异径圆管偏心斜交三通倾斜管。

Step2. 在设计树中将"控制棒"拖动到 加工-折弯1 特征上，可以查看其展开状态，展开结果如图 19.2.1c 所示。

Step3. 打开零件模型文件：异径圆管偏心斜交三通水平管。

Step4. 在设计树中将"控制棒"拖动到 加工-折弯1 特征上，可以查看其展开状态，展开结果如图 19.2.1b 所示。

19.3 圆管直交两节矩形弯管

圆管直交两节矩形弯管，是由圆管和两节矩形弯管直交连接形成的钣金结构。此类钣金件的创建方法是：先创建钣金结构零件，然后使用抽壳和切除分割方法，将其拆分成两个子钣金件，最后分别对其进行展开，并使用装配方法得到完整钣金件。图 19.3.1 所示的分别是其钣金件及展开图，下面介绍其在 SolidWorks 中的创建和展开的操作过程。

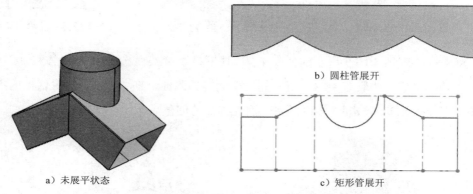

b）圆柱管展开

a）未展平状态

c）矩形管展开

图 19.3.1 圆管直交两节矩形弯管及其展开图

Task1. 创建圆管直交两节矩形弯管钣金件

Step1. 新建一个零件模型文件。

Step2. 创建图 19.3.2 所示的凸台-拉伸 1。选择下拉菜单 插入(I) ➡️ 凸台/基体(B) ➡️ 拉伸(E)... 命令，选取前视基准面为草绘基准面，绘制图 19.3.3 所示的横断面草图；在 方向1 区域的下拉列表中选择 两侧对称 选项，在其下方的文本框中输入值 180.0，单击对话框中的 ✅ 按钮。

图 19.3.2 凸台-拉伸 1

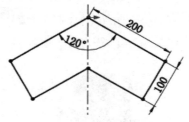

图 19.3.3 横断面草图

Step3. 创建图 19.3.4 所示的基准面 1。选择下拉菜单 插入(I) ➡️ 参考几何体(G) ➡️ 基准面(P)... 命令（注：具体参数和操作参见随书光盘）。

板金展开实用技术手册
（SolidWorks 2014 版）

Step4. 创建图 19.3.5 所示的凸台-拉伸 2。选择下拉菜单 插入(I) ➡ 凸台/基体(B) ➡ 拉伸(E)...命令，选取基准面 1 为草绘基准面，绘制图 19.3.6 所示的横断面草图；调整拉伸方向指向实体表面，并在 方向1 区域的下拉列表中选择 成形到下一面 选项，单击对话框中的 ✔ 按钮。

图 19.3.4 基准面 1

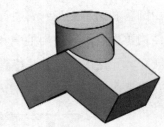

图 19.3.5 凸台-拉伸 2

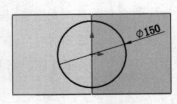

图 19.3.6 横断面草图

Step5. 创建图 19.3.7 所示的抽壳 1。选择下拉菜单 插入(I) ➡ 特征(F) ➡ 抽壳(S)...命令，选取图 19.3.8 所示的三个面为移除面，在"抽壳 1"对话框的 参数(P) 区域输入壁厚值 1.0；单击 ✔ 按钮，完成抽壳特征的创建。

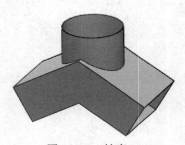

图 19.3.7 抽壳 1

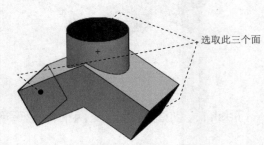

选取此三个面

图 19.3.8 选取移除面

Step6. 选择下拉菜单 文件(F) ➡ 保存(S) 命令，将模型命名为"圆管直交两节矩形弯管"，保存模型文件。

Step7. 创建图 19.3.9 所示的切除-拉伸 1。选择下拉菜单 插入(I) ➡ 切除(C) ➡ 拉伸(E)...命令，选取前视基准面为草图平面，绘制图 19.3.10 所示的横断面草图；在 ☑ 薄壁特征(T) 区域的下拉列表中选择 两侧对称 选项，在其下方的文本框中输入值 0.1，单击 ✔ 按钮；在系统弹出的"输出"对话框中选中 ⦿ 所选实体(B) 单选按钮，单击 确定 按钮。

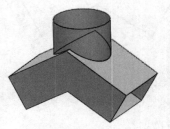

图 19.3.9 切除-拉伸 1

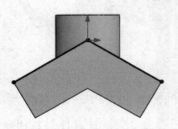

图 19.3.10 横断面草图

Step8. 创建图 19.3.11 所示的切除-拉伸 2。选择下拉菜单 插入(I) ➡ 切除(C) ➡ 拉伸(E)...命令，选取前视基准面为草图平面，绘制图 19.3.12 所示的横断面草图；在 ☑ 薄壁特征(T) 区域的文本框中输入值 0.1，单击 ✔ 按钮；在系统弹出的"要保留的实体"对话框中选中 ⦿ 所有实体(A) 单选按钮，单击 确定(K) 按钮。

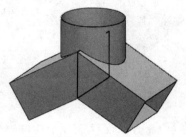

图 19.3.11 切除-拉伸 2

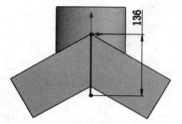

图 19.3.12 横断面草图

Step9. 保存矩形管子钣金件。右击设计树中 🔲 实体 (3) 节点下的 🔲 切除-拉伸-薄壁1[1]，在系统弹出的快捷菜单中选择 插入到新零件...(H) 命令；命名为"圆管直交两节矩形弯管矩形管"。

Step10. 保存圆管子钣金件。右击设计树中 🔲 实体 (3) 节点下的 🔲 切除-拉伸-薄壁2[3]，在系统弹出的快捷菜单中选择 插入到新零件...(H) 命令；命名为"圆管直交两节矩形弯管圆柱管"。

Step11. 切换到"圆管直交两节矩形弯管矩形管"窗口。

Step12. 创建图 19.3.13 所示的切除-拉伸。选择下拉菜单 插入(I) ➡ 切除(C) ➡ 拉伸(E)...命令，选取图 19.3.13 所示的模型表面为草图平面，绘制图 19.3.14 所示的横断面草图；在对话框中取消选中 ☐ 方向2 复选框，在 ☑ 薄壁特征(T) 区域的下拉列表中选择 两侧对称 选项，在其下方的文本框中输入值 0.1；在 方向1 区域的下拉列表中选择 成形到下一面 选项，单击 ✔ 按钮。

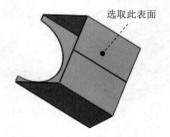

选取此表面

图 19.3.13 切除-拉伸

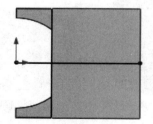

图 19.3.14 横断面草图

Step13. 创建图 19.3.15 所示的转换到钣金。

（1）选择命令。选择下拉菜单 插入(I) ➡ 钣金(H) ➡ 转换到钣金(T)...命令。

（2）定义固定面。选取图 19.3.15 所示的模型表面为固定面。

（3）定义钣金参数。输入钣金厚度值为 1.0，折弯半径值为 1.0。

（4）定义折弯边线。激活 折弯边线 (B) 区域，依次选取图 19.3.16 所示的四条模型边线为折弯边线。

（5）单击 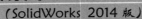 按钮，完成钣金转换。

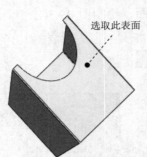

选取此表面

图 19.3.15　转换到钣金

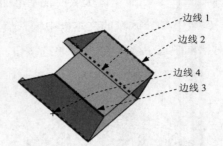

边线 1
边线 2
边线 4
边线 3

图 19.3.16　选取折弯边线

Step14. 选择下拉菜单 文件(F) ➞ 保存(S) 命令，保存钣金子构件模型。

Step15. 切换到"圆管直交两节矩形弯管圆柱管"窗口。

Step16. 创建图 19.3.17 所示的切除-拉伸。选择下拉菜单 插入(I) ➞ 切除(C) ➞ 拉伸(E)... 命令，选取右视基准面为草图平面，绘制图 19.3.18 所示的横断面草图；在对话框中取消选中 □ 方向2 复选框，在 ☑ 薄壁特征(T) 区域的下拉列表中选择 两侧对称 选项，在其下方的文本框中输入值 0.1，单击 按钮。

Step17. 创建钣金转换。选择下拉菜单 插入(I) ➞ 钣金(H) ➞ 折弯(B)... 命令，选取图 19.3.19 所示的模型边线为固定边线。

Step18. 选择下拉菜单 文件(F) ➞ 保存(S) 命令，保存钣金子构件模型。

Step19. 切换到"圆管直交两节矩形弯管"窗口。选择下拉菜单 文件(F) ➞ 保存(S) 命令，保存模型。

图 19.3.17　切除-拉伸

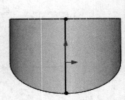

图 19.3.18　横断面草图

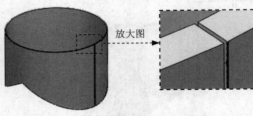

放大图

图 19.3.19　选取固定边线

Step20. 新建一个装配文件，将创建的圆柱管子钣金件和方管子钣金件进行装配得到完整的钣金件，结果如图 19.3.1a 所示。

Step21. 选择下拉菜单 文件(F) ➞ 保存(S) 命令，将模型命名为"圆管直交两节矩形弯管"，保存钣金模型。

Task2. 展平钣金件

Step1. 打开零件模型文件：圆管直交两节矩形弯管圆柱管。

Step2. 在设计树中将"控制棒"拖动到 ᇊ**加工-折弯1**特征上，可以查看其展开状态，展开结果如图 19.3.1b 所示。

Step3. 打开零件模型文件：圆管直交两节矩形弯管矩形管。

Step4. 在设计树中右击 ▦ **平板型式1**特征，在系统弹出的快捷菜单中单击"解除压缩"命令按钮 ⬆，即可将钣金展平，展平结果如图 19.3.1c 所示。

19.4 小圆管直交 V 形顶大圆柱管

小圆管直交 V 形顶大圆柱管，是由 V 形顶面的大圆管与小圆管同轴连接形成的钣金结构。此类钣金件的创建方法是：先创建钣金结构零件，然后使用另存为方法导出曲面进行子钣金件的创建，最后分别对其进行展开，并使用装配方法得到完整钣金件。图 19.4.1 所示的分别是其钣金件及展开图，下面介绍其在 SolidWorks 中的创建和展开的操作过程。

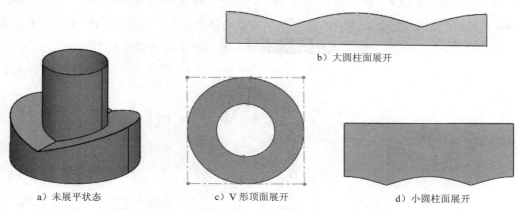

a）未展平状态   c）V 形顶面展开   d）小圆柱面展开

b）大圆柱面展开

图 19.4.1 小圆管直交 V 形顶大圆柱管及其展开图

Task1. 创建小圆管直交 V 形顶大圆柱管钣金件

Step1. 新建一个零件模型文件。

Step2. 创建图 19.4.2 所示的凸台-拉伸 1。选择下拉菜单 **插入(I)** ➡ **凸台/基体(B)** ➡ **拉伸(E)...** 命令，选取前视基准面为草绘基准面，绘制图 19.4.3 所示的横断面草图；输入深度值 119.0，单击对话框中的 ✔ 按钮。

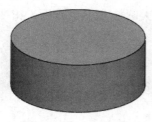

图 19.4.2 凸台-拉伸 1

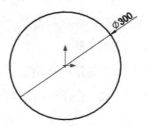

图 19.4.3 横断面草图

Step3. 创建图 19.4.4 所示的切除-拉伸。选择下拉菜单 插入(I) ➔ 切除(C) ➔ 拉伸(E)... 命令，选取上视基准面为草绘基准面，绘制图 19.4.5 所示的横断面草图，单击对话框中的 ✔ 按钮。

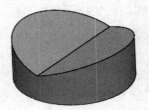

图 19.4.4 切除-拉伸

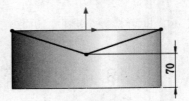

图 19.4.5 横断面草图

Step4. 创建图 19.4.6 所示的基准面 1。选择下拉菜单 插入(I) ➔ 参考几何体(G) ➔ 基准面(P)... 命令（注：具体参数和操作参见随书光盘）；单击 ✔ 按钮，完成基准面 1 的创建。

Step5. 创建图 19.4.7 所示的凸台-拉伸 2。选择下拉菜单 插入(I) ➔ 凸台/基体(B) ➔ 拉伸(E)... 命令，选取前视基准面为草绘基准面，绘制图 19.4.8 所示的横断面草图；在 方向1 区域的下拉列表中选择 成形到下一面 选项，单击对话框中的 ✔ 按钮。

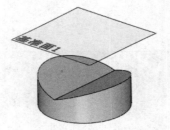

图 19.4.6 基准面 1

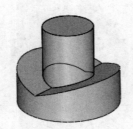

图 19.4.7 凸台-拉伸 2

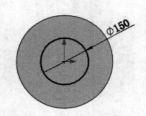

图 19.4.8 横断面草图

Step6. 选择下拉菜单 文件(F) ➔ 保存(S) 命令，将模型命名为"小圆管直交 V 形顶大圆柱管"，保存模型。

Step7. 保存大圆柱曲面。选中图 19.4.9 所示的模型表面，选择下拉菜单 文件(F) ➔ 另存为(A)... 命令，将其保存为 IGS 文件，命名为"小圆管直交 V 形顶大圆柱管大圆柱面"；在系统弹出的"输出"对话框中选中 ⊙ 所选面(F) 单选按钮，单击 确定 按钮。

Step8. 参照 Step7 步骤，分别选取图 19.4.10 和图 19.4.11 所示的 V 形顶面和小圆柱面保存为 IGS 文件，并分别命名为"小圆管直交 V 形顶大圆柱管 V 形顶面"和"小圆管直交 V 形顶大圆柱管小圆柱面"。

Step9. 打开 IGS 文件：小圆管直交 V 形顶大圆柱管大圆柱面。

Step10. 加厚曲面。选择下拉菜单 插入(I) ➔ 凸台/基体(B) ➔ 加厚(T)... 命令，输入厚度值为 1.0。

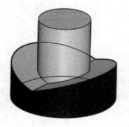
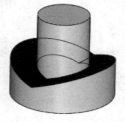
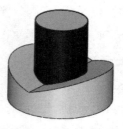

图 19.4.9 选取大圆柱面　　　图 19.4.10 选取 V 形顶面　　　图 19.4.11 选取小圆柱面

Step11. 创建图 19.4.12 所示的切除-拉伸。选择下拉菜单 插入(I) ➡ 切除(C) ➡ 拉伸(E)... 命令，选取右视基准面为草图平面，绘制图 19.4.13 所示的横断面草图；在对话框中取消选中 □ 方向2 复选框，在 ☑ 薄壁特征(T) 区域的下拉列表中选择 两侧对称 选项，在其下方的文本框中输入值 0.1，单击 ✔ 按钮。

Step12. 创建钣金转换。选择下拉菜单 插入(I) ➡ 钣金(H) ▶ ➡ 折弯(B)... 命令，选取图 19.4.14 所示的模型边线为固定边线。

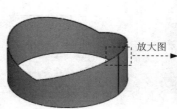
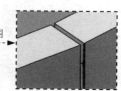

放大图

图 19.4.12 切除-拉伸　　图 19.4.13 横断面草图　　　图 19.4.14 选取固定边线

Step13. 选择下拉菜单 文件(F) ➡ 保存(S) 命令，保存钣金子构件模型。

Step14. 打开 IGS 文件：小圆管直交 V 形顶大圆柱管 V 形顶面。

Step15. 加厚曲面。选择下拉菜单 插入(I) ➡ 凸台/基体(B) ▶ ➡ 加厚(T)... 命令，输入厚度值为 1.0。

Step16. 创建图 19.4.15 所示的转换到钣金。

（1）选择命令。选择下拉菜单 插入(I) ➡ 钣金(H) ▶ ➡ 转换到钣金(T)... 命令。

（2）定义固定面。选取图 19.4.15 所示的模型表面为固定面，厚度值为 1.0。

（3）定义折弯边线。激活 折弯边线(B) 区域，选取图 19.4.16 所示的模型边线为折弯边线。

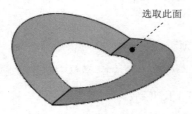
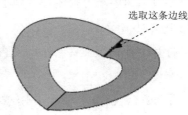

选取此面　　　　　　　　　　　　　选取这条边线

图 19.4.15 转换到钣金　　　　　图 19.4.16 选取折弯边线

（4）定义边角参数。在 边角默认值 区域单击 按钮，在 文本框中输入缝隙值 0.2。

（5）单击 ✔ 按钮，完成钣金转换。

Step17. 选择下拉菜单 文件(F) ➡ 保存(S) 命令，保存钣金子构件模型。

Step18. 打开 IGS 文件：小圆管直交 V 形顶大圆柱管小圆柱面。

Step19. 加厚曲面。选择下拉菜单 插入(I) ➡ 凸台/基体(B) ➡ 加厚(T)... 命令，输入厚度值为 1.0。

Step20. 创建图 19.4.17 所示的切除-拉伸。选择下拉菜单 插入(I) ➡ 切除(C) ➡ 拉伸(E)... 命令，选取右视基准面为草图平面，绘制图 19.4.18 所示的横断面草图；在对话框中取消选中 □ 方向2 复选框，在 ☑ 薄壁特征(T) 区域的下拉列表中选择 两侧对称 选项，在其下方的文本框中输入值 0.1，单击 ✔ 按钮。

Step21. 创建钣金转换。选择下拉菜单 插入(I) ➡ 钣金(H) ➡ 折弯(B)... 命令，选取图 19.4.19 所示的模型边线为固定边线。

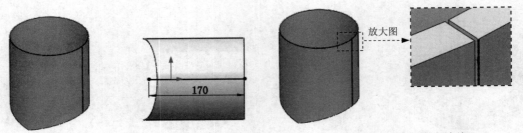

图 19.4.17　切除-拉伸　　图 19.4.18　横断面草图　　图 19.4.19　选取固定边线

Step22. 选择下拉菜单 文件(F) ➡ 保存(S) 命令，保存钣金子构件模型。

Step23. 新建一个装配文件，将创建的三个钣金零件进行装配得到完整的钣金件，结果如图 19.4.1a 所示。

Step24. 选择下拉菜单 文件(F) ➡ 保存(S) 命令，将模型命名为"小圆管直交 V 形顶大圆柱管"，保存钣金模型。

Task2. 展平钣金件

Step1. 打开零件模型文件：小圆管直交 V 形顶大圆柱管大圆柱面。

Step2. 在设计树中将"控制棒"拖动到 加工-折弯1 特征上，可以查看其展开状态，展开结果如图 19.4.1b 所示。

Step3. 打开零件模型文件：小圆管直交 V 形顶大圆柱管 V 形顶面。

Step4. 在设计树中右击 平板型式1 特征，在系统弹出的快捷菜单中单击"解除压缩"命令按钮 ，即可将钣金展平，展平结果如图 19.4.1c 所示。

Step5. 打开零件模型文件：小圆管直交 V 形顶大圆柱管小圆柱面。

Step6. 在设计树中将"控制棒"拖动到 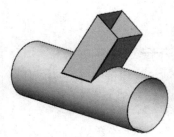 加工-折弯1特征上，可以查看其展开状态，展开结果如图 19.4.1d 所示。

19.5 方管斜交偏心圆管三通

方管斜交偏心圆管三通是由方管和圆管偏心斜交连接形成的钣金结构。图 19.5.1 所示的分别是其钣金件及展开图，下面介绍其在 SolidWorks 中的创建和展开的操作过程。

a）未展平状态   b）方管展开   c）圆柱管展开

图 19.5.1 方管斜交偏心圆管三通及其展开图

Task1. 创建钣金件

Step1. 新建一个零件模型文件。

Step2. 创建图 19.5.2 所示的凸台-拉伸 1。选择下拉菜单 插入(I) ➡ 凸台/基体(B) ➡ 拉伸(E)... 命令，选取前视基准面为草绘基准面，绘制图 19.5.3 所示的横断面草图；在 方向1 区域的下拉列表中选择 两侧对称 选项，在其下方的文本框中输入值 450.0，单击对话框中的 ✔ 按钮。

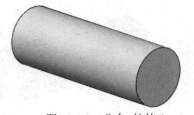

图 19.5.2 凸台-拉伸 1

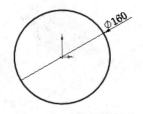

图 19.5.3 横断面草图

Step3. 创建图 19.5.4 所示的基准轴 1。选择下拉菜单 插入(I) ➡ 参考几何体(G) ➡ 基准轴(A)... 命令，选择前视基准面和上视基准面为参考实体，单击 ✔ 按钮。

Step4. 创建图 19.5.5 所示的基准面 1。选择下拉菜单 插入(I) ➡ 参考几何体(G) ➡ 基准面(P)... 命令（注：具体参数和操作参见随书光盘）。

Step5. 创建图 19.5.6 所示的凸台-拉伸 2。选择下拉菜单 插入(I) ➡ 凸台/基体(B)

➡ 拉伸(E)... 命令，选取基准面 1 为草绘基准面，绘制图 19.5.7 所示的横断面草图；输入深度值 240.0，单击对话框中的 ✓ 按钮。。

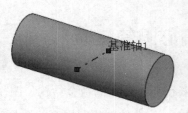

图 19.5.4　基准轴 1

图 19.5.5　基准面 1

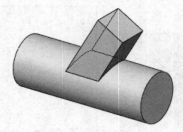

图 19.5.6　凸台-拉伸 2

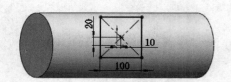

图 19.5.7　横断面草图

Step6. 选择下拉菜单 文件(F) ➡ 💾 保存(S) 命令，将模型命名为"方管斜交偏心圆管三通"，保存钣金模型。

Step7. 保存方管曲面。选中图 19.5.8 所示的模型表面，选择下拉菜单 文件(F) ➡ 📄 另存为(A)... 命令，将其保存为 IGS 文件，命名为"方管斜交偏心圆管三通方管"；在系统弹出的"输出"对话框中选中 ⦿ 所选面(F) 单选按钮，单击 确定 按钮。

Step8. 参照 Step7，选取图 19.5.9 所示的圆柱面并保存为 IGS 文件，命名为："方管斜交偏心圆管三通圆柱面"。

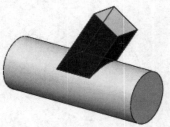

图 19.5.8　选取方管曲面

图 19.5.9　选取圆柱管曲面

Step9. 打开 IGS 文件：方管斜交偏心圆管三通方管。

Step10. 加厚曲面。选择下拉菜单 插入(I) ➡ 凸台/基体(B) ➡ 🔲 加厚(T)... 命令；单击 ▤ 按钮调整加厚方向向内，输入厚度值为 1.0。

Step11. 创建图 19.5.10 所示的转换到钣金。

（1）选择命令。选择下拉菜单 插入(I) ➡ 钣金(H) ➡ 🔲 转换到钣金(T)... 命令。

（2）定义固定面。选取图 19.5.10 所示的模型表面为固定面。

（3）定义钣金参数。输入钣金厚度值为 1.0，折弯半径值为 0.5。

（4）定义折弯边线。激活 折弯边线(B) 区域，依次选取图 19.5.11 所示的三条模型边线为折弯边线。

（5）定义边角参数。在 边角默认值 区域单击 按钮，在 文本框中输入缝隙值 0.2。

（6）单击 按钮，完成钣金转换。

选取此表面

图 19.5.10　转换到钣金

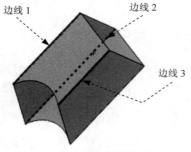
边线 1　　边线 2　　边线 3

图 19.5.11　选取折弯边线

Step12. 选择下拉菜单 文件(F) → 保存(S) 命令，保存钣金子构件模型。

Step13. 打开 IGS 文件：方管斜交偏心圆管三通圆柱管。

Step14. 加厚曲面。选择下拉菜单 插入(I) → 凸台/基体(B) → 加厚(T)... 命令，单击 按钮调整加厚方向向内，输入厚度值为 1.0。

Step15. 创建图 19.5.12 所示的切除-拉伸。选择下拉菜单 插入(I) → 切除(C) → 拉伸(E)... 命令，选取上视基准面为草图平面，绘制图 19.5.13 所示的横断面草图；在对话框中取消选中 □ 方向2 复选框，在 ☑ 薄壁特征(T) 区域的下拉列表中选择 两侧对称 选项，在其下方的文本框中输入值 0.1，单击 按钮。

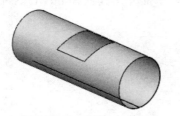

图 19.5.12　切除-拉伸

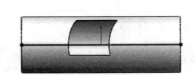

图 19.5.13　横断面草图

Step16. 创建钣金转换。选择下拉菜单 插入(I) → 钣金(H) → 折弯(B)... 命令，选取图 19.5.14 所示的模型边线为固定边线。

Step17. 选择下拉菜单 文件(F) → 保存(S) 命令，保存钣金子构件模型。

Step18. 新建一个装配文件，将创建的方管子钣金件和圆柱管子钣金件进行装配得到完整的钣金件，结果如图 19.5.1a 所示。

Step19. 选择下拉菜单 文件(F) → 保存(S) 命令，将模型命名为"方管斜交偏心圆管三通"，保存钣金模型。

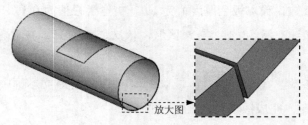

图 19.5.14　选取固定边线

Task2．展平钣金件

Step1. 打开零件模型文件：方管斜交偏心圆管三通方管。

Step2. 在设计树中右击 平板型式1 特征，在系统弹出的快捷菜单中单击"解除压缩"命令按钮，即可将钣金展平，展平结果如图 19.5.1b 所示。

Step3. 打开零件模型文件：方管斜交偏心圆管三通圆柱面。

Step4. 在设计树中将"控制棒"拖动到 加工-折弯1 特征上，可以查看其展开状态，展开结果如图 19.5.1c 所示。

19.6　方管正交圆锥管

方管正交圆锥管是由方管和圆锥管正交连接形成的钣金结构。此类钣金件的创建方法是：先创建钣金结构零件，然后使用抽壳和切除分割方法，得到方管子钣金件，对于圆锥管钣金件要重新使用放样折弯方法创建，然后分别进行展开，并使用装配方法得到完整钣金件。图 19.6.1 所示的分别是其钣金件及展开图，下面介绍其在 SolidWorks 中的创建和展开的操作过程。

Task1．创建钣金件

Stage1．创建整体零件结构

Step1. 新建一个零件模型文件。

Step2. 创建基准面 1。选择下拉菜单 插入(I) ➡ 参考几何体(G) ➡ 基准面(P)... 命令；选取上视基准面为参考实体，输入偏移距离值 150.0；单击 按钮，完成基准面 1 的创建。

Step3. 创建草图 1。选取上视基准面作为草图基准面，绘制图 19.6.2 所示的草图 1。

Step4. 创建草图 2。选取基准面 1 为草图基准面，绘制图 19.6.3 所示的草图 2（与原点重合的草图点）。

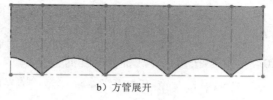

b）方管展开

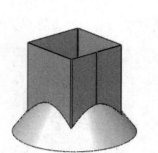

a）未展平状态

c）圆锥台管展开

图 19.6.1　方管正交圆锥管及其展开图

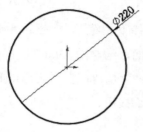

图 19.6.2　草图 1

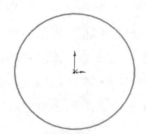

图 19.6.3　草图 2

Step5. 创建图 19.6.4 所示的圆锥。选择下拉菜单 `插入(I)` ➡ `凸台/基体(B)` ➡ `放样(L)...` 命令，选取草图 1 和草图 2 作为放样的轮廓，单击 ✔ 按钮。

Step6. 创建图 19.6.5 所示的基准面 2。选择下拉菜单 `插入(I)` ➡ `参考几何体(G)` ➡ `基准面(P)...` 命令；选取上视基准面为参考实体，输入偏移距离值 170.0；单击 ✔ 按钮，完成基准面 2 的创建。

图 19.6.4　圆锥

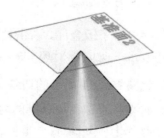

图 19.6.5　基准面 2

Step7. 创建图 19.6.6 所示的凸台-拉伸 1。选择下拉菜单 `插入(I)` ➡ `凸台/基体(B)` ➡ `拉伸(E)...` 命令，选取基准面 2 为草绘基准面，绘制图 19.6.7 所示的横断面草图；在 `方向1` 区域的下拉列表中选择 `成形到下一面` 选项，单击对话框中的 ✔ 按钮。

Step8. 创建图 19.6.8 所示的抽壳 1。选择下拉菜单 插入(I) ➡ 特征(F) ➡ 抽壳(S) 命令，选取模型上下端面为移除面，在"抽壳 1"对话框的 参数(P) 区域输入壁厚值 1.0；单击 ✔ 按钮，完成抽壳特征的创建。

Step9. 选择下拉菜单 文件(F) ➡ 保存(S) 命令，将模型命名为"方管正交圆锥管"，保存钣金模型。

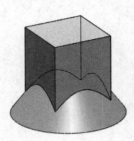

图 19.6.6　凸台-拉伸 1

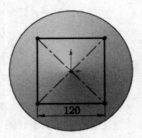

图 19.6.7　横断面草图

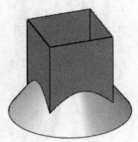

图 19.6.8　抽壳 1

Step10. 创建图 19.6.9 所示的切除-拉伸 1。选择下拉菜单 插入(I) ➡ 切除(C) ➡ 拉伸(E)... 命令，选取前视基准面为草图平面，绘制图 19.6.10 所示的横断面草图；在 ☑ 薄壁特征(T) 区域的文本框中输入值 0.1，单击 ✔ 按钮；在系统弹出的"要保留的实体"对话框中选中 ⊙ 所有实体(A) 单选按钮，单击 确定(K) 按钮。

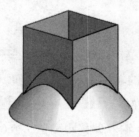

图 19.6.9　切除-拉伸 1

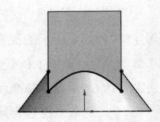

图 19.6.10　横断面草图

Stage2. 创建方管结构

Step1. 保存方管子钣金件。右击设计树中 ⬡ 实体(2) 节点下的 ☐ 切除-拉伸-薄壁1[2]，在系统弹出的快捷菜单中选择 插入到新零件...(H) 命令；命名为"方管正交圆锥管方管"。

Step2. 创建图 19.6.11 所示的切除-拉伸。选择下拉菜单 插入(I) ➡ 切除(C) ➡ 拉伸(E)... 命令，选取前视基准面为草图平面，绘制图 19.6.12 所示的横断面草图；在对话框中取消选中 ☐ 方向2 复选框，在 ☑ 薄壁特征(T) 区域的下拉列表中选择 两侧对称 选项，在其下方的文本框中输入值 0.1，单击 ✔ 按钮。

Step3. 创建钣金转换。选择下拉菜单 插入(I) ➡ 钣金(H) ➡ 折弯(B)... 命令，选取图 19.6.13 所示的模型表面为固定面。

Step4. 选择下拉菜单 文件(F) ➡ 保存(S) 命令，保存钣金子构件模型。

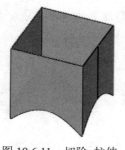

图 19.6.11　切除-拉伸

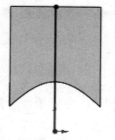

图 19.6.12　横断面草图

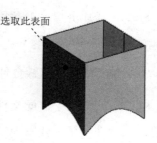

选取此表面

图 19.6.13　选取固定面

Stage3. 创建圆锥台结构

Step1. 新建一个零件模型文件。

Step2. 创建基准面 1。选择下拉菜单 插入(I) → 参考几何体(G) → 基准面(P)... 命令；选取上视基准面为参考实体，输入偏移距离值 75.0；单击 ✔ 按钮，完成基准面 1 的创建。

Step3. 创建草图 1。选取上视基准面作为草图基准面，绘制图 19.6.14 所示的草图 1。

Step4. 创建草图 2。选取基准面 1 为草图基准面，绘制图 19.6.15 所示的草图 2。

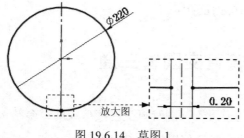

图 19.6.14　草图 1

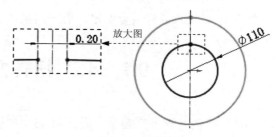

图 19.6.15　草图 2

Step5. 创建图 19.6.16 所示的放样折弯。选择下拉菜单 插入(I) → 钣金(H) → 放样的折弯(L)... 命令，选取草图 1 和草图 2 作为放样的折弯特征的轮廓。在"放样折弯"对话框的 厚度 文本框中输入数值 1.0，单击 ✔ 按钮，完成钣金件的创建。

Step6. 创建图 19.6.17 所示的切除-拉伸。选择下拉菜单 插入(I) → 切除(C) → 拉伸(E)... 命令，选取上视基准面为草图平面，绘制图 19.6.18 所示的横断面草图；在 方向1 区域的下拉列表中选择 完全贯穿 选项，单击 ✔ 按钮。

图 19.6.16　放样折弯

图 19.6.17　切除-拉伸

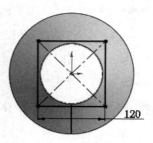

图 19.6.18　横断面草图

Step7. 选择下拉菜单 文件(F) ➡️ 💾 保存(S) 命令，将模型命名为"方管正交圆锥管圆锥台管"，保存钣金模型。

Stage4. 创建完整钣金件

Step1. 新建一个装配文件，将创建的方管子钣金件和圆锥台管子钣金件进行装配得到完整的钣金件，结果如图 19.6.1a 所示。

Step2. 选择下拉菜单 文件(F) ➡️ 💾 保存(S) 命令，将模型命名为"方管正交圆锥管"，保存钣金模型。

Task2. 展平钣金件

Step1. 打开零件模型文件：方管正交圆锥管方管。

Step2. 在设计树中右击 🪟 平板型式1 特征，在系统弹出的快捷菜单中单击"解除压缩"命令按钮 ⬆️，即可将钣金展平，展平结果如图 19.6.1b 所示。

Step3. 打开零件模型文件：方管正交圆锥管圆锥台管。

Step4. 在设计树中右击 🪟 平板型式1 特征，在系统弹出的快捷菜单中单击"解除压缩"命令按钮 ⬆️，即可将钣金展平，展平结果如图 19.6.1c 所示。

19.7 45°扭转方管直交圆管三通

45°扭转方管直交圆管三通是由 45°扭转的方形管与圆管直交连接形成的钣金结构。此类钣金件的创建方法是：先创建钣金结构零件，然后使用抽壳和切除分割方法，将其拆分成两个子钣金件，最后分别对其进行展开，并使用装配方法得到完整钣金件。图 19.7.1 所示的分别是其钣金件及展开图，下面介绍其在 SolidWorks 中的创建和展开的操作过程。

Task1. 创建钣金件

Step1. 新建一个零件模型文件。

Step2. 创建图 19.7.2 所示的凸台-拉伸 1。选择下拉菜单 插入(I) ➡️ 凸台/基体(B) ➡️ 🔲 拉伸(E)... 命令，选取前视基准面为草绘基准面，绘制图 19.7.3 所示的横断面草图（注：具体参数和操作参见随书光盘）；单击对话框中的 ✅ 按钮。

Step3. 创建图 19.7.4 所示的凸台-拉伸 2。选择下拉菜单 插入(I) ➡️ 凸台/基体(B) ➡️ 🔲 拉伸(E)... 命令，选取上视基准面为草绘基准面，绘制图 19.7.5 所示的横断面草图；输入拉伸深度值为 160.0，单击对话框中的 ✅ 按钮。

Step4. 创建图 19.7.6 所示的抽壳 1。选择下拉菜单 插入(I) ➡️ 特征(F) ▶ ➡️

命令，选取图 19.7.7 所示的三个面为移除面，在"抽壳 1"对话框的 参数(P) 区域输入壁厚值 1.0，单击 ✔ 按钮，完成抽壳特征的创建。

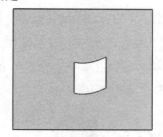

b）圆柱管展开

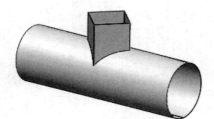

a）未展平状态

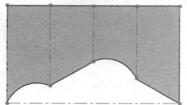

c）方管展开

图 19.7.1 45°扭转方管直交圆管三通及其展开图

图 19.7.2 凸台-拉伸 1

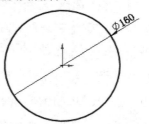

图 19.7.3 横断面草图

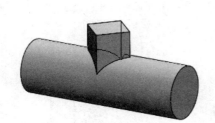

图 19.7.4 凸台-拉伸 2

图 19.7.5 横断面草图

图 19.7.6 抽壳 1

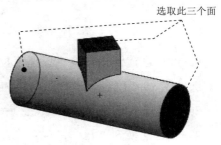

图 19.7.7 选取移除面

Step5. 选择下拉菜单 文件(F) ➡ 📙 保存(S) 命令，将模型命名为"45°扭转方管直交圆管三通"，保存模型文件。

Step6. 创建图 19.7.8 所示的切除-拉伸 1。选择下拉菜单 插入(I) ➡ 切除(C) ➡ 📷 拉伸(E)... 命令，选取右视基准面为草图平面，绘制图 19.7.9 所示的横断面草图；在 ☑ 薄壁特征(T) 区域的文本框中输入值 0.1，单击 ✓ 按钮；在系统弹出的"要保留的实体"对话框中选中 ⊙ 所有实体(A) 单选按钮，单击 确定(K) 按钮。

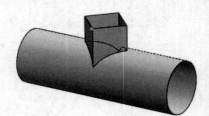

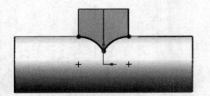

图 19.7.8 切除-拉伸 1   图 19.7.9 横断面草图

Step7. 保存圆柱管子钣金件。右击设计树中 📷 实体(2) 节点下的 📷 切除-拉伸-薄壁1[1]，在系统弹出的快捷菜单中选择 插入到新零件...(H) 命令；命名为"45°扭转方管直交圆管三通圆柱管"。

Step8. 保存方管子钣金件。右击设计树中 📷 实体(2) 节点下的 📷 切除-拉伸-薄壁1[2]，在系统弹出的快捷菜单中选择 插入到新零件...(H) 命令；命名为"45°扭转方管直交圆管三通方管"。

Step9. 切换到"45°扭转方管直交圆管三通圆柱管"窗口。

Step10. 创建图 19.7.10 所示的切除-拉伸。选择下拉菜单 插入(I) ➡ 切除(C) ➡ 📷 拉伸(E)... 命令，选取上视基准面为草图平面，绘制图 19.7.11 所示的横断面草图；在对话框中取消选中 ☐ 方向2 复选框，在 ☑ 薄壁特征(T) 区域的下拉列表中选择 两侧对称 选项，在其下方的文本框中输入值 0.1，单击 ✓ 按钮。

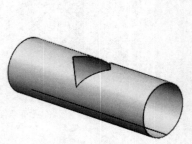

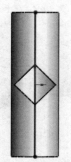

图 19.7.10 切除-拉伸   图 19.7.11 横断面草图

Step11. 创建钣金转换。选择下拉菜单 插入(I) ➡ 钣金(H) ➡ 📷 折弯(B)... 命令，选取图 19.7.12 所示的模型边线为固定边线。

Step12. 选择下拉菜单 文件(F) ➡ 📙 保存(S) 命令，保存钣金子构件模型。

Step13. 切换到"45°扭转方管直交圆管三通方管"窗口。

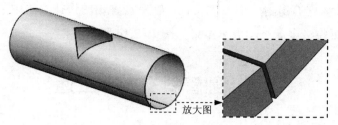

图 19.7.12 选取固定边线

Step14. 创建图 19.7.13 所示的转换到钣金。

（1）选择命令。选择下拉菜单 插入(I) ➡ 钣金(H) ➡ 转换到钣金(T)...命令。

（2）定义固定面。选取图 19.7.13 所示的模型表面为固定面。

（3）定义钣金参数。输入钣金厚度值为 1.0，折弯半径值为 0.5。

（4）定义折弯边线。激活 折弯边线(B) 区域，依次选取图 19.7.14 所示的三条模型边线为折弯边线。

（5）定义边角参数。在 边角默认值 区域单击 按钮，在 文本框中输入缝隙值 0.1。

（6）单击 按钮，完成钣金转换。

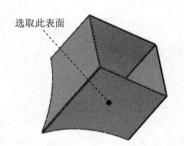

图 19.7.13 转换到钣金

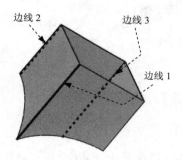

图 19.7.14 选取折弯边线

Step15. 选择下拉菜单 文件(F) ➡ 保存(S) 命令，保存钣金子构件模型。

Step16. 新建一个装配文件，将创建的圆柱管子钣金件和方管子钣金件进行装配得到完整的钣金件，结果如图 19.7.1a 所示。

Step17. 选择下拉菜单 文件(F) ➡ 保存(S) 命令，将模型命名为"45°扭转方管直交圆管三通"，保存钣金模型。

Task2. 展平钣金件

Step1. 打开零件模型文件：45°扭转方管直交圆管三通圆柱管。

Step2. 在设计树中将"控制棒"拖动到 加工-折弯1 特征上，可以查看其展开状态，展开结果如图 19.7.1b 所示。

Step3. 打开零件模型文件：45°扭转方管直交圆管三通方管。

Step4. 在设计树中右击 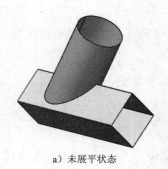 平板型式1 特征，在系统弹出的快捷菜单中单击"解除压缩"命令按钮 ，即可将钣金展平，展平结果如图 19.7.1c 所示。

19.8　圆管斜交方形三通

圆管斜交方形三通是由圆管和方形管斜交连接形成的钣金结构。此类钣金件的创建方法是：先创建钣金结构零件，然后使用抽壳和切除分割方法，将其拆分成两个子钣金件，最后分别对其进行展开，并使用装配方法得到完整钣金件。图 19.8.1 所示的分别是其钣金件及展开图，下面介绍其在 SolidWorks 中的创建和展开的操作过程。

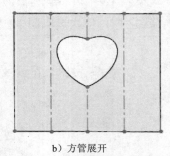

| a）未展平状态 | b）方管展开 | c）圆柱管展开 |

图 19.8.1　圆管斜交方形三通及其展开图

Task1.　创建钣金件

Step1. 新建一个零件模型文件。

Step2. 创建图 19.8.2 所示的凸台-拉伸 1。选择下拉菜单 插入(I) ➡ 凸台/基体 (B) ➡ 拉伸(E)... 命令，选取前视基准面为草绘基准面，绘制图 19.8.3 所示的横断面草图；在 方向1 区域的下拉列表中选择 两侧对称 选项，在其下方的文本框中输入值 400.0，单击对话框中的 按钮。

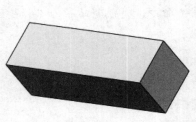

图 19.8.2　凸台-拉伸 1

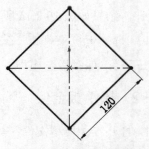

图 19.8.3　横断面草图

Step3. 创建图 19.8.4 所示的草图 2。选取上视基准面作为草图基准面，绘制图 19.8.5 所示的草图 2。

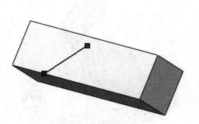

图 19.8.4 草图 2

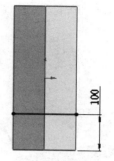

图 19.8.5 草图 2（草图环境）

Step4. 创建图 19.8.6 所示的基准面 1。选择下拉菜单 插入(I) ➡ 参考几何体(G) ➡ 基准面(P)... 命令；选取草图 2 和上视基准面为参考实体，输入旋转角度值 30；选中对话框中的 ☑ 反转 复选框，单击 ✔ 按钮，完成基准面 1 的创建。

Step5. 创建图 19.8.7 所示的基准面 2。选择下拉菜单 插入(I) ➡ 参考几何体(G) ➡ 基准面(P)... 命令；选取基准面 1 为参考实体，输入偏移距离值 300.0，单击 ✔ 按钮。

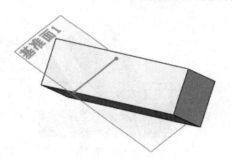

图 19.8.6 基准面 1

图 19.8.7 基准面 2

Step6. 创建图 19.8.8 所示的凸台-拉伸 2。选择下拉菜单 插入(I) ➡ 凸台/基体(B) ➡ 拉伸(E)... 命令，选取基准面 2 为草绘基准面，绘制图 19.8.9 所示的横断面草图；在 方向1 区域的下拉列表中选择 成形到下一面 选项，单击对话框中的 ✔ 按钮。

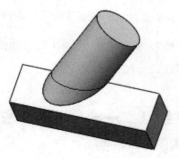

图 19.8.8 凸台-拉伸 2

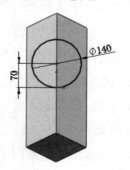

图 19.8.9 横断面草图

Step7. 创建图 19.8.10 所示的抽壳 1。选择下拉菜单 插入(I) ➡ 特征(F) ➡ 抽壳(S). 命令，选取图 19.8.11 所示的三个面为移除面，在"抽壳 1"对话框的 参数(P) 区

287

域输入壁厚值 1.0；单击 ✅ 按钮，完成抽壳特征的创建。

图 19.8.10　抽壳 1

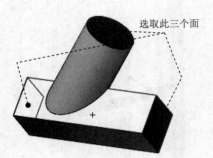

选取此三个面

图 19.8.11　选取移除面

Step8. 创建图 19.8.12 所示的切除-拉伸 1。选择下拉菜单 插入(I) ➡ 切除(C) ➡ 🔲 拉伸(E)... 命令，选取右视基准面为草图平面，绘制图 19.8.13 所示的横断面草图；在 ☑ 薄壁特征(T) 区域的文本框中输入值 0.1，单击 ✅ 按钮；在系统弹出的"要保留的实体"对话框中选中 ⊙ 所有实体(A) 单选按钮，单击 确定(K) 按钮。

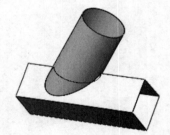

图 19.8.12　切除-拉伸 1

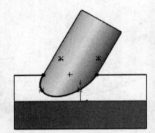

图 19.8.13　横断面草图

Step9. 选择下拉菜单 文件(F) ➡ 🔲 保存(S) 命令，将模型命名为"圆管斜交方形三通"，保存模型文件。

Step10. 保存方管子钣金件。右击设计树中 🔲 实体(2) 节点下的 🔲 切除-拉伸-薄壁1[1]，在系统弹出的快捷菜单中选择 插入到新零件...(H) 命令；命名为"圆管斜交方形三通方形管"。

Step11. 保存方管子钣金件。右击设计树中 🔲 实体(2) 节点下的 🔲 切除-拉伸-薄壁1[2]，在系统弹出的快捷菜单中选择 插入到新零件...(H) 命令；命名为"圆管斜交方形三通圆柱管"。

Step12. 切换到"圆管斜交方形三通方形管"窗口。

Step13. 创建图 19.8.14 所示的转换到钣金。

（1）选择命令。选择下拉菜单 插入(I) ➡ 钣金(H) ➡ 🔲 转换到钣金(T)... 命令。

（2）定义固定面。选取图 19.8.14 所示的模型表面为固定面。

（3）定义钣金参数。输入钣金厚度值为 1.0，折弯半径值为 0.5。

（4）定义折弯边线。激活 折弯边线(B) 区域，依次选取图 19.8.15 所示的三条模型边线为折弯边线。

（5）定义边角参数。在 边角默认值 区域单击 按钮，在 文本框中输入缝隙值 0.1。

（6）单击 按钮，完成钣金转换。

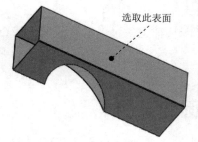

选取此表面

图 19.8.14 转换到钣金

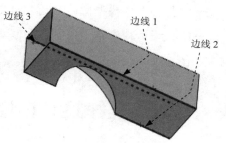

边线 3　边线 1　边线 2

图 19.8.15 选取折弯边线

Step14. 选择下拉菜单 文件(F) ➡ 保存(S) 命令，保存钣金子构件模型。

Step15. 切换到"圆管斜交方形三通圆柱管"窗口。

Step16. 创建图 19.8.16 所示的切除-拉伸。选择下拉菜单 插入(I) ➡ 切除(C) ➡ 拉伸(E)... 命令，选取前视基准面为草图平面，绘制图 19.8.17 所示的横断面草图；在 薄壁特征(T) 区域的下拉列表中选择 两侧对称 选项，在其下方的文本框中输入值 0.1；在 方向2 区域的文本框中输入深度值 10.0，单击"反向"按钮 ，单击 按钮。

Step17. 创建钣金转换。选择下拉菜单 插入(I) ➡ 钣金(H) ➡ 折弯(B)... 命令，选取图 19.8.18 所示的模型边线为固定边线。

图 19.8.16 切除-拉伸

图 19.8.17 横断面草图

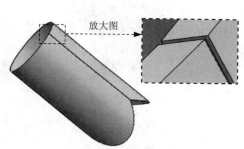

放大图

图 19.8.18 选取固定边线

Step18. 选择下拉菜单 文件(F) ➡ 保存(S) 命令，保存钣金子构件模型。

Step19. 新建一个装配文件，将创建的圆柱管子钣金件和方管子钣金件进行装配得到完整的钣金件，结果如图 19.8.1a 所示。

Step20. 选择下拉菜单 文件(F) ➡ 保存(S) 命令，将模型命名为"圆管斜交方形三通"，保存钣金模型。

Task2. 展平钣金件

Step1. 打开零件模型文件：圆管斜交方形三通方形管。

Step2. 在设计树中右击 平板型式1 特征，在系统弹出的快捷菜单中单击"解除压缩"命令按钮，即可将钣金展平，展平结果如图 19.8.1b 所示。

Step3. 打开零件模型文件：圆管斜交方形三通圆柱管。

Step4. 在设计树中将"控制棒"拖动到 加工-折弯1 特征上，可以查看其展开状态，展开结果如图 19.8.1c 所示。

19.9 四棱锥正交圆管三通

四棱锥正交圆管三通是四棱锥管与圆管正交连接形成的钣金结构。图 19.9.1 所示的分别是其钣金件及展开图，下面介绍其在 SolidWorks 中的创建和展开的操作过程。

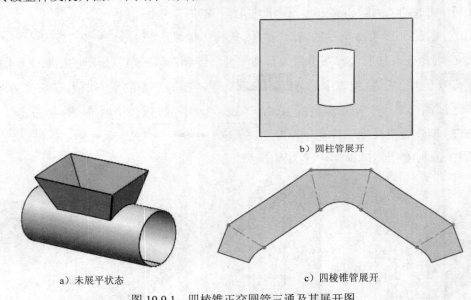

b）圆柱管展开

a）未展平状态

c）四棱锥管展开

图 19.9.1 四棱锥正交圆管三通及其展开图

Task1. 创建钣金件

Step1. 新建一个零件模型文件。

Step2. 创建图 19.9.2 所示的凸台-拉伸 1。选择下拉菜单 插入(I) ➞ 凸台/基体(B) ➞ 拉伸(E)... 命令，选取前视基准面为草绘基准面，绘制图 19.9.3 所示的横断面草图；在 方向1 区域的下拉列表中选择 两侧对称 选项，在其下方的文本框中输入值 300.0，单击对话框中的 ✓ 按钮。

Step3. 创建基准面 1。选择下拉菜单 插入(I) ➞ 参考几何体(G) ➞ 基准面(P)... 命令；选取上视基准面为参考实体，输入偏移距离值 119.0；单击 ✓ 按钮，完成基准面 1 的创建。

图 19.9.2 凸台-拉伸 1

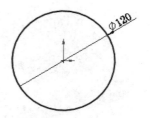

图 19.9.3 横断面草图

Step4. 创建草图 2。选取基准面 1 为草图基准面，绘制图 19.9.4 所示的草图 2。

Step5. 创建草图 3。选取上视基准面作为草图基准面，绘制图 19.9.5 所示的草图 3。

Step6. 创建图 19.9.6 所示的放样特征。选择下拉菜单 插入(I) ➡ 凸台/基体(B) ➡ 放样(L)... 命令，选取草图 2 和草图 3 作为放样的轮廓，单击 ✔ 按钮。

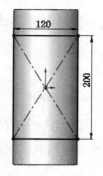

图 19.9.4 草图 2

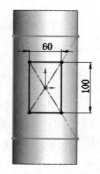

图 19.9.5 草图 3

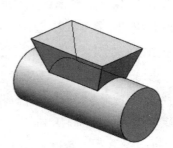

图 19.9.6 放样特征

Step7. 创建图 19.9.7 所示的抽壳 1。选择下拉菜单 插入(I) ➡ 特征(F) ▸ 抽壳(S). 命令，选取图 19.9.8 所示的三个面为移除面，在"抽壳 1"对话框的 参数(P) 区域输入壁厚值 1.0；单击 ✔ 按钮，完成抽壳特征的创建。

选取此三个面

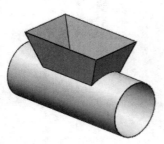

图 19.9.7 抽壳 1

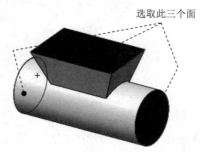

图 19.9.8 选取移除面

Step8. 创建图 19.9.9 所示的切除-拉伸 1。选择下拉菜单 插入(I) ➡ 切除(C) ▸ 拉伸(E)... 命令，选取右视基准面为草图平面，绘制图 19.9.10 所示的横断面草图；在 ☑ 薄壁特征(T) 区域的文本框中输入值 0.1，单击"反向"按钮 ↗ 调整加厚方向向外，单击 ✔ 按钮；在系统弹出的"要保留的实体"对话框中选中 ⦿ 所有实体(A) 单选按钮，单击 确定(K) 按钮。

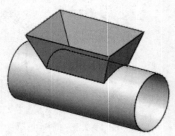

图 19.9.9　切除-拉伸 1

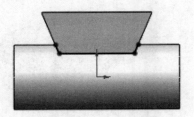

图 19.9.10　横断面草图

Step9. 选择下拉菜单 文件(F) ➡ 保存(S) 命令，将模型命名为"四棱锥正交圆管三通"，保存模型文件。

Step10. 保存圆柱管子钣金件。右击设计树中 实体(2) 节点下的 切除-拉伸-薄壁1[1]，在系统弹出的快捷菜单中选择 插入到新零件...(H) 命令；命名为"四棱锥正交圆管三通圆柱管"。

Step11. 保存四棱锥管子钣金件。右击设计树中 实体(2) 节点下的 切除-拉伸-薄壁1[2]，在系统弹出的快捷菜单中选择 插入到新零件...(H) 命令；命名为"四棱锥正交圆管三通四棱锥"。

Step12. 切换到"四棱锥正交圆管三通圆柱管"窗口。

Step13. 创建图 19.9.11 所示的切除-拉伸。选择下拉菜单 插入(I) ➡ 切除(C) ➡ 拉伸(E)... 命令，选取上视基准面为草图平面，绘制图 19.9.12 所示的横断面草图；在 ☑ 薄壁特征(T) 区域的下拉列表中选择 两侧对称 选项，在其下方的文本框中输入值 0.1；在对话框中取消选中 □ 方向2 复选框，单击 ✓ 按钮。

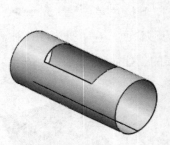

图 19.9.11　切除-拉伸

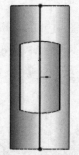

图 19.9.12　横断面草图

Step14. 创建钣金转换。选择下拉菜单 插入(I) ➡ 钣金(H) ➡ 折弯(B)... 命令，选取图 19.9.13 所示的模型边线为固定边线。

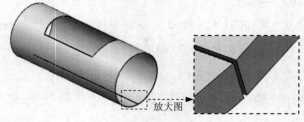

图 19.9.13　选取固定边线

Step15. 选择下拉菜单 文件(F) ➡ 保存(S) 命令，保存钣金子构件模型。

Step16. 切换到"四棱锥正交圆管三通四棱锥"窗口。

Step17. 创建图 19.9.14 所示的切除-拉伸。选择下拉菜单 插入(I) ➡ 切除(C) ➡ 拉伸(E)... 命令，选取前视基准面为草图平面，绘制图 19.9.15 所示的横断面草图；在 ☑ 薄壁特征(T) 区域的下拉列表中选择 两侧对称 选项，在其下方的文本框中输入值 0.1；在对话框中取消选中 ☐ 方向2 复选框，单击 ✔ 按钮。

Step18. 创建钣金转换。选择下拉菜单 插入(I) ➡ 钣金(H) ➡ 折弯(B)... 命令，选取图 19.9.16 所示的模型表面为固定面。

选取此表面

图 19.9.14　切除-拉伸　　　图 19.9.15　横断面草图　　　图 19.9.16　选取固定面

Step19. 选择下拉菜单 文件(F) ➡ 保存(S) 命令，保存钣金子构件模型。

Step20. 新建一个装配文件，将创建的圆柱管子钣金件和四棱锥子钣金件进行装配得到完整的钣金件，结果如图 19.9.1a 所示。

Step21. 选择下拉菜单 文件(F) ➡ 保存(S) 命令，将模型命名为"四棱锥正交圆管三通"，保存钣金模型。

Task2. 展平钣金件

Step1. 打开零件模型文件：四棱锥正交圆管三通圆柱管。

Step2. 在设计树中将"控制棒"拖动到 加工-折弯1 特征上，可以查看其展开状态，展开结果如图 19.9.1b 所示。

Step3. 打开零件模型文件：四棱锥正交圆管三通四棱锥。

Step4. 在设计树中右击 平板型式1 特征，在系统弹出的快捷菜单中单击"解除压缩"命令按钮 ，即可将钣金展平，展平结果如图 19.9.1c 所示。

19.10　圆管直交四棱锥

圆管直交四棱锥管是由圆管与四棱锥正交连接形成的钣金结构。图 19.10.1 所示的分别是其钣金件及展开图，下面介绍其在 SolidWorks 中的创建和展开的操作过程。

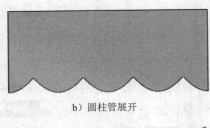

b）圆柱管展开

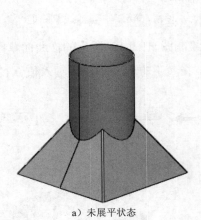

a）未展平状态

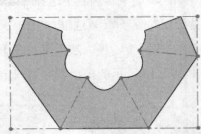

c）方管展开

图 19.10.1　圆管直交四棱锥管及其展开图

Task1. 创建钣金件

Step1. 新建一个零件模型文件。

Step2. 创建基准面 1。选择下拉菜单 插入(I) ➔ 参考几何体(G) ➔ 基准面(P)... 命令，选取上视基准面为参考实体，输入偏移距离值 119.0；单击 ✔ 按钮，完成基准面 1 的创建。

Step3. 创建草图 1。选取上视基准面为草图基准面，绘制图 19.10.2 所示的草图 1。

Step4. 创建草图 2。选取基准面 1 作为草图基准面，绘制图 19.10.3 所示的草图 2（与原点重合的点）。

Step5. 创建图 19.10.4 所示的放样特征。选择下拉菜单 插入(I) ➔ 凸台/基体(B) ➔ 放样(L)... 命令，选取草图 1 和草图 2 作为放样的轮廓，单击 ✔ 按钮。

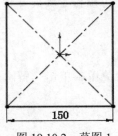

图 19.10.2　草图 1

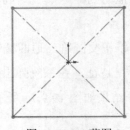

图 19.10.3　草图 2

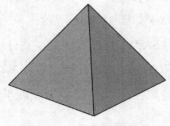

图 19.10.4　放样特征

Step6. 创建图 19.10.5 所示的基准面 2。选择下拉菜单 插入(I) ➔ 参考几何体(G) ➔ 基准面(P)... 命令；选取上视基准面为参考实体，输入偏移距离值 160.0，单击 ✔ 按钮。

Step7. 创建图 19.10.6 所示的凸台-拉伸 1。选择下拉菜单 插入(I) ➔ 凸台/基体(B)

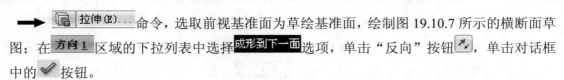

➡ 拉伸(E)... 命令，选取前视基准面为草绘基准面，绘制图 19.10.7 所示的横断面草图；在 方向1 区域的下拉列表中选择 成形到下一面 选项，单击"反向"按钮 🔨，单击对话框中的 ✔ 按钮。

Step8. 创建图 19.10.8 所示的抽壳 1。选择下拉菜单 插入(I) ➡ 特征(F) ➡ 抽壳(S) 命令，选取模型的上下端面为移除面，在"抽壳 1"对话框的 参数(P) 区域输入壁厚值 1.0；单击 ✔ 按钮，完成抽壳特征的创建。

Step9. 创建图 19.10.9 所示的切除-拉伸 1。选择下拉菜单 插入(I) ➡ 切除(C) ➡ 拉伸(E)... 命令，选取前视基准面为草图平面，绘制图 19.10.10 所示的横断面草图；在 ✔ 薄壁特征(T) 区域的文本框中输入值 0.1，单击 ✔ 按钮；在系统弹出的"要保留的实体"对话框中选中 ⦿ 所有实体(A) 单选按钮，单击 确定(K) 按钮。

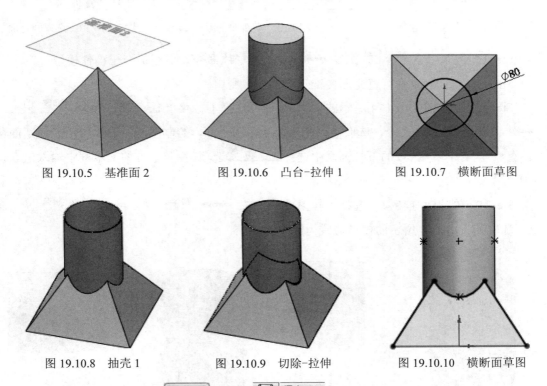

图 19.10.5 基准面 2   图 19.10.6 凸台-拉伸 1   图 19.10.7 横断面草图

图 19.10.8 抽壳 1   图 19.10.9 切除-拉伸   图 19.10.10 横断面草图

Step10. 选择下拉菜单 文件(F) ➡ 保存(S) 命令，将模型命名为"圆管直交四棱锥管"，保存模型文件。

Step11. 保存四棱锥管子钣金件。右击设计树中 实体(2) 节点下的 切除-拉伸-薄壁1[1]，在系统弹出的快捷菜单中选择 插入到新零件...(H) 命令；命名为"圆管直交四棱锥管四棱锥"。

Step12. 保存圆柱管子钣金件。右击设计树中 实体(2) 节点下的 切除-拉伸-薄壁1[2]，在系统弹出的快捷菜单中选择 插入到新零件...(H) 命令；命名为"圆管直交四棱锥管圆柱管"。

Step13. 切换到"圆管直交四棱锥管四棱锥"窗口。

Step14. 创建图 19.10.11 所示的切除-拉伸。选择下拉菜单 插入(I) ➡ 切除(C) ➡ 拉伸(E)... 命令，选取前视基准面为草图平面，绘制图 19.10.12 所示的横断面草图；在 ☑ 薄壁特征(T) 区域的下拉列表中选择 两侧对称 选项，在其下方的文本框中输入值 0.1；在对话框中取消选中 □ 方向2 复选框，单击 ✔ 按钮。

Step15. 创建钣金转换。选择下拉菜单 插入(I) ➡ 钣金(H) ➡ 折弯(B)... 命令，选取图 19.10.13 所示的模型表面为固定面。

图 19.10.11　切除-拉伸　　　图 19.10.12　横断面草图　　　图 19.10.13　选取固定面

Step16. 选择下拉菜单 文件(F) ➡ 保存(S) 命令，保存钣金子构件模型。

Step17. 切换到"圆管直交四棱锥管圆柱管"窗口。

Step18. 创建图 19.10.14 所示的切除-拉伸。选择下拉菜单 插入(I) ➡ 切除(C) ➡ 拉伸(E)... 命令，选取前视基准面为草图平面，绘制图 19.10.15 所示的横断面草图；在 ☑ 薄壁特征(T) 区域的下拉列表中选择 两侧对称 选项，在其下方的文本框中输入值 0.1，单击 ✔ 按钮。

Step19. 创建钣金转换。选择下拉菜单 插入(I) ➡ 钣金(H) ➡ 折弯(B)... 命令，选取图 19.10.16 所示的模型边线为固定边线。

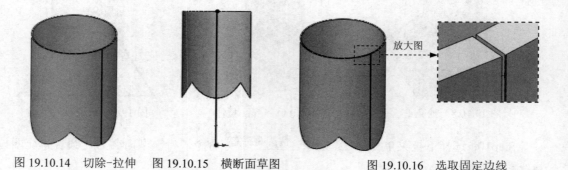

图 19.10.14　切除-拉伸　　图 19.10.15　横断面草图　　　图 19.10.16　选取固定边线

Step20. 选择下拉菜单 文件(F) ➡ 保存(S) 命令，保存钣金子构件模型。

Step21. 新建一个装配文件，将创建的四棱锥子钣金件和圆柱管子钣金件进行装配得到完整的钣金件，结果如图 19.10.1a 所示。

Step22. 选择下拉菜单 文件(F) ➡ 保存(S) 命令，将模型命名为"圆管直交四棱锥管"，保存钣金模型。

Task2. 展平钣金件

Step1. 打开零件模型文件：圆管直交四棱锥管四棱锥。

Step2. 在设计树中右击 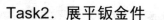 特征，在系统弹出的快捷菜单中单击"解除压缩"命令按钮，即可将钣金展平，展平结果如图 19.10.1b 所示。

Step3. 打开零件模型文件：圆管直交四棱锥管圆柱管。

Step4. 在设计树中将"控制棒"拖动到 加工-折弯1 特征上，可以查看其展开状态，展开结果如图 19.10.1c 所示。

19.11 圆管平交四棱锥

圆管平交四棱锥管是由圆管与四棱锥水平相交连接形成的钣金结构。此类钣金件的创建方法是：先创建钣金结构零件，然后使用导出曲面方法来创建四棱锥子钣金件和圆柱管子钣金件。在本例中，四棱锥要分割成两个部分来创建，最后分别对其进行展开，并使用装配方法得到完整钣金件。图 19.11.1 所示的分别是其钣金件及展开图，下面介绍其在 SolidWorks 中的创建和展开的操作过程。

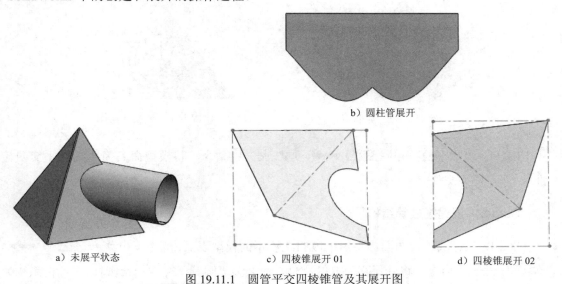

b）圆柱管展开

a）未展平状态   c）四棱锥展开 01   d）四棱锥展开 02

图 19.11.1 圆管平交四棱锥管及其展开图

Task1. 创建钣金件

Stage1. 创建整体零件结构模型

Step1. 新建一个零件模型文件。

Step2. 创建基准面 1。选择下拉菜单 插入(I) ➡ 参考几何体(G) ➡ 基准面(P) 命令；选取上视基准面为参考实体，输入偏移距离值 200.0；单击 按钮，完成基准面 1 的创建。

Step3. 创建草图 1。选取上视基准面为草图基准面，绘制图 19.11.2 所示的草图 1。

Step4. 创建草图 2。选取基准面 1 作为草图基准面，绘制图 19.11.3 所示的草图 2（与原点重合的点）。

Step5. 创建图 19.11.4 所示的放样特征。选择下拉菜单 插入(I) ➡ 凸台/基体(B) ➡ 放样(L)... 命令，选取草图 1 和草图 2 作为放样的轮廓，单击 按钮。

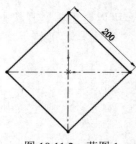

图 19.11.2　草图 1

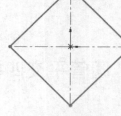

图 19.11.3　草图 2

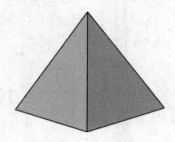

图 19.11.4　放样特征

Step6. 创建图 19.11.5 所示的凸台-拉伸 1。选择下拉菜单 插入(I) ➡ 凸台/基体(B) ➡ 拉伸(E)... 命令，选择前视基准面为草绘基准面，绘制图 19.11.6 所示的横断面草图；输入深度值 190.0，单击 按钮。

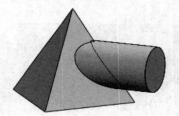

图 19.11.5　基准面 2

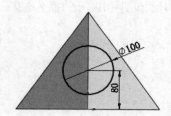

图 19.11.6　横断面草图

Step7. 选择下拉菜单 文件(F) ➡ 保存(S) 命令，将模型命名为"圆管平交四棱锥"，保存模型文件。

Stage2. 创建圆柱管结构

Step1. 保存圆柱管曲面。选中图 19.11.7 所示的模型表面，选择下拉菜单 文件(F) ➡ 另存为(A)... 命令，将其保存为 IGS 文件，命名为"圆管平交四棱锥圆柱管"；在系统弹出的"输出"对话框中选中 ⊙ 所选面(F) 单选按钮，单击 确定 按钮。

Step2. 打开 IGS 文件：圆管平交四棱锥圆柱管。

Step3. 加厚曲面。选择下拉菜单 插入(I) ➡ 凸台/基体(B) ➡ 加厚(T)... 命令，输入厚度值为 1.0。

Step4. 创建图 19.11.8 所示的切除-拉伸。选择下拉菜单 插入(I) ➡ 切除(C) ➡ 拉伸(E)... 命令，选取上视基准面为草图平面，绘制图 19.11.9 所示的横断面草图；在对

话框中取消选中□**方向2**复选框，在☑**薄壁特征(T)**区域的下拉列表中选择**两侧对称**选项，在其下方的文本框中输入值 0.1；在**方向1**区域的下拉列表中选择**成形到下一面**选项，单击"反向"按钮，单击✔按钮。

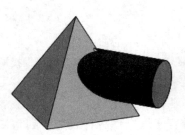

图 19.11.7　选取圆柱管曲面

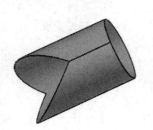

图 19.11.8　切除-拉伸

图 19.11.9　横断面草图

Step5. 创建钣金转换。选择下拉菜单 **插入(I)** ➡ **钣金(H)** ➡ **折弯(B)...**命令，选取图 19.11.10 所示的模型边线为固定边线。

Step6. 选择下拉菜单 **文件(F)** ➡ **保存(S)**命令，保存钣金子构件模型。

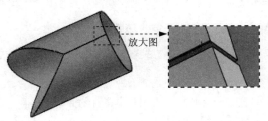

图 19.11.10　选取固定边线

Stage3. 创建四棱锥钣金结构 1

Step1. 切换到"圆管平交四棱锥"窗口。

Step2. 保存四棱锥曲面。选中图 19.11.11 所示的模型表面，选择下拉菜单 **文件(F)** ➡ **另存为(A)...**命令，将其保存为 IGS 文件，命名为"圆管平交四棱锥四棱锥 01"；在系统弹出的"输出"对话框中选中⊙ **所选面(F)**单选按钮，单击 **确定** 按钮。

Step3. 打开 IGS 文件：圆管平交四棱锥四棱锥 01。

Step4. 加厚曲面。选择下拉菜单 **插入(I)** ➡ **凸台/基体(B)** ➡ **加厚(T)...**命令，输入厚度值为 1.0。

Step5. 创建钣金转换。选择下拉菜单 **插入(I)** ➡ **钣金(H)** ➡ **折弯(B)...**命令，选取图 19.11.12 所示的模型表面为固定面。

Step6. 选择下拉菜单 **文件(F)** ➡ **保存(S)**命令，保存钣金子构件模型。

Stage4. 创建四棱锥钣金结构 2

参照 Stage1 步骤，创建图 19.11.13 所示的四棱锥钣金结构 02。

选取此表面

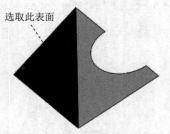

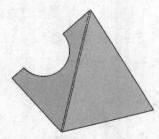

图 19.11.11　选取导出曲面　　　图 19.11.12　选取固定面　　　图 19.11.13　圆管平交四棱锥四棱锥 02

Stage5. 创建完整钣金件

Step1. 新建一个装配文件，将圆柱管子钣金件和圆锥管子钣金件进行装配得到完整的钣金件，结果如图 19.11.1a 所示。

Step2. 选择下拉菜单 文件(F) ➡ 🔖 保存(S) 命令，将模型命名为"圆管平交四棱锥"，保存钣金模型。

Task2. 展平钣金件

Step1. 打开零件模型文件：圆管平交四棱锥圆柱管。

Step2. 在设计树中将"控制棒"拖动到 🔧 加工-折弯1 特征上，可以查看其展开状态，展开结果如图 19.11.1b 所示。

Step3. 打开零件模型文件：圆管平交四棱锥四棱锥 01。

Step4. 在设计树中右击 📐 平板型式1 特征，在系统弹出的快捷菜单中单击"解除压缩"命令按钮 ⬆，即可将钣金展平，展平结果如图 19.11.1c 所示。

Step5. 参照 Step3、Step4，展开圆管平交四棱锥四棱锥 02，结果如图 19.11.1d 所示。

19.12　圆管偏交四棱锥

圆管偏交四棱锥管是由圆管与四棱锥偏心相交连接形成的钣金结构。图 19.12.1 所示的分别是其钣金件及展开图，下面介绍其在 SolidWorks 中的创建和展开的操作过程。

Task1. 创建钣金件

Stage1. 创建整体零件结构模型

Step1. 新建一个零件模型文件。

Step2. 创建基准面 1。选择下拉菜单 插入(I) ➡ 参考几何体(G) ➡ ◇ 基准面(P). 命令（注：具体参数和操作参见随书光盘）。

Step3. 创建草图 1。选取上视基准面为草图基准面，绘制图 19.12.2 所示的草图 1。

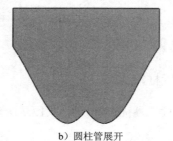

b）圆柱管展开

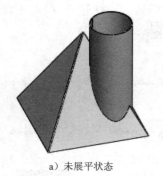

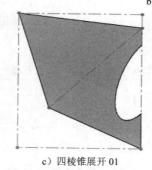

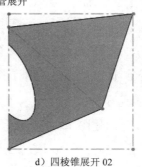

a）未展平状态 　　　　　　c）四棱锥展开 01 　　　　　　d）四棱锥展开 02

图 19.12.1　圆管偏交四棱锥管及其展开图

Step4. 创建草图 2。选取基准面 1 作为草图基准面，绘制图 19.12.3 所示的草图 2（与原点重合的点）。

Step5. 创建图 19.12.4 所示的放样特征。选择下拉菜单 插入(I) ➡ 凸台/基体(B) ➡ 放样(L)... 命令，选取草图 1 和草图 2 作为放样的轮廓，单击 ✔ 按钮。

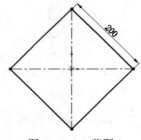

图 19.12.2　草图 1

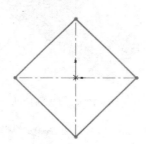

图 19.12.3　草图 2

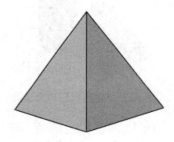

图 19.12.4　放样特征

Step6. 创建图 19.12.5 所示的凸台-拉伸 1。选择下拉菜单 插入(I) ➡ 凸台/基体(B) ➡ 拉伸(E)... 命令，选择上视基准面为草绘基准面，绘制图 19.12.6 所示的横断面草图；输入深度值 240.0，单击 ✔ 按钮。

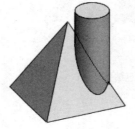

图 19.12.5　凸台-拉伸 1

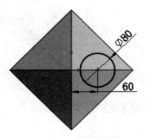

图 19.12.6　凸台-拉伸 1

Step7. 选择下拉菜单 文件(F) ➡️ 📁 保存(S) 命令，将模型命名为"圆管偏交四棱锥"，保存模型文件。

Stage2. 创建圆柱管结构

Step1. 保存圆柱管曲面。选中图 19.12.7 所示的模型表面，选择下拉菜单 文件(F) ➡️ 📁 另存为(A)... 命令，将其保存为 IGS 文件，命名为"圆管偏交四棱锥圆柱管"；在系统弹出的"输出"对话框中选中 ⦿ 所选面(F) 单选按钮，单击 确定 按钮。

Step2. 打开 IGS 文件：圆管偏交四棱锥圆柱管。

Step3. 加厚曲面。选择下拉菜单 插入(I) ➡️ 凸台/基体(B) ➡️ 📁 加厚(T)... 命令，输入厚度值为 1.0。

Step4. 创建图 19.12.8 所示的切除-拉伸。选择下拉菜单 插入(I) ➡️ 切除(C) ➡️ 📁 拉伸(E)... 命令，选取右视基准面为草图平面，绘制图 19.12.9 所示的横断面草图；在对话框中取消选中 □ 方向2 复选框，在 ☑ 薄壁特征(T) 区域的下拉列表中选择 两侧对称 选项，在其下方的文本框中输入值 0.1；在 方向1 区域的下拉列表中选择 成形到下一面 选项，单击"反向"按钮 🔄，单击 ✔️ 按钮。

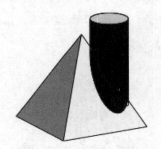

图 19.12.7　选取圆柱管曲面

图 19.12.8　切除-拉伸

图 19.12.9　横断面草图

Step5. 创建钣金转换。选择下拉菜单 插入(I) ➡️ 钣金(H) ▸ ➡️ 📁 折弯(B)... 命令，选取图 19.12.10 所示的模型边线为固定边线。

Step6. 选择下拉菜单 文件(F) ➡️ 📁 保存(S) 命令，保存钣金子构件模型。

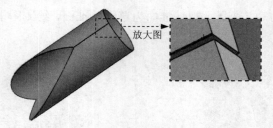

放大图

图 19.12.10　选取固定边线

Stage3. 创建四棱锥钣金结构 1

Step1. 切换到"圆管偏交四棱锥"窗口。

Step2. 保存四棱锥曲面。选中图 19.12.11 所示的模型表面,选择下拉菜单 文件(F) ➡
🖫 另存为 (A)... 命令,将其保存为 IGS 文件,命名为"圆管偏交四棱锥四棱锥 01";在系统
弹出的"输出"对话框中选中 ⊙ 所选面(F) 单选按钮,单击 确定 按钮。

Step3. 打开 IGS 文件:圆管偏交四棱锥四棱锥 01。

Step4. 加厚曲面。选择下拉菜单 插入(I) ➡ 凸台/基体 (B) ➡ 🐚 加厚 (T)... 命令,
输入厚度值为 1.0。

Step5. 创建钣金转换。选择下拉菜单 插入(I) ➡ 钣金 (H) ➡ 🐧 折弯 (B)... 命
令,选取图 19.12.12 所示的模型表面为固定面。

Step6. 选择下拉菜单 文件(F) ➡ 🖫 保存 (S) 命令,保存钣金子构件模型。

Stage4. 创建四棱锥钣金结构 2

参照 Stage3 步骤,创建图 19.12.13 所示的四棱锥钣金结构 02。

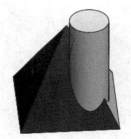
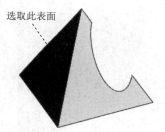
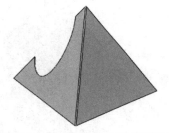

选取此表面

图 19.12.11 选取导出曲面   图 19.12.12 选取固定面   图 19.12.13 圆管偏交四棱锥四棱锥 02

Stage5. 创建完整钣金件

Step1. 新建一个装配文件,将圆柱管子钣金件和圆锥管子钣金件进行装配得到完整的
钣金件,结果如图 19.12.1a 所示。

Step2. 选择下拉菜单 文件(F) ➡ 🖫 保存 (S) 命令,将模型命名为"圆管偏交四棱
锥",保存钣金模型。

Task2. 展平钣金件

Step1. 打开零件模型文件:圆管偏交四棱锥圆柱管。

Step2. 在设计树中将"控制棒"拖动到 🔠 加工-折弯1 特征上,可以查看其展开状态,展
开结果如图 19.12.1b 所示。

Step3. 打开零件模型文件:圆管偏交四棱锥四棱锥 01。

Step4. 在设计树中右击 🗔 平板型式1 特征,在系统弹出的快捷菜单中单击"解除压缩"
命令按钮 🗂,即可将钣金展平,展平结果如图 19.12.1c 所示。

Step5. 参照 Step3、Step4,展开圆管偏交四棱锥四棱锥 02,结果如图 19.12.1d 所示。

19.13　圆管斜交四棱锥

圆管斜交四棱锥管是由圆管与四棱锥的某一个斜面倾斜相交连接形成的钣金结构。图 19.13.1 所示的分别是其钣金件及展开图,下面介绍其在 SolidWorks 中的创建和展开的操作过程。

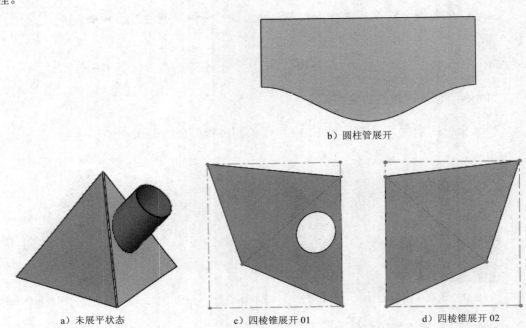

b) 圆柱管展开

a) 未展平状态　　　　　c) 四棱锥展开 01　　　　　d) 四棱锥展开 02

图 19.13.1　圆管斜交四棱锥管及其展开图

Task1. 创建钣金件

Stage1. 创建整体零件结构模型

Step1. 新建一个零件模型文件。

Step2. 创建基准面 1。选择下拉菜单 插入(I) ➡ 参考几何体(G) ➡ 基准面(P)... 命令;选取上视基准面为参考实体,输入偏移距离值 200.0;单击 ✔ 按钮,完成基准面 1 的创建。

Step3. 创建草图 1。选取上视基准面为草图基准面,绘制图 19.13.2 所示的草图 1。

Step4. 创建草图 2。选取基准面 1 作为草图基准面,绘制图 19.13.3 所示的草图 2(与原点重合的点)。

Step5. 创建图 19.13.4 所示的放样特征。选择下拉菜单 插入(I) ➡ 凸台/基体(B) ➡ 放样(L)... 命令,选取草图 1 和草图 2 作为放样的轮廓,单击 ✔ 按钮。

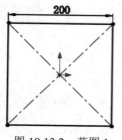

图 19.13.2 草图 1

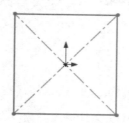

图 19.13.3 草图 2

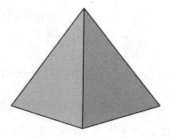

图 19.13.4 放样特征

Step6. 创建图 19.13.5 所示的基准面 2。选择下拉菜单 插入(I) ➡ 参考几何体(G) ➡ 基准面(P)... 命令（注：具体参数和操作参见随书光盘）。

Step7. 创建图 19.13.6 所示的基准轴 1。选择下拉菜单 插入(I) ➡ 参考几何体(G) ➡ 基准轴(A)... 命令；选择基准面 2 和前视基准面为参考实体，单击 ✔ 按钮。

Step8. 创建图 19.13.7 所示的基准面 3。选择下拉菜单 插入(I) ➡ 参考几何体(G) ➡ 基准面(P)... 命令；选取基准面 2 和基准轴 1 为参考实体，输入旋转角度值 35.0；选中对话框中的 ☑反转 复选框，单击 ✔ 按钮。

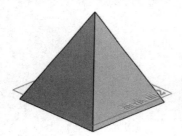

图 19.13.5 基准面 2

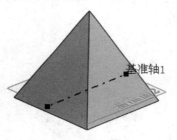

图 19.13.6 基准轴 1

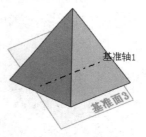

图 19.13.7 基准面 3

Step9. 创建图 19.13.8 所示的基准面 4。选择下拉菜单 插入(I) ➡ 参考几何体(G) ➡ 基准面(P)... 命令；选择基准面 3 为参考实体，输入偏移距离值 180。

Step10. 创建图 19.13.9 所示的凸台-拉伸 1。选择下拉菜单 插入(I) ➡ 凸台/基体(B) ➡ 拉伸(E)... 命令，选择基准面 4 为草绘基准面，绘制图 19.13.10 所示的横断面草图；在 方向1 区域的下拉列表中选择 成形到一面 选项，选取图 19.13.9 所示的模型表面为拉伸终止面，单击 ✔ 按钮。

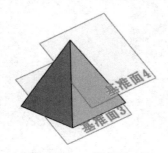

图 19.13.8 基准面 4

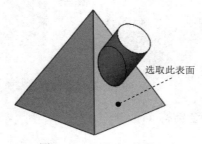

图 19.13.9 凸台-拉伸 1

图 19.13.10 横断面草图

Step11. 选择下拉菜单 文件(F) ➡ 保存(S) 命令，将模型命名为"圆管斜交四棱锥"，保存模型文件。

Stage2. 创建圆柱管结构

Step1. 保存圆柱管曲面。选中图 19.13.11 所示的模型表面，选择下拉菜单 文件(F) ➡ 另存为(A)... 命令，将其保存为 IGS 文件，命名为"圆管斜交四棱锥圆柱管"；在系统弹出的"输出"对话框中选中 ⊙ 所选面(F) 单选按钮，单击 确定 按钮。

Step2. 打开 IGS 文件：圆管斜交四棱锥圆柱管。

Step3. 加厚曲面。选择下拉菜单 插入(I) ➡ 凸台/基体(B) ➡ 加厚(T)... 命令，输入厚度值为 1.0。

Step4. 创建图 19.13.12 所示的切除-拉伸。选择下拉菜单 插入(I) ➡ 切除(C) ➡ 拉伸(E)... 命令，选取前视基准面为草图平面，绘制图 19.13.13 所示的横断面草图；在对话框中取消选中 □ 方向2 复选框，在 ☑ 薄壁特征(I) 区域的下拉列表中选择 两侧对称 选项，在其下方的文本框中输入值 0.1；在 方向1 区域的下拉列表中选择 成形到下一面 选项，单击"反向"按钮，单击 ✔ 按钮。

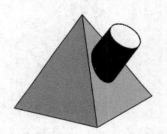
图 19.13.11 选取圆柱管曲面

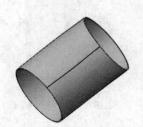
图 19.13.12 切除-拉伸

图 19.13.13 横断面草图

Step5. 创建钣金转换。选择下拉菜单 插入(I) ➡ 钣金(H) ➡ 折弯(B)... 命令，选取图 19.13.14 所示的模型边线为固定边线。

Step6. 选择下拉菜单 文件(F) ➡ 保存(S) 命令，保存钣金子构件模型。

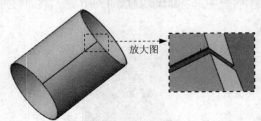
图 19.13.14 选取固定边线

Stage3. 创建四棱锥钣金结构 1

Step1. 切换到"圆管斜交四棱锥"窗口。

Step2. 保存四棱锥曲面。选中图19.13.15所示的模型表面,选择下拉菜单 文件(F) ➡
🖫 另存为(A)... 命令,将其保存为IGS文件,命名为"圆管斜交四棱锥四棱锥01";在系统
弹出的"输出"对话框中选中 ◉ 所选面(F) 单选按钮,单击 确定 按钮。

Step3. 打开IGS文件:圆管斜交四棱锥四棱锥01。

Step4. 加厚曲面。选择下拉菜单 插入(I) ➡ 凸台/基体(B) ➡ 📳 加厚(T)... 命令,
输入厚度值为1.0。

Step5. 创建钣金转换。选择下拉菜单 插入(I) ➡ 钣金(H) ▶ ➡ 🦫 折弯(B)... 命
令,选取图19.13.16所示的模型表面为固定面。

Step6. 选择下拉菜单 文件(F) ➡ 🖫 保存(S) 命令,保存钣金子构件模型。

Stage4. 创建四棱锥钣金结构2

参照Stage3步骤,创建图19.13.17所示的四棱锥钣金结构02。

选取此表面

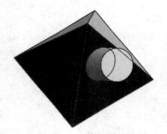
图 19.13.15　选取导出曲面

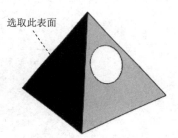
图 19.13.16　选取固定面

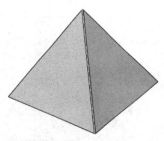
图 19.13.17　圆管斜交四棱锥四棱锥 02

Stage5. 创建完整钣金件

Step1. 新建一个装配文件,将圆柱管子钣金件和圆锥管子钣金件进行装配得到完整的
钣金件,结果如图19.13.1a所示。

Step2. 选择下拉菜单 文件(F) ➡ 🖫 保存(S) 命令,将模型命名为"圆管斜交四棱
锥",保存钣金模型。

Task2. 展平钣金件

Step1. 打开零件模型文件:圆管斜交四棱锥圆柱管。

Step2. 在设计树中将"控制棒"拖动到 🖽 加工-折弯1 特征上,可以查看其展开状态,展
开结果如图19.13.1b所示。

Step3. 打开零件模型文件:圆管斜交四棱锥四棱锥01。

Step4. 在设计树中右击 📖 平板型式1 特征,在系统弹出的快捷菜单中单击"解除压缩"
命令按钮 ⬆️,即可将钣金展平,展平结果如图19.13.1c所示。

Step5. 参照Step3、Step4,展开圆管斜交四棱锥四棱锥02,结果如图19.13.1d所示。

19.14　矩形管横交圆台

矩形管横交圆台是由矩形管和圆锥台管水平横交连接形成的钣金结构。此类钣金件的创建方法是：先创建钣金结构零件，然后使用抽壳和切除分割方法，得到方管子钣金件；圆锥台管钣金件要重新使用放样折弯方法创建，然后分别进行展开，并使用装配方法得到完整钣金件。图 19.14.1 所示的分别是其钣金件及展开图，下面介绍其在 SolidWorks 中的创建和展开的操作过程。

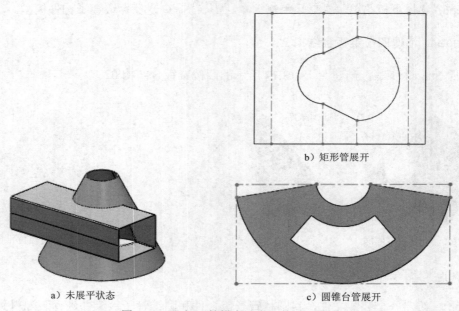

b）矩形管展开

a）未展平状态　　　　　　c）圆锥台管展开

图 19.14.1　矩形管横交圆台及其展开图

Task1. 创建钣金件

Stage1. 创建整体零件结构

Step1. 新建一个零件模型文件。

Step2. 创建基准面 1。选择下拉菜单 插入(I) ➡ 参考几何体(G) ➡ 基准面(P)... 命令；选取上视基准面为参考实体，输入偏移距离值 150.0；单击 ✔ 按钮，完成基准面 1 的创建。

Step3. 创建草图 1。选取上视基准面作为草图基准面，绘制图 19.14.2 所示的草图 1。

Step4. 创建草图 2。选取基准面 1 为草图基准面，绘制图 19.14.3 所示的草图 2。

Step5. 创建图 19.14.4 所示的放样特征。选择下拉菜单 插入(I) ➡ 凸台/基体(B) ➡ 放样(L)... 命令，选取草图 1 和草图 2 作为放样的轮廓，单击 ✔ 按钮。

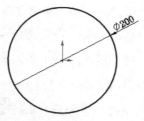

图 19.14.2　草图 1　　　　图 19.14.3　草图 2　　　　图 19.14.4　放样特征

Step6. 创建图 19.14.5 所示的凸台-拉伸 1。选择下拉菜单 插入(I) ➡ 凸台/基体(B) ➡ 拉伸(E)... 命令，选择前视基准面为草绘基准面，绘制图 19.14.6 所示的横断面草图；在 方向1 区域的下拉列表中选择 两侧对称 选项，输入深度值 230.0，单击 ✔ 按钮。

Step7. 创建图 19.14.7 所示的抽壳 1。选择下拉菜单 插入(I) ➡ 特征(F) ➡ 抽壳(S) 命令，选取圆锥台端面和凸台-拉伸端面为移除面，在"抽壳 1"对话框的 参数(P) 区域输入壁厚值 1.0；单击 ✔ 按钮，完成抽壳特征的创建。

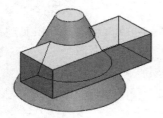

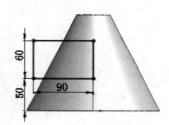

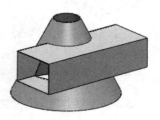

图 19.14.5　凸台-拉伸 1　　　图 19.14.6　横断面草图　　　图 19.14.7　抽壳 1

Step8. 创建图 19.14.8 所示的切除-拉伸 1。选择下拉菜单 插入(I) ➡ 切除(C) ➡ 拉伸(E)... 命令，选取前视基准面为草图平面，绘制图 19.14.9 所示的横断面草图；在 ☑ 薄壁特征(T) 区域的文本框中输入值 0.1，单击 ✔ 按钮；在系统弹出的"要保留的实体"对话框中选中 ⦿ 所有实体(A) 单选按钮，单击 确定(K) 按钮。

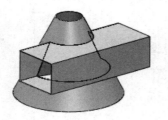

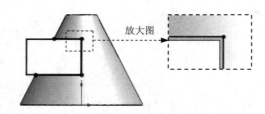

图 19.14.8　切除-拉伸 1　　　　　图 19.14.9　横断面草图

Step9. 选择下拉菜单 文件(F) ➡ 保存(S) 命令，将模型命名为"矩形管横交圆台"，保存钣金模型。

Stage2. 创建矩形管结构

Step1. 保存矩形管子钣金件。右击设计树中 实体 (2) 节点下的 切除-拉伸-薄壁1 [2]，在系统弹出的快捷菜单中选择 插入到新零件...(H) 命令；命名为"矩形管横交圆台矩形管"。

Step2. 创建图 19.14.10 所示的切除-拉伸。选择下拉菜单 插入(I) ➡ 切除(C) ➡ 拉伸(E)... 命令，选取图 19.14.10 所示的平面为草图平面，绘制图 19.14.11 所示的横断面草图；在对话框中取消选中 □ 方向2 复选框，在 ☑ 薄壁特征(T) 区域的下拉列表中选择 两侧对称 选项，在其下方的文本框中输入值 0.1；在 方向1 区域的下拉列表中选择 成形到下一面 选项，单击 ✓ 按钮。

Step3. 创建钣金转换。选择下拉菜单 插入(I) ➡ 钣金(H) ▶ ➡ 折弯(B)... 命令，选取图 19.14.12 所示的模型表面为固定面。

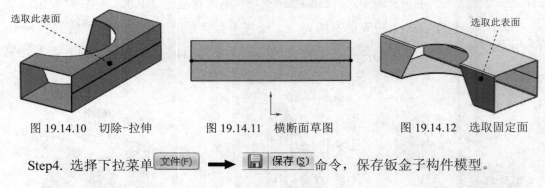

图 19.14.10　切除-拉伸　　图 19.14.11　横断面草图　　图 19.14.12　选取固定面

Step4. 选择下拉菜单 文件(F) ➡ 保存(S) 命令，保存钣金子构件模型。

Stage3. 创建圆锥台结构

Step1. 新建一个零件模型文件。

Step2. 创建基准面 1。选择下拉菜单 插入(I) ➡ 参考几何体(G) ➡ 基准面(P)... 命令，单击 ✓ 按钮，完成基准面 1 的创建（注：具体参数和操作参见随书光盘）。

Step3. 创建草图 1。选取上视基准面作为草图基准面，绘制图 19.14.13 所示的草图 1。

Step4. 创建草图 2。选取基准面 1 为草图基准面，绘制图 19.14.14 所示的草图 2。

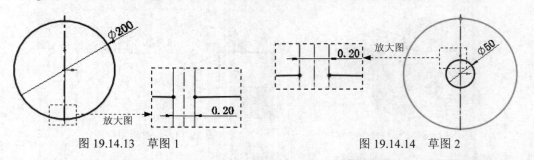

图 19.14.13　草图 1　　　　　　　　图 19.14.14　草图 2

Step5. 创建图 19.14.15 所示的放样折弯。选择下拉菜单 插入(I) ➡ 钣金(H) ▶ ➡ 放样的折弯(L)... 命令，选取草图 1 和草图 2 作为放样的折弯特征的轮廓。在"放样折弯"对话框的 厚度 文本框中输入数值 1.0；单击 ✓ 按钮，完成放样折弯的创建。

Step6. 创建图 19.14.16 所示的切除-拉伸。选择下拉菜单 插入(I) ➡ 切除(C) ➡

□ 拉伸(E)... 命令，选取右视基准面为草图平面，绘制图 19.14.17 所示的横断面草图；在 方向1 和 ☑ 方向2 区域的下拉列表中均选择 完全贯穿 选项，单击 ✔ 按钮。

Step7. 选择下拉菜单 文件(F) ➡ 🖫 保存(S) 命令，将模型命名为"矩形管横交圆台圆锥台"，保存钣金模型。

图 19.14.15 放样折弯

图 19.14.16 切除-拉伸

图 19.14.17 横断面草图

Stage4. 创建完整钣金件

Step1. 新建一个装配文件，将矩形管子钣金件和圆锥台管子钣金件进行装配得到完整的钣金件，结果如图 19.14.1a 所示。

Step2. 选择下拉菜单 文件(F) ➡ 🖫 保存(S) 命令，将模型命名为"矩形管横交圆锥台"，保存钣金模型。

Task2. 展平钣金件

Step1. 打开零件模型文件：矩形管横交圆台矩形管。

Step2. 在设计树中右击 📄 平板型式1 特征，在系统弹出的快捷菜单中单击"解除压缩"命令按钮 🔼，即可将钣金展平，展平结果如图 19.14.1b 所示。

Step3. 打开零件模型文件：矩形管横交圆台圆锥台。

Step4. 在设计树中右击 📄 平板型式1 特征，在系统弹出的快捷菜单中单击"解除压缩"命令按钮 🔼，即可将钣金展平，展平结果如图 19.14.1c 所示。

19.15 圆台直交圆管

圆台直交圆管是由圆柱管和圆锥台管直交连接形成的钣金结构。图 19.15.1 所示的分别是其钣金件及展开图，下面介绍其在 SolidWorks 中的创建和展开的操作过程。

Task1. 创建钣金件

Stage1. 创建整体零件结构

Step1. 新建一个零件模型文件。

Step2. 创建基准面 1。选择下拉菜单 [插入(I)] ➡ [参考几何体(G)] ➡ [基准面(P)...] 命令；选取上视基准面为参考实体，输入偏移距离值 180.0；单击 ✓ 按钮，完成基准面 1 的创建。

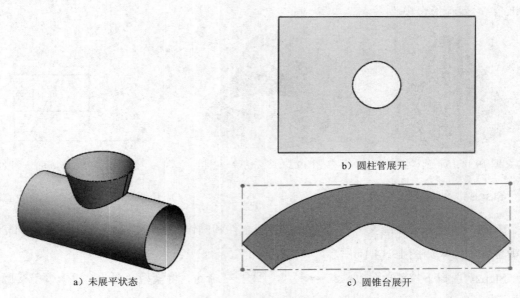

b）圆柱管展开

a）未展平状态

c）圆锥台展开

图 19.15.1　圆台直交圆管及其展开图

Step3. 创建草图 1。选取上视基准面作为草图基准面，绘制图 19.15.2 所示的草图 1。

Step4. 创建草图 2。选取基准面 1 为草图基准面，绘制图 19.15.3 所示的草图 2。

Step5. 创建图 19.15.4 所示的放样特征。选择下拉菜单 [插入(I)] ➡ [凸台/基体(B)] ➡ [放样(L)...] 命令，选取草图 1 和草图 2 作为放样的轮廓，单击 ✓ 按钮。

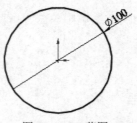

图 19.15.2　草图 1

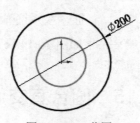

图 19.15.3　草图 2

图 19.15.4　放样特征

Step6. 创建图 19.15.5 所示的凸台-拉伸 1。选择下拉菜单 [插入(I)] ➡ [凸台/基体(B)] ➡ [拉伸(E)...] 命令，选择前视基准面为草绘基准面，绘制图 19.15.6 所示的横断面草图；在 [方向1] 区域的下拉列表中选择 [两侧对称] 选项，输入深度值 450.0，单击 ✓ 按钮。

Step7. 选择下拉菜单 [文件(F)] ➡ [保存(S)] 命令，将模型命名为"圆台直交圆管"，保存钣金模型。

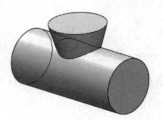

图 19.15.5　凸台-拉伸 1

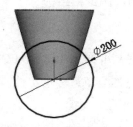

图 19.15.6　横断面草图

Stage2. 创建圆柱管结构

Step1. 保存圆柱管曲面。选中图 19.15.7 所示的模型表面，选择下拉菜单 文件(F) ➡ 另存为 (A)... 命令，将其保存为 IGS 文件，命名为"圆台直交圆管圆柱管"；在系统弹出的"输出"对话框中选中 ⦿ 所选面(F) 单选按钮，单击 确定 按钮。

Step2. 打开 IGS 文件：圆台直交圆管圆柱管。

Step3. 加厚曲面。选择下拉菜单 插入(I) ➡ 凸台/基体(B) ➡ 加厚(T)... 命令，输入厚度值为 1.0。

Step4. 创建图 19.15.8 所示的切除-拉伸。选择下拉菜单 插入(I) ➡ 切除(C) ➡ 拉伸(E)... 命令，选取上视基准面为草图平面，绘制图 19.15.9 所示的横断面草图；在对话框中取消选中 □ 方向 2 复选框，在 ☑ 薄壁特征(T) 区域的下拉列表中选择 两侧对称 选项，在其下方的文本框中输入值 0.1，单击 ✓ 按钮。

图 19.15.7　选取圆柱管曲面

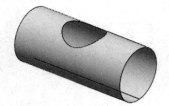

图 19.15.8　切除-拉伸

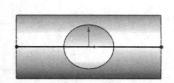

图 19.15.9　横断面草图

Step5. 创建钣金转换。选择下拉菜单 插入(I) ➡ 钣金(H) ➡ 折弯(B)... 命令，选取图 19.15.10 所示的模型边线为固定边线。

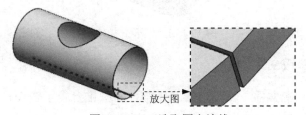

放大图

图 19.15.10　选取固定边线

Step6. 选择下拉菜单 文件(F) ➡ 保存(S) 命令，保存钣金子构件模型。

Stage3. 创建圆锥台结构

Step1. 新建一个零件模型文件。

Step2. 创建基准面 1。选择下拉菜单 插入(I) ➜ 参考几何体(G) ➜ ◇ 基准面(P)... 命令；选取上视基准面为参考实体，输入偏移距离值 180.0；单击 ✔ 按钮，完成基准面 1 的创建。

Step3. 创建草图 1。选取上视基准面作为草图基准面，绘制图 19.15.11 所示的草图 1。

Step4. 创建草图 2。选取基准面 1 为草图基准面，绘制图 19.15.12 所示的草图 2。

Step5. 创建图 19.15.13 所示的放样折弯。选择下拉菜单 插入(I) ➜ 钣金(H) ➜ ◫ 放样的折弯(L)... 命令，选取草图 1 和草图 2 作为放样折弯特征的轮廓。在"放样折弯"对话框的 厚度 文本框中输入数值 1.0；单击 ✔ 按钮，完成放样折弯的创建。

Step6. 创建图 19.15.14 所示的切除-拉伸。选择下拉菜单 插入(I) ➜ 切除(C) ➜ ▣ 拉伸(E)... 命令，选取右视基准面为草图平面，绘制图 19.15.15 所示的横断面草图；在 方向1 和 ☑ 方向2 区域的下拉列表中均选择 完全贯穿 选项，单击 ✔ 按钮。

Step7. 选择下拉菜单 文件(F) ➜ 🖫 保存(S) 命令，将模型命名为"圆台直交圆管圆锥台"，保存钣金模型。

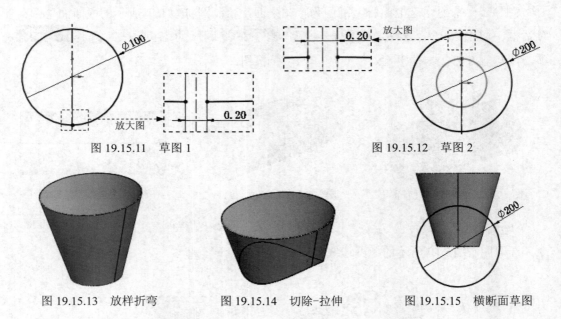

图 19.15.11　草图 1　　　　图 19.15.12　草图 2

图 19.15.13　放样折弯　　　图 19.15.14　切除-拉伸　　　图 19.15.15　横断面草图

Stage4. 创建完整钣金件

Step1. 新建一个装配文件，将圆柱管子钣金件和圆锥台管子钣金件进行装配得到完整的钣金件，结果如图 19.15.1a 所示。

Step2. 选择下拉菜单 文件(F) ➜ 🖫 保存(S) 命令，将模型命名为"圆台直交圆管"，保存钣金模型。

Task2. 展平钣金件

Step1. 打开零件模型文件：圆台直交圆管圆柱管。

Step2. 在设计树中将"控制棒"拖动到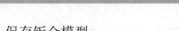特征上，可以查看其展开状态，展开结果如图 19.15.1b 所示。

Step3. 打开零件模型文件：圆台直交圆管圆锥台。

Step4. 在设计树中右击 平板型式1 特征，在系统弹出的快捷菜单中单击"解除压缩"命令按钮，即可将钣金展平，展平结果如图 19.15.1c 所示。

19.16 圆台斜交圆管

圆台斜交圆管是由圆锥台管和圆柱管倾斜相交连接形成的钣金结构。图 19.16.1 所示的分别是其钣金件及展开图，下面介绍其在 SolidWorks 中的创建和展开的操作过程。

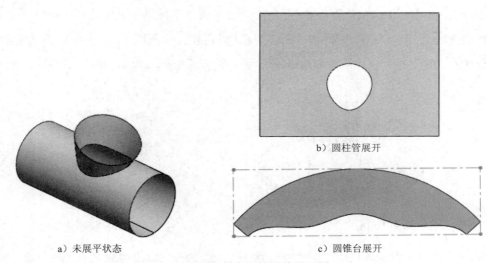

a）未展平状态   b）圆柱管展开   c）圆锥台展开

图 19.16.1 圆台斜交圆管及其展开图

Task1. 创建钣金件

Stage1. 创建整体零件结构

Step1. 新建一个零件模型文件。

Step2. 创建基准面 1。选择下拉菜单 插入(I) → 参考几何体(G) → 基准面(P)... 命令；选取上视基准面为参考实体，输入偏移距离值 180.0；单击 按钮，完成基准面 1 的创建。

Step3. 创建草图 1。选取上视基准面作为草图基准面，绘制图 19.16.2 所示的草图 1。

Step4. 创建草图 2。选取基准面 1 为草图基准面，绘制图 19.16.3 所示的草图 2。

Step5. 创建图 19.16.4 所示的放样特征。选择下拉菜单 插入(I) ➡ 凸台/基体(B) ➡ 放样(L)... 命令，选取草图 1 和草图 2 作为放样的轮廓，单击 ✔ 按钮。

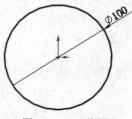
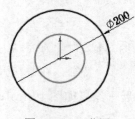

图 19.16.2　草图 1　　　　图 19.16.3　草图 2　　　　图 19.16.4　放样特征

Step6. 创建基准轴 1。选择下拉菜单 插入(I) ➡ 参考几何体(G) ➡ 基准轴(A)... 命令；选择右视基准面和上视基准面为参考实体，单击 ✔ 按钮。

Step7. 创建基准面 2。选择下拉菜单 插入(I) ➡ 参考几何体(G) ➡ 基准面(F)... 命令；选取基准轴 1 和右视基准面为参考实体，输入旋转角度值 20，单击 ✔ 按钮。

Step8. 创建图 19.16.5 所示的凸台-拉伸 1。选择下拉菜单 插入(I) ➡ 凸台/基体(B) ➡ 拉伸(E)... 命令，选择基准面 2 为草绘基准面，绘制图 19.16.6 所示的横断面草图；在 方向1 区域的下拉列表中选择 两侧对称 选项，输入深度值 450.0，单击 ✔ 按钮。

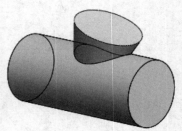
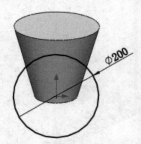

图 19.16.5　凸台-拉伸 1　　　　图 19.16.6　横断面草图

Step9. 选择下拉菜单 文件(F) ➡ 保存(S) 命令，将模型命名为"圆台斜交圆管"，保存钣金模型。

Stage2. 创建圆柱管结构

Step1. 保存圆柱管曲面。选中图 19.16.7 所示的模型表面，选择下拉菜单 文件(F) ➡ 另存为(A)... 命令，将其保存为 IGS 文件，命名为"圆台斜交圆管圆柱管"；在系统弹出的"输出"对话框中选中 ⦿ 所选面(F) 单选按钮，单击 确定 按钮。

Step2. 打开 IGS 文件：圆台斜交圆管圆柱管。

Step3. 加厚曲面。选择下拉菜单 插入(I) ➡ 凸台/基体(B) ➡ 加厚(T)... 命令，输入厚度值为 1.0。

Step4. 创建图 19.16.8 所示的切除-拉伸。选择下拉菜单 插入(I) ➡ 切除(C) ➡ 拉伸(E)... 命令，选取上视基准面为草图平面，绘制图 19.16.9 所示的横断面草图；在对话框中取消选中 □ 方向2 复选框，在 ☑ 薄壁特征(T) 区域的下拉列表中选择 两侧对称 选项，在其下方的文本框中输入值 0.1，单击 ✔ 按钮。

图 19.16.7 选取圆柱管曲面   图 19.16.8 切除-拉伸   图 19.16.9 横断面草图

Step5. 创建钣金转换。选择下拉菜单 插入(I) ➡ 钣金(H) ➡ 折弯(B)... 命令，选取图 19.16.10 所示的模型边线为固定边线。

Step6. 选择下拉菜单 文件(F) ➡ 保存(S) 命令，保存钣金子构件模型。

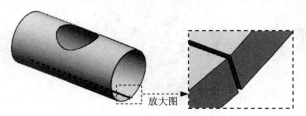

图 19.16.10 选取固定边线

Stage3. 创建圆锥台结构

Step1. 新建一个零件模型文件。

Step2. 创建基准面 1。选择下拉菜单 插入(I) ➡ 参考几何体(G) ➡ 基准面(P)... 命令；选取上视基准面为参考实体，输入偏移距离值 180.0；单击 ✔ 按钮，完成基准面 1 的创建。

Step3. 创建草图 1。选取上视基准面作为草图基准面，绘制图 19.16.11 所示的草图 1。

Step4. 创建草图 2。选取基准面 1 为草图基准面，绘制图 19.16.12 所示的草图 2。

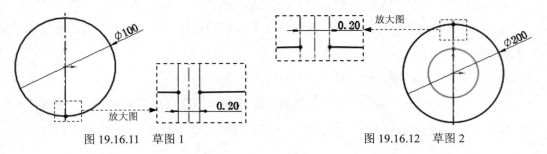

图 19.16.11 草图 1   图 19.16.12 草图 2

Step5. 创建图 19.16.13 所示的放样折弯。选择下拉菜单 插入(I) ➡ 钣金 (H) ➡ 🔔 放样的折弯 (L)… 命令，选取草图 1 和草图 2 作为放样折弯特征的轮廓。在"放样折弯"对话框的 厚度 文本框中输入数值 1.0，单击 ✅ 按钮，完成放样折弯的创建。

Step6. 创建基准轴 1。选择下拉菜单 插入(I) ➡ 参考几何体 (G) ➡ ⁄ 基准轴 (A). 命令；选择前视基准面和上视基准面为参考实体，单击 ✅ 按钮。

Step7. 创建基准面 2。选择下拉菜单 插入(I) ➡ 参考几何体 (G) ➡ ◈ 基准面 (P). 命令；选取基准轴 1 和前视基准面为参考实体，输入旋转角度值 20，单击 ✅ 按钮。

Step8. 创建图 19.16.14 所示的切除-拉伸。选择下拉菜单 插入(I) ➡ 切除 (C) ➡ 🔳 拉伸 (E)… 命令，选取基准面 2 为草图平面，绘制图 19.16.15 所示的横断面草图，在 方向1 和 ☑ 方向2 区域的下拉列表中均选择 完全贯穿 选项，单击 ✅ 按钮。

Step9. 选择下拉菜单 文件(F) ➡ 🖫 保存 (S) 命令，将模型命名为"圆台斜交圆管圆锥台"，保存钣金模型。

图 19.16.13 放样折弯

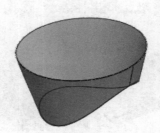

图 19.16.14 切除-拉伸

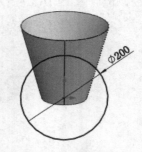

图 19.16.15 横断面草图

Stage4. 创建完整钣金件

Step1. 新建一个装配文件，将圆柱管子钣金件和圆锥台管子钣金件进行装配得到完整的钣金件，结果如图 19.16.1a 所示。

Step2. 选择下拉菜单 文件(F) ➡ 🖫 保存 (S) 命令，将模型命名为"圆台斜交圆管"，保存钣金模型。

Task2. 展平钣金件

Step1. 打开零件模型文件：圆台斜交圆管圆柱管。

Step2. 在设计树中将"控制棒"拖动到 🔣 加工-折弯1 特征上，可以查看其展开状态，展开结果如图 19.16.1b 所示。

Step3. 打开零件模型文件：圆台斜交圆管圆锥台。

Step4. 在设计树中右击 📊 平板型式1 特征，在系统弹出的快捷菜单中单击"解除压缩"命令按钮 📳，即可将钣金展平，展平结果如图 19.16.1c 所示。

19.17 圆管平交圆台

圆管平交圆台是由圆锥台管和圆柱管水平相交连接形成的钣金结构。图 19.17.1 所示的分别是其钣金件及展开图，下面介绍其在 SolidWorks 中的创建和展开的操作过程。

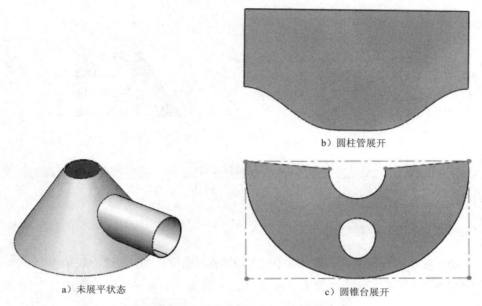

b）圆柱管展开

a）未展平状态 c）圆锥台展开

图 19.17.1 圆管平交圆台及其展开图

Task1. 创建钣金件

Stage1. 创建整体零件结构

Step1. 新建一个零件模型文件。

Step2. 创建基准面 1。选择下拉菜单 插入(I) ➡ 参考几何体(G) ➡ 基准面(P)... 命令；选取上视基准面为参考实体，输入偏移距离值 119.0；单击 ✔ 按钮，完成基准面 1 的创建。

Step3. 创建草图 1。选取上视基准面作为草图基准面，绘制图 19.17.2 所示的草图 1。

Step4. 创建草图 2。选取基准面 1 为草图基准面，绘制图 19.17.3 所示的草图 2。

Step5. 创建图 19.17.4 所示的放样特征。选择下拉菜单 插入(I) ➡ 凸台/基体(B) ➡ 放样(L)... 命令，选取草图 1 和草图 2 作为放样的轮廓，单击 ✔ 按钮。

Step6. 创建图 19.17.5 所示的凸台-拉伸 1。选择下拉菜单 插入(I) ➡ 凸台/基体(B) ➡ 拉伸(E)... 命令，选择前视基准面为草绘基准面，绘制图 19.17.6 所示的横断面草图；输入深度值 150.0，单击 ✔ 按钮。

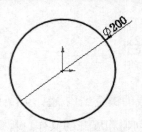

图 19.17.2　草图 1

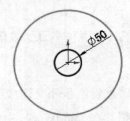

图 19.17.3　草图 2

图 19.17.4　放样特征

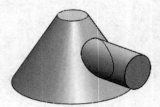

图 19.17.5　凸台-拉伸 1

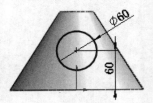

图 19.17.6　横断面草图

Step7. 选择下拉菜单 文件(F) ➡ 保存(S) 命令，将模型命名为"圆管平交圆台"，保存模型。

Stage2. 创建圆柱管结构

Step1. 保存圆柱管曲面。选中图 19.17.7 所示的模型表面，选择下拉菜单 文件(F) ➡ 另存为(A)... 命令，将其保存为 IGS 文件，命名为"圆管平交圆台圆柱管"；在系统弹出的"输出"对话框中选中 ⊙ 所选面(F) 单选按钮，单击 确定 按钮。

Step2. 打开 IGS 文件：圆管平交圆台圆柱管。

Step3. 加厚曲面。选择下拉菜单 插入(I) ➡ 凸台/基体(B) ➡ 加厚(T)... 命令，输入厚度值为 1.0。

Step4. 创建图 19.17.8 所示的切除-拉伸。选择下拉菜单 插入(I) ➡ 切除(C) ➡ 拉伸(E)... 命令，选取上视基准面为草图平面，绘制图 19.17.9 所示的横断面草图；在对话框中取消选中 □ 方向2 复选框，在 ☑ 薄壁特征(T) 区域的下拉列表中选择 两侧对称 选项，在其下方的文本框中输入值 0.1；在 方向1 区域的下拉列表中选择 成形到下一面 选项，单击 ✔ 按钮。

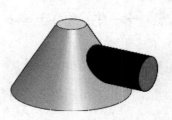

图 19.17.7　选取圆柱管曲面

图 19.17.8　切除-拉伸

图 19.17.9　横断面草图

Step5. 创建钣金转换。选择下拉菜单 插入(I) ➡ 钣金(H) ➡ 折弯(B)...命令，选取图 19.17.10 所示的模型边线为固定边线。

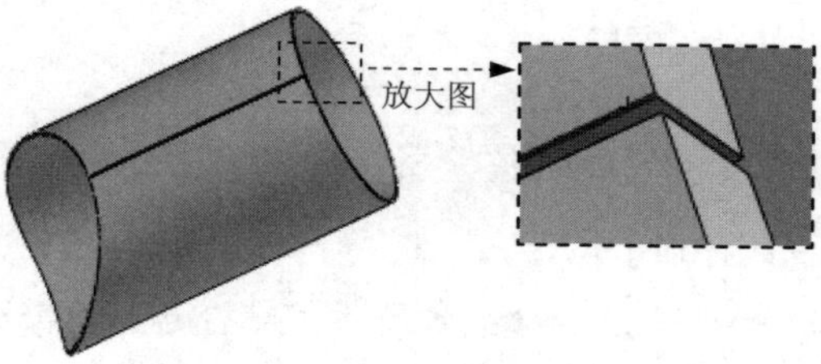

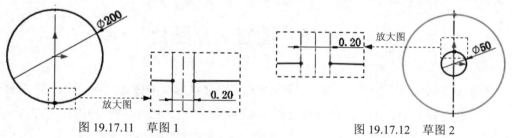

图 19.17.10　选取固定边线

Step6. 选择下拉菜单 文件(F) ➡ 保存(S) 命令，保存钣金子构件模型。

Stage3. 创建圆锥台结构

Step1. 新建一个零件模型文件。

Step2. 创建基准面 1。选择下拉菜单 插入(I) ➡ 参考几何体(G) ➡ 基准面(P)...命令；选取上视基准面为参考实体，输入偏移距离值 119.0；单击 ✔ 按钮，完成基准面 1 的创建。

Step3. 创建草图 1。选取上视基准面作为草图基准面，绘制图 19.17.11 所示的草图 1。

Step4. 创建草图 2。选取基准面 1 为草图基准面，绘制图 19.17.12 所示的草图 2。

图 19.17.11　草图 1

图 19.17.12　草图 2

Step5. 创建图 19.17.13 所示的放样折弯。选择下拉菜单 插入(I) ➡ 钣金(H) ➡ 放样的折弯(L)... 命令，选取草图 1 和草图 2 作为放样折弯特征的轮廓。在"放样折弯"对话框的 厚度 文本框中输入数值 1.0，单击 ✔ 按钮，完成放样折弯的创建。

Step6. 创建图 19.17.14 所示的切除-拉伸。选择下拉菜单 插入(I) ➡ 切除(C) ➡ 拉伸(E)... 命令，选取上视基准面为草图平面，绘制图 19.17.15 所示的横断面草图；在 方向1 区域的下拉列表中选择 完全贯穿 选项，单击 ✔ 按钮。

图 19.17.13　放样折弯

图 19.17.14　切除-拉伸

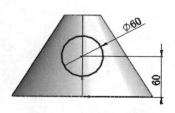

图 19.17.15　横断面草图

Step7. 选择下拉菜单 文件(F) ➡ 保存(S) 命令，将模型命名为"圆管平交圆台圆锥台"，保存钣金模型。

Stage4. 创建完整钣金件

Step1. 新建一个装配文件，将圆柱管子钣金件和圆锥台管子钣金件进行装配得到完整的钣金件，结果如图 19.17.1a 所示。

Step2. 选择下拉菜单 文件(F) ➡ 保存(S) 命令，将模型命名为"圆管平交圆台"，保存钣金模型。

Task2. 展平钣金件

Step1. 打开零件模型文件：圆管平交圆台圆柱管。

Step2. 在设计树中将"控制棒"拖动到 加工-折弯1 特征上，可以查看其展开状态，展开结果如图 19.17.1b 所示。

Step3. 打开零件模型文件：圆管平交圆台圆锥台。

Step4. 在设计树中右击 平板型式1 特征，在系统弹出的快捷菜单中单击"解除压缩"命令按钮 ，即可将钣金展平，展平结果如图 19.17.1c 所示。

19.18 圆管偏交圆台

圆管偏交圆台是由圆锥台管和圆柱管偏心相交连接形成的钣金结构。图 19.18.1 所示的分别是其钣金件及展开图，下面介绍其在 SolidWorks 中的创建和展开的操作过程。

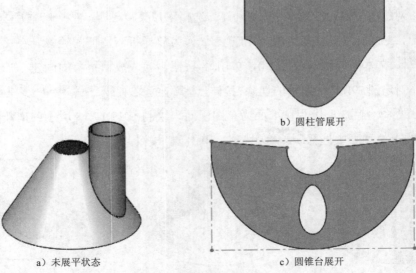

b）圆柱管展开

a）未展平状态   c）圆锥台展开

图 19.18.1 圆管偏交圆台及其展开图

Task1. 创建钣金件

Stage1. 创建整体零件结构

Step1. 新建一个零件模型文件。

Step2. 创建基准面 1。选择下拉菜单 插入(I) ➡ 参考几何体(G) ➡ 基准面(P)... 命令（注：具体参数和操作参见随书光盘）；单击 ✔ 按钮，完成基准面 1 的创建。

Step3. 创建草图 1。选取上视基准面作为草图基准面，绘制图 19.18.2 所示的草图 1。

Step4. 创建草图 2。选取基准面 1 为草图基准面，绘制图 19.18.3 所示的草图 2。

Step5. 创建图 19.18.4 所示的放样特征。选择下拉菜单 插入(I) ➡ 凸台/基体(B) ➡ 放样(L)... 命令，选取草图 1 和草图 2 作为放样的轮廓，单击 ✔ 按钮。

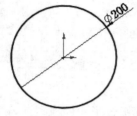
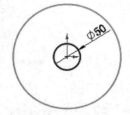

图 19.18.2 草图 1　　　图 19.18.3 草图 2　　　图 19.18.4 放样特征

Step6. 创建图 19.18.5 所示的凸台-拉伸 1。选择下拉菜单 插入(I) ➡ 凸台/基体(B) ➡ 拉伸(E)... 命令，选择上视基准面为草绘基准面，绘制图 19.18.6 所示的横断面草图；输入深度值 160.0，单击 ✔ 按钮。

Step7. 选择下拉菜单 文件(F) ➡ 保存(S) 命令，将模型命名为"圆管偏交圆台"，保存模型。

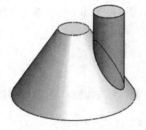
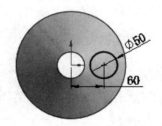

图 19.18.5 凸台-拉伸 1　　　图 19.18.6 横断面草图

Stage2. 创建圆柱管结构

Step1. 保存圆柱管曲面。选中图 19.18.7 所示的模型表面，选择下拉菜单 文件(F) ➡ 另存为(A)... 命令，将其保存为 IGS 文件，命名为"圆管偏交圆台圆柱管"；在系统弹出的"输出"对话框中选中 ⊙ 所选面(F) 单选按钮，单击 确定 按钮。

Step2. 打开 IGS 文件：圆管偏交圆台圆柱管。

Step3. 加厚曲面。选择下拉菜单 插入(I) ➡ 凸台/基体(B) ➡ 加厚(T)... 命令，输入厚度值为 1.0。

Step4. 创建图 19.18.8 所示的切除-拉伸。选择下拉菜单 插入(I) ➡ 切除(C) ➡ 拉伸(E)... 命令，选取右视基准面为草图平面，绘制图 19.18.9 所示的横断面草图；在对话框中取消选中 □ 方向2 复选框，在 ☑ 薄壁特征(T) 区域的下拉列表中选择 两侧对称 选项，在其下方的文本框中输入值 0.1；在 方向1 区域的下拉列表中选择 成形到下一面 选项，单击 ✓ 按钮。

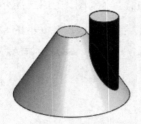

图 19.18.7 选取圆柱管曲面

图 19.18.8 切除-拉伸

Step5. 创建钣金转换。选择下拉菜单 插入(I) ➡ 钣金(H) ➡ 折弯(B)... 命令，选取图 19.18.10 所示的模型边线为固定边线。

Step6. 选择下拉菜单 文件(F) ➡ 保存(S) 命令，保存钣金子构件模型。

图 19.18.9 横断面草图

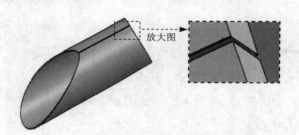

放大图

图 19.18.10 选取固定边线

Stage3. 创建圆锥台结构

Step1. 新建一个零件模型文件。

Step2. 创建基准面 1。选择下拉菜单 插入(I) ➡ 参考几何体(G) ➡ 基准面(P)... 命令；选取上视基准面为参考实体，输入偏移距离值 119.0；单击 ✓ 按钮，完成基准面 1 的创建。

Step3. 创建草图 1。选取上视基准面作为草图基准面，绘制图 19.18.11 所示的草图 1。

Step4. 创建草图 2。选取基准面 1 为草图基准面，绘制图 19.18.12 所示的草图 2。

Step5. 创建图 19.18.13 所示的放样折弯。选择下拉菜单 插入(I) ➡ 钣金(H) ➡ 放样的折弯(L)... 命令，选取草图 1 和草图 2 作为放样折弯特征的轮廓。在"放样折弯"对话框的 厚度 文本框中输入数值 1.0；单击 ✓ 按钮，完成放样折弯的创建。

Step6. 创建图 19.18.14 所示的切除-拉伸。选择下拉菜单 插入(I) ➡ 切除(C) ➡ 拉伸(E)... 命令，选取上视基准面为草图平面，绘制图 19.18.15 所示的横断面草图，在方向1 区域的下拉列表中选择 完全贯穿 选项，单击 ✓ 按钮。

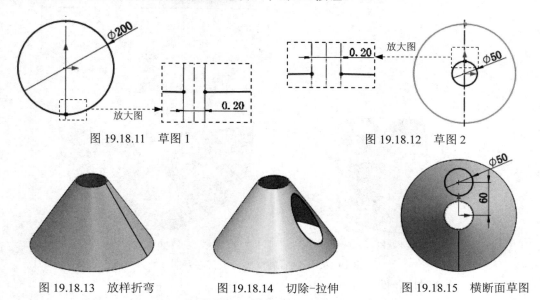

图 19.18.11　草图 1　　　　　　　　　　图 19.18.12　草图 2

图 19.18.13　放样折弯　　　图 19.18.14　切除-拉伸　　　图 19.18.15　横断面草图

Step7. 选择下拉菜单 文件(F) ➡ 💾 保存(S) 命令，将模型命名为"圆管偏交圆台圆锥台"，保存钣金模型。

Stage4. 创建完整钣金件

Step1. 新建一个装配文件，将圆柱管子钣金件和圆锥台管子钣金件进行装配得到完整的钣金件，结果如图 19.18.1a 所示。

Step2. 选择下拉菜单 文件(F) ➡ 💾 保存(S) 命令，将模型命名为"圆管偏交圆台"，保存钣金模型。

Task2. 展平钣金件

Step1. 打开零件模型文件：圆管偏交圆台圆柱管。

Step2. 在设计树中将"控制棒"拖动到 🔩 加工-折弯1 特征上，可以查看其展开状态，展开结果如图 19.18.1b 所示。

Step3. 打开零件模型文件：圆管偏交圆台圆锥台。

Step4. 在设计树中右击 🗂 平板型式1 特征，在系统弹出的快捷菜单中单击"解除压缩"命令按钮 📇，即可将钣金展平，展平结果如图 19.18.1c 所示。

19.19　圆管斜交圆台

圆管斜交圆台是由圆锥台管和圆柱管倾斜相交连接形成的钣金结构。图 19.19.1 所示的分别是其钣金件及展开图，下面介绍其在 SolidWorks 中的创建和展开的操作过程。

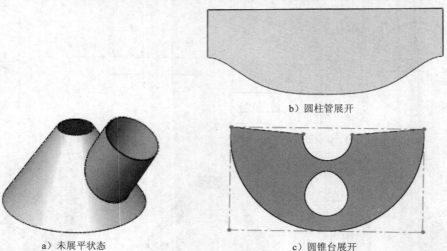

b）圆柱管展开

a）未展平状态

c）圆锥台展开

图 19.19.1　圆管斜交圆台及其展开图

Task1.　创建钣金件

Stage1.　创建整体零件结构

Step1. 新建一个零件模型文件。

Step2. 创建基准面 1。选择下拉菜单 插入(I) → 参考几何体(G) → 基准面 (P)... 命令；选取上视基准面为参考实体，输入偏移距离值 119.0；单击 按钮，完成基准面 1 的创建。

Step3. 创建草图 1。选取上视基准面作为草图基准面，绘制图 19.19.2 所示的草图 1。

Step4. 创建草图 2。选取基准面 1 为草图基准面，绘制图 19.19.3 所示的草图 2。

Step5. 创建图 19.19.4 所示的放样特征。选择下拉菜单 插入(I) → 凸台/基体(B) → 放样(L)... 命令，选取草图 1 和草图 2 作为放样的轮廓，单击 按钮。

图 19.19.2　草图 1　　　　图 19.19.3　草图 2　　　　图 19.19.4　放样特征

Step6. 创建基准轴 1。选择下拉菜单 插入(I) → 参考几何体(G) → 基准轴(A)... 命令；选择右视基准面和上视基准面为参考实体，单击 按钮。

Step7. 创建基准面 2。选择下拉菜单 插入(I) → 参考几何体(G) → 基准面 (P)... 命令；选取基准轴 1 和上视基准面为参考实体，输入旋转角度值 30，单击 按钮。

Step8. 创建图 19.19.5 所示的基准面 3。选择下拉菜单 插入(I) ➔ 参考几何体(G) ➔ 基准面(P)... 命令；选取基准面 2 为参考实体，输入偏移距离值 160.0，单击 ✔ 按钮。

Step9. 创建图 19.19.6 所示的凸台-拉伸 1。选择下拉菜单 插入(I) ➔ 凸台/基体(B) ➔ 拉伸(E)... 命令，选择基准面 3 为草绘基准面，绘制图 19.19.7 所示的横断面草图；在 方向1 区域的下拉列表中选择 成形到一面 选项，选取圆锥台表面为拉伸终止面，单击 ✔ 按钮。

图 19.19.5　基准面 3

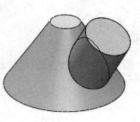

图 19.19.6　凸台-拉伸 1

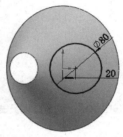

图 19.19.7　横断面草图

Step10. 选择下拉菜单 文件(F) ➔ 保存(S) 命令，将模型命名为"圆管斜交圆台"，保存模型。

Stage2. 创建圆柱管结构

Step1. 保存圆柱管曲面。选中图 19.19.8 所示的模型表面，选择下拉菜单 文件(F) ➔ 另存为(A)... 命令，将其保存为 IGS 文件，命名为"圆管斜交圆台圆柱管"；在系统弹出的"输出"对话框中选中 ⊙ 所选面(F) 单选按钮，单击 确定 按钮。

Step2. 打开 IGS 文件：圆管斜交圆台圆柱管。

Step3. 加厚曲面。选择下拉菜单 插入(I) ➔ 凸台/基体(B) ➔ 加厚(T)... 命令，输入厚度值为 1.0。

Step4. 创建图 19.19.9 所示的切除-拉伸。选择下拉菜单 插入(I) ➔ 切除(C) ➔ 拉伸(E)... 命令，选取右视基准面为草图平面，绘制图 19.19.10 所示的横断面草图；在对话框中取消选中 □ 方向2 复选框，在 ☑ 薄壁特征(T) 区域的下拉列表中选择 两侧对称 选项，在其下方的文本框中输入值 0.1；在 方向1 区域的下拉列表中选择 成形到下一面 选项，单击 ✔ 按钮。

图 19.19.8　选取圆柱管曲面

图 19.19.9　切除-拉伸

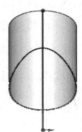

图 19.19.10　横断面草图

Step5. 创建钣金转换。选择下拉菜单 插入(I) ➡ 钣金(H) ➡ 折弯(B)... 命令，选取图 19.19.11 所示的模型边线为固定边线。

Step6. 选择下拉菜单 文件(F) ➡ 保存(S) 命令，保存钣金子构件模型。

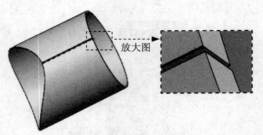

放大图

图 19.19.11　选取固定边线

Stage3. 创建圆锥台结构

Step1. 新建一个零件模型文件。

Step2. 创建基准面 1。选择下拉菜单 插入(I) ➡ 参考几何体(G) ➡ 基准面(P)... 命令；选取上视基准面为参考实体，输入偏移距离值 119.0；单击 ✓ 按钮，完成基准面 1 的创建。

Step3. 创建草图 1。选取上视基准面作为草图基准面，绘制图 19.19.12 所示的草图 1。

Step4. 创建草图 2。选取基准面 1 为草图基准面，绘制图 19.19.13 所示的草图 2。

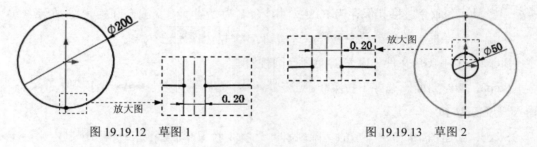

放大图

图 19.19.12　草图 1　　　　　　　　　图 19.19.13　草图 2

Step5. 创建图 19.19.14 所示的放样折弯。选择下拉菜单 插入(I) ➡ 钣金(H) ➡ 放样的折弯(L)... 命令，选取草图 1 和草图 2 作为放样折弯特征的轮廓。在 "放样折弯" 对话框的 厚度 文本框中输入数值 1.0，单击 ✓ 按钮，完成放样折弯的创建。

Step6. 创建基准轴 1。选择下拉菜单 插入(I) ➡ 参考几何体(G) ➡ 基准轴(A)... 命令；选择前视基准面和上视基准面为参考实体，单击 ✓ 按钮。

Step7. 创建基准面 2。选择下拉菜单 插入(I) ➡ 参考几何体(G) ➡ 基准面(P)... 命令，选取基准轴 1 和上视基准面为参考实体，输入旋转角度值 30，单击 ✓ 按钮。

Step8. 创建图 19.19.15 所示的切除-拉伸。选择下拉菜单 插入(I) ➡ 切除(C) ➡ 拉伸(E)... 命令，选取基准面 2 为草图平面，绘制图 19.19.16 所示的横断面草图；在 方向1 区域的下拉列表中选择 完全贯穿 选项，单击 ✓ 按钮。

Step9. 选择下拉菜单 文件(F) ➡️ 保存(S) 命令, 将模型命名为"圆管斜交圆台圆锥台", 保存钣金模型。

图 19.19.14 放样折弯

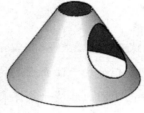

图 19.19.15 切除-拉伸

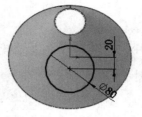

图 19.19.16 横断面草图

Stage4. 创建完整钣金件

Step1. 新建一个装配文件, 使用圆柱管子钣金件和圆锥台管子钣金件进行装配得到完整的钣金件, 结果如图 19.19.1a 所示。

Step2. 选择下拉菜单 文件(F) ➡️ 保存(S) 命令, 将模型命名为"圆管斜交圆台", 保存钣金模型。

Task2. 展平钣金件

Step1. 打开零件模型文件: 圆管斜交圆台圆柱管。

Step2. 在设计树中将"控制棒"拖动到 加工-折弯1 特征上, 可以查看其展开状态, 展开结果如图 19.19.1b 所示。

Step3. 打开零件模型文件: 圆管斜交圆台圆锥台。

Step4. 在设计树中右击 平板型式1 特征, 在系统弹出的快捷菜单中单击"解除压缩"命令按钮, 即可将钣金展平, 展平结果如图 19.19.1c 所示。

第 20 章 球面钣金展开

本章提要 本章主要介绍球面钣金类在 SolidWorks 中的创建和展开过程，包括球形封头、球罐、平顶环形封头。此类钣金由于曲面性质的限制，球面与封头构件为不可展曲面，不能准确地将其展开形成平面，因此其展开放样采用可展曲面进行代替。

20.1 球形封头

球形封头是由一截面将球面截断并加厚形成的钣金构件。这里取球形封头的十二分之一利用柱面展开法进行近似展开放样。下面以图 20.1.1 所示的模型为例，介绍在 SolidWorks 中创建和展开球形封头的一般过程。

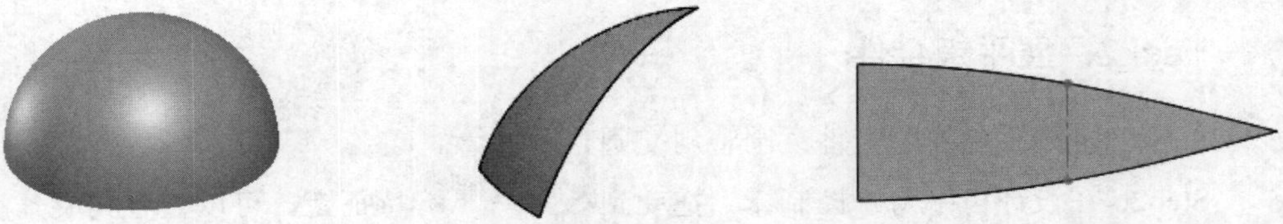

a）未展平状态　b）十二分之一未展平状态　c）十二分之一展平状态

图 20.1.1 球形封头的创建与展平

Task1. 创建球形封头

Stage1. 创建十二分之一球形封头

Step1. 新建模型文件。

Step2. 创建图 20.1.2 所示的旋转-薄壁 1。选择下拉菜单 插入(I) → 凸台/基体(B) → 旋转(R)... 命令；选取上视基准面为草绘基准面，绘制图 20.1.3 所示的横断面草图；在文本框中输入值 30，在 ☑薄壁特征(T) 区域的文本框中输入 1.0；在 方向1 区域的下拉列表中选择 两侧对称 选项，单击对话框中的 ✔ 按钮，完成该特征的创建。

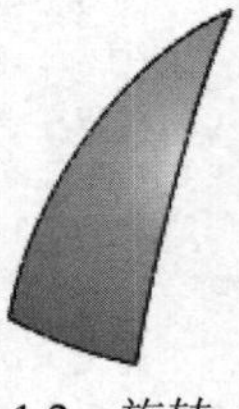

图 20.1.2 旋转-薄壁 1

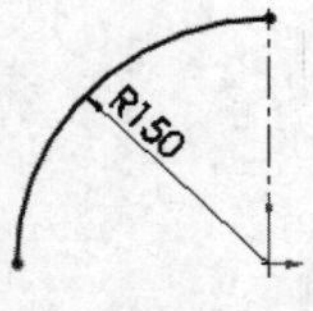

图 20.1.3 横断面草图

Step3. 选择下拉菜单 文件(F) → 保存(S) 命令，将模型命名为“十二分之一球形封头",保存钣金模型。

Stage2. 装配,生成球形封头

Step1. 新建一个装配文件。

Step2. 添加十二分之一球形封头。在对话框中单击 浏览(B)... 按钮,在系统弹出的"打开"对话框中选取 D:\sw14.15\work\ch20.01\十二分之一球形封头,单击 打开(O) 按钮;单击对话框中的 ✔ 按钮,零件固定在原点位置。

Step3. 通过圆周阵列装配其他剩余零件(图 20.1.4)。

(1)选择命令。选择下拉菜单 插入(I) ➡ 零部件阵列(P)... ➡ 圆周阵列(R)... 命令,系统弹出"圆周阵列"对话框。

(2)定义要阵列的零部件。选取十二分之一球形封头为要阵列的零部件。

(3)定义阵列参数。在 参数(P) 区域的 圆 文本框中单击将其激活,选取图 20.1.5 所示的边线为方向参考轴线;在 文本框中输入 30,在 文本框中输入 12。

(4)单击对话框的 ✔ 按钮,完成圆周阵列的创建。

放大图

选取此边线

图 20.1.4 圆周阵列　　　　图 20.1.5 定义参考轴

Step4. 选择下拉菜单 文件(F) ➡ 保存(S) 命令,将模型命名为"球形封头",保存装配模型。

Task2. 展平球形封头

由上面的创建可知,球面封头为不可展曲面。为满足展开的需要,可以将一条柳叶状曲面(十二分之一球形封头)近似地按其外切柱面展开,并重复画出其余各条的展开图,从而得到球形封头的近似展开图,这里只需对十二分之一球形封头近似展开即可,具体方法如下。

Step1. 新建模型文件。

Step2. 创建图 20.1.6 所示的基体-法兰1。选择下拉菜单 插入(I) ➡ 钣金(H) ➡ 基体法兰(A)... 命令;选取上视基准面作为草图基准面,绘制图 20.1.7 所示的横断面草图;在 方向1 区域的 下拉列表中选择 给定深度 选项,在 文本框中输入深度值 400;在 钣金参数(S) 区域的文本框 中输入厚度值 1,选中 反向(E) 复选框,在 文本框中输入圆角半径值 1;单击 ✔ 按钮,完成基体-法兰1 的创建。

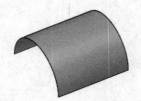

图 20.1.6　基体-法兰 1

图 20.1.7　横断面草图

Step3. 创建图 20.1.8 所示的切除-拉伸 1。选择下拉菜单 插入(I) ➡ 切除(C) ▶ 拉伸(E)… 命令；选取右视基准面作为草图基准面，绘制图 20.1.9 所示的横断面草图；在对话框 方向1 区域的 下拉列表中选择 完全贯穿 选项，取消选中 □ 正交切除(N) 复选框，并选中 ☑ 反侧切除(F) 复选框；单击 ✔ 按钮，完成切除-拉伸 1 的创建。

Step4. 在设计树中右击 平板型式1 特征，在系统弹出的快捷菜单中单击"解除压缩"命令按钮，即可将钣金展平，展平结果如图 20.1.10 所示。

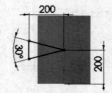

图 20.1.8　切除-拉伸 1　　　　图 20.1.9　横断面草图　　　　图 20.1.10　展平后的钣金

Step5. 选择下拉菜单 文件(F) ➡ 保存(S) 命令，将模型命名为"十二分之一球形封头展开"，保存钣金模型。

20.2　球　　　罐

球罐可以看作是由两个（半）球形封头结合形成的构件。下面以图 20.2.1 所示的模型为例，介绍在 SolidWorks 中创建和展开球罐的一般过程。

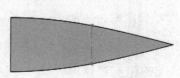

a）未展平状态　　　　b）二十四分之一未展平状态　　　　c）二十四分之一展平状态

图 20.2.1　球罐的创建与展平

Task1. 创建球罐

Stage1. 创建二十四分之一球罐

Step1. 新建模型文件。

Step2. 创建图 20.2.2 所示的旋转-薄壁 1。选择下拉菜单 插入(I) ➤ 凸台/基体(B)
➤ 旋转(R)... 命令；选取上视基准面为草绘基准面，绘制图 20.2.3 所示的横断面草
图；在 文本框中输入值 30，在 ☑薄壁特征(T) 区域的 文本框中输入 1.0；在 方向1 区域
的下拉列表中选择 两侧对称 选项，单击对话框中的 ✔ 按钮，完成该特征的创建。

图 20.2.2 旋转-薄壁 1

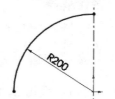

图 20.2.3 横断面草图

Step3. 选择下拉菜单 文件(F) ➤ 保存(S) 命令，将模型命名为"二十四分之一球
罐"，保存钣金模型。

Stage2. 装配，生成球罐

Step1. 新建一个装配文件。

Step2. 添加二十四分之一球罐。在对话框中单击 浏览(B)... 按钮，在系统弹出的"打
开"对话框中选取 D:\sw14.15\work\ch20.02\二十四分之一球罐，单击 打开(O) 按钮；单击对
话框中的 ✔ 按钮，零件固定在原点位置。

Step3. 创建图20.2.4所示的局部圆周阵列1。选择下拉菜单 插入(I) ➤ 零部件阵列(P)...
➤ 圆周阵列(R)... 命令；选取二十四分之一球罐为要阵列的零部件；在 参数(P) 区域的
文本框中单击将其激活，选取图 20.2.5 所示的边线为方向参考轴线；在 文本框中输入
30，在 文本框中输入 12；单击对话框的 ✔ 按钮，完成圆周阵列的创建。

图 20.2.4 局部圆周阵列 1

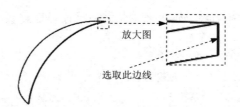

图 20.2.5 定义参考轴

Step4. 创建图20.2.6所示的镜像零部件1。选择下拉菜单 插入(I) ➤ 镜向零部件(R)...
命令；选取图 20.2.7 所示的模型表面为镜像基准面；选取二十四分之一球罐和局部圆周
阵列 1 为要镜像的零部件；单击对话框的 ✔ 按钮，完成镜像特征的创建。

Step5. 选择下拉菜单 文件(F) ➤ 保存(S) 命令，将模型命名为"球罐"，保存装
配模型。

图 20.2.6　镜像零部件 1

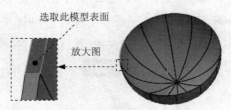

选取此模型表面

放大图

图 20.2.7　定义镜像基准面

Task2.　展平球罐

球罐的展开放样采用 20.1 节中介绍的柱面法来近似展开，按照取（半）球形封头的十二分之一即可完成二十四分之一球罐的近似展开放样，具体步骤不再赘述。

20.3　平顶环形封头

平顶环形封头与球形封头的创建和展开思路是相同的，唯一不同之处在于，前者的顶部是平形圆口。下面以图 20.3.1 所示的模型为例，介绍在 SolidWorks 中创建和展开平顶环形封头的一般过程。

a）未展平状态　　　　　　　b）十二分之一未展平状态　　　　　　c）十二分之一展平状态

图 20.3.1　平顶环形封头的创建与展平

Task1.　创建平顶环形封头

Stage1.　创建十二分之一平顶环形封头

Step1.　新建模型文件。

Step2.　创建图 20.3.2 所示的旋转-薄壁 1。选择下拉菜单 插入(I) ➡ 凸台/基体(B) ➡ 旋转(R)... 命令；选取上视基准面为草绘基准面，绘制图 20.3.3 所示的横断面草图；在 文本框中输入值 30，在 薄壁特征(T) 区域的 文本框中输入 1.0；在 方向1 区域的下拉列表中选择 两侧对称 选项，单击对话框中的 按钮，完成该特征的创建。

Step3.　选择下拉菜单 文件(F) ➡ 保存(S) 命令，将模型命名为"十二分之一平顶环形封头"，保存钣金模型。

Stage2.　装配，生成平顶环形封头

新建一个装配文件。添加十二分之一平顶环形封头，并通过圆周阵列装配其他剩余零

件（图 20.3.4），将模型命名为"平顶环形封头"，保存装配模型。

图 20.3.2 旋转-薄壁 1

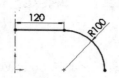

图 20.3.3 横断面草图

图 20.3.4 平顶环形封头

Task2. 展平平顶环形封头

这里只需对十二分之一平顶环形封头近似展开即可，具体方法如下。

Step1. 新建模型文件。

Step2. 创建图 20.3.5 所示的基体-法兰 1。选择下拉菜单 插入(I) ➡ 钣金(H) ➡ 基体法兰(A)... 命令；选取上视基准面作为草图基准面，绘制图 20.3.6 所示的横断面草图；在 方向1 区域的 下拉列表中选择 两侧对称 选项，在 ⟨D1 文本框中输入深度值 400；在 钣金参数(S) 区域的文本框 ⟨T1 中输入厚度值 1，选中 ☑ 反向(E) 复选框，在 ⟋ 文本框中输入圆角半径值 1；单击 ✓ 按钮，完成基体-法兰 1 的创建。

图 20.3.5 基体-法兰 1

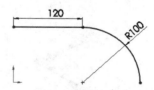

图 20.3.6 横断面草图

Step3. 创建图 20.3.7 所示的切除-拉伸 1。选择下拉菜单 插入(I) ➡ 切除(C) ➡ 拉伸(E)... 命令；选取前视基准面作为草图基准面，绘制图 20.3.8 所示的横断面草图；在对话框 方向1 区域的 下拉列表中选择 完全贯穿 选项，取消选中 ☐ 正交切除(N) 复选框，并选中 ☑ 反侧切除(F) 复选框；单击 ✓ 按钮，完成切除-拉伸 1 的创建。

Step4. 在设计树中右击 平板型式1 特征，在系统弹出的快捷菜单中单击"解除压缩"命令按钮 ↑🟦，即可将钣金展平，展平结果如图 20.3.9 所示。

图 20.3.7 切除-拉伸 1

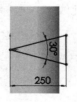

图 20.3.8 横断面草图

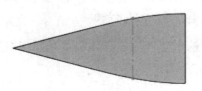

图 20.3.9 展平后的钣金

Step5. 选择下拉菜单 文件(F) ➡ 🖫 保存(S) 命令，将模型命名为"十二分之一平顶环形封头展开"，保存钣金模型。

第 21 章　螺旋钣金展开

本章提要　本章主要介绍螺旋钣金类在 SolidWorks 中的创建和展开过程，包括圆柱等宽螺旋叶片、圆柱不等宽渐缩螺旋叶片、圆锥等宽渐缩螺旋叶片、内三棱柱外圆渐缩螺旋叶片、内四棱柱外圆渐缩螺旋叶片、圆柱等宽螺旋槽、圆锥等宽渐缩螺旋槽、90°方形螺旋管、180°方形螺旋管和 180°矩形螺旋管。此类钣金的创建都是通过螺旋线进行放样折弯而形成的。

21.1　圆柱等宽螺旋叶片

圆柱等宽螺旋叶片是由同轴的圆柱面截断的正螺旋面并加厚形成的构件，且螺距、圈数相等。下面以图 21.1.1 所示的模型为例，介绍在 SolidWorks 中创建和展开圆柱等宽螺旋叶片的一般过程。

a）未展平状态

b）展平状态

图 21.1.1　圆柱等宽螺旋叶片的创建与展平

Task1. 创建圆柱等宽螺旋叶片

Step1. 新建模型文件。

Step2. 创建草图 1。选取上视基准面作为草图基准面，绘制图 21.1.2 所示的草图 1。

Step3. 创建图 21.1.3 所示的螺旋线 1。选择下拉菜单 插入(I) ➡ 曲线 (U) ➡ 螺旋线/涡状线 (H)...命令；选取草图 1 为基准绘制螺旋线，单击 ✓ 按钮，完成螺旋线 1 的创建（注：具体参数和操作参见随书光盘）。

图 21.1.2　草图 1

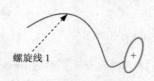

螺旋线 1

图 21.1.3　螺旋线 1

Step4. 创建草图 2。选取上视基准面作为草图基准面，绘制图 21.1.4 所示的草图 2。

Step5. 创建图 21.1.5 所示的螺旋线 2。选择下拉菜单 插入(I) ➜ 曲线(U) ➜ 螺旋线/涡状线(H)... 命令；选取草图 2 为基准绘制螺旋线，单击 ✓ 按钮，完成螺旋线 2 的创建（注：具体参数和操作参见随书光盘）。

图 21.1.4 草图 2

图 21.1.5 螺旋线 2

Step6. 创建 3D 草图 1。选择下拉菜单 插入(I) ➜ 3D 草图 命令；选取"螺旋线 1"，利用"转换实体引用"命令将其转换为 3D 草图。

Step7. 创建 3D 草图 2。选择下拉菜单 插入(I) ➜ 3D 草图 命令；选取"螺旋线 2"，利用"转换实体引用"命令将其转换为 3D 草图。

Step8. 创建图 21.1.1a 所示的圆柱等宽螺旋叶片。选择下拉菜单 插入(I) ➜ 钣金(H) ➜ 放样的折弯(L)... 命令，选取 3D 草图 1 和 3D 草图 2 作为放样折弯特征的轮廓；在"放样折弯"对话框的 厚度 文本框中输入数值 1.0，单击 ✓ 按钮，完成钣金件的创建。

Step9. 选择下拉菜单 文件(F) ➜ 保存(S) 命令，将模型命名为"圆柱等宽螺旋叶片"，保存钣金模型。

Task2. 展平圆柱等宽螺旋叶片

在设计树中右击 平板型式1 特征，在系统弹出的快捷菜单中单击"解除压缩"命令按钮 ，即可将钣金展平，展平结果如图 21.1.1b 所示。

21.2 圆柱不等宽渐缩螺旋叶片

圆柱不等宽渐缩螺旋叶片，是由同轴的圆柱面和圆锥面截断形成的正螺旋面加厚形成的构件，螺距、圈数相等。下面以图 21.2.1 所示的模型为例，介绍在 SolidWorks 中创建和展开圆柱不等宽渐缩螺旋叶片的一般过程。

Task1. 创建圆柱不等宽渐缩螺旋叶片

Step1. 新建模型文件。

Step2. 创建草图 1。选取上视基准面作为草图基准面，绘制图 21.2.2 所示的草图 1。

Step3. 创建图 21.2.3 所示的螺旋线 1。选择下拉菜单 插入(I) ➜ 曲线(U) ➜

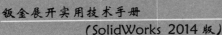

命令；选取草图 1 为基准绘制螺旋线，在系统弹出的对话框中的 下拉列表中选择 **螺距和圈数** 选项；在 **参数(P)** 区域中选中 ⊙ **恒定螺距(C)** 单选按钮；在 **螺距(I):** 文本框中输入 400.0，在 **圈数(R):** 文本框中输入 1；单击 ✓ 按钮，完成螺旋线 1 的创建。

a）未展平状态   b）展平状态

图 21.2.1   圆柱不等宽渐缩螺旋叶片的创建与展平

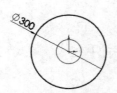

图 21.2.2   草图 1   图 21.2.3   螺旋线 1

Step4. 创建草图 2。选取上视基准面作为草图基准面，绘制图 21.2.4 所示的草图 2。

Step5. 创建图 21.2.5 所示的螺旋线 2。选择下拉菜单 **插入(I)** ➡ **曲线(U)** ➡ 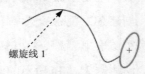命令；选取草图 2 为基准绘制螺旋线，在系统弹出的对话框中的 **定义方式(D):** 下拉列表中选择 **螺距和圈数** 选项；在 **参数(P)** 区域中选中 ⊙ **恒定螺距(C)** 单选按钮；在 **螺距(I):** 文本框中输入 400.0，在 **圈数(R):** 文本框中输入 1；选中 ☑ **锥形螺纹线(T)** 复选框，在 文本框中输入 10；单击 ✓ 按钮，完成螺旋线 2 的创建。

图 21.2.4   草图 2   图 21.2.5   螺旋线 2

Step6. 创建 3D 草图 1。选择下拉菜单 **插入(I)** ➡ **3D 草图** 命令；选取"螺旋线 1"，利用 "转换实体引用" 命令将其转换为 3D 草图。

Step7. 创建 3D 草图 2。选择下拉菜单 **插入(I)** ➡ **3D 草图** 命令；选取"螺旋线 2"，利用 "转换实体引用" 命令将其转换为 3D 草图。

Step8. 创建图 21.2.1a 所示的圆柱不等宽渐缩螺旋叶片。选择下拉菜单 **插入(I)** ➡ **钣金(H)** ➡ **放样的折弯(L)…** 命令，选取 3D 草图 1 和 3D 草图 2 作为放样折弯特征的轮廓；在 "放样折弯" 对话框的 **厚度** 文本框中输入数值 1.0，单击 ✓ 按钮，完成钣金件的创建。

Step9. 选择下拉菜单 文件(F) ➡️ 保存(S) 命令，将模型命名为"圆柱不等宽渐缩螺旋叶片"，保存钣金模型。

Task2. 展平圆柱不等宽渐缩螺旋叶片

在设计树中右击 平板型式1 特征，在系统弹出的快捷菜单中单击"解除压缩"命令按钮 ，即可将钣金展平，展平结果如图 21.2.1b 所示。

21.3 圆锥等宽渐缩螺旋叶片

圆锥等宽渐缩螺旋叶片，是由同轴的圆锥面截断的正螺旋面并加厚形成的构件，螺距、圈数相等。下面以图 21.3.1 所示的模型为例，介绍在 SolidWorks 中创建和展开圆锥等宽渐缩螺旋叶片的一般过程。

a）未展平状态　　　　　　　　　　　b）展平状态

图 21.3.1　圆锥等宽渐缩螺旋叶片的创建与展平

Task1. 创建圆锥等宽渐缩螺旋叶片

Step1. 新建模型文件。

Step2. 创建草图 1。选取上视基准面作为草图基准面，绘制图 21.3.2 所示的草图 1。

Step3. 创建图 21.3.3 所示的螺旋线 1。选择下拉菜单 插入(I) ➡️ 曲线(U) ➡️ 螺旋线/涡状线(H)... 命令；选取草图 1 为基准绘制螺旋线，在系统弹出的对话框中的 定义方式(D): 下拉列表中选择 螺距和圈数 选项；在 参数(P) 区域中选中 ⊙ 恒定螺距(C) 单选按钮；在 螺距(I): 文本框中输入 400.0，在 圈数(R): 文本框中输入 1；选中 ☑ 锥形螺纹线(T) 复选框，在 文本框中输入 10；单击 ✓ 按钮，完成螺旋线 1 的创建。

图 21.3.2　草图 1　　　　　　　　　　图 21.3.3　螺旋线 1

Step4. 创建草图 2。选取上视基准面作为草图基准面，绘制图 21.3.4 所示的草图 2。

Step5. 创建图 21.3.5 所示的螺旋线 2。选择下拉菜单 插入(I) ➡ 曲线(U) ➡ 螺旋线/涡状线 (H)... 命令；选取草图 2 为基准绘制螺旋线，在系统弹出的对话框中的 定义方式(D): 下拉列表中选择 螺距和圈数 选项；在 参数(P) 区域中选中 ⊙ 恒定螺距(C) 单选按钮；在 螺距(I): 文本框中输入 400.0，在 圈数(R): 文本框中输入 1；选中 ☑ 锥形螺纹线(T) 复选框，在 📐 文本框中输入 10；单击 ✔ 按钮，完成螺旋线 2 的创建。

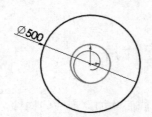

图 21.3.4 草图 2

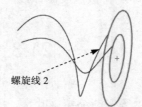

螺旋线 2

图 21.3.5 螺旋线 2

Step6. 创建 3D 草图 1。选择下拉菜单 插入(I) ➡ 🗊 3D 草图 命令；选取"螺旋线 1"，利用"转换实体引用"命令将其转换为 3D 草图。

Step7. 创建 3D 草图 2。选择下拉菜单 插入(I) ➡ 🗊 3D 草图 命令；选取"螺旋线 2"，利用"转换实体引用"命令将其转换为 3D 草图。

Step8. 创建图 21.3.1a 所示的圆锥等宽渐缩螺旋叶片。选择下拉菜单 插入(I) ➡ 钣金 (H) ➡ 🔔 放样的折弯(L)... 命令，选取 3D 草图 1 和 3D 草图 2 作为放样折弯特征的轮廓；在"放样折弯"对话框的 厚度 文本框中输入数值 1.0，单击 ✔ 按钮，完成钣金件的创建。

Step9. 选择下拉菜单 文件(F) ➡ 🖫 保存 (S) 命令，将模型命名为"圆锥等宽渐缩螺旋叶片"，保存钣金模型。

Task2. 展平圆锥等宽渐缩螺旋叶片

在设计树中右击 🗔 平板型式1 特征，在系统弹出的快捷菜单中单击"解除压缩"命令按钮 ↑🖫，即可将钣金展平，展平结果如图 21.3.1b 所示。

21.4 内三棱柱外圆渐缩螺旋叶片

内三棱柱外圆渐缩螺旋叶片，是由同轴的三棱柱面和圆锥面截断的正螺旋面并加厚形成的构件，且螺距、圈数相等。下面以图 21.4.1 所示的模型为例，介绍在 SolidWorks 中创建和展开内三棱柱外圆渐缩螺旋叶片的一般过程。

a）未展平状态　　　　　　　　　　　　　b）展平状态

图 21.4.1　内三棱柱外圆渐缩螺旋叶片的创建与展平

Task1. 创建内三棱柱外圆渐缩螺旋叶片

Step1. 新建模型文件。

Step2. 创建草图 1。选取上视基准面作为草图基准面，绘制图 21.4.2 所示的草图 1。

Step3. 创建图 21.4.3 所示的螺旋线 1。选择下拉菜单 插入(I) ➡ 曲线(U) ➡ 螺旋线/涡状线(H)... 命令；选取草图 1 为基准绘制螺旋线，在系统弹出的对话框中的 定义方式(D): 下拉列表中选择 螺距和圈数 选项；在 参数(P) 区域中选中 ⊙ 恒定螺距(C) 单选按钮；在 螺距(I): 文本框中输入 400.0，在 圈数(R): 文本框中输入 1；单击 ✓ 按钮，完成螺旋线 1 的创建。

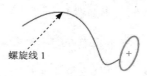

图 21.4.2　草图 1　　　　　　　　　　　　图 21.4.3　螺旋线 1

Step4. 创建草图 2。选取上视基准面作为草图基准面，绘制图 21.4.4 所示的草图 2。

Step5. 创建图 21.4.5 所示的螺旋线 2。选择下拉菜单 插入(I) ➡ 曲线(U) ➡ 螺旋线/涡状线(H)... 命令；选取草图 2 为基准绘制螺旋线，在系统弹出的对话框中的 定义方式(D): 下拉列表中选择 螺距和圈数 选项；在 参数(P) 区域中选中 ⊙ 恒定螺距(C) 单选按钮；在 螺距(I): 文本框中输入 400.0，在 圈数(R): 文本框中输入 1；选中 ☑ 锥形螺纹线(T) 复选框，在 ↿ᴬ 文本框中输入 15；单击 ✓ 按钮，完成螺旋线 2 的创建。

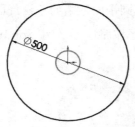
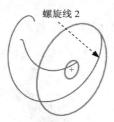

图 21.4.4　草图 2　　　　　　　　　　　　图 21.4.5　螺旋线 2

Step6. 创建 3D 草图 1。选择下拉菜单 插入(I) ➡ 3D 草图 命令；选取"螺旋线 1"，利用"转换实体引用"命令将其转换为 3D 草图。

Step7. 创建 3D 草图 2。选择下拉菜单 插入(I) ➡️ 3D 3D 草图 命令；选取"螺旋线 2"，利用"转换实体引用"命令将其转换为 3D 草图。

Step8. 创建图 21.4.6 所示的放样折弯 1。选择下拉菜单 插入(I) ➡️ 钣金(H) ➡️ 放样的折弯(L)… 命令，选取 3D 草图 1 和 3D 草图 2 作为放样折弯特征的轮廓；在"放样折弯"对话框的 厚度 文本框中输入数值 1.0，单击 ✔ 按钮，完成钣金件的创建。

Step9. 创建图 21.4.7 所示的切除-拉伸 1。选择下拉菜单 插入(I) ➡️ 切除(C) ➡️ 拉伸(E)… 命令，选取上视基准面为草图平面，绘制图 21.4.8 所示的横断面草图；在对话框 方向1 区域的 下拉列表中选择 完全贯穿 选项，取消选中 正交切除(N) 复选框；选中 ✔ 方向2 复选框，在该区域的下拉列表中选择 完全贯穿 选项；单击 ✔ 按钮，完成切除-拉伸 1 的创建。

图 21.4.6 放样折弯 1

图 21.4.7 切除-拉伸 1

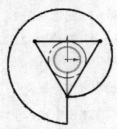
图 21.4.8 横断面草图

Step10. 选择下拉菜单 文件(F) ➡️ 保存(S) 命令，将模型命名为"内三棱柱外圆渐缩螺旋叶片"，保存钣金模型。

Task2. 展平内三棱柱外圆渐缩螺旋叶片

在设计树中右击 平板型式1 特征，在系统弹出的快捷菜单中单击"解除压缩"命令按钮，即可将钣金展平，展平结果如图 21.4.1b 所示。

21.5 内四棱柱外圆渐缩螺旋叶片

内四棱柱外圆渐缩螺旋叶片，是由同轴的四棱柱面和圆锥面截断的正螺旋面并加厚形成的构件，且螺距、圈数相等。下面以图 21.5.1 所示的模型为例，介绍在 SolidWorks 中创建和展开内四棱柱外圆渐缩螺旋叶片的一般过程。

a）未展平状态

b）展平状态

图 21.5.1 内四棱柱外圆渐缩螺旋叶片的创建与展平

Task1. 创建内四棱柱外圆渐缩螺旋叶片

Step1. 新建模型文件。

Step2. 创建草图 1。选取上视基准面作为草图基准面，绘制图 21.5.2 所示的草图 1。

Step3. 创建图 21.5.3 所示的螺旋线 1。选择下拉菜单 插入(I) ➤ 曲线(U) ➤ 螺旋线/涡状线(H)... 命令；选取草图 1 为基准绘制螺旋线，在系统弹出的对话框中的 定义方式(D): 下拉列表中选择 螺距和圈数 选项；在 参数(P) 区域中选中 恒定螺距(C) 单选按钮；在 螺距(I): 文本框中输入 400.0，在 圈数(R): 文本框中输入 1；单击 ✔ 按钮，完成螺旋线 1 的创建。

图 21.5.2 草图 1

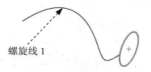

螺旋线 1

图 21.5.3 螺旋线 1

Step4. 创建草图 2。选取上视基准面作为草图基准面，绘制图 21.5.4 所示的草图 2。

Step5. 创建图 21.5.5 所示的螺旋线 2。选择下拉菜单 插入(I) ➤ 曲线(U) ➤ 螺旋线/涡状线(H)... 命令；选取草图 2 为基准绘制螺旋线，在系统弹出的对话框中的 定义方式(D): 下拉列表中选择 螺距和圈数 选项；在 参数(P) 区域中选中 恒定螺距(C) 单选按钮；在 螺距(I): 文本框中输入 400.0，在 圈数(R): 文本框中输入 1；选中 ☑ 锥形螺纹线(T) 复选框，在 文本框中输入 15；单击 ✔ 按钮，完成螺旋线 2 的创建。

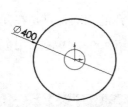

图 21.5.4 草图 2

螺旋线 2

图 21.5.5 螺旋线 2

Step6. 创建 3D 草图 1。选择下拉菜单 插入(I) ➤ 3D 草图 命令；选取"螺旋线 1"，利用"转换实体引用"命令将其转换为 3D 草图。

Step7. 创建 3D 草图 2。选择下拉菜单 插入(I) ➤ 3D 草图 命令；选取"螺旋线 2"，利用"转换实体引用"命令将其转换为 3D 草图。

Step8. 创建图 21.5.6 所示的放样折弯 1。选择下拉菜单 插入(I) ➤ 钣金(H) ➤ 放样的折弯(L)... 命令，选取 3D 草图 1 和 3D 草图 2 作为放样折弯特征的轮廓；在"放样折弯"对话框的 厚度 文本框中输入数值 1.0，单击 ✔ 按钮，完成钣金件的创建。

Step9. 创建图 21.5.7 所示的切除-拉伸 1。选择下拉菜单 插入(I) ➤ 切除(C) ➤ 拉伸(E)... 命令，选取上视基准面为草图平面，绘制图 21.5.8 所示的横断面草图；在对

话框 **方向1** 区域的 下拉列表中选择 **完全贯穿** 选项，取消选中 □ **正交切除(N)** 复选框；选中 ☑ **方向2** 复选框，在该区域的下拉列表中选择 **完全贯穿** 选项；单击 ✓ 按钮，完成切除-拉伸 1 的创建。

图 21.5.6　放样折弯 1

图 21.5.7　切除-拉伸 1

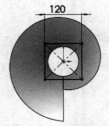

图 21.5.8　横断面草图

Step10. 选择下拉菜单 **文件(F)** ➡ **📁 保存(S)** 命令，将模型命名为"内四棱柱外圆渐缩螺旋叶片"，保存钣金模型。

Task2. 展平内四棱柱外圆渐缩螺旋叶片

在设计树中右击 **🔲 平板型式1** 特征，在系统弹出的快捷菜单中单击"解除压缩"命令按钮 🔼，即可将钣金展平，展平结果如图 21.5.1b 所示。

21.6　圆柱等宽螺旋槽

圆柱等宽螺旋槽的创建和展开的方法与圆柱等宽螺旋叶片的相同，只是在其侧面建立了内（外）侧钣金件。下面以图 21.6.1 所示的模型为例，介绍在 SolidWorks 中创建和展开圆柱等宽螺旋槽的一般过程。

a）未展平状态

b）展平状态

图 21.6.1　圆柱等宽螺旋槽的创建与展平

Task1. 创建圆柱等宽螺旋槽

Step1. 新建模型文件。

Step2. 创建草图 1。选取上视基准面作为草图基准面，绘制图 21.6.2 所示的草图 1。

Step3. 创建图 21.6.3 所示的螺旋线 1。选择下拉菜单 插入(I) ➔ 曲线(U) ➔
🔘 螺旋线/涡状线(H)... 命令；选取草图 1 为基准绘制螺旋线，在系统弹出的对话框中的
定义方式(D): 下拉列表中选择 螺距和圈数 选项；在 参数(P) 区域中选中 🔘 恒定螺距(C) 单选按钮；在
螺距(I): 文本框中输入 300.0，在 圈数(R): 文本框中输入 1；单击 ✔ 按钮，完成螺旋线 1 的创建。

图 21.6.2 草图 1

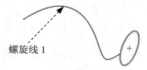

螺旋线 1

图 21.6.3 螺旋线 1

Step4. 创建草图 2。选取上视基准面作为草图基准面，绘制图 21.6.4 所示的草图 2。

Step5. 创建图 21.6.5 所示的螺旋线 2。选择下拉菜单 插入(I) ➔ 曲线(U) ➔
🔘 螺旋线/涡状线(H)... 命令；选取草图 2 为基准绘制螺旋线，在系统弹出的对话框中的
定义方式(D): 下拉列表中选择 螺距和圈数 选项；在 参数(P) 区域中选中 🔘 恒定螺距(C) 单选按钮；在
螺距(I): 文本框中输入 300.0，在 圈数(R): 文本框中输入 1；单击 ✔ 按钮，完成螺旋线 2 的创建。

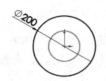

图 21.6.4 草图 2

螺旋线 2

图 21.6.5 螺旋线 2

Step6. 创建 3D 草图 1。选择下拉菜单 插入(I) ➔ 3D 草图 命令；选取"螺旋线 1"，
利用"转换实体引用"命令将其转换为 3D 草图。

Step7. 创建 3D 草图 2。选择下拉菜单 插入(I) ➔ 3D 草图 命令；选取"螺旋线 2"，
利用"转换实体引用"命令将其转换为 3D 草图。

Step8. 创建图 21.6.6 所示的放样折弯 1。选择下拉菜单 插入(I) ➔ 钣金(H) ➔
➔ 🞑 放样的折弯(L)... 命令；选取 3D 草图 1 和 3D 草图 2 作为放样折弯特征的轮廓；在
"放样折弯"对话框的 厚度 文本框中输入数值 1.0，单击 ✔ 按钮，完成该特征的创建。

Step9. 创建基准面 1。选择下拉菜单 插入(I) ➔ 参考几何体(G) ➔ 🞛 基准面(P)...
命令（注：具体参数和操作参见随书光盘）。

Step10. 创建草图 3。选取基准面 1 作为草图基准面，绘制图 21.6.7 所示的草图 3。

图 21.6.6 放样折弯 1

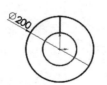

图 21.6.7 草图 3

Step11. 创建图 21.6.8 所示的螺旋线 3。选择下拉菜单 插入(I) ➜ 曲线(U) ➜ 螺旋线/涡状线(H)... 命令；选取草图 3 为基准绘制螺旋线，在系统弹出的对话框中的 定义方式(D): 下拉列表中选择 螺距和圈数 选项；在 参数(P) 区域中选中 ⊙ 恒定螺距(C) 单选按钮；在 螺距(I): 文本框中输入 300.0，在 圈数(R): 文本框中输入 1；单击 ✓ 按钮，完成螺旋线 3 的创建。

Step12. 创建 3D 草图 3。选择下拉菜单 插入(I) ➜ 3D 草图 命令；选取"螺旋线 3"，利用"转换实体引用"命令将其转换为 3D 草图。

Step13. 创建图 21.6.9 所示的放样折弯 2。选择下拉菜单 插入(I) ➜ 钣金(H) ➜ 放样的折弯(L)... 命令；选取 3D 草图 2 和 3D 草图 3 作为放样折弯特征的轮廓；在 "放样折弯"对话框的 厚度 文本框中输入数值 1.0，单击 ✓ 按钮，完成该特征的创建。

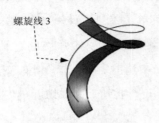

图 21.6.8 螺旋线 3

图 21.6.9 放样折弯 2

Step14. 创建草图 4。选取基准面 1 作为草图基准面，绘制图 21.6.10 所示的草图 4。

Step15. 创建图 21.6.11 所示的螺旋线 4。选择下拉菜单 插入(I) ➜ 曲线(U) ➜ 螺旋线/涡状线(H)... 命令；选取草图 4 为基准绘制螺旋线，在系统弹出的对话框中的 定义方式(D): 下拉列表中选择 螺距和圈数 选项；在 参数(P) 区域中选中 ⊙ 恒定螺距(C) 单选按钮；在 螺距(I): 文本框中输入 300.0，在 圈数(R): 文本框中输入 1；单击 ✓ 按钮，完成螺旋线 4 的创建。

Step16. 创建 3D 草图 4。选择下拉菜单 插入(I) ➜ 3D 草图 命令；选取"螺旋线 4"，利用"转换实体引用"命令将其转换为 3D 草图。

Step17. 创建图 21.6.12 所示的放样折弯 3。选择下拉菜单 插入(I) ➜ 钣金(H) ➜ 放样的折弯(L)... 命令；选取 3D 草图 1 和 3D 草图 4 作为放样折弯特征的轮廓；在 "放样折弯"对话框的 厚度 文本框中输入数值 1.0，并单击 ⤵ 按钮；单击 ✓ 按钮，完成该特征的创建。

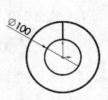

图 21.6.10 草图 4

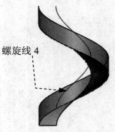

图 21.6.11 螺旋线 4

图 21.6.12 放样折弯 3

Step18. 选择下拉菜单 文件(F) ➜ 保存(S) 命令，将模型命名为"圆柱等宽螺旋

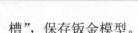

槽", 保存钣金模型。

Task2. 展平圆柱等宽螺旋槽

Stage1. 展平圆柱等宽螺旋槽底板

在设计树中右击 平板型式1 特征, 在系统弹出的快捷菜单中单击"解除压缩"命令按钮, 即可将该圆柱等宽螺旋槽底板展平, 如图 21.6.13 所示。

Stage2. 展平圆柱等宽螺旋槽外侧板

在设计树中右击 平板型式1 特征, 在系统弹出的快捷菜单中单击"压缩"命令按钮; 右击 平板型式2 特征, 在系统弹出的快捷菜单中单击"解除压缩"命令按钮, 即可将该圆柱等宽螺旋槽外侧板展平, 如图 21.6.14 所示。

Stage3. 展平圆柱等宽螺旋槽内侧板

在设计树中右击 平板型式2 特征, 在系统弹出的快捷菜单中单击"压缩"命令按钮; 右击 平板型式3 特征, 在系统弹出的快捷菜单中单击"解除压缩"命令按钮, 即可将该圆柱等宽螺旋槽内侧板展平, 如图 21.6.15 所示。

图 21.6.13 底板展开   图 21.6.14 外侧板展开   图 21.6.15 内侧板展开

21.7 圆锥等宽渐缩螺旋槽

圆锥等宽渐缩螺旋槽的创建和展开思路与圆柱等宽螺旋槽一致。下面以图 21.7.1 所示的模型为例, 介绍在 SolidWorks 中创建和展开圆锥等宽渐缩螺旋槽的一般过程。

a) 未展平状态   b) 展平状态

图 21.7.1 圆锥等宽渐缩螺旋槽的创建与展平

Task1. 创建圆锥等宽渐缩螺旋槽

Step1. 新建模型文件。

Step2. 创建草图 1。选取上视基准面作为草图基准面，绘制图 21.7.2 所示的草图 1。

Step3. 创建图 21.7.3 所示的螺旋线 1。选择下拉菜单 插入(I) ➡ 曲线(U) ➡ 螺旋线/涡状线(H)... 命令；选取草图 1 为基准绘制螺旋线，在系统弹出的对话框中的 定义方式(D): 下拉列表中选择 螺距和圈数 选项；在 参数(P) 区域中选中 恒定螺距(C) 单选按钮；在 螺距(I): 文本框中输入 400.0，在 圈数(R): 文本框中输入 1；选中 锥形螺纹线(T) 复选框，在 文本框中输入 10；单击 按钮，完成螺旋线 1 的创建。

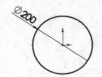

图 21.7.2 草图 1

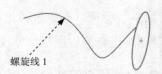

图 21.7.3 螺旋线 1

Step4. 创建草图 2。选取上视基准面作为草图基准面，绘制图 21.7.4 所示的草图 2。

Step5. 创建图 21.7.5 所示的螺旋线 2。选择下拉菜单 插入(I) ➡ 曲线(U) ➡ 螺旋线/涡状线(H)... 命令；选取草图 2 为基准绘制螺旋线，在系统弹出的对话框中的 定义方式(D): 下拉列表中选择 螺距和圈数 选项；在 参数(P) 区域中选中 恒定螺距(C) 单选按钮；在 螺距(I): 文本框中输入 400.0，在 圈数(R): 文本框中输入 1；选中 锥形螺纹线(T) 复选框，在 文本框中输入 10；单击 按钮，完成螺旋线 2 的创建。

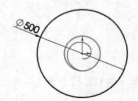

图 21.7.4 草图 2

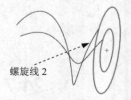

图 21.7.5 螺旋线 2

Step6. 创建 3D 草图 1。选择下拉菜单 插入(I) ➡ 3D 草图 命令；选取"螺旋线 1"，利用"转换实体引用"命令将其转换为 3D 草图。

Step7. 创建 3D 草图 2。选择下拉菜单 插入(I) ➡ 3D 草图 命令；选取"螺旋线 2"，利用"转换实体引用"命令将其转换为 3D 草图。

Step8. 创建图 21.7.6 所示的放样折弯 1。选择下拉菜单 插入(I) ➡ 钣金(H) ➡ 放样的折弯(L)... 命令；选取 3D 草图 1 和 3D 草图 2 作为放样折弯特征的轮廓；在 "放样折弯"对话框的 厚度 文本框中输入数值 1.0，单击 按钮，完成该特征的创建。

Step9. 创建基准面 1。选择下拉菜单 插入(I) ➡ 参考几何体(G) ➡ 基准面(P)... 命令；选取上视基准面为参考实体，输入偏移距离值 50；单击 按钮，完成基准面 1 的创建。

Step10. 创建草图 3。选取基准面 1 作为草图基准面，绘制图 21.7.7 所示的草图 3。

图 21.7.6　放样折弯 1

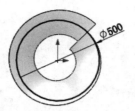

图 21.7.7　草图 3

Step11. 创建图 21.7.8 所示的螺旋线 3。选择下拉菜单 插入(I) ➡ 曲线(U) ➡ 螺旋线/涡状线(H)... 命令；选取草图 3 为基准绘制螺旋线，在系统弹出的对话框中的 定义方式(D): 下拉列表中选择 螺距和圈数 选项；在 参数(P) 区域中选中 恒定螺距(C) 单选按钮；在 螺距(I): 文本框中输入 400.0，在 圈数(R): 文本框中输入 1；选中 锥形螺纹线(T) 复选框，在 文本框中输入 10；单击 ✔ 按钮，完成螺旋线 3 的创建。

Step12. 创建 3D 草图 3。选择下拉菜单 插入(I) ➡ 3D 草图 命令；选取"螺旋线 3"，利用"转换实体引用"命令将其转换为 3D 草图。

Step13. 创建图 21.7.9 所示的放样折弯 2。选择下拉菜单 插入(I) ➡ 钣金(H) ➡ 放样的折弯(L)... 命令；选取 3D 草图 2 和 3D 草图 3 作为放样折弯特征的轮廓；在"放样折弯"对话框的 厚度 文本框中输入数值 1.0，单击 ✔ 按钮，完成该特征的创建。

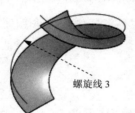

图 21.7.8　螺旋线 3

图 21.7.9　放样折弯 2

Step14. 创建草图 4。选取基准面 1 作为草图基准面，绘制图 21.7.10 所示的草图 4。

Step15. 创建图 21.7.11 所示的螺旋线 4。选择下拉菜单 插入(I) ➡ 曲线(U) ➡ 螺旋线/涡状线(H)... 命令；选取草图 4 为基准绘制螺旋线，在系统弹出的对话框中的 定义方式(D): 下拉列表中选择 螺距和圈数 选项；在 参数(P) 区域中选中 恒定螺距(C) 单选按钮；在 螺距(I): 文本框中输入 400.0，在 圈数(R): 文本框中输入 1；选中 锥形螺纹线(T) 复选框，在 文本框中输入 10；单击 ✔ 按钮，完成螺旋线 4 的创建。

Step16. 创建 3D 草图 4。选择下拉菜单 插入(I) ➡ 3D 草图 命令；选取"螺旋线 4"，利用"转换实体引用"命令将其转换为 3D 草图。

Step17. 创建图 21.7.12 所示的放样折弯 3。选择下拉菜单 插入(I) ➡ 钣金(H) ➡ 放样的折弯(L)... 命令；选取 3D 草图 1 和 3D 草图 4 作为放样折弯特征的轮廓；在"放样折弯"对话框的 厚度 文本框中输入数值 1.0，并单击 ↻ 按钮；单击 ✔ 按钮，完成该特征的创建。

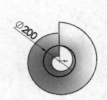

图 21.7.10　草图 4

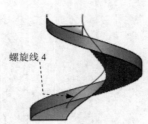

螺旋线 4

图 21.7.11　螺旋线 4

放样折弯 3

图 21.7.12　放样折弯 3

Step18. 选择下拉菜单 文件(F) ➡ 保存(S) 命令，将模型命名为"圆锥等宽渐缩螺旋槽"，保存钣金模型。

Task2．展平圆锥等宽渐缩螺旋槽

Stage1．展平圆锥等宽渐缩螺旋槽底板

在设计树中右击 平板型式1 特征，在系统弹出的快捷菜单中单击"解除压缩"命令按钮，即可将该圆锥等宽渐缩螺旋槽底板展平，如图 21.7.13 所示。

Stage2．展平圆锥等宽渐缩螺旋槽外侧板

在设计树中右击 平板型式1 特征，在系统弹出的快捷菜单中单击"压缩"命令按钮，右击 平板型式2 特征；在系统弹出的快捷菜单中单击"解除压缩"命令按钮，即可将该圆锥等宽渐缩螺旋槽外侧板展平，如图 21.7.14 所示。

Stage3．展平圆锥等宽渐缩螺旋槽内侧板

在设计树中右击 平板型式2 特征，在系统弹出的快捷菜单中单击"压缩"命令按钮，右击 平板型式3 特征；在系统弹出的快捷菜单中单击"解除压缩"命令按钮，即可将该圆锥等宽渐缩螺旋槽内侧板展平，如图 21.7.15 所示。

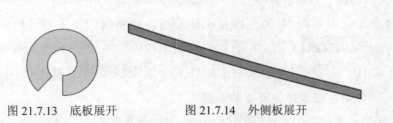

图 21.7.13　底板展开　　　　图 21.7.14　外侧板展开　　　　图 21.7.15　内侧板展开

21.8　90°方形螺旋管

90°方形螺旋管，是截面为方形轮廓螺旋环绕圆柱面 0.25 圈形成的薄壁构件。为了便

于展开，分别建立其底板、外侧板、内侧板和顶板的钣金件。下面以图 21.8.1 所示的模型为例，介绍在 SolidWorks 中创建和展开 90° 方形螺旋管的一般过程。

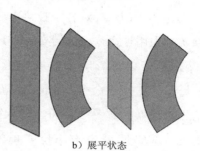

a）未展平状态　　　　　　　　　　　　　b）展平状态

图 21.8.1　90° 方形螺旋管的创建与展平

Task1. 创建 90° 方形螺旋管

Step1. 新建模型文件。

Step2. 创建草图 1。选取上视基准面作为草图基准面，绘制图 21.8.2 所示的草图 1。

Step3. 创建图 21.8.3 所示的螺旋线 1。选择下拉菜单 插入(I) ➡ 曲线 (U) ➡ ⑧ 螺旋线/涡状线 (H)... 命令；选取草图 1 为基准绘制螺旋线，在系统弹出的对话框中的 定义方式(D): 下拉列表中选择 螺距和圈数 选项；在 参数(P) 区域中选中 ⊙ 恒定螺距(C) 单选按钮；在 螺距(I): 文本框中输入 300.0，在 圈数(R): 文本框中输入 0.25；单击 ✓ 按钮，完成螺旋线 1 的创建。

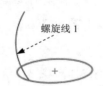

图 21.8.2　草图 1　　　　　　　　　　　　图 21.8.3　螺旋线 1

Step4. 创建草图 2。选取上视基准面作为草图基准面，绘制图 21.8.4 所示的草图 2。

Step5. 创建图 21.8.5 所示的螺旋线 2。选择下拉菜单 插入(I) ➡ 曲线 (U) ➡ ⑧ 螺旋线/涡状线 (H)... 命令；选取草图 2 为基准绘制螺旋线，在系统弹出的对话框中的 定义方式(D): 下拉列表中选择 螺距和圈数 选项；在 参数(P) 区域中选中 ⊙ 恒定螺距(C) 单选按钮；在 螺距(I): 文本框中输入 300.0，在 圈数(R): 文本框中输入 0.25；单击 ✓ 按钮，完成螺旋线 2 的创建。

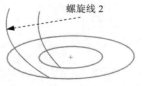

图 21.8.4　草图 2　　　　　　　　　　　　图 21.8.5　螺旋线 2

Step6. 创建 3D 草图 1。选择下拉菜单 插入(I) ➡️ 3D 草图 命令；选取"螺旋线 1"，利用"转换实体引用"命令将其转换为 3D 草图。

Step7. 创建 3D 草图 2。选择下拉菜单 插入(I) ➡️ 3D 草图 命令；选取"螺旋线 2"，利用"转换实体引用"命令将其转换为 3D 草图。

Step8. 创建图 21.8.6 所示的放样折弯 1。选择下拉菜单 插入(I) ➡️ 钣金(H) ➡️ 放样的折弯(L)… 命令；选取 3D 草图 1 和 3D 草图 2 作为放样折弯特征的轮廓；在"放样折弯"对话框的 厚度 文本框中输入数值 1.0，单击 ✔ 按钮，完成该特征的创建。

Step9. 创建基准面 1。选择下拉菜单 插入(I) ➡️ 参考几何体(G) ➡️ 基准面(P)… 命令（注：具体参数和操作参见随书光盘）。

Step10. 创建草图 3。选取基准面 1 作为草图基准面，绘制图 21.8.7 所示的草图 3。

图 21.8.6 放样折弯 1

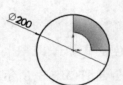

图 21.8.7 草图 3

Step11. 创建图 21.8.8 所示的螺旋线 3。选择下拉菜单 插入(I) ➡️ 曲线(U) ➡️ 螺旋线/涡状线(H)… 命令；选取草图 3 为基准绘制螺旋线，在系统弹出的对话框中的 定义方式(D): 下拉列表中选择 螺距和圈数 选项；在 参数(P) 区域中选中 ⊙ 恒定螺距(C) 单选按钮；在 螺距(I): 文本框中输入 300.0，在 圈数(R): 文本框中输入 0.25；单击 ✔ 按钮，完成螺旋线 3 的创建。

Step12. 创建 3D 草图 3。选择下拉菜单 插入(I) ➡️ 3D 草图 命令；选取"螺旋线 3"，利用"转换实体引用"命令将其转换为 3D 草图。

Step13. 创建图 21.8.9 所示的放样折弯 2。选择下拉菜单 插入(I) ➡️ 钣金(H) ➡️ 放样的折弯(L)… 命令；选取 3D 草图 2 和 3D 草图 3 作为放样折弯特征的轮廓；在"放样折弯"对话框的 厚度 文本框中输入数值 1.0，单击 ✔ 按钮，完成该特征的创建。

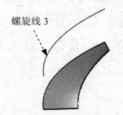

图 21.8.8 螺旋线 3

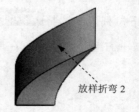

图 21.8.9 放样折弯 2

Step14. 创建草图 4。选取基准面 1 作为草图基准面，绘制图 21.8.10 所示的草图 4。

Step15. 创建图 21.8.11 所示的螺旋线 4。选择下拉菜单 插入(I) ➡️ 曲线(U) ➡️

螺旋线/涡状线 (H)... 命令；选取草图 4 为基准绘制螺旋线，在系统弹出的对话框中的
定义方式(D): 下拉列表中选择 螺距和圈数 选项；在 参数(P) 区域中选中 ⊙ 恒定螺距(C) 单选按钮；
在 螺距(I): 文本框中输入 300.0，在 圈数(R): 文本框中输入 0.25；单击 ✓ 按钮，完成螺旋线 4
的创建。

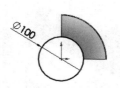

图 21.8.10 草图 4

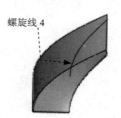

图 21.8.11 螺旋线 4

Step16. 创建 3D 草图 4。选择下拉菜单 插入(I) ➡ 📐 3D 草图 命令；选取"螺旋线
4"，利用"转换实体引用"命令将其转换为 3D 草图。

Step17. 创建图 21.8.12 所示的放样折弯 3。选择下拉菜单 插入(I) ➡ 钣金 (H)
➡ 📐 放样的折弯 (L)··· 命令；选取 3D 草图 1 和 3D 草图 4 作为放样折弯特征的轮廓；在
"放样折弯"对话框的 厚度 文本框中输入数值 1.0，并单击 ↗ 按钮；单击 ✓ 按钮，完成该
特征的创建。

Step18. 创建图 21.8.13 所示的放样折弯 4。选择下拉菜单 插入(I) ➡ 钣金 (H)
➡ 📐 放样的折弯 (L)··· 命令；选取 3D 草图 3 和 3D 草图 4 作为放样折弯特征的轮廓；在
"放样折弯"对话框的 厚度 文本框中输入数值 1.0，单击 ✓ 按钮，完成该特征的创建。

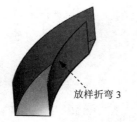

图 21.8.12 放样折弯 3

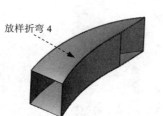

图 21.8.13 放样折弯 4

Step19. 选择下拉菜单 文件(F) ➡ 💾 保存 (S) 命令，将模型命名为"90°方形螺旋
管"，保存钣金模型。

Task2. 展平 90° 方形螺旋管

Stage1. 展平 90° 方形螺旋管底板

在设计树中右击 📄 平板型式1 特征，在系统弹出的快捷菜单中单击"解除压缩"命令按
钮 ↑₿，即可将该 90°方形螺旋管底板展平，如图 21.8.14 所示。

Stage2. 展平 90°方形螺旋管外侧板

在设计树中右击 平板型式1 特征，在系统弹出的快捷菜单中单击"压缩"命令按钮，右击 平板型式2 特征，在系统弹出的快捷菜单中单击"解除压缩"命令按钮，即可将该 90°方形螺旋管外侧板展开，如图 21.8.15 所示。

图 21.8.14 底板展开

图 21.8.15 外侧板展开

Stage3. 展平 90°方形螺旋管内侧板

在设计树中右击 平板型式2 特征，在系统弹出的快捷菜单中单击"压缩"命令按钮，右击 平板型式3 特征，在系统弹出的快捷菜单中单击"解除压缩"命令按钮，即可将该 90°方形螺旋管内侧板展平，如图 21.8.16 所示。

Stage4. 展平 90°方形螺旋管顶板

在设计树中右击 平板型式2 特征，在系统弹出的快捷菜单中单击"压缩"命令按钮；右击 平板型式4 特征，在系统弹出的快捷菜单中单击"解除压缩"命令按钮，即可将该 90°方形螺旋管顶板展平，如图 21.8.17 所示。

图 21.8.16 内侧板展开

图 21.8.17 顶板展开

21.9 180°方形螺旋管

180°方形螺旋管，是截面为方形轮廓螺旋环绕圆柱面 0.5 圈形成的薄壁构件。为了便于展开，分别建立其底板、外侧板、内侧板和顶板的钣金件。下面以图 21.9.1 所示的模型为例，介绍在 SolidWorks 中创建和展开 180°方形螺旋管的一般过程。

Task1. 创建 180°方形螺旋管

Step1. 新建模型文件。

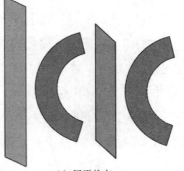

a）未展平状态　　　　　　　　　　　b）展平状态

图 21.9.1　180°方形螺旋管的创建与展平

Step2. 创建草图 1。选取上视基准面作为草图基准面，绘制图 21.9.2 所示的草图 1。

Step3. 创建图 21.9.3 所示的螺旋线 1。选择下拉菜单 插入(I) ➡ 曲线(U) ➡

🔲 螺旋线/涡状线 (H)... 命令；选取草图 1 为基准绘制螺旋线，在系统弹出的对话框中的

定义方式(D): 下拉列表中选择 螺距和圈数 选项；在 参数(P) 区域中选中 ⊙ 恒定螺距(C) 单选按钮；

在 螺距(I): 文本框中输入 300.0，在 圈数(R): 文本框中输入 0.5；单击 ✔ 按钮，完成螺旋线 1 的创建。

图 21.9.2　草图 1

图 21.9.3　螺旋线 1

Step4. 创建草图 2。选取上视基准面作为草图基准面，绘制图 21.9.4 所示的草图 2。

Step5. 创建图 21.9.5 所示的螺旋线 2。选择下拉菜单 插入(I) ➡ 曲线(U) ➡

🔲 螺旋线/涡状线 (H)... 命令；选取草图 2 为基准绘制螺旋线，在系统弹出的对话框中的

定义方式(D): 下拉列表中选择 螺距和圈数 选项；在 参数(P) 区域中选中 ⊙ 恒定螺距(C) 单选按钮；

在 螺距(I): 文本框中输入 300.0，在 圈数(R): 文本框中输入 0.5；单击 ✔ 按钮，完成螺旋线 2 的创建。

图 21.9.4　草图 2

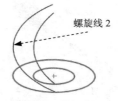

图 21.9.5　螺旋线 2

Step6. 创建 3D 草图 1。选择下拉菜单 插入(I) ➡ 3D 草图 命令；选取"螺旋线 1"，

利用"转换实体引用"命令将其转换为 3D 草图。

Step7. 创建 3D 草图 2。选择下拉菜单 插入(I) ➡ 3D 3D 草图 命令；选取"螺旋线 2"，利用"转换实体引用"命令将其转换为 3D 草图。

Step8. 创建图 21.9.6 所示的放样折弯 1。选择下拉菜单 插入(I) ➡ 钣金(H) ➡ 放样的折弯(L)… 命令；选取 3D 草图 1 和 3D 草图 2 作为放样折弯特征的轮廓；在"放样折弯"对话框的 厚度 文本框中输入数值 1.0，单击 ✔ 按钮，完成该特征的创建。

Step9. 创建基准面 1。选择下拉菜单 插入(I) ➡ 参考几何体(G) ➡ 基准面(P)… 命令（注：具体参数和操作参见随书光盘）。

Step10. 创建草图 3。选取基准面 1 作为草图基准面，绘制图 21.9.7 所示的草图 3。

图 21.9.6 放样折弯 1

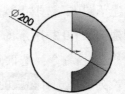
图 21.9.7 草图 3

Step11. 创建图 21.9.8 所示的螺旋线 3。选择下拉菜单 插入(I) ➡ 曲线(U) ➡ 螺旋线/涡状线(H)… 命令；选取草图 3 为基准绘制螺旋线，在系统弹出的对话框中的 定义方式(D)：下拉列表中选择 螺距和圈数 选项；在 参数(P) 区域中选中 ⊙ 恒定螺距(C) 单选按钮；在 螺距(I)： 文本框中输入 300.0，在 圈数(R)： 文本框中输入 0.5；单击 ✔ 按钮，完成螺旋线 3 的创建。

Step12. 创建 3D 草图 3。选择下拉菜单 插入(I) ➡ 3D 3D 草图 命令；选取"螺旋线 3"，利用"转换实体引用"命令将其转换为 3D 草图。

Step13. 创建图 21.9.9 所示的放样折弯 2。选择下拉菜单 插入(I) ➡ 钣金(H) ➡ 放样的折弯(L)… 命令；选取 3D 草图 2 和 3D 草图 3 作为放样折弯特征的轮廓；在"放样折弯"对话框的 厚度 文本框中输入数值 1.0，单击 ✔ 按钮，完成该特征的创建。

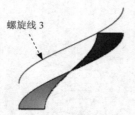
图 21.9.8 螺旋线 3

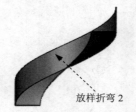
图 21.9.9 放样折弯 2

Step14. 创建草图 4。选取基准面 1 作为草图基准面，绘制图 21.9.10 所示草图 4。

Step15. 创建图 21.9.11 所示的螺旋线 4。选择下拉菜单 插入(I) ➡ 曲线(U) ➡

命令；选取草图 4 为基准绘制螺旋线，在系统弹出的对话框中的 定义方式(D): 下拉列表中选择 螺距和圈数 选项；在 参数(P) 区域中选中 ⊙ 恒定螺距(C) 单选按钮；在 螺距(I): 文本框中输入 300.0，在 圈数(R): 文本框中输入 0.5；单击 ✓ 按钮，完成螺旋线 4 的创建。

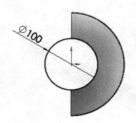

图 21.9.10　草图 4

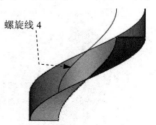

螺旋线 4

图 21.9.11　螺旋线 4

Step16. 创建 3D 草图 4。选择下拉菜单 插入(I) ➡ 🖉 3D 草图 命令；选取"螺旋线 4"，利用"转换实体引用"命令将其转换为 3D 草图。

Step17. 创建图 21.9.12 所示的放样折弯 3。选择下拉菜单 插入(I) ➡ 钣金(H) ▶ ➡ 🔔 放样的折弯(L)… 命令；选取 3D 草图 1 和 3D 草图 4 作为放样折弯特征的轮廓；在 "放样折弯"对话框的 厚度 文本框中输入数值 1.0，并单击 ⤴ 按钮；单击 ✓ 按钮，完成该特征的创建。

Step18. 创建图 21.9.13 所示的放样折弯 4。选择下拉菜单 插入(I) ➡ 钣金(H) ▶ ➡ 🔔 放样的折弯(L)… 命令；选取 3D 草图 3 和 3D 草图 4 作为放样折弯特征的轮廓；在 "放样折弯"对话框的 厚度 文本框中输入数值 1.0，单击 ✓ 按钮，完成该特征的创建。

Step19. 选择下拉菜单 文件(F) ➡ 🖫 保存(S) 命令，将模型命名为"180°方形螺旋管"，保存钣金模型。

放样折弯 3

图 21.9.12　放样折弯 3

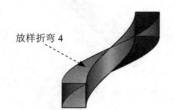

放样折弯 4

图 21.9.13　放样折弯 4

Task2. 展平 180°方形螺旋管

Stage1. 展平 180°方形螺旋管底板

在设计树中右击 🔲 平板型式1 特征，在系统弹出的快捷菜单中单击"解除压缩"命令按钮 🔳，即可将该 180°方形螺旋管底板展平，如图 21.9.14 所示。

Stage2. 展平 180°方形螺旋管外侧板

在设计树中右击 平板型式1 特征,在系统弹出的快捷菜单中单击"压缩"命令按钮 ；右击 平板型式2 特征,在系统弹出的快捷菜单中单击"解除压缩"命令按钮 ,即可将该 180°方形螺旋管外侧板展平,如图 21.9.15 所示。

图 21.9.14 底板展开

图 21.9.15 外侧板展开

Stage3. 展平 180°方形螺旋管内侧板

在设计树中右击 平板型式2 特征,在系统弹出的快捷菜单中单击"压缩"命令按钮 ,右击 平板型式3 特征,在系统弹出的快捷菜单中单击"解除压缩"命令按钮 ,即可将该 180°方形螺旋管内侧板展平,如图 21.9.16 所示。

Stage4. 展平 180°方形螺旋管顶板

在设计树中右击 平板型式3 特征,在系统弹出的快捷菜单中单击"压缩"命令按钮 ；右击 平板型式4 特征,在系统弹出的快捷菜单中单击"解除压缩"命令按钮 ,即可将该 180°方形螺旋管顶板展平,如图 21.9.17 所示。

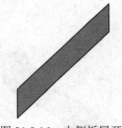

图 21.9.16 内侧板展开

图 21.9.17 顶板展开

21.10 180°矩形螺旋管

180°矩形螺旋管与 180°方形螺旋管的创建和展开方法相同,唯一不同之处在于其端口截面轮廓为矩形。下面以图 21.10.1 所示的模型为例,介绍在 SolidWorks 中创建和展开 180°矩形螺旋管的一般过程。

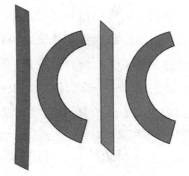

a）未展平状态　　　　　　　　　　　　　　b）展平状态

图 21.10.1　180°矩形螺旋管的创建与展平

Task1. 创建 180°矩形螺旋管

Step1. 新建模型文件。

Step2. 创建草图 1。选取上视基准面作为草图基准面，绘制图 21.10.2 所示的草图 1。

Step3. 创建图 21.10.3 所示的螺旋线 1。选择下拉菜单 插入(I) ➡ 曲线(U) ➡ 螺旋线/涡状线(H)... 命令；选取草图 1 为基准绘制螺旋线，在系统弹出的对话框中的 定义方式(D): 下拉列表中选择 螺距和圈数 选项；在 参数(P) 区域中选中 恒定螺距(C) 单选按钮；在 螺距(I): 文本框中输入 300.0，在 圈数(R): 文本框中输入 0.5；单击 按钮，完成螺旋线 1 的创建。

图 21.10.2　草图 1

螺旋线 1

图 21.10.3　螺旋线 1

Step4. 创建草图 2。选取上视基准面作为草图基准面，绘制图 21.10.4 所示的草图 2。

Step5. 创建图 21.10.5 所示的螺旋线 2。选择下拉菜单 插入(I) ➡ 曲线(U) ➡ 螺旋线/涡状线(H)... 命令；选取草图 2 为基准绘制螺旋线，在系统弹出的对话框中的 定义方式(D): 下拉列表中选择 螺距和圈数 选项；在 参数(P) 区域中选中 恒定螺距(C) 单选按钮；在 螺距(I): 文本框中输入 300.0，在 圈数(R): 文本框中输入 0.5；选中 锥形螺纹线(T) 复选框，在 文本框中输入 6.84；单击 按钮，完成螺旋线 2 的创建。

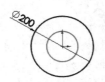

图 21.10.4　草图 2

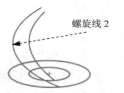

螺旋线 2

图 21.10.5　螺旋线 2

Step6. 创建 3D 草图 1。选择下拉菜单 插入(I) ➡ 3D 3D 草图命令；选取"螺旋线 1"，利用"转换实体引用"命令将其转换为 3D 草图。

Step7. 创建 3D 草图 2。选择下拉菜单 插入(I) ➡ 3D 3D 草图命令；选取"螺旋线 2"，利用"转换实体引用"命令将其转换为 3D 草图。

Step8. 创建图 21.10.6 所示的放样折弯 1。选择下拉菜单 插入(I) ➡ 钣金(H) ➡ 放样的折弯(L)···命令；选取 3D 草图 1 和 3D 草图 2 作为放样折弯特征的轮廓；在"放样折弯"对话框的 厚度 文本框中输入数值 1.0，单击 ✓ 按钮，完成该特征的创建。

Step9. 创建基准面 1。选择下拉菜单 插入(I) ➡ 参考几何体(G) ➡ 基准面(P)···命令（注：具体参数和操作参见随书光盘）；单击 ✓ 按钮，完成基准面 1 的创建。

Step10. 创建草图 3。选取基准面 1 作为草图基准面，绘制图 21.10.7 所示的草图 3。

图 21.10.6　放样折弯 1

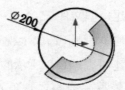

图 21.10.7　草图 3

Step11. 创建图 21.10.8 所示的螺旋线 3。选择下拉菜单 插入(I) ➡ 曲线(U) ➡ 螺旋线/涡状线(H)···命令；选取草图 3 为基准绘制螺旋线，在系统弹出的对话框中的 定义方式(D): 下拉列表中选择 螺距和圈数选项；在 参数(P) 区域中选中 ⊙ 恒定螺距(C) 单选按钮；在 螺距(I): 文本框中输入 300.0，在 圈数(R): 文本框中输入 0.5；选中 ☑ 锥形螺纹线(T) 复选框，在 文本框中输入 6.84；单击 ✓ 按钮，完成螺旋线 3 的创建。

Step12. 创建 3D 草图 3。选择下拉菜单 插入(I) ➡ 3D 3D 草图命令；选取"螺旋线 3"，利用"转换实体引用"命令将其转换为 3D 草图。

Step13. 创建图 21.10.9 所示的放样折弯 2。选择下拉菜单 插入(I) ➡ 钣金(H) ➡ 放样的折弯(L)···命令；选取 3D 草图 2 和 3D 草图 3 作为放样折弯特征的轮廓；在"放样折弯"对话框的 厚度 文本框中输入数值 1.0，单击 ✓ 按钮，完成该特征的创建。

螺旋线 3

图 21.10.8　螺旋线 3

放样折弯 2

图 21.10.9　放样折弯 2

Step14. 创建草图 4。选取基准面 1 作为草图基准面，绘制图 21.10.10 所示的草图 4。

Step15. 创建图 21.10.11 所示的螺旋线 4。选择下拉菜单 插入(I) ➡ 曲线(U) ➡

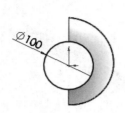命令；选取草图 4 为基准绘制螺旋线，在系统弹出的对话框中的 下拉列表中选择 螺距和圈数 选项；在 参数(P) 区域中选中 ⊙ 恒定螺距(C) 单选按钮；在 螺距(I): 文本框中输入 300.0，在 圈数(R): 文本框中输入 0.5；单击 ✓ 按钮，完成螺旋线 4 的创建。

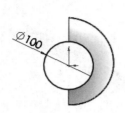

图 21.10.10 草图 4

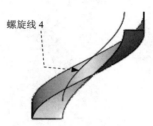

图 21.10.11 螺旋线 4

Step16. 创建 3D 草图 4。选择下拉菜单 插入(I) ➡ 3D 3D 草图 命令；选取"螺旋线 4"，利用"转换实体引用"命令将其转换为 3D 草图。

Step17. 创建图 21.10.12 所示的放样折弯 3。选择下拉菜单 插入(I) ➡ 钣金(H) ▶ ➡ 放样的折弯(L)… 命令；选取 3D 草图 1 和 3D 草图 4 作为放样折弯特征的轮廓；在"放样折弯"对话框的 厚度 文本框中输入数值 1.0，并单击 ⤵ 按钮；单击 ✓ 按钮，完成该特征的创建。

Step18. 创建图 21.10.13 所示的放样折弯 4。选择下拉菜单 插入(I) ➡ 钣金(H) ▶ ➡ 放样的折弯(L)… 命令；选取 3D 草图 3 和 3D 草图 4 作为放样折弯特征的轮廓；在"放样折弯"对话框的 厚度 文本框中输入数值 1.0，单击 ✓ 按钮，完成该特征的创建。

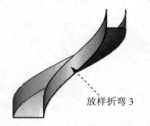

图 21.10.12 放样折弯 3

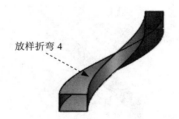

图 21.10.13 放样折弯 4

Step19. 选择下拉菜单 文件(F) ➡ 🖫 保存(S) 命令，将模型命名为"180°矩形螺旋管"，保存钣金模型。

Task2. 展平 180°矩形螺旋管

Stage1. 展平 180°矩形螺旋管底板

在设计树中右击 ▱ 平板型式1 特征，在系统弹出的快捷菜单中单击"解除压缩"命令按钮 ⬆️，即可将该 180°矩形螺旋管底板展平，如图 21.10.14 所示。

Stage2. 展平 180°矩形螺旋管外侧板

在设计树中右击 🔲 平板型式1 特征，在系统弹出的快捷菜单中单击"压缩"命令按钮 🔢；右击 🔲 平板型式2 特征，在系统弹出的快捷菜单中单击"解除压缩"命令按钮 🔢，即可将该 180°矩形螺旋管外侧板展平，如图 21.10.15 所示。

图 21.10.14 底板展开

图 21.10.15 外侧板展开

Stage3. 展平 180°矩形螺旋管内侧板

在设计树中右击 🔲 平板型式2 特征，在系统弹出的快捷菜单中单击"压缩"命令按钮 🔢；右击 🔲 平板型式3 特征，在系统弹出的快捷菜单中单击"解除压缩"命令按钮 🔢，即可将该 180°矩形螺旋管内侧板展平，如图 21.10.16 所示。

Stage4. 展平 180°矩形螺旋管顶板

在设计树中右击 🔲 平板型式3 特征，在系统弹出的快捷菜单中单击"压缩"命令按钮 🔢；右击 🔲 平板型式4 特征，在系统弹出的快捷菜单中单击"解除压缩"命令按钮 🔢，即可将该 180°矩形螺旋管顶板展平，如图 21.10.17 所示。

图 21.10.16 内侧板展开

图 21.10.17 顶板展开

第22章 型材展开

本章提要 本章主要介绍型材类的钣金在 SolidWorks 中的创建和展开过程，包括 90°内折角钢、钝角内折角钢、锐角内折角钢、任意角内弯角钢、内弯矩形框角钢、内弯五边形框角钢、圆弧折弯角钢和角钢圈、90°内折槽钢、任意角内弯槽钢、90°圆弧内折槽钢和任意角内折槽钢。型材类构件的展开下料方法通常有两种：一是根据构件的形状和尺寸，通过板厚处理，得到展开料的长度和切角尺寸，并根据长度和切角进行型材下料；二是根据构件的形状和尺寸，画出型材外侧表面的展开图，并根据这个展开图进行型材下料。

22.1 90°内折角钢

90°内折角钢是由一直线角钢内折90°而形成的钣金构件。角钢展开时，要考虑板料的厚度，同时注意板厚对切角区域的影响，一般按里皮计算展开料的长度和切角尺寸，并添加相应的释放槽。下面以图 22.1.1 所示的模型为例，介绍在 SolidWorks 中创建和展开 90°内折角钢的一般过程。

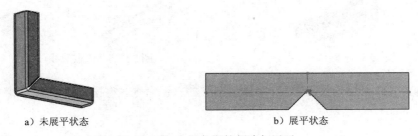

a）未展平状态 　　　　　　　b）展平状态

图 22.1.1 90°内折角钢的创建与展平

Task1. 创建 90°内折角钢

Step1. 新建模型文件。

Step2. 创建图 22.1.2 所示的基体-法兰 1。选择下拉菜单 插入(I) ➡ 钣金 (H) ➡ 基体法兰 (A)... 命令；选取前视基准面作为草图基准面，绘制图 22.1.3 所示的横断面草图；在 方向1 区域的 下拉列表中选择 给定深度 选项，在 D1 文本框中输入深度值 8.0；在 钣金参数(S) 区域的 T1 文本框中输入厚度值 1.0，在 文本框中输入圆角半径值 1.0；在 折弯系数(A) 区域的下拉列表中选择 K 因子，将 K 因子系数设置为 0；单击 ✔ 按钮，完成基体-法兰 1 的创建。

说明：由于角钢展开时通常按里皮计算展开材料的长度和切角尺寸，所以在建立钣金特征时，其 K 因子取"0"。

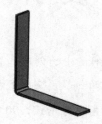

图 22.1.2　基体-法兰 1

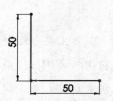

图 22.1.3　横断面草图

Step3. 创建图 22.1.4 所示的边线-法兰 1。选择下拉菜单 插入(I) ➡ 钣金 (H) ➡ 边线法兰 (E)... 命令；选取图 22.1.5 所示的模型边线为生成的边线-法兰的边线；选中 ☑ 使用默认半径(U) 复选框，在 后的文本框中输入 1.0；在 角度(G) 区域的 文本框中输入角度值 90.0；在 法兰长度(L) 区域的 下拉列表中选择 给定深度 选项，在 文本框中输入深度值 8.0；在 法兰位置(N) 区域中，单击"材料在外"按钮 ，并选中 ☑ 剪裁侧边折弯(T) 复选框；单击 按钮，完成边线-法兰 1 的创建。

图 22.1.4　边线-法兰 1

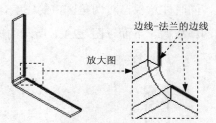

边线-法兰的边线

放大图

图 22.1.5　选取边线-法兰边线

Step4. 选择下拉菜单 文件(F) ➡ 保存 (S) 命令，将模型命名为"90°内折角钢"，保存钣金模型。

Task2. 展平 90°内折角钢

在设计树中右击 平板型式1 特征，在系统弹出的快捷菜单中单击"解除压缩"命令按钮 ，即可将钣金展平，展平结果如图 22.1.1b 所示。

22.2　钝角内折角钢

钝角内折角钢是由一直线角钢内折呈现钝角而形成的钣金构件，其创建和展开思路与90°内折角钢相同。下面以图 22.2.1 所示的模型为例，介绍在 SolidWorks 中创建和展开钝角内折角钢的一般过程。

a）未展平状态

b）展平状态

图 22.2.1   钝角内折角钢的创建与展平

Task1．创建钝角内折角钢

Step1．新建模型文件。

Step2．创建图 22.2.2 所示的基体-法兰 1。选择下拉菜单 插入(I) ➡ 钣金(H) ➡ 基体法兰(A)... 命令；选取前视基准面作为草图基准面，绘制图 22.2.3 所示的横断面草图；在 方向1 区域的 下拉列表中选择 给定深度 选项，在 $\overset{\nwarrow}{D1}$ 文本框中输入深度值 8.0；在 钣金参数(S) 区域的 $\overset{\nwarrow}{T1}$ 文本框中输入厚度值 1.0，在 文本框中输入圆角半径值 1.0；在 折弯系数(A) 区域的下拉列表中选择 K 因子，将 **K** 因子系数设置为 0；单击 按钮，完成基体-法兰 1 的创建。

图 22.2.2   基体-法兰 1

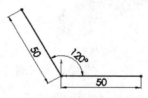

图 22.2.3   横断面草图

Step3．创建图 22.2.4 所示的边线-法兰 1。选择下拉菜单 插入(I) ➡ 钣金(H) ➡ 边线法兰(E)... 命令；选取图 22.2.5 所示的模型边线为生成的边线-法兰的边线；选中 ☑ 使用默认半径(U) 复选框，在 后的文本框中输入 1.0；在 角度(G) 区域的 文本框中输入角度值 90.0；在 法兰长度(L) 区域 后的下拉列表中选择 给定深度 选项，在 $\overset{\nwarrow}{D}$ 文本框中输入深度值 8.0；在 法兰位置(N) 区域中，单击"材料在外"按钮 ，并选中 ☑ 剪裁侧边折弯(T) 复选框；单击 按钮，完成边线-法兰 1 的创建。

Step4．选择下拉菜单 文件(F) ➡ 保存(S) 命令，将模型命名为"钝角内折角钢"，保存钣金模型。

Task2．展平钝角内折角钢

在设计树中右击 平板型式1 特征，在系统弹出的快捷菜单中单击"解除压缩"命令按钮 ，即可将钣金展平，展平结果如图 22.2.1b 所示。

图 22.2.4　边线-法兰 1

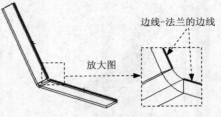

边线-法兰的边线

放大图

图 22.2.5　选取边线-法兰边线

22.3　锐角内折角钢

锐角内折角钢是由一直线角钢内折呈现锐角而形成的钣金构件，其创建和展开思路与 90°内折角钢相同。下面以图 22.3.1 所示的模型为例，介绍在 SolidWorks 中创建和展开锐角内折角钢的一般过程。

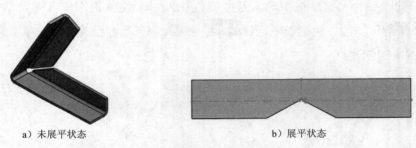

a）未展平状态

b）展平状态

图 22.3.1　锐角内折角钢的创建与展平

Task1. 创建锐角内折角钢

Step1. 新建模型文件。

Step2. 创建图 22.3.2 所示的基体-法兰 1。选择下拉菜单 插入(I) ➡ 钣金(H) ➡ 基体法兰(A)... 命令；选取前视基准面作为草图基准面，绘制图 22.3.3 所示的横断面草图；在 方向1 区域的 下拉列表中选择 给定深度 选项，在 文本框中输入深度值 8.0；在 钣金参数(S) 区域的 文本框中输入厚度值 1.0，在 文本框中输入圆角半径值 1.0；在 折弯系数(A) 区域的下拉列表中选择 K因子，将 K 因子系数设置为 0；单击 按钮，完成基体-法兰 1 的创建。

图 22.3.2　基体-法兰 1

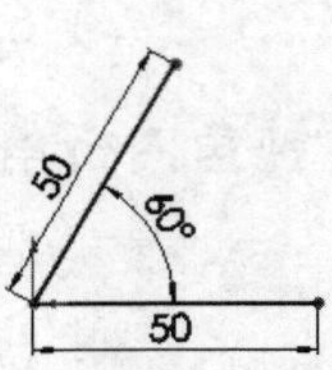

图 22.3.3　横断面草图

Step3. 创建图22.3.4所示的边线-法兰1。选择下拉菜单 插入(I) ➡ 钣金 (H) ➡
边线法兰 (E)...命令；选取图 22.3.5 所示的模型边线为生成的边线-法兰的边线；选中
✓ 使用默认半径(U) 复选框，在后的文本框中输入 1.0；在 角度(G) 区域的文本框中输入
角度值90.0；在 法兰长度(L) 区域的 下拉列表中选择 给定深度 选项，在文本框中输入深
度值8.0；在 法兰位置(N) 区域中，单击"材料在外"按钮，并选中 ✓ 剪裁侧边折弯(I) 复选
框；单击 ✓ 按钮，完成边线-法兰1的创建。

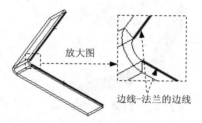

放大图

边线-法兰的边线

图 22.3.4　边线-法兰1　　　　图 22.3.5　选取边线-法兰边线

Step4. 选择下拉菜单 文件(F) ➡ 💾 保存 (S) 命令，将模型命名为"锐角内折角钢"，
保存钣金模型。

Task2. 展平锐角内折角钢

在设计树中右击 平板型式1 特征，在系统弹出的快捷菜单中单击"解除压缩"命令按
钮，即可将钣金展平，展平结果如图 22.3.1b 所示。

22.4　任意角内弯角钢

任意角内弯角钢是由一直线角钢向内弯曲呈现任意角而形成的钣金构件。下面以图
22.4.1 所示的模型为例，介绍在 SolidWorks 中创建和展开任意角内弯角钢的一般过程。

a）未展平状态　　　　　　　　　　　b）展平状态

图 22.4.1　任意角内弯角钢的创建与展平

Task1. 创建任意角内弯角钢

Step1. 新建模型文件。

Step2. 创建图 22.4.2 所示的基体-法兰 1。选择下拉菜单 插入(I) ➡ 钣金(H) ➡ 基体法兰(A)... 命令；选取前视基准面作为草图基准面，绘制图 22.4.3 所示的横断面草图；在 方向1 区域的 下拉列表中选择 给定深度 选项，在 文本框中输入深度值 8.0；在 钣金参数(S) 区域的 文本框中输入厚度值 1.0，在 文本框中输入圆角半径值 10.0；在 折弯系数(A) 区域的下拉列表中选择 K 因子，将 K 因子系数设置为 0；单击 按钮，完成基体-法兰 1 的创建。

图 22.4.2　基体-法兰 1

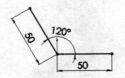

图 22.4.3　横断面草图

Step3. 创建图 22.4.4 所示的边线-法兰 1。选择下拉菜单 插入(I) ➡ 钣金(H) ➡ 边线法兰(E)... 命令；选取图 22.4.5 所示的模型边线为生成的边线-法兰的边线；取消选中 使用默认半径(U) 复选框，在 后的文本框中输入 0.5；在 角度(G) 区域的 文本框中输入角度值 90.0；在 法兰长度(L) 区域的 下拉列表中选择 给定深度 选项，在 文本框中输入深度值 9.0；在 法兰位置(N) 区域中，单击"材料在外"按钮 ；单击 按钮，完成边线-法兰 1 的创建。

图 22.4.4　边线-法兰 1

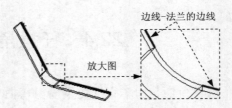

图 22.4.5　选取边线-法兰边线

Step4. 增补释放槽处的缺损部位。选择下拉菜单 插入(I) ➡ 凸台/基体(B) ➡ 拉伸(E)... 命令；选取图 22.4.6 所示的模型表面为草绘基准面，绘制图 22.4.7 所示的横断面草图；在 方向1 区域的下拉列表中选择 给定深度 选项，在 文本框中输入 1.0，并单击 按钮，取消选中 合并结果(M) 复选框；单击 按钮，完成图 22.4.8 所示的增补的创建。

图 22.4.6　定义草绘基准面

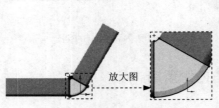

图 22.4.7　横断面草图

图 22.4.8　增补后的模型

Step5. 选择下拉菜单 文件(F) ➡ 📁 保存(S) 命令，将模型命名为"任意角内弯角钢"，保存钣金模型。

Task2. 展平任意角内弯角钢

在设计树中右击 🔲 平板型式1 特征，在系统弹出的快捷菜单中单击"解除压缩"命令按钮 ⬆️，即可将钣金展平，展平结果如图 22.4.1b 所示。

22.5 内弯矩形框角钢

内弯矩形框角钢是由一直线角钢内折弯成矩形框架而形成的钣金构件。下面以图 22.5.1 所示的模型为例，介绍在 SolidWorks 中创建和展开内弯矩形框角钢的一般过程。

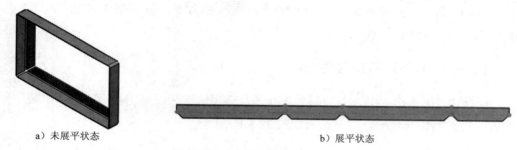

a）未展平状态   b）展平状态

图 22.5.1　内弯矩形框角钢的创建与展平

Task1. 创建内弯矩形框角钢

Step1. 新建模型文件。

Step2. 创建图 22.5.2 所示的基体-法兰 1。选择下拉菜单 插入(I) ➡ 钣金(H) ➡ 🔲 基体法兰(A)... 命令；选取前视基准面作为草图基准面，绘制图 22.5.3 所示的横断面草图；在 方向1 区域的 ↗ 下拉列表中选择 给定深度 选项，在 🔽D1 文本框中输入深度值 10.0；在 钣金参数(S) 区域的 🔽T1 文本框中输入厚度值 0.2，在 ↗ 文本框中输入圆角半径值 1.0；在 ☑ 折弯系数(A) 区域的下拉列表中选择 K因子，将 K 因子系数设置为 0；单击 ✔ 按钮，完成基体-法兰 1 的创建。

图 22.5.2　基体-法兰 1

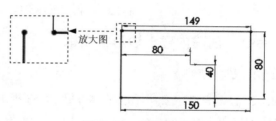

图 22.5.3　横断面草图

Step3. 创建图 22.5.4 所示的边线-法兰1。选择下拉菜单 插入(I) ➡ 钣金(H) ➡

边线法兰(E)... 命令；选取图 22.5.5 所示的模型边线为生成的边线-法兰的边线；选中 ☑ 使用默认半径(U) 复选框；在 角度(G) 区域的 文本框中输入角度值 90.0；在 法兰长度(L) 区域的 下拉列表中选择 给定深度 选项，在 文本框中输入深度值 10.0；在 法兰位置(N) 区域中，单击"材料在外"按钮 ，并选中 ☑ 剪裁侧边折弯(T) 复选框；单击 ✔ 按钮，完成边线-法兰1 的创建。

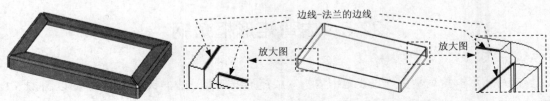

图 22.5.4　边线-法兰1　　　　　　图 22.5.5　选取边线-法兰边线

Step4. 选择下拉菜单 文件(F) ➡ 保存(S) 命令，将模型命名为"内弯矩形框角钢"，保存钣金模型。

Task2. 展平内弯矩形框角钢

在设计树中右击 ⬚ 平板型式1 特征，在系统弹出的快捷菜单中单击"解除压缩"命令按钮 ，即可将钣金展平，展平结果如图 22.5.1b 所示。

22.6　内弯五边形框角钢

内弯五边形框角钢是由一直线角钢内折弯成五边形框架而形成的钣金构件。下面以图 22.6.1 所示的模型为例，介绍在 SolidWorks 中创建和展开内弯五边形框角钢的一般过程。

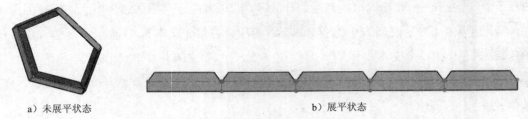

a）未展平状态　　　　　　　　　　b）展平状态

图 22.6.1　内弯五边形框角钢的创建与展平

Task1. 创建内弯五边形框角钢

Step1. 新建模型文件。

Step2. 创建图 22.6.2 所示的基体-法兰1。选择下拉菜单 插入(I) ➡ 钣金(H) ➡

基体法兰(A)... 命令；选取前视基准面作为草图基准面，绘制图 22.6.3 所示的横断面草图；

在 **方向1** 区域的 下拉列表中选择 **给定深度** 选项，在 文本框中输入深度值 10.0；在 **钣金参数(S)** 区域的 文本框中输入厚度值 1.0，在 文本框中输入圆角半径值 1.0；在 **折弯系数(A)** 区域的下拉列表中选择 **K因子**，将 **K** 因子系数设置为 0；单击 按钮，完成基体-法兰 1 的创建。

图 22.6.2　基体-法兰 1

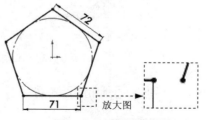

图 22.6.3　横断面草图

Step3. 创建图 22.6.4 所示的边线-法兰 1。选择下拉菜单 **插入(I)** ➡ **钣金(H)** ➡ **边线法兰(E)...** 命令；选取图 22.6.5 所示的模型边线为生成的边线-法兰的边线；选中 **使用默认半径(U)** 复选框，在 后的文本框中输入 1.0；在 **角度(G)** 区域的 文本框中输入角度值 90.0；在 **法兰长度(L)** 区域的 下拉列表中选择 **给定深度** 选项，在 文本框中输入深度值 10.0；在 **法兰位置(N)** 区域中，单击"材料在外"按钮 ，并选中 **剪裁侧边折弯(T)** 复选框；单击 按钮，完成边线-法兰 1 的创建。

Step4. 选择下拉菜单 **文件(F)** ➡ **保存(S)** 命令，将模型命名为"内弯五边形框角钢"，保存钣金模型。

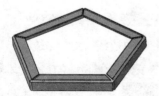

图 22.6.4　边线-法兰 1

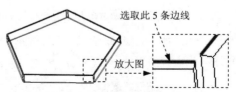

选取此 5 条边线

放大图

图 22.6.5　选取边线-法兰边线

Task2. 展平内弯五边形框角钢

在设计树中右击 **平板型式1** 特征，在系统弹出的快捷菜单中单击"解除压缩"命令按钮 ，即可将钣金展平，展平结果如图 22.6.1b 所示。

22.7　圆弧折弯角钢

圆弧折弯角钢与任意角内弯角钢结构相同，但由于其折弯角圆弧与折弯角圆角大小的差异，则处理方法不同，前者可以不进行切角处理。下面以图 22.7.1 所示的模型为例，介绍在 SolidWorks 中创建和展开圆弧折弯角钢的一般过程。

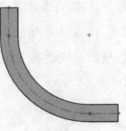

a）未展平状态　　　　　　　　　　b）展平状态

图 22.7.1　圆弧折弯角钢的创建与展平

Task1. 创建圆弧折弯角钢

Step1. 新建模型文件。

Step2. 创建图 22.7.2 所示的基体-法兰 1。选择下拉菜单 插入(I) ➡ 钣金 (H) ▶ ➡
基体法兰 (A)... 命令；选取前视基准面作为草图基准面，绘制图 22.7.3 所示的横断面草图；
在 钣金参数(S) 区域的 文本框中输入厚度值 1.0；单击 ✔ 按钮，完成基体-法兰 1 的创建。

图 22.7.2　基体-法兰 1

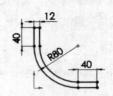

图 22.7.3　横断面草图

Step3. 创建图 22.7.4 所示的边线-法兰 1。选择下拉菜单 插入(I) ➡ 钣金 (H) ▶ ➡
边线法兰 (E)... 命令；选取图 22.7.5 所示的模型边线为生成的边线-法兰的边线；取消选
中 □ 使用默认半径(U) 复选框，在 后的文本框中输入 1.0；在 角度(G) 区域的 文本框中输
入角度值 90.0；在 法兰长度(L) 区域的 下拉列表中选择 给定深度 选项，在 文本框中输入
深度值 12.0；在 法兰位置(N) 区域中，单击"材料在外"按钮 ；单击 ✔ 按钮，完成边线-
法兰 1 的创建。

图 22.7.4　边线-法兰 1

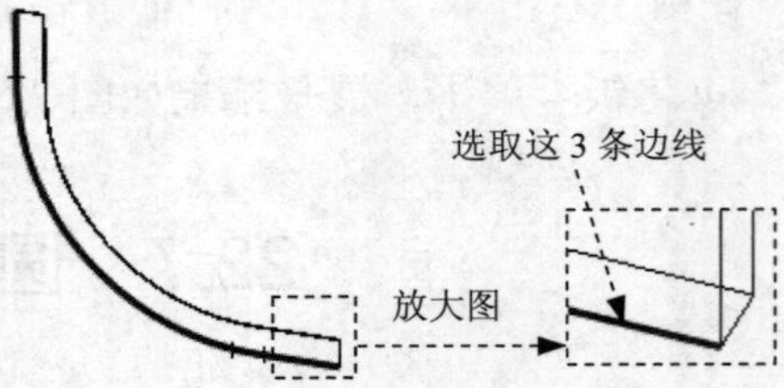

选取这 3 条边线

放大图

图 22.7.5　选取边线-法兰边线

Step4. 选择下拉菜单 文件(F) ➡ 保存 (S) 命令，将模型命名为"圆弧折弯角钢"，
保存钣金模型。

Task2. 展平圆弧折弯角钢

在设计树中右击  平板型式1 特征，在系统弹出的快捷菜单中单击"解除压缩"命令按钮 📌 ，即可将钣金展平，展平结果如图 22.7.1b 所示。

22.8 角 钢 圈

角钢圈按照结构的不同分为内弯曲和外弯曲两种。下面以图 22.8.1 所示的模型为例，介绍在 SolidWorks 中创建和展开角钢圈的一般过程。

a）未展平状态　　　　　　　b）展平状态（直线角钢）

图 22.8.1　角钢圈的创建与展平

Task1. 创建角钢圈

Step1. 新建模型文件。

Step2. 创建图 22.8.2 所示的基体-法兰1。选择下拉菜单 插入(I) ➡ 钣金(H) ➡ 🏵 基体法兰(A)... 命令；选取前视基准面作为草图基准面，绘制图 22.8.3 所示的横断面草图；在 钣金参数(S) 区域的 🔧T1 文本框中输入厚度值 1.0；单击 ✅ 按钮，完成基体-法兰 1 的创建。

图 22.8.2　基体-法兰 1

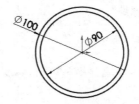

图 22.8.3　横断面草图

Step3. 创建图 22.8.4 所示的边线-法兰1。选择下拉菜单 插入(I) ➡ 钣金(H) ➡ 🏵 边线法兰(E)... 命令；选取图 22.8.5 所示的模型边线为生成的边线-法兰的边线；取消选中 ☐ 使用默认半径(U) 复选框，在 🔾 后的文本框中输入 1.0；在 角度(G) 区域的 📐 文本框中输入角度值 90.0；在 法兰长度(L) 区域的 🔧 下拉列表中选择 给定深度 选项，在 🔧 文本框中输入深度值 10.0；在 法兰位置(N) 区域中，单击"材料在外"按钮 🔲 ；单击 ✅ 按钮，完成边线-法兰 1 的创建。

Step4. 选择下拉菜单 文件(F) ➡ 📁 保存(S) 命令，将模型命名为"角钢圈"，保存钣金模型。

图 22.8.4　边线-法兰 1

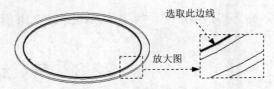

图 22.8.5　选取边线-法兰边线

Task2.　展平角钢圈

根据构件的形状和尺寸，可以通过近似的方法进行展开的直线角钢，角钢圈的展开长度通过计算法得到 $L = \pi(D - l - t + 2Zo) = 3.14 \times (100 - 10 - 1 + 8) \approx 304.6$，具体方法如下。

Step1.　新建模型文件。

Step2.　创建图 22.8.6 所示的基体-法兰 1。选择下拉菜单 插入(I) ➡ 钣金(H) ➡ 🗍 基体法兰(A)... 命令，选取前视基准面为草绘基准面，绘制图 22.8.7 所示的横断面草图；在 方向1 区域的下拉列表中选择 两侧对称 选项，在其下方的文本框中输入值 304.6；在 钣金参数(S) 区域的 ⬧Tl 文本框中输入厚度值 1.0，在 ⬈ 文本框中输入圆角半径值 1.0；在 ☑ 折弯系数(A) 区域的下拉列表中选择 K 因子，将 K 因子系数设置为 0；单击 ✅ 按钮，完成基体-法兰 1 的创建。

图 22.8.6　基体-法兰 1　　　　　　　图 22.8.7　横断面草图

Step3.　选择下拉菜单 文件(F) ➡ 💾 保存(S) 命令，将模型命名为"角钢圈展开"，保存模型。

22.9　90°内折槽钢

90°内折槽钢是由一直线槽钢内折 90°而形成的钣金构件。下面以图 22.9.1 所示的模型为例，介绍在 SolidWorks 中创建和展开 90°内折槽钢的一般过程。

Task1.　创建 90°内折槽钢

Step1.　新建模型文件。

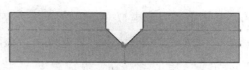

a）未展平状态   b）展平状态

图 22.9.1   90°内折槽钢的创建与展平

Step2. 创建图 22.9.2 所示的基体-法兰 1。选择下拉菜单 插入(I) ➡ 钣金(H) ➡

基体法兰(A)... 命令；选取前视基准面作为草图基准面，绘制图 22.9.3 所示的横断面草图；

在 方向1 区域的 下拉列表中选择 给定深度 选项，在 文本框中输入深度值 8.0；在

钣金参数(S) 区域的 文本框中输入厚度值 1.0，在 文本框中输入圆角半径值 1.0；在

折弯系数(A) 区域的下拉列表中选择 K 因子，将 K 因子系数设置为 0；单击 按钮，完成

基体-法兰 1 的创建。

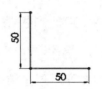

图 22.9.2   基体-法兰 1   图 22.9.3   横断面草图

Step3. 创建图 22.9.4 所示的边线-法兰 1。选择下拉菜单 插入(I) ➡ 钣金(H) ➡

边线法兰(E)... 命令；选取图 22.9.5 所示的模型边线为生成的边线-法兰的边线；选中

使用默认半径(U) 复选框，在 后的文本框中输入 1.0；在 角度(G) 区域的 文本框中输入

角度值 90.0；在 法兰长度(L) 区域的 下拉列表中选择 给定深度 选项，在 文本框中输入深

度值 8.0；在 法兰位置(N) 区域中，单击"材料在外"按钮 ，并选中 剪裁侧边折弯(T) 复选

框；单击 按钮，完成边线-法兰 1 的创建。

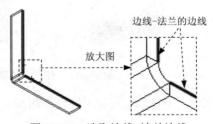

边线-法兰的边线

放大图

图 22.9.4   边线-法兰 1   图 22.9.5   选取边线-法兰边线

Step4. 创建图 22.9.6 所示的边线-法兰 2。选择下拉菜单 插入(I) ➡ 钣金(H) ➡

边线法兰(E)... 命令；选取图 22.9.7 所示的模型边线为生成的边线-法兰的边线；选中

☑ 使用默认半径(U) 复选框，在 后的文本框中输入 0.5；在 **角度(G)** 区域的 文本框中输入角度值 90.0；在 **法兰长度(L)** 区域的 下拉列表中选择 给定深度 选项，在 文本框中输入深度值 8.0，并单击"内部虚拟交点"按钮 ；在 **法兰位置(N)** 区域中，单击"材料在外"按钮 ；选中 ☑ 自定义释放槽类型(R) 复选框，在该区域的下拉列表中选择 撕裂形 选项，并单击"延伸"按钮 ；单击 按钮，完成边线-法兰 2 的创建。

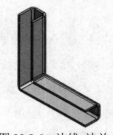

图 22.9.6　边线-法兰 2

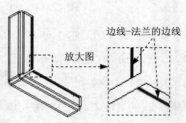

放大图
边线-法兰的边线

图 22.9.7　选取边线-法兰边线

Step5. 选择下拉菜单 文件(F) ➡ 保存(S) 命令，将模型命名为"90° 内折槽钢"，保存钣金模型。

Task2.　展平 90° 内折槽钢

在设计树中右击 平板型式1 特征，在系统弹出的快捷菜单中单击"解除压缩"命令按钮 ，即可将钣金展平，展平结果如图 22.9.1b 所示。

22.10　任意角内弯槽钢

任意角内弯槽钢是由一直线槽钢向内弯曲呈现任意角而形成的钣金构件。下面以图 22.10.1 所示的模型为例，介绍在 SolidWorks 中创建和展开任意角内弯槽钢的一般过程。

a）未展平状态

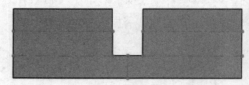

b）展平状态

图 22.10.1　任意角内弯槽钢的创建与展平

Task1.　创建任意角内弯槽钢

Step1. 新建模型文件。

Step2. 创建图 22.10.2 所示的基体-法兰 1。选择下拉菜单 插入(I) ➡ 钣金(H) ➡ 基体法兰 (A)... 命令；选取前视基准面作为草图基准面，绘制图 22.10.3 所示的横断面草图；在 **方向1** 区域的 下拉列表中选择 **给定深度** 选项，在 文本框中输入深度值8.0；在 **钣金参数(S)** 区域的 文本框中输入厚度值1.0，在 文本框中输入圆角半径值10.0；在 **折弯系数(A)** 区域的下拉列表中选择 **K因子**，将 **K** 因子系数设置为 0；单击 按钮，完成基体-法兰1的创建。

图 22.10.2 基体-法兰 1

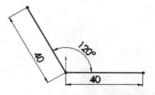

图 22.10.3 横断面草图

Step3. 创建图 22.10.4 所示的边线-法兰 1。选择下拉菜单 **插入(I)** → **钣金(H)** → **边线法兰(E)...** 命令；选取图 22.10.5 所示的模型边线为生成的边线-法兰的边线；取消选中 **使用默认半径(U)** 复选框，在 后的文本框中输入0.5，在 后的文本框中输入0.1；在 **角度(G)** 区域的 文本框中输入角度值90.0；在 **法兰长度(L)** 区域的 下拉列表中选择 **给定深度** 选项，在 文本框中输入深度值 8.0，并单击"内部虚拟交点"按钮 ；在 **法兰位置(N)** 区域中，单击"材料在外"按钮 ；单击 按钮，完成边线-法兰1的创建。

图 22.10.4 边线-法兰 1

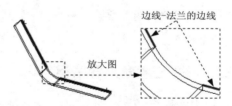

图 22.10.5 选取边线-法兰边线

Step4. 创建图 22.10.6 所示的边线-法兰 2。选择下拉菜单 **插入(I)** → **钣金(H)** → **边线法兰(E)...** 命令；选取图 22.10.7 所示的模型边线为生成的边线-法兰的边线；取消选中 **使用默认半径(U)** 复选框，在 后的文本框中输入 0.5，在 **角度(G)** 区域的 文本框中输入角度值90.0；在 **法兰长度(L)** 区域的 下拉列表中选择 **给定深度** 选项，在 文本框中输入深度值8.0，并单击"内部虚拟交点"按钮 ；在 **法兰位置(N)** 区域中，单击"材料在外"按钮 ；单击 按钮，完成边线-法兰2的创建。

图 22.10.6 边线-法兰 2

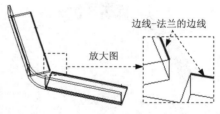

图 22.10.7 选取边线-法兰边线

Step5. 增补释放槽处的缺损部位。选择下拉菜单 插入(I) ➡ 凸台/基体(B) ➡
拉伸(E)... 命令；选取图 22.10.8 所示的模型表面为草绘基准面，绘制图 22.10.9 所示的
横断面草图；在 方向1 区域的下拉列表中选择 给定深度 选项，在 文本框中输入 1.0，并
单击 按钮，取消选中 合并结果(M) 复选框；单击 按钮，完成图 22.10.10 所示的增补
的创建。

选取此模型表面

图 22.10.8　定义草绘基准面

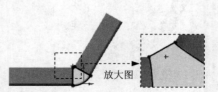

放大图

图 22.10.9　横断面草图

图 22.10.10　增补后的模型

Step6. 选择下拉菜单 文件(F) ➡ 保存(S) 命令，将模型命名为"任意角内弯槽
钢"，保存钣金模型。

Task2. 展平任意角内弯槽钢

在设计树中右击 平板型式1 特征，在系统弹出的快捷菜单中单击"解除压缩"命令按
钮 ，即可将钣金展平，展平结果如图 22.10.1b 所示。

22.11　90°圆弧内折槽钢

90°圆弧内折槽钢与角钢圈的展开方法相同，都是通过近似法来创建的。下面以图
22.11.1 所示的模型为例，介绍在 SolidWorks 中创建和展开 90°圆弧内折槽钢的一般过程。

a）未展平状态 　　　　　　　b）展平状态（直线槽钢）

图 22.11.1　90°圆弧内折槽钢的创建与展平

Task1. 创建90°圆弧内折槽钢

Step1. 新建模型文件。

Step2. 创建基准面1。选择下拉菜单 插入(I) → 参考几何体(G) → 基准面(P)... 命令；选取上视基准面为参考实体，输入偏移距离值100；单击 ✓ 按钮，完成基准面1的创建。

Step3. 创建草图1。选取前视基准面作为草图基准面，绘制图22.11.2所示的草图1。

Step4. 创建草图2。选取基准面1为草图基准面，绘制图22.11.3所示的草图2。

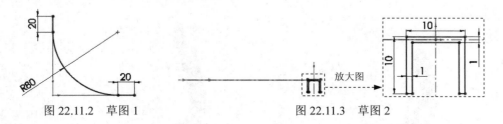

图 22.11.2 草图 1　　　　　　　　图 22.11.3 草图 2

Step5. 创建图22.11.1所示的模型90°圆弧内折槽钢。选择下拉菜单 插入(I) → 凸台/基体(B) → 扫描(S)... 命令，选取草图2为轮廓，选取草图1为路径；单击 ✓ 按钮，完成创建。

Step6. 选择下拉菜单 文件(F) → 保存(S) 命令，将模型命名为"90°圆弧内折槽钢"，保存钣金模型。

Task2. 展平90°圆弧内折槽钢

根据构件的形状和尺寸，可以通过近似的方法得到展开的直线槽钢，90°圆弧内折槽钢的展开长度等于槽底中线的长度，具体方法如下。

Step1. 新建模型文件。

Step2. 创建图22.11.4所示的基体-法兰1。选择下拉菜单 插入(I) → 钣金(H) → 基体法兰(A)... 命令，选取前视基准面为草绘基准面，绘制图22.11.5所示的横断面草图；在 方向1 区域的下拉列表中选择 两侧对称 选项，在其下方的文本框中输入值165.6；在 钣金参数(S) 区域的 🔨 文本框中输入厚度值1.0，在 ⬈ 文本框中输入圆角半径值1.0；在 折弯系数(A) 区域的下拉列表中选择 K 因子，将 K 因子系数设置为0；单击 ✓ 按钮，完成基体-法兰1的创建。

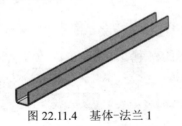

图 22.11.4 基体-法兰 1

图 22.11.5 横断面草图

Step3. 选择下拉菜单 文件(F) ➡ 保存(S) 命令，将模型命名为"90°圆弧内折槽钢展开"，保存模型。

22.12　任意角内折槽钢

任意角内折槽钢的展开既可以用近似的方法计算出直槽钢的长度，也可采用平整的钢板弯折而成。下面以图 22.12.1 所示的模型为例，介绍在 SolidWorks 中创建和展开任意角内折槽钢的一般过程。

a）未展平状态　　　　　　　　　　b）二分之一槽钢展平状态

图 22.12.1　任意角内折槽钢的创建与展平

Task1.　创建任意角内折槽钢

Stage1.　创建二分之一任意角内折槽钢

Step1. 新建模型文件。

Step2. 创建图 22.12.2 所示的基体-法兰 1。选择下拉菜单 插入(I) ➡ 钣金(H) ➡ 基体法兰(A)... 命令；选取前视基准面作为草图基准面，绘制图 22.12.3 所示的横断面草图；在 钣金参数(S) 区域的 文本框中输入厚度值 1.0；单击 ✔ 按钮，完成基体-法兰 1 的创建。

图 22.12.2　基体-法兰 1

图 22.12.3　横断面草图

Step3. 创建图 22.12.4 所示的边线-法兰 1。选择下拉菜单 插入(I) ➡ 钣金(H) ➡ 边线法兰(E)... 命令；选取图 22.12.5 所示的模型边线为生成的边线-法兰的边线；取消选中 ☐ 使用默认半径(U) 复选框，在 后的文本框中输入 1.0；在 角度(G) 区域的 文本框中输入角度值 90.0；在 法兰长度(L) 区域的 下拉列表中选择 给定深度 选项，在 文本框中输入深度值 5.0；在 **法兰位置(N)** 区域中，单击"材料在外"按钮；单击 ✓ 按钮，完成边线-法兰 1 的创建。

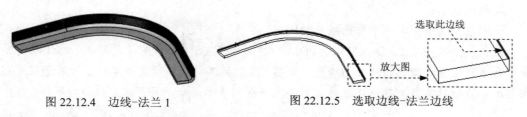

图 22.12.4 边线-法兰 1　　　　图 22.12.5 选取边线-法兰边线

Step4. 选择下拉菜单 文件(F) ➡ 保存(S) 命令，将模型命名为"二分之一任意角内折槽钢"，保存钣金模型。

Stage2. 装配，生成任意角内折槽钢

新建一个装配文件，将两个二分之一任意角内折槽钢进行装配，命名为"任意角内折槽钢"，保存装配模型。

Task2. 展平任意角内折槽钢

从上面的创建过程中可以看出，任意角内折槽钢是由两个二分之一任意角内折槽钢装配形成的，这里只需对其二分之一任意角内折槽钢展开即可，具体方法如下。

Step1. 打开"二分之一任意角内折槽钢"模型文件。

Step2. 在设计树中右击 平板型式1 特征，在系统弹出的快捷菜单中单击"解除压缩"命令按钮，即可将钣金展平，展平结果如图 22.12.1b 所示。

读者意见反馈卡

尊敬的读者：

感谢您购买中国水利水电出版社的图书！

我们一直致力于 CAD、CAPP、PDM、CAM 和 CAE 等相关技术的跟踪，希望能将更多优秀作者的宝贵经验与技巧介绍给您。当然，我们的工作离不开您的支持。如果您在看完本书之后，有好的意见和建议，或是有一些感兴趣的技术话题，都可以直接与我联系。

策划编辑：杨庆川、杨元泓

注：本书的随书光盘中含有该"读者意见反馈卡"的电子文档，您可将填写后的文件采用电子邮件的方式发给本书的责任编辑或主编。

E-mail　詹迪维：zhanygjames@163.com；宋杨：2535846207@qq.com。

请认真填写本卡，并通过邮寄或 *E-mail* 传给我们，我们将奉送精美礼品或购书优惠卡。

书名：《钣金展开实用技术手册（SolidWorks 2014 版）》

1. 读者个人资料：

姓名：＿＿＿＿＿性别：＿＿年龄：＿＿＿职业：＿＿＿＿＿职务：＿＿＿＿＿学历：＿＿＿

专业：＿＿＿＿单位名称：＿＿＿＿＿＿＿＿＿＿电话：＿＿＿＿＿手机：＿＿＿＿＿

邮寄地址：＿＿＿＿＿＿＿＿＿＿＿＿＿＿邮编：＿＿＿＿＿＿E-mail：＿＿＿＿＿＿＿

2. 影响您购买本书的因素（可以选择多项）：

☐内容　　　　　　　　　　☐作者　　　　　　　　　☐价格

☐朋友推荐　　　　　　　　☐出版社品牌　　　　　　☐书评广告

☐工作单位（就读学校）指定　☐内容提要、前言或目录　☐封面封底

☐购买了本书所属丛书中的其他图书　　　　　　　　　☐其他＿＿＿＿＿＿

3. 您对本书的总体感觉：

☐很好　　　　　　☐一般　　　　　　☐不好

4. 您认为本书的语言文字水平：

☐很好　　　　　　☐一般　　　　　　☐不好

5. 您认为本书的版式编排：

☐很好　　　　　　☐一般　　　　　　☐不好

扫描二维码获取链接在线填写"读者意见反馈卡"，即有机会参与抽奖获取图书

6. 您认为 SolidWorks 其他哪些方面的内容是您所迫切需要的？

＿＿＿＿＿＿＿＿＿＿＿＿＿＿＿＿＿＿＿＿＿＿＿＿＿＿＿＿＿＿＿＿＿＿＿＿

7. 其他哪些 CAD/CAM/CAE 方面的图书是您所需要的？

＿＿＿＿＿＿＿＿＿＿＿＿＿＿＿＿＿＿＿＿＿＿＿＿＿＿＿＿＿＿＿＿＿＿＿＿

8. 您认为我们的图书在叙述方式、内容选择等方面还有哪些需要改进的？

如若邮寄，请填好本卡后寄至：

北京市海淀区玉渊潭南路普惠北里水务综合楼 401 室　中国水利水电出版社万水分社

宋杨（收）　邮编：100036　联系电话：（010）82562819　传真：（010）82564371

如需本书或其他图书，可与中国水利水电出版社网站联系邮购：

http://www.waterpub.com.cn　　咨询电话：（010）68367658。